王道考研系列

2024 年

计算机组成原理考研复习指导

王道论坛　组编

電子工業出版社
Publishing House of Electronics Industry
北京 • BEIJING

内 容 简 介

本书是计算机专业研究生入学考试“计算机组成原理”课程的复习用书，内容包括计算机系统概述、数据的表示和运算、存储系统、指令系统、中央处理器、总线、输入/输出系统等。全书严格按照最新计算机考研大纲计算机组成原理部分的要求，对大纲所涉及的知识点进行集中梳理，力求内容精炼、重点突出、深入浅出。本书精选各名校的历年考研真题，给出详细的解题思路，力求实现讲练结合、灵活掌握、举一反三的功效。

本书可作为考生参加计算机专业研究生入学考试的复习用书，也可作为计算机专业学生学习计算机组成原理课程的辅导用书。

图书在版编目（CIP）数据

2024年计算机组成原理考研复习指导/王道论坛组编. — 北京：电子工业出版社，2022.12
ISBN 978-7-121-44474-6
Ⅰ. ①2… Ⅱ. ①王… Ⅲ. ①计算机组成原理－研究生－入学考试－自学参考资料 Ⅳ. ①TP301
中国版本图书馆CIP数据核字（2022）第200984号

责任编辑：谭海平
印　　刷：山东华立印务有限公司
装　　订：山东华立印务有限公司
出版发行：电子工业出版社
　　　　　北京市海淀区万寿路173信箱　　邮编：100036
开　　本：787×1092　1/16　印张：20.25　字数：570.2千字
版　　次：2022年12月第1版
印　　次：2022年12月第1次印刷
定　　价：69.00元

凡所购买电子工业出版社图书有缺损问题，请向购买书店调换。若书店售缺，请与本社发行部联系，联系及邮购电话：（010）88254888，88258888。

质量投诉请发邮件至zlts@phei.com.cn，盗版侵权举报请发邮件至dbqq@phei.com.cn。

本书咨询联系方式：（010）88254552，tan02@phei.com.cn。

本书配套视频使用方法

1

扫码关注
“王道在线”

公众号左下角的菜单就可进入课程视频哦！

2

点击公众号菜单
“兑换中心”

兑换中心

兑换码　邀请码

输入兑换码

例：H7xWBrYt

立即兑换

兑换记录 >

兑换遇到问题请加微信

3

兑换后的内容

勘误、更新等信息以后也会及时发布在这里哦！

1. 部分解析兑换后扫码可见
2. 盗版书无兑换码请勿购买
3. 配套视频非王道最新网课
4. 配套视频不包含答疑服务

【关于兑换配套视频的说明】

1. 凭兑换码兑换相应科目的免费配套视频及课件，免费配套视频是2023版付费课程中的考点精讲部分，兑换一次即失效，兑换后不支持转赠。

2. 免费配套视频不是2024年付费课程，具体区别请见“王道在线”公众号中的详细说明。

3. 兑换码贴于封面右下角，刮开涂层可见，兑换码区分大小写，且无空格。

4. 兑换期限至2023年12月31日。

前　言

“王道考研系列”辅导书由王道论坛（cskaoyan.com）组织名校状元级选手编写，这套书不仅参考了国内外的优秀教辅，而且结合了高分选手的独特复习经验，包括对考点的讲解及对习题的选择和解析。“王道考研系列”单科辅导书，一共4本：

- 《2024年数据结构考研复习指导》
- 《2024年计算机组成原理考研复习指导》
- 《2024年操作系统考研复习指导》
- 《2024年计算机网络考研复习指导》

我们还围绕这套书开发了一系列计算机考研课程，赢得了众多读者的好评。这些课程包含考点精讲、习题详解、暑期直播训练营、冲刺串讲、带学督学和全程答疑服务等，并且只在“中国大学MOOC”上发售。王道的课程同样是市面上领先的计算机考研课程，对于基础较为薄弱或“跨考”的读者，相信王道的课程和服务定能助你一臂之力。此外，我们也为购买正版图书的读者提供了23课程中的考点视频和课件，读者可凭兑换码兑换，23统考大纲没有变化，该视频和本书完全匹配。考点视频升华了王道单科书中的考点讲解，强烈建议读者结合使用。

在冲刺阶段，王道还将出版2本冲刺用书：

- 《2024年计算机专业基础综合考试冲刺模拟题》
- 《2024年计算机专业基础综合考试历年真题解析》

深入掌握专业课的内容没有捷径，考生也不应抱有任何侥幸心理。只有扎实打好基础，踏实做题巩固，最后灵活致用，才能在考研时取得高分。我们希望辅导书能够指导读者复习，但学习仍然得靠自己，高分不是建立在任何空中楼阁之上的。对于想继续在计算机领域深造的读者来说，认真学习和扎实掌握计算机专业的这四门基础专业课，是最基本的前提。

“王道考研系列”是计算机考研学子口碑相传的辅导书，自2011版首次推出以来，就始终占据同类书销量的榜首位置，这就是口碑的力量。有这么多学长的成功经验，相信只要读者合理地利用辅导书，并且采用科学的复习方法，就一定能收获属于自己的那份回报。

“不包就业、不包推荐，培养有态度的码农。”王道训练营是王道团队打造的线下魔鬼式编程训练营。打下编程功底、增强项目经验，彻底转行入行，不再迷茫，期待有梦想的你！

参与本书编写工作的人员主要有赵霖、罗乐、徐秀瑛、张鸿林、韩京儒、赵淑芬、赵淑芳、罗庆学、赵晓宇、喻云珍、余勇、刘政学等。
予人玫瑰，手有余香，王道论坛伴你一路同行！

对本书的任何建议，或有发现错误，欢迎扫码与我们联系，以便于我们及时优化或纠错。

风华漫舞

致 读 者

——王道单科辅导书使用方法的道友建议

我是“二战考生”，2012 年第一次考研成绩 333 分（专业代码 408，成绩 81 分），痛定思痛后决心再战。潜心复习了半年后终于以 392 分（专业代码 408，成绩 124 分）考入上海交通大学计算机系，这半年里我的专业课成绩提高了 43 分，成了提分主力。从未达到录取线到考出比较满意的成绩，从蒙头乱撞到有了自己明确的复习思路，我想这也是为什么风华哥从诸多高分选手中选择我给大家介绍经验的一个原因吧。

整个专业课的复习是围绕王道辅导书展开的，从一遍、两遍、三遍看单科辅导书的积累提升，到做 8 套模拟题时的强化巩固，再到看思路分析时的醍醐灌顶。王道书能两次押中算法原题固然有运气成分，但这也从侧面说明他们的编写思路和选题方向与真题很接近。

下面说一说我的具体复习过程。

每天划给专业课的时间是 3～4 小时。第一遍仔细看课本，看完一章做一章单科辅导书上的习题（红笔标注错题），这一遍共持续 2 个月。第二遍主攻单科辅导书（红笔标注重难点），辅看课本。第二遍看单科辅导书和课本的速度快了很多，但感觉收获更多，常有温故知新的感觉，理解更深刻。（风华注，建议这里再速看第三遍，特别针对错题和重难点。模拟题做完后再跳看第四遍。）

以上是打基础阶段，注意，单科辅导书和课本我仔细精读了两遍，以便尽量弄懂每个知识点和习题。大概 11 月上旬开始做模拟题和思路分析，期间遇到不熟悉的地方不断回头查阅单科辅导书和课本。8 套模拟题的考点覆盖得很全面，所以大家做题时如果忘记了某个知识点，千万不要慌张，赶紧回去看这个知识点，最后的模拟就是查漏补缺。模拟题一定要严格按考试时间去做（14:00—17:00），注意应试技巧，做完试题后再回头研究错题。算法题的最优解法不太好想，如果实在没思路，建议直接“暴力”解决，结果正确也能有 10 分，总比苦拼出 15 分来而将后面比较好拿分的题耽误了好（这是我第一年的切身教训）。最后剩了几天看标注的错题，第三遍跳看单科辅导书，考前一夜浏览完网络，踏实地睡着了……

考完专业课，走出考场终于长舒一口气，考试情况也胸中有数。回想这半年的复习，耐住了寂寞和诱惑，雨雪风霜从未间断地跑去自习，考研这人生一站终归没有辜负我的良苦用心。佛教徒说世间万物生来平等，都要落入春华秋实的代谢中去；辩证唯物主义认为事物作为过程存在，凡是存在的终归要结束。你不去为活得多姿多彩而拼搏，真到了和青春说再见时，你是否会可惜虚枉了青春？风华哥说过，我们都是有梦想的青年，我们正在逆袭，你呢？

感谢风华哥的信任，给我这个机会分享专业课复习经验给大家，作为一个铁杆道友在王道受益匪浅，也借此机会回报王道论坛。祝大家金榜题名！

ccg1990@SJTU

王道训练营

王道是道友们考研路上值得信赖的好伙伴，十多年来陪伴了上百万的计算机考研人，不离不弃。王道尊重的不是考研这个行当，而是考研学生的精神和梦想。考研可能是部分学生实现梦想的阶段，但应试的内容对 CSer 的职业生涯并无太多意义。对计算机专业的学生而言，专业功底和学习能力才是受用终生的资本，它决定了未来在技术道路上能走多远。从王道论坛、考研图书，到辅导课程，再到编程培训，王道只专注于计算机考研及编程领域。

计算机专业是一个靠实力吃饭的专业。我们团队中很多人的经历或许和现在的你们相似，也经历过本科时的迷茫，无非是自知能力太弱，以致底气不足。学历只是敲门砖，同样是名校硕士，有人如鱼得水，最终成为"Offer 帝"，有人却始终难入"编程与算法之门"，再次体会迷茫的痛苦。我们坚信一个写不出合格代码的计算机专业学生，即便考上了研究生，也只是给未来失业判了个"缓期执行"。我们也希望能做点事情帮助大家少走弯路。

考研结束后的日子，或许是一段难得的提升编程能力的连续时光，趁着还有时间，应该去弥补本科期间应掌握的能力，缩小与"科班大佬们"的差距。

把参加王道训练营视为一次对自己的投资，投资自身和未来才是最好的投资。

王道训练营的面向人群

1．面向就业

转行就业，但编程能力偏弱的学生。

考研并不是人生的唯一道路，努力拼搏奋斗的经历总是难忘的，但不论结果如何，都不应有太大的遗憾。不少考研路上的"失败者"在王道都实现了自己在技术发展上的里程碑，我们相信一个肯持续努力、积极上进的学生一定会找到自己正确的人生方向。

再不抓住当下，未来或将持续迷茫，逝去了的青春不复返。在充分竞争的技术领域，当前的能力决定了你能找一份怎样的工作，踏实的态度和学习的能力决定了你未来能走多远。

王道训练营致力于给有梦想、肯拼搏、敢奋斗的道友提供最好的平台！

2．面向硕士

提升能力，刚考上计算机相关专业的准硕士。

考研逐年火爆，能考上名校确实是重要的转折，但硕士文凭早已不再稀缺。考研高分并不等于高薪 Offer，学历也不能保证你拿到好 Offer，名校的光环能让你获得更多面试机会，但真正要拿到好 Offer，比拼的是实力。同为名校硕士，Offer 的成色可能千差万别，有人轻松拿到腾讯、阿里、今日头条、百度等公司的优秀 Offer，有人面试却屡屡碰壁，最后只能"将就"签约。

人生中关键性的转折点不多，但往往能对自己的未来产生深远的影响，甚至决定了你未来的走向，高考、选专业、考研、找工作都是如此，把握住关键转折点需要眼光和努力。

3．报名要求

- 具有本科学历，愿意通过奋斗去把握自己的人生，实现自身的价值。
- 完成开课前作业，用作业考察态度，才能获得最终的参加资格，宁缺毋滥！对于意志不够坚定的同学而言，这些作业也算是设置的一道槛，决定了是否有参加的资格。

作业完成情况是最重要的考核标准，我们不会歧视跨度大的同学，坚定转行的同学往往会更努力。跨度大、学校弱这些是无法改变的标签，唯一可以改变的就是通过持续努力来提升自身的技能，而通过高强度的短期训练是完全有可能逆袭的，太多的往期学员已有过证明。

4. 学习成效

迅速提升编程能力，结合项目实战，逐步打下坚实的编程基础，培养积极、主动的学习能力。以动手编程为驱动的教学模式，解决你在编程、思维上的不足，也为未来的深入学习提供方向指导，掌握编程的学习方法，引导进入“编程与算法之门”。

道友们在训练营里从“菜鸟”逐步成长，训练营中不少往期准硕士学员后来陆续拿到了阿里、腾讯、今日头条、百度、美团、小米等一线互联网大厂的 Offer。这就是竞争力！

王道训练营的优势

这里都是道友，他们信任王道，乐于分享与交流，氛围优秀而纯粹。

一起经历过考研训练的生活、学习，大家很快会成为互帮互助的好战友，相互学习、共同进步，在转行的道路上，这就是最好的圈子。正如某期学员所言：“来了你就发现，这里无关程序员以外的任何东西，这是一个过程，一个对自己认真、对自己负责的过程。”

考研绝非人生的唯一出路，给自己换一条路走，去职场上好好发展或许会更好。即便考上研究生也不意味着高枕无忧，人生的道路还很漫长。

王道团队皆具有扎实的编程功底，他们用自己的技术和态度去影响训练营的学员，尽可能指导学员走上正确的发展道路是对道友信任的回报，也是一种责任！

王道训练营是一个平台，网罗王道论坛上有梦想、有态度的青年，并为他们的梦想提供土壤和圈子。王道始终相信“物竞天择，适者生存”，这里的生存不是指简简单单地活着，而是指活得有价值、活得有态度！

王道训练营的课程信息

王道训练营只在武汉设有线下校区，开设 4 种班型：

- Linux C 和 C++短期班（40～45 天，初试后开课，复试冲刺）
- Java EE 方向（4 个月，武汉校区）
- Linux C/C++方向（4 个月，武汉校区）
- Python 大数据方向（3 个半月，直播授课）

短期班的作用是在初试后及春节期间，快速提升学员的编程水平和项目经验，给复试、面试加成。其他三个班型的作用既可以面向就业，又可以提升能力或帮助打算继续考研的学员。

要想了解王道训练营，可以关注王道论坛“王道训练营”版面，或者扫码加老师微信。

扫描二维码，添加我的企业微信

目　录

第 1 章　计算机系统概述

【考纲内容】

扫一扫

视频讲解

（一）计算机系统层次结构

计算机系统的基本组成

计算机硬件的基本组成

计算机软件和硬件的关系

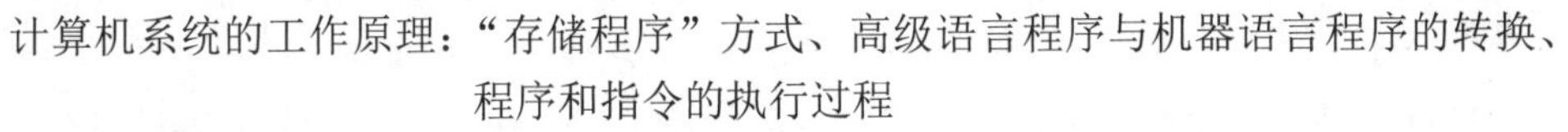

计算机系统的工作原理：“存储程序”方式、高级语言程序与机器语言程序的转换、程序和指令的执行过程

（二）计算机性能指标

吞吐量、响应时间、CPU 时钟周期、主频、CPI、CPU 执行时间

MIPS、MFLOPS、GFLOPS、TFLOPS、PFLOPS、EFLOPS、ZFLOPS

【复习提示】

本章是组成原理的概述，考查时易针对有关概念或性能指标出选择题，也可能综合后续章节的内容出有关性能分析的综合题。掌握本章的基本概念，是学好后续章节的基础。部分知识点在初学时理解不深刻也无须担忧，相信随着后续章节的学习，一定会有更为深入的理解。

学习本章时，请读者思考以下问题：

1）计算机由哪几部分组成？以哪部分为中心？

2）主频高的 CPU 一定比主频低的 CPU 快吗？为什么？

3）翻译程序、汇编程序、编译程序、解释程序有什么差别？各自的特性是什么？

4）不同级别的语言编写的程序有什么区别？哪种语言编写的程序能被硬件直接执行？

请读者在学习本章的过程中寻找答案，本章末尾会给出参考答案。

*1.1　计算机发展历程①

*1.1.1　计算机硬件的发展

1．计算机的四代变化

从 1946 年世界上第一台电子数字计算机（Electronic Numerical Integrator And Computer，ENIAC）问世以来，计算机的发展已经经历了四代。

1）第一代计算机（1946—1957 年）——电子管时代。特点：逻辑元件采用电子管；使用机器语言进行编程；主存用延迟线或磁鼓存储信息，容量极小；体积庞大，成本高；运算

① 加“*”的内容表示新大纲中已删除，仅供学习参考。

速度较低，一般只有几千次到几万次每秒。

2）第二代计算机（1958—1964 年）——晶体管时代。特点：逻辑元件采用晶体管；运算速度提高到几万次到几十万次每秒；主存使用磁芯存储器；计算机软件也得到了发展，开始出现了高级语言及其编译程序，有了操作系统的雏形。

3）第三代计算机（1965—1971 年）——中小规模集成电路时代。特点：逻辑元件采用中小规模集成电路；半导体存储器开始取代磁芯存储器；高级语言发展迅速，操作系统也进一步发展，开始有了分时操作系统。

4）第四代计算机（1972 年至今）——超大规模集成电路时代。特点：逻辑元件采用大规模集成电路和超大规模集成电路，产生了微处理器；诸如并行、流水线、高速缓存和虚拟存储器等概念用在了这代计算机中。

2．计算机元件的更新换代

1）摩尔定律。当价格不变时，集成电路上可容纳的晶体管数目，约每隔 18 个月便会增加一倍，性能也将提升一倍。也就是说，我们现在和 18 个月后花同样的钱买到的 CPU，后者的性能是前者的两倍。这一定律揭示了信息技术进步的速度。

2）半导体存储器的发展。1970 年，仙童半导体公司生产出第一个较大容量的半导体存储器，至今，半导体存储器经历了 11 代：单芯片 1KB、4KB、16KB、64KB、256KB、1MB、4MB、16MB、64MB、256MB 和现在的 1GB。

3）微处理器的发展。自 1971 年 Intel 公司开发出第一个微处理器 Intel 4004 至今，微处理器经历了 Intel 8008（8 位）、Intel 8086（16 位）、Intel 80386（32 位）、Pentium（32 位）、Pentium III（64 位）、Pentium 4（64 位）、Core i7（64 位）等。这里的 32 位、64 位指的是机器字长，是指计算机进行一次整数运算所能处理的二进制数据的位数。

*1.1.2　计算机软件的发展

计算机软件技术的蓬勃发展，也为计算机系统的发展做出了很大的贡献。

计算机语言的发展经历了面向机器的机器语言和汇编语言、面向问题的高级语言。其中高级语言的发展真正促进了软件的发展，它经历了从科学计算和工程计算的 FORTRAN、结构化程序设计的 PASCAL 到面向对象的 C++和适应网络环境的 Java。

与此同时，直接影响计算机系统性能提升的各种系统软件也有了长足的发展，特别是操作系统，如 Windows、UNIX、Linux 等。

*1.1.3　本节习题精选

单项选择题

01． 微型计算机的发展以（　）技术为标志。

A．操作系统　　B．微处理器　　C．磁盘　　D．软件

*1.1.4　答案与解析

单项选择题

01． B

微型计算机的发展是以微处理器的技术为标志的。

1.2　计算机系统层次结构

1.2.1　计算机系统的组成

硬件系统和软件系统共同构成了一个完整的计算机系统。硬件是指有形的物理设备，是计算机系统中实际物理装置的总称。软件是指在硬件上运行的程序和相关的数据及文档。

计算机系统性能的好坏，很大程度上是由软件的效率和作用来表征的，而软件性能的发挥又离不开硬件的支持。对某一功能来说，其既可以用软件实现，又可以用硬件实现，则称为软硬件在逻辑功能上是等价的。在设计计算机系统时，要进行软/硬件的功能分配。通常来说，一个功能若使用较为频繁且用硬件实现的成本较为理想，使用硬件解决可以提高效率。

1.2.2　计算机硬件

1．冯・诺依曼机基本思想

冯・诺依曼在研究 EDVAC 机时提出了“存储程序”的概念，“存储程序”的思想奠定了现代计算机的基本结构，以此概念为基础的各类计算机通称为冯・诺依曼机，其特点如下：

1）采用“存储程序”的工作方式。

2）计算机硬件系统由运算器、存储器、控制器、输入设备和输出设备 5 大部件组成。

3）指令和数据以同等地位存储在存储器中，形式上没有区别，但计算机应能区分它们。

4）指令和数据均用二进制代码表示。指令由操作码和地址码组成，操作码指出操作的类型，地址码指出操作数的地址。

“存储程序”的基本思想是：将事先编制好的程序和原始数据送入主存后才能执行，一旦程序被启动执行，就无须操作人员的干预，计算机会自动逐条执行指令，直至程序执行结束。

2．计算机的功能部件

（1）输入设备

输入设备的主要功能是将程序和数据以机器所能识别和接受的信息形式输入计算机。最常用也最基本的输入设备是键盘，此外还有鼠标、扫描仪、摄像机等。

（2）输出设备

输出设备的任务是将计算机处理的结果以人们所能接受的形式或其他系统所要求的信息形式输出。最常用、最基本的输出设备是显示器、打印机。输入/输出设备（简称 I/O 设备）是计算机与外界联系的桥梁，是计算机中不可缺少的重要组成部分。

（3）存储器

存储器分为主存储器（又称内存储器）和辅助存储器（又称外存储器）。CPU 能够直接访问的存储器是主存储器。辅助存储器用于帮助主存储器记忆更多的信息，辅助存储器中的信息必须调入主存后，才能为 CPU 所访问。

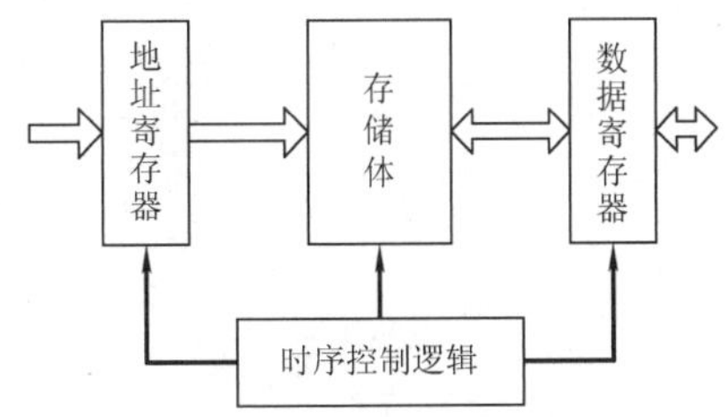

图 1.1　主存储器逻辑图

主存储器的工作方式是按存储单元的地址进行存取，这种存取方式称为按地址存取方式。

主存储器的最基本组成如图 1.1 所示。存储体存放二进制信息，地址寄存器（MAR）存放访存地址，经过地址译码后找到所选的存储单元。数据寄存器（MDR）用于暂存要从存储器中读或写的信息，时序控制逻辑用于产生存储器操作所需的各种时序信号。

存储体由许多存储单元组成，每个存储单元包含若干存储元件，每个存储元件存储一位二进制代码“0”或“1”。因此存储单元可存储一串二进制代码，称这串代码为存储字，称这串代码的位数为存储字长，存储字长可以是 1B（8bit）或是字节的偶数倍。

MAR 用于寻址，其位数对应着存储单元的个数，如 MAR 为 10 位，则有 $2^{10}=1024$ 个存储单元，记为 1K。MAR 的长度与 PC 的长度相等。

MDR 的位数和存储字长相等，一般为字节的 2 次幂的整数倍。

注意：MAR 与 MDR 虽然是存储器的一部分，但在现代计算机中却是存在于 CPU 中的；另外，后文提到的高速缓存（Cache）也存在于 CPU 中。

（4）运算器

运算器是计算机的执行部件，用于进行算术运算和逻辑运算。算术运算是按算术运算规则进行的运算，如加、减、乘、除；逻辑运算包括与、或、非、异或、比较、移位等运算。

运算器的核心是算术逻辑单元（Arithmetic and Logical Unit，ALU）。运算器包含若干通用寄存器，用于暂存操作数和中间结果，如累加器（ACC）、乘商寄存器（MQ）、操作数寄存器（X）、变址寄存器（IX）、基址寄存器（BR）等，其中前 3 个寄存器是必须具备的。

运算器内还有程序状态寄存器（PSW），也称标志寄存器，用于存放 ALU 运算得到的一些标志信息或处理机的状态信息，如结果是否溢出、有无产生进位或借位、结果是否为负等。

（5）控制器

控制器是计算机的指挥中心，由其“指挥”各部件自动协调地进行工作。控制器由程序计数器（PC）、指令寄存器（IR）和控制单元（CU）组成。

PC 用来存放当前欲执行指令的地址，具体自动加 1 的功能（这里的“1”指一条指令的长度），即可自动形成下一条指令的地址，它与主存的 MAR 之间有一条直接通路。

IR 用来存放当前的指令，其内容来自主存的 MDR。指令中的操作码 OP(IR)送至 CU，用以分析指令并发出各种微操作命令序列；而地址码 Ad(IR)送往 MAR，用以取操作数。

一般将运算器和控制器集成到同一个芯片上，称为中央处理器（CPU）。CPU 和主存储器共同构成主机，而除主机外的其他硬件装置（外存、I/O 设备等）统称为外部设备，简称外设。

图 1.2 所示为冯·诺依曼结构的模型机。CPU 包含 ALU、通用寄存器组 GPRs、标志寄存器、控制器、指令寄存器 IR、程序计数器 PC、存储器地址寄存器 MAR 和存储器数据寄存器 MDR。图中从控制器送出的虚线就是控制信号，可以控制如何修改 PC 以得到下一条指令的地址，可以控制 ALU 执行什么运算，可以控制主存是进行读操作还是写操作（读/写控制信号）。

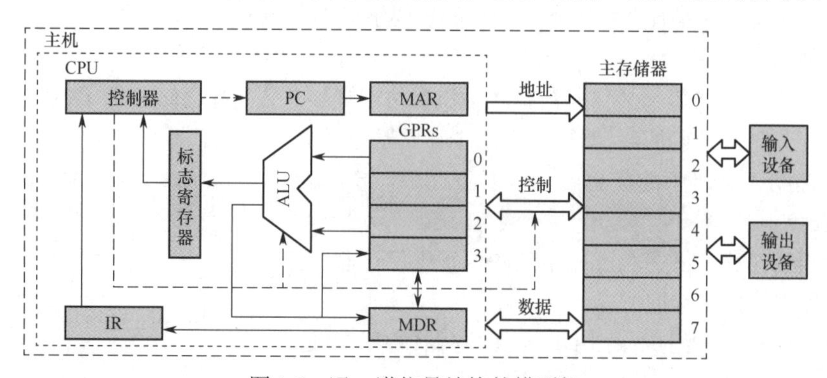

图 1.2 冯·诺依曼结构的模型机

CPU 和主存之间通过一组总线相连，总线中有地址、控制和数据 3 组信号线。MAR 中的地址信息会直接送到地址线上，用于指向读/写操作的主存存储单元；控制线中有读/写信号线，指出数据是从 CPU 写入主存还是从主存读出到 CPU，根据是读操作还是写操作来控制将 MDR 中的数据是直接送到数据线上还是将数据线上的数据接收到 MDR 中。

1.2.3　计算机软件

1．系统软件和应用软件

软件按其功能分类，可分为系统软件和应用软件。

系统软件是一组保证计算机系统高效、正确运行的基础软件，通常作为系统资源提供给用户使用。系统软件主要有操作系统（OS）、数据库管理系统（DBMS）、语言处理程序、分布式软件系统、网络软件系统、标准库程序、服务性程序等。

应用软件是指用户为解决某个应用领域中的各类问题而编制的程序，如各种科学计算类程序、工程设计类程序、数据统计与处理程序等。

2．三个级别的语言

1）机器语言。又称二进制代码语言，需要编程人员记忆每条指令的二进制编码。机器语言是计算机唯一可以直接识别和执行的语言。

2）汇编语言。汇编语言用英文单词或其缩写代替二进制的指令代码，更容易为人们记忆和理解。使用汇编语言编辑的程序，必须经过一个称为汇编程序的系统软件的翻译，将其转换为机器语言程序后，才能在计算机的硬件系统上执行。

3）高级语言。高级语言（如 C、C++、Java 等）是为方便程序设计人员写出解决问题的处理方案和解题过程的程序。通常高级语言需要经过编译程序编译成汇编语言程序，然后经过汇编操作得到机器语言程序，或直接由高级语言程序翻译成机器语言程序。

由于计算机无法直接理解和执行高级语言程序，需要将高级语言程序转换为机器语言程序，通常把进行这种转换的软件系统称为翻译程序。翻译程序有以下三类：

1）汇编程序（汇编器）。将汇编语言程序翻译成机器语言程序。

2）解释程序（解释器）。将源程序中的语句按执行顺序逐条翻译成机器指令并立即执行。

3）编译程序（编译器）。将高级语言程序翻译成汇编语言或机器语言程序。

3．软件和硬件的逻辑功能等价性

硬件实现的往往是最基本的算术和逻辑运算功能，而其他功能大多通过软件的扩充得以实现。对某一功能来说，既可以由硬件实现，又可以由软件实现，从用户的角度来看，它们在功能上是等价的。这一等价性被称为软、硬件逻辑功能的等价性。例如，浮点数运算既可以用专门的浮点运算器硬件实现，又可以通过一段子程序实现，这两种方法在功能上完全等效，不同的只是执行时间的长短而已，显然硬件实现的性能要优于软件实现的性能。

软件和硬件逻辑功能的等价性是计算机系统设计的重要依据，软件和硬件的功能分配及其界面的确定是计算机系统结构研究的重要内容。当研制一台计算机时，设计者必须明确分配每一级的任务，确定哪些功能使用硬件实现，哪些功能使用软件实现。软件和硬件功能界面的划分是由设计目标、性能价格比、技术水平等综合因素决定的。

1.2.4　计算机系统的层次结构

计算机是一个硬软件组成的综合体。由于面对的应用范围越来越广，必须有复杂的系统软

件和硬件的支持。由于软/硬件的设计者和使用者从不同的角度、用不同的语言来对待同一个计算机系统，因此他们看到的计算机系统的属性对计算机系统提出的要求也就各不相同。

计算机系统的多级层次结构的作用，就是针对上述情况，根据从各种角度所看到的机器之间的有机联系，来分清彼此之间的界面，明确各自的功能，以便构成合理、高效的计算机系统。

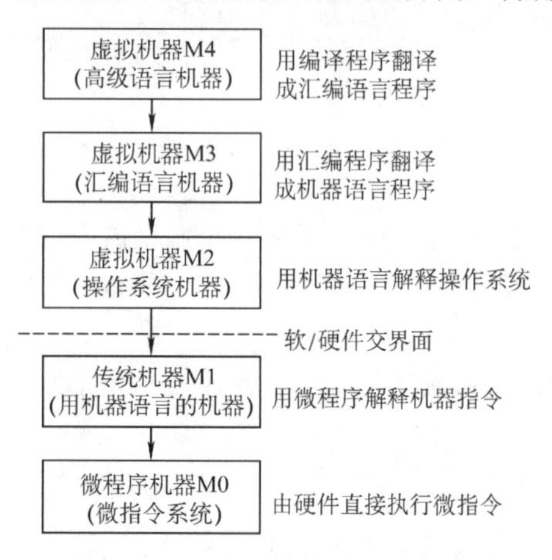

图 1.3　计算机系统的多级层次结构

关于计算机系统层次结构的分层方式，目前尚无统一的标准，这里采用如图 1.3 所示的层次结构。

第 1 级是微程序机器层，这是一个实在的硬件层，它由机器硬件直接执行微指令。

第 2 级是传统机器语言层，它也是一个实际的机器层，由微程序解释机器指令系统。

第 3 级是操作系统层，它由操作系统程序实现。操作系统程序是由机器指令和广义指令组成的，这些广义指令是为了扩展机器功能而设置的，是由操作系统定义和解释的软件指令，所以这一层也称混合层。

第 4 级是汇编语言层，它为用户提供一种符号化的语言，借此可编写汇编语言源程序。这一层由汇编程序支持和执行。

第 5 级是高级语言层，它是面向用户的，是为方便用户编写应用程序而设置的。该层由各种高级语言编译程序支持和执行。在高级语言层之上，还可以有应用程序层，它由解决实际问题的处理程序组成，如文字处理软件、多媒体处理软件和办公自动软件等。

没有配备软件的纯硬件系统称为裸机。第 3 层～第 5 层称为虚拟机，简单来说就是软件实现的机器。虚拟机器只对该层的观察者存在，这里的分层和计算机网络的分层类似，对于某层的观察者来说，只能通过该层的语言来了解和使用计算机，而不必关心下层是如何工作的。

层次之间的关系紧密，下层是上层的基础，上层是下层的扩展。

软件和硬件之间的界面就是*指令集体系结构*（ISA），ISA 定义了一台计算机可以执行的所有指令的集合，每条指令规定了计算机执行什么操作，以及所处理的操作数存放的地址空间和操作数类型。可以看出，ISA 是指软件能感知到的部分，也称软件可见部分。

本门课程主要讨论传统机器 M1 和微程序机器 M0 的组成原理及设计思想。

1.2.5　计算机系统的工作原理

1．“存储程序”工作方式

“存储程序”工作方式规定，程序执行前，需要将程序所含的指令和数据送入主存，一旦程序被启动执行，就无须操作人员的干预，自动逐条完成指令的取出和执行任务。如图 1.4 所示，一个程序的执行就是周而复始地执行一条一条指令的过程。每条指令的执行过程包括：从主存取指令、对指令进行译码、计算下条指令地址、取操作数并执行、将结果送回存储器。

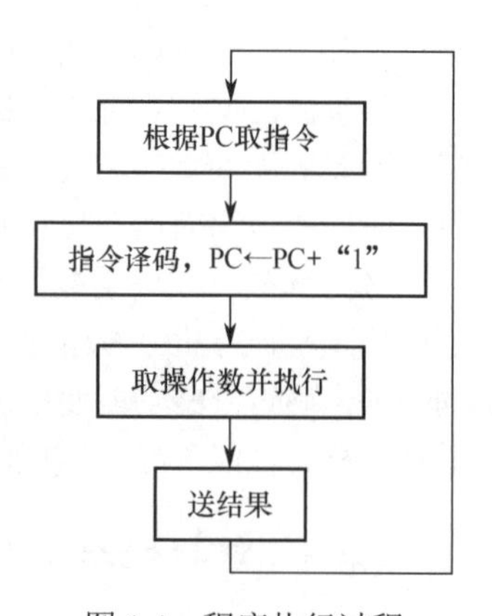

图 1.4　程序执行过程

程序执行前，先将程序第一条指令的地址存放到 PC 中，取指令时，将 PC 的内容作为地址访问主存。在每条指令执行过程中，都需要计算下条将执行指令的地址，并送至 PC。若当前指令为顺序型指令，则下条指令地址为 PC 的内容加上当前指令的长度；若当前指令为转跳型指令，则下条指令地址为指令中指定的目标地址。当前指令执行完后，根据 PC 的值到主存中取出的是下条将要执行的指令，因而计算机能周而复始地自动取出并执行一条一条的指令。

2．从源程序到可执行文件

在计算机中编写的 C 语言程序，都必须被转换为一系列的低级机器指令，这些指令按照一种称为可执行目标文件的格式打好包，并以二进制磁盘文件的形式存放起来。

以 UNIX 系统中的 GCC 编译器程序为例，读取源程序文件 hello.c，并把它翻译成一个可执行目标文件 hello，整个翻译过程可分为 4 个阶段完成，如图 1.5 所示。

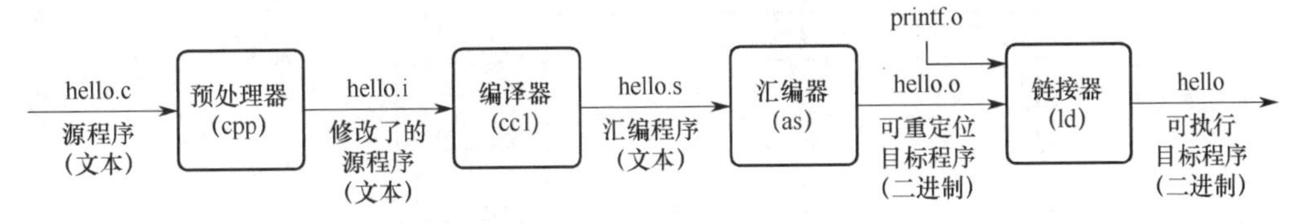

图 1.5　源程序转换为可执行文件的过程

1）预处理阶段：预处理器（cpp）对源程序中以字符#开头的命令进行处理，例如将#include 命令后面的.h 文件内容插入程序文件。输出结果是一个以.i 为扩展名的源文件 hello.i。

2）编译阶段：编译器（cc1）对预处理后的源程序进行编译，生成一个汇编语言源程序 hello.s。汇编语言源程序中的每条语句都以一种文本格式描述了一条低级机器语言指令。

3）汇编阶段：汇编器（as）将 hello.s 翻译成机器语言指令，把这些指令打包成一个称为可重定位目标文件的 hello.o，它是一种二进制文件，因此用文本编辑器打开会显示乱码。

4）链接阶段：链接器（ld）将多个可重定位目标文件和标准库函数合并为一个可执行目标文件，或简称可执行文件。本例中，链接器将 hello.o 和标准库函数 printf 所在的可重定位目标模块 printf.o 合并，生成可执行文件 hello。最终生成的可执行文件被保存在磁盘上。

3．程序执行过程的描述

在图形化界面的操作系统中，可以采用双击图标的方式来执行程序。在 UNIX 系统中，可以通过 shell 命令行解释器来执行程序。通过 shell 命令行解释器执行程序的过程如下：

```
unix> ./hello
hello, world!
unix>
```

其中，“unix>”是命令提示符，“./”表示当前目录，“./hello”是可执行文件的路径名。输入命令后需按下 Enter 键才会执行，第 2 行是执行结果。图 1.6 所示为执行 hello 程序的过程。

在图 1.6 中，shell 程序将用户从键盘输入的每个字符逐一读入 CPU 寄存器（对应①），然后保存到主存储器中，在主存的缓冲区形成字符串“./hello”（对应②）。接收到 Enter 键时，shell 调出操作系统的内核程序，由内核来加载磁盘上的可执行文件 hello 到主存中（对应③）。内核加载完可执行文件中的代码和数据（这里是字符串“hello, world! \n”）后，将 hello 的第一条指令的地址送至 PC，CPU 随后开始执行 hello 程序，它将已加载到主存的字符串“hello, world! \n”中的每个字符从主存取到 CPU 的寄存器中（对应④），然后将 CPU 寄存器中的字符送到显示器（对应⑤）。由此可见，程序的执行过程就是数据在 CPU、主存储器和 I/O 设备之间流动的过程，所有数据的流动都是通过总线、I/O 接口等进行的。

在程序的执行过程中，必须依靠操作系统的支持。特别是在涉及对键盘、磁盘等外部设备的操作时，用户程序不能直接访问这些底层硬件，需要依靠操作系统内核来完成。例如，用户程序需要调用内核的 read 系统调用来读取磁盘上的文件。

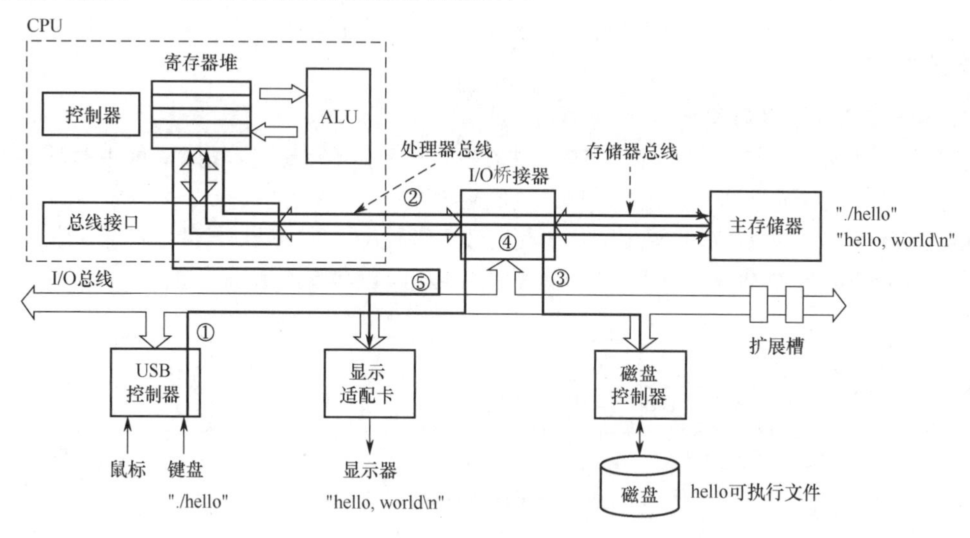

图 1.6　执行 hello 程序的过程

4．指令执行过程的描述

可执行文件代码段是由一条一条机器指令构成的，指令是用 0 和 1 表示的一串 0/1 序列，用来指示 CPU 完成一个特定的原子操作。例如，取数指令从存储单元中取出一个数据送到 CPU 的寄存器中，存数指令将 CPU 寄存器的内容写入一个存储单元，ALU 指令将两个寄存器的内容进行某种算术或逻辑运算后送到一个 CPU 寄存器中，等等。指令的执行过程在第 5 章中详细描述。下面以取数指令（送至运算器的 ACC 中）为例来说明，其信息流程如下：

1）取指令：PC→MAR→M→MDR→IR

根据 PC 取指令到 IR。将 PC 的内容送 MAR，MAR 中的内容直接送地址线，同时控制器将读信号送读/写信号线，主存根据地址线上的地址和读信号，从指定存储单元读出指令，送到数据线上，MDR 从数据线接收指令信息，并传送到 IR 中。

2）分析指令：OP(IR)→CU

指令译码并送出控制信号。控制器根据 IR 中指令的操作码，生成相应的控制信号，送到不同的执行部件。在本例中，IR 中是取数指令，因此读控制信号被送到总线的控制线上。

3）执行指令：Ad(IR)→MAR→M→MDR→ACC

取数操作。将 IR 中指令的地址码送 MAR，MAR 中的内容送地址线，同时控制器将读信号送读/写信号线，从主存中读出操作数，并通过数据线送至 MDR，再传送到 ACC 中。

每取完一条指令，还须为取下条指令做准备，计算下条指令的地址，即(PC)+1→PC。

注意： (PC)指程序计数器 PC 中存放的内容。PC→MAR 应理解为(PC)→MAR，即程序计数器中的值经过数据通路送到 MAR，也即表示数据通路时括号可省略（因为只是表示数据流经的途径，而不强调数据本身的流动）。但运算时括号不能省略，即(PC)+1→PC 不能写为 PC+1→PC。当题目中(PC)→MAR 的括号未省略时，考生最好也不要省略。

1.2.6　本节习题精选

一、单项选择题

01. 完整的计算机系统应包括（　）。

A. 运算器、存储器、控制器　　B. 外部设备和主机
C. 主机和应用程序　　D. 配套的硬件设备和软件系统

02. 冯·诺依曼机的基本工作方式是（　）。
A. 控制流驱动方式　　B. 多指令多数据流方式
C. 微程序控制方式　　D. 数据流驱动方式

03. 下列（　）是冯·诺依曼机工作方式的基本特点。
A. 多指令流单数据流　　B. 按地址访问并顺序执行指令
C. 堆栈操作　　D. 存储器按内容选择地址

04. 以下说法错误的是（　）。
A. 硬盘是外部设备
B. 软件的功能与硬件的功能在逻辑上是等价的
C. 硬件实现的功能一般比软件实现具有更高的执行速度
D. 软件的功能不能用硬件取代

05. 存放当前执行指令的寄存器是（　）。
A. MAR　　B. PC　　C. MDR　　D. IR

06. 在 CPU 中，跟踪下一条要执行的指令的地址的寄存器是（　）。
A. PC　　B. MAR　　C. MDR　　D. IR

07. CPU 不包括（　）。
A. 地址寄存器　　B. 指令寄存器（IR）
C. 地址译码器　　D. 通用寄存器

08. MAR 和 MDR 的位数分别为（　）。
A. 地址码长度、存储字长　　B. 存储字长、存储字长
C. 地址码长度、地址码长度　　D. 存储字长、地址码长度

09. 在运算器中，不包含（　）。
A. 状态寄存器　　B. 数据总线　　C. ALU　　D. 地址寄存器

10. 下列关于 CPU 存取速度的比较中，正确的是（　）。
A. Cache > 内存 > 寄存器　　B. Cache > 寄存器 > 内存
C. 寄存器 > Cache > 内存　　D. 寄存器 > 内存 > Cache

11. 若一个 8 位的计算机系统以 16 位来表示地址，则该计算机系统有（　）个地址空间。
A. 256　　B. 65535　　C. 65536　　D. 131072

12. （　）是程序运行时的存储位置，包括所需的数据。
A. 数据通路　　B. 主存　　C. 硬盘　　D. 操作系统

13. 下列（　）属于应用软件。
A. 操作系统　　B. 编译程序　　C. 连接程序　　D. 文本处理

14. 关于编译程序和解释程序，下列说法中错误的是（　）。
A. 编译程序和解释程序的作用都是将高级语言程序转换成机器语言程序
B. 编译程序编译时间较长，运行速度较快
C. 解释程序方法较简单，运行速度也较快
D. 解释程序将源程序翻译成机器语言，并且翻译一条以后，立即执行这条语句

15. 可以在计算机中直接执行的语言和用助记符编写的语言分别是（　）。
I. 机器语言　II. 汇编语言　III. 高级语言　IV. 操作系统原语　V. 正则语言

A. II、III B. II、IV C. I、II D. I、V

16. 只有当程序执行时才将源程序翻译成机器语言，并且一次只能翻译一行语句，边翻译边执行的是（ ）程序，把汇编语言源程序转变为机器语言程序的过程是（ ）。

I. 编译 II. 目标 III. 汇编 IV. 解释

A. I、II B. IV、II C. IV、I D. IV、III

17. 下列叙述中，正确的是（ ）。

I. 实际应用程序的测试结果能够全面代表计算机的性能

II. 系列机的基本特性是指令系统向后兼容

III. 软件和硬件在逻辑功能上是等价的

A. II B. III C. II和III D. I、II和III

18. 在CPU的组成中，不包括（ ）。

A. 运算器 B. 存储器 C. 控制器 D. 寄存器

19. 下列（ ）不属于系统软件。

A. 数据库系统 B. 操作系统

C. 编译程序 D. 以上3种都属于系统程序

20. 关于相联存储器，下列说法中正确的是（ ）。

A. 只可以按地址寻址 B. 只可以按内容寻址

C. 既可按地址寻址又可按内容寻址 D. 以上说法均不完善

21. 计算机系统的层次结构可以分为6层，其层次之间的依存关系是（ ）。

A. 上下层之间相互无关

B. 上层实现对下层的功能扩展，而下层是实现上层的基础

C. 上层实现对下层的扩展作用，而下层对上层有限制作用

D. 上层和下层的关系是相互依存、不可分割的

22.【2009统考真题】冯·诺依曼计算机中指令和数据均以二进制形式存放在存储器中，CPU区分它们的依据是（ ）。

A. 指令操作码的译码结果 B. 指令和数据的寻址方式

C. 指令周期的不同阶段 D. 指令和数据所在的存储单元

23.【2016统考真题】将高级语言源程序转换为机器级目标代码文件的程序是（ ）。

A. 汇编程序 B. 链接程序 C. 编译程序 D. 解释程序

24.【2015统考真题】计算机硬件能够直接执行的是（ ）。

I. 机器语言程序 II. 汇编语言程序 III. 硬件描述语言程序

A. 仅I B. 仅I、II C. 仅I、III D. I、II、III

25.【2019统考真题】下列关于冯·诺依曼计算机基本思想的叙述中，错误的是（ ）。

A. 程序的功能都通过中央处理器执行指令实现

B. 指令和数据都用二进制数表示，形式上无差别

C. 指令按地址访问，数据都在指令中直接给出

D. 程序执行前，指令和数据需预先存放在存储器中

26.【2022统考真题】将高级语言源程序转换为可执行目标文件的主要过程是（ ）。

A. 预处理→编译→汇编→链接 B. 预处理→汇编→编译→链接

C. 预处理→编译→链接→汇编 D. 预处理→汇编→链接→编译

二、综合应用题

01. 什么是存储程序原理？按此原理，计算机应具有哪几大功能？

1.2.7　答案与解析

一、单项选择题

01. D

A 是计算机主机的组成部分，而 B、C 只涉及计算机系统的部分内容，都不完整。

02. A

早期的冯·诺依曼机以运算器为中心，且是单处理机，B 是多处理机。冯·诺依曼机最根本的特征是采用"存储程序"原理，基本工作方式是控制流驱动方式。

03. B

A 是不存在的机器，B 是对"存储程序"的阐述，因此正确。C 是与题干无关的选项。D 是相联存储器的特点。

04. D

软件和硬件具有逻辑功能上的等价性，硬件实现具有更高的执行速度，软件实现具有更好的灵活性。执行频繁、硬件实现代价不是很高的功能通常由硬件实现。因此选择选项 D。

05. D

IR 存放当前执行的指令代码，PC 存放下一条指令的地址，不要将它们混淆。此外，MAR 用来存放欲访问的存储单元地址，MDR 存放从存储单元取来的数据。

06. A

在 CPU 中，PC 用来跟踪下一条要执行的指令在主存储器中的地址。

07. C

地址译码器是主存的构成部分，不属于 CPU。地址寄存器虽然一般属于主存，但现代计算机中绝大多数 CPU 内集成了地址寄存器。

08. A

地址寄存器（MAR）存放访存地址，因此位数与地址码长度相同。数据寄存器（MDR）用于暂存要从存储器中读或写的信息，因此位数与存储字长相同。

09. D

运算器的核心部分是算术逻辑运算单元（ALU）。地址寄存器位于 CPU 内，但并未集成到运算器与控制器中。地址寄存器用来保存当前 CPU 所访问的内存单元的地址。由于内存和 CPU 之间存在着操作速度上的差别，所以必须使用地址寄存器来保持地址信息，直到内存的读/写操作完成为止。

10. C

寄存器在 CPU 内部，速度最快。Cache 采用高速的 SRAM 制作，而内存常用 DRAM 制作，其速度较 Cache 慢。本题也可根据存储器层次结构的速度关系得出答案。

11. C

8 位计算机表明计算机字长为 8 位，即一次可以处理 8 位的数据；而 16 位表示地址码的长度，因此该机器有 $2^{16}=65536$ 个地址空间。

12. B

计算机只能从主存中取指令与操作数，不能直接与外存交换数据。

13. D

操作系统属于大型系统软件；编译程序属于语言处理程序；连接程序属于服务性程序，因此选 D。

14. C

编译程序是先完整编译后运行的程序，如 C、C++等；解释程序是一句一句翻译且边翻译边执行的程序，如 JavaScript、Python 等。由于解释程序要边翻译成机器语言边执行，因此一般速度较编译程序慢。为增加对该过程的理解，附 C 语言编译链接的过程：

源程序(.c)$\xrightarrow{\text{C编译器}}$汇编源程序$\xrightarrow{\text{汇编程序}}$目标程序$\xrightarrow{\text{链接程序}}$可执行程序

15. C

机器语言是计算机唯一可以直接执行的语言，汇编语言用助记符编写，以便记忆。而正则语言是编译原理中符合正则文法的语言。

16. D

解释程序的特点是翻译一句执行一句，边翻译边执行；由高级语言转化为汇编语言的过程称为编译，把汇编语言源程序翻译成机器语言程序的过程称为汇编。

17. C

全面代表计算机性能的是实际软件的运行情况。向后兼容指的是时间上向后兼容，即新机器兼容使用以前机器的指令系统。软件和硬件在逻辑功能上是等价的，如浮点运算即可以用专门的浮点运算器实现，也可以通过编写一段子程序实现。

18. B

CPU 由运算器和控制器两个部件组成，而运算器和控制器中都含有寄存器。存储器是一个独立的部件。

19. A

数据库系统是指在计算机系统中引入数据库后的系统，一般由数据库、数据库管理系统、应用系统、数据库管理员构成，其中数据库管理系统是系统程序。

20. C

相联存储器既可以按地址寻址又可以按内容（通常是某些字段）寻址，为与传统存储器区别，又称按内容寻址的存储器。

21. B

在计算机多层次结构中，上下层是可以分割的，且上层是下层的功能实现。此外，上层在下层的基础上实现了更加丰富的功能，仅有下层而没有上层也是可以的。

22. C

虽然指令和数据都以二进制形式存放在存储器中，但 CPU 可以根据指令周期的不同阶段来区分是指令还是数据，通常在取指阶段取出的是指令，在执行阶段取出的是数据。本题容易误选选项 A，需要清楚的是，CPU 只有在确定取出的是指令后，才会将其操作码送去译码，因此不可能依据译码的结果来区分指令和数据。

23. C

翻译程序是指把高级语言源程序转换成机器语言程序（目标代码）的软件。翻译程序有两种：一种是编译程序，它将高级语言源程序一次全部翻译成目标程序。另一种是解释程序，它将源程序的一条语句翻译成对应的机器目标代码，并立即执行，翻译一句执行一句，并且不会生成目标程序。汇编程序也是一种翻译程序，它把汇编语言源程序翻译为机器语言程序。

24. A

硬件能直接执行的只能是机器语言（二进制编码），汇编语言是增强机器语言的可读性和记忆性的语言，经过汇编后才能被执行。

25. C

冯•诺依曼结构计算机的功能部件包括输入设备、输出设备、存储器、运算器和控制器，程序的功能都通过中央处理器（运算器和控制器）执行指令，选项 A 正确。指令和数据以同等地位存放于存储器内，形式上无差别，只在程序执行时具有不同的含义，选项 B 正确。指令按地址访问，数据由指令的地址码指出，除立即寻址外，数据均存放在存储器内，选项 C 错误。在程序执行前，指令和数据需预先存放在存储器中，中央处理器可以从存储器存取代码，选项 D 正确。

26. A

将源程序转换为可执行目标文件的过程分为预处理、编译、汇编、链接四个阶段。

二、综合应用题

01.【解答】

存储程序是指将指令以代码的形式事先输入计算机主存储器，然后按其在存储器中的首地址执行程序的第一条指令，以后就按该程序的规定顺序执行其他指令，直至程序执行结束。

计算机按照此原理应该具有 5 大功能：数据传送功能、数据存储功能、数据处理功能、操作控制功能、操作判断功能。

1.3 计算机的性能指标

1.3.1 计算机的主要性能指标

1. 字长

字长是指计算机进行一次整数运算（即定点整数运算）所能处理的二进制数据的位数，通常与 CPU 的寄存器位数、加法器有关。因此，字长一般等于内部寄存器的大小，字长越长，数的表示范围越大，计算精度越高。计算机字长通常选定为字节（8 位）的整数倍。

注意：机器字长、指令字长和存储字长的关系（见本章常见问题 3）。

2. 数据通路带宽

数据通路带宽是指数据总线一次所能并行传送信息的位数。这里所说的数据通路宽度是指外部数据总线的宽度，它与 CPU 内部的数据总线宽度（内部寄存器的大小）有可能不同。

注意：各个子系统通过数据总线连接形成的数据传送路径称为数据通路。

3. 主存容量

主存容量是指主存储器所能存储信息的最大容量，通常以字节来衡量，也可用字数×字长（如 512K×16 位）来表示存储容量。其中，MAR 的位数反映了存储单元的个数，MDR 的位数反映了存储单元的字长。例如，MAR 为 16 位，表示 $2^{16}=65536$，即此存储体内有 65536 个存储单元（可称为 64K 内存，1K = 1024），若 MDR 为 32 位，表示存储容量为 64K×32 位。

4. 运算速度

（1）吞吐量和响应时间。

- 吞吐量。指系统在单位时间内处理请求的数量。它取决于信息能多快地输入内存，CPU 能多快地取指令，数据能多快地从内存取出或存入，以及所得结果能多快地从内存送给一台外部设备。几乎每步都关系到主存，因此系统吞吐量主要取决于主存的存取周期。

- 响应时间。指从用户向计算机发送一个请求，到系统对该请求做出响应并获得所需结果的等待时间。通常包括 CPU 时间（运行一个程序所花费的时间）与等待时间（用于磁盘访问、存储器访问、I/O 操作、操作系统开销等的时间）。

（2）主频和 CPU 时钟周期。

- CPU 时钟周期。通常为节拍脉冲或 *T* 周期，即主频的倒数，它是 CPU 中最小的时间单位，执行指令的每个动作至少需要 1 个时钟周期。
- 主频（CPU 时钟频率）。机器内部主时钟的频率，是衡量机器速度的重要参数。对于同一个型号的计算机，其主频越高，完成指令的一个执行步骤所用的时间越短，执行指令的速度越快。例如，常用 CPU 的主频有 1.8GHz、2.4GHz、2.8GHz 等。

注意：CPU 时钟周期＝1/主频，主频通常以 Hz（赫兹）为单位，1Hz 表示每秒 1 次。

（3）CPI（Cycle Per Instruction），即执行一条指令所需的时钟周期数。

不同指令的时钟周期数可能不同，因此对于一个程序或一台机器来说，其 CPI 指该程序或该机器指令集中的所有指令执行所需的平均时钟周期数，此时 CPI 是一个平均值。

（4）CPU 执行时间，指运行一个程序所花费的时间。

$$\text{CPU 执行时间} = \text{CPU 时钟周期数}/\text{主频} = (\text{指令条数} \times \text{CPI})/\text{主频}$$

上式表明，CPU 的性能（CPU 执行时间）取决于三个要素：①主频（时钟频率）；②每条指令执行所用的时钟周期数（CPI）；③指令条数。

主频、CPI 和指令条数是相互制约的。例如，更改指令集可以减少程序所含指令的条数，但同时可能引起 CPU 结构的调整，从而可能会增加时钟周期的宽度（降低主频）。有关主频、CPI 和指令条数的相互制约关系，相信读者在学完指令系统、数据通路设计后会有更深刻的认识。

（5）MIPS（Million Instructions Per Second），即每秒执行多少百万条指令。

$$\text{MIPS} = \text{指令条数}/(\text{执行时间} \times 10^6) = \text{主频}/(\text{CPI} \times 10^6)。$$

MIPS 对不同机器进行性能比较是有缺陷的，因为不同机器的指令集不同，指令的功能也就不同，比如在机器 M1 上某条指令的功能也许在机器 M2 上要用多条指令来完成；不同机器的 CPI 和时钟周期也不同，因而同一条指令在不同机器上所用的时间也不同。

（6）MFLOPS、GFLOPS、TFLOPS、PFLOPS、EFLOPS 和 ZFLOPS。

- MFLOPS（Million Floating-point Operations Per Second），即每秒执行多少百万次浮点运算。MFLOPS＝浮点操作次数/(执行时间×10^6)。
- GFLOPS（Giga Floating-point Operations Per Second），即每秒执行多少十亿次浮点运算。GFLOPS＝浮点操作次数/(执行时间×10^9)。
- TFLOPS（Tera Floating-point Operations Per Second），即每秒执行多少万亿次浮点运算。TFLOPS＝浮点操作次数/(执行时间×10^{12})。
- 此外，还有 PFLOPS＝浮点操作次数/(执行时间×10^{15})；EFLOPS＝浮点操作次数/(执行时间×10^{18})；ZFLOPS＝浮点操作次数/(执行时间×10^{21})。

注意：在描述存储容量、文件大小等时，K、M、G、T 通常用 2 的幂次表示，如 1Kb＝2^{10}b；在描述速率、频率等时，k、M、G、T 通常用 10 的幂次表示，如 1kb/s＝10^3b/s。通常前者用大写的 K，后者用小写的 k，但其他前缀均为大写，表示的含义取决于所用的场景。

5．基准程序

基准程序（Benchmarks）是专门用来进行性能评价的一组程序，能够很好地反映机器在运行实际负载时的性能，可以通过在不同机器上运行相同的基准程序来比较在不同机器上的运行时间，从而评测其性能。对于不同的应用场合，应该选择不同的基准程序。

使用基准程序进行计算机性能评测也存在一些缺陷，因为基准程序的性能可能与某一小段的短代码密切相关，而硬件系统设计人员或编译器开发者可能会针对这些代码片段进行特殊的优化，使得执行这段代码的速度非常快，以至于得不到准确的性能评测结果。

1.3.2　几个专业术语

1）系列机。具有基本相同的体系结构，使用相同基本指令系统的多个不同型号的计算机组成的一个产品系列。

2）兼容。指软件或硬件的通用性，即运行在某个型号的计算机系统中的硬件/软件也能应用于另一个型号的计算机系统时，称这两台计算机在硬件或软件上存在兼容性。

3）软件可移植性。指把使用在某个系列计算机中的软件直接或进行很少的修改就能运行在另一个系列计算机中的可能性。

4）固件。将程序固化在 ROM 中组成的部件称为固件。固件是一种具有软件特性的硬件，吸收了软/硬件各自的优点，其执行速度快于软件，灵活性优于硬件，是软/硬件结合的产物。例如，目前操作系统已实现了部分固化（把软件永恒地存储于 ROM 中）。

1.3.3　本节习题精选

一、单项选择题

01. 关于 CPU 主频、CPI、MIPS、MFLOPS，说法正确的是（　）。

A. CPU 主频是指 CPU 系统执行指令的频率，CPI 是执行一条指令平均使用的频率

B. CPI 是执行一条指令平均使用 CPU 时钟的个数，MIPS 描述一条 CPU 指令平均使用的 CPU 时钟数

C. MIPS 是描述 CPU 执行指令的频率，MFLOPS 是计算机系统的浮点数指令

D. CPU 主频指 CPU 使用的时钟脉冲频率，CPI 是执行一条指令平均使用的 CPU 时钟数

02. 存储字长是指（　）。

A. 存放在一个存储单元中的二进制代码组合

B. 存放在一个存储单元中的二进制代码位数

C. 存储单元的个数

D. 机器指令的位数

03. 以下说法中，错误的是（　）。

A. 计算机的机器字长是指数据运算的基本单位长度

B. 寄存器由触发器构成

C. 计算机中一个字的长度都是 32 位

D. 磁盘可以永久性存放数据和程序

04. 下列关于机器字长、指令字长和存储字长的说法中，正确的是（　）。

I. 三者在数值上总是相等的　　II. 三者在数值上可能不等

III. 存储字长是存放在一个存储单元中的二进制代码位数

IV. 数据字长就是 MDR 的位数

A. I、III B. I、IV C. II、III D. II、IV

05. 32 位微机是指该计算机所用 CPU（ ）。

A. 具有 32 位寄存器 B. 能同时处理 32 位的二进制数

C. 具有 32 个寄存器 D. 能处理 32 个字符

06. 用于科学计算的计算机中，标志系统性能的最有用的参数是（ ）。

A. 主时钟频率 B. 主存容量 C. MFLOPS D. MIPS

07. 若一台计算机的机器字长为 4 字节，则表明该机器（ ）。

A. 能处理的数值最大为 4 位十进制数

B. 能处理的数值最多为 4 位二进制数

C. 在 CPU 中能够作为一个整体处理 32 位的二进制代码

D. 在 CPU 中运算的结果最大为 2^{32}

08. 在 CPU 的寄存器中，（ ）对用户是完全透明的。

A. 程序计数器 B. 指令寄存器 C. 状态寄存器 D. 通用寄存器

09. 计算机操作的最小单位时间是（ ）。

A. 时钟周期 B. 指令周期 C. CPU 周期 D. 中断周期

10. 计算机中，CPU 的 CPI 与下列（ ）因素无关。

A. 时钟频率 B. 系统结构 C. 指令集 D. 计算机组织

11. 从用户观点看，评价计算机系统性能的综合参数是（ ）。

A. 指令系统 B. 吞吐率 C. 主存容量 D. 主频率

12. 当前设计高性能计算机的重要技术途径是（ ）。

A. 提高 CPU 主频 B. 扩大主存容量

C. 采用非冯·诺依曼体系结构 D. 采用并行处理技术

13. 下列关于“兼容”的叙述，正确的是（ ）。

A. 指计算机软件与硬件之间的通用性，通常在同一系列不同型号的计算机间存在

B. 指计算机软件或硬件的通用性，即它们在任何计算机间可以通用

C. 指计算机软件或硬件的通用性，通常在同一系列不同型号的计算机间通用

D. 指软件在不同系列计算机中可以通用，而硬件不能通用

14. 下列说法中，正确的是（ ）。

I. 在微型计算机的广泛应用中，会计电算化属于科学计算方面的应用

II. 决定计算机计算精度的主要技术是计算机的字长

III. 计算机“运算速度”指标的含义是每秒能执行多少条操作系统的命令

IV. 利用大规模集成电路技术把计算机的运算部件和控制部件做在一块集成电路芯片上，这样的一块芯片称为单片机

A. I、III B. II、IV C. II D. I、III、IV

15.【2010 统考真题】下列选项中，能缩短程序执行时间的措施是（ ）。

I. 提高 CPU 时钟频率 II. 优化数据通路结构 III. 对程序进行编译优化

A. 仅 I 和 II B. 仅 I 和 III C. 仅 II 和 III D. I、II、III

16.【2011 统考真题】下列选项中，描述浮点数操作速度指标的是（ ）。

A. MIPS B. CPI C. IPC D. MFLOPS

17.【2012 统考真题】假定基准程序 A 在某计算机上的运行时间为 100s，其中 90s 为 CPU

时间，其余为 I/O 时间。若 CPU 速度提高 50%，I/O 速度不变，则运行基准程序 A 所耗费的时间是（ ）。

A. 55s B. 60s C. 65s D. 70s

18.【2013 统考真题】某计算机的主频为 1.2GHz，其指令分为 4 类，它们在基准程序中所占比例及 CPI 如下表所示。

指令类型	所占比例	CPI	指令类型	所占比例	CPI
A	50%	2	C	10%	4
B	20%	3	D	20%	5

该机的 MIPS 数是（ ）。

A. 100 B. 200 C. 400 D. 600

19.【2014 统考真题】程序 P 在机器 M 上的执行时间是 20s，编译优化后，P 执行的指令数减少到原来的 70%，而 CPI 增加到原来的 1.2 倍，则 P 在 M 上的执行时间是（ ）。

A. 8.4s B. 11.7s C. 14s D. 16.8s

20.【2017 统考真题】假定计算机 M1 和 M2 具有相同的指令集体系结构（ISA），主频分别为 1.5GHz 和 1.2GHz。在 M1 和 M2 上运行某基准程序 P，平均 CPI 分别为 2 和 1，则程序 P 在 M1 和 M2 上运行时间的比值是（ ）。

A. 0.4 B. 0.625 C. 1.6 D. 2.5

21.【2020 统考真题】下列给出的部件中，其位数（宽度）一定与机器字长相同的是（ ）。

I. ALU II. 指令寄存器 III. 通用寄存器 IV. 浮点寄存器

A. 仅 I、II B. 仅 I、III C. 仅 II、III D. 仅 II、III、IV

22.【2021 统考真题】2017 年公布的全球超级计算机 TOP 500 排名中，我国"神威·太湖之光"超级计算机蝉联第一，其浮点运算速度为 93.0146 PFLOPS，说明该计算机每秒钟内完成的浮点操作次数约为（ ）。

A. 9.3×10^{13} 次 B. 9.3×10^{15} 次 C. 9.3 千万亿次 D. 9.3 亿亿次

23.【2022 统考真题】某计算机主频为 1GHz，程序 P 运行过程中，共执行了 10000 条指令，其中，80%的指令执行平均需 1 个时钟周期，20%的指令执行平均需 10 个时钟周期。程序 P 的平均 CPI 和 CPU 执行时间分别是（ ）。

A. 2.8, 28μs B. 28, 28μs C. 2.8, 28ms D. 28, 28ms

二、综合应用题

01. 设主存储器容量为 64K×32 位，且指令字长、存储字长、机器字长三者相等。写出如下图所示各寄存器的位数，并指出哪些寄存器之间有信息通路。

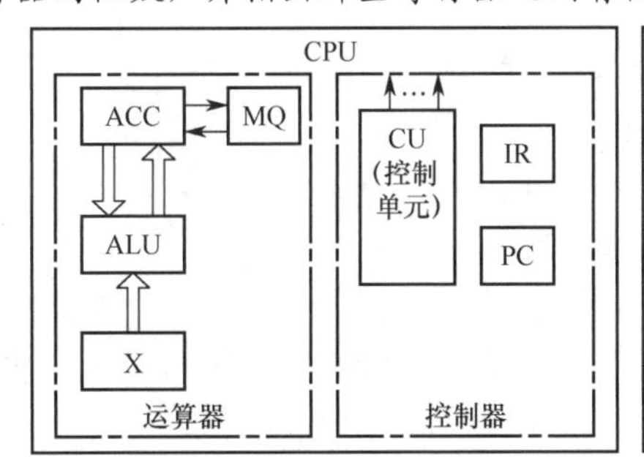

02. 用一台 40MHz 的处理器执行标准测试程序，它所包含的混合指令数和响应所需的时钟

周期见下表。求有效的CPI、MIPS速率和程序的执行时间（I为程序的指令条数）。

指令类型	CPI	指令混合比	指令类型	CPI	指令混合比
算术和逻辑	1	60%	转移	4	12%
高速缓存命中的访存	2	18%	高速缓存失效的访存	8	10%

03. 微机A和B是采用不同主频的CPU芯片，片内逻辑电路完全相同。

1）若A机的CPU主频为8MHz，B机为12MHz，则A机的CPU时钟周期为多少？

2）若A机的平均指令执行速度为0.4MIPS，则A机的平均指令周期为多少？

3）B机的平均指令执行速度为多少？

04. 某台计算机只有Load/Store指令能对存储器进行读/写操作，其他指令只对寄存器进行操作。根据程序跟踪试验结果，已知每条指令所占的比例及CPI数如下表所示。

指令类型	指令所占比例	CPI	指令类型	指令所占比例	CPI
算术逻辑指令	43%	1	Store指令	12%	2
Load指令	21%	2	转移指令	24%	2

求上述情况的平均CPI。

假设程序由M条指令组成。算术逻辑运算中25%的指令的两个操作数中的一个已在寄存器中，另一个必须在算术逻辑指令执行前用Load指令从存储器中取到寄存器中。因此有人建议增加另一种算术逻辑指令，其特点是一个操作数取自寄存器，另一个操作数取自存储器，即寄存器-存储器类型，假设这种指令的CPI等于2。同时，转移指令的CPI变为3。求新指令系统的平均CPI。

1.3.4　答案与解析

一、单项选择题

01. D

CPU主频指CPU的时钟脉冲频率，CPI是执行一条指令平均使用的CPU时钟数。

02. B

存储体由许多存储单元组成，每个存储单元又包含若干存储元件，每个存储元件能寄存一位二进制代码“0”或“1”。可见，一个存储单元可存储一串二进制代码，称这串二进制代码为一个存储字，称这串二进制代码的位数为存储字长。

03. C

计算机中一个字的长度可以是16、32、64位等，一般是8的整数倍，不一定都是32位。

04. C

机器字长、指令字长和存储字长，三者在数值上可以相等也可以不等，视不同机器而定。一个存储单元中的二进制代码的位数称为存储字长。存储字长等于MDR的位数，而数据字长是数据总线一次能并行传送信息的位数，它可以不等于MDR的位数。

05. B

计算机的位数，即机器字长，也就是计算机一次能处理的二进制数的长度。要注意的是，操作系统的位数是操作系统可寻址的位数，它与机器字长不同。一般情况下可通过寄存器的位数来判断机器字长。

06. C

MFLOPS 是指每秒执行多少百万次浮点运算，该参数用来描述计算机的浮点运算性能，而用于科学计算的计算机主要评估浮点运算的性能。

07. C

机器字长是计算机内部一次可以处理的二进制数的位数，因此该计算机一次可处理 $4\times8=32$ 位的二进制代码。

08. B

汇编程序员可以通过 JMP 指令来设置 PC 的值。状态寄存器、通用寄存器只有为汇编程序员可见，才能实现编程，而 IR、MAR、MDR 是 CPU 的内部工作寄存器，对程序员均不可见。

09. A

时钟周期即 CPU 频率的倒数，是最基本的时间单位，其余选项均大于时钟周期。另外，CPU 周期又称机器周期，它由多个时钟周期组成。

10. A

CPI 是执行一条指令所需的时钟周期数，系统结构、指令集、计算机组织都会影响 CPI，而时钟频率并不会影响 CPI，但可加快指令的执行速度。例如，执行一条指令需要 10 个时钟周期，则一台主频为 1GHz 的 CPU，执行这条指令要比一台主频为 100MHz 的 CPU 快。

11. B

主频、主存容量和指令系统（间接影响 CPI）并不是综合性能的体现。吞吐率指系统在单位时间内处理请求的数量，是评价计算机系统性能的综合参数。

12. D

提高 CPU 主频、扩大主存容量对性能的提升是有限度的。采用并行技术是实现高性能计算的重要途径，现今超级计算机均采用多处理器来增强并行处理能力。

13. C

兼容指计算机软件或硬件的通用性，因此选项 A、D 错。在选项 B 中，它们在任何计算机间可以通用，错误。在选项 C 中，兼容通常在同一系列的不同型号计算机间，正确。

14. C

会计电算化属于计算机数据处理方面的应用，I 错误。II 显然正确。计算机“运算速度”指标的含义是每秒能执行多少条指令，III 错误。这样集成的芯片称为 CPU，IV 错误。

15. D

CPU 时钟频率（主频）越高，完成指令的一个执行步骤所用的时间就越短，执行指令的速度就越快，I 正确。数据通路的功能是实现 CPU 内部的运算器和寄存器及寄存器之间的数据交换，优化数据通路结构，可以有效提高计算机系统的吞吐量，从而加快程序的执行，II 正确。计算机程序需要先转化成机器指令序列才能最终得到执行，通过对程序进行编译优化可以得到更优的指令序列，从而使得程序的执行时间也越短，III 正确。

16. D

MIPS 是每秒执行多少百万条指令，适用于衡量标量机的性能。CPI 是平均每条指令的时钟周期数。IPC 是 CPI 的倒数，即每个时钟周期执行的指令数。MFLOPS 是每秒执行多少百万条浮点数运算，用来描述浮点数运算速度，适用于衡量向量机的性能。

17. D

程序 A 的运行时间为 100s，除去 CPU 时间 90s，剩余 10s 为 I/O 时间。CPU 提速后运行基准程序 A 所耗费的时间是 $T=90/1.5+10=70\text{s}$。

误区：CPU速度提高50%，则CPU时间减少一半，而误选A。

18．C

基准程序的CPI = 2×0.5 + 3×0.2 + 4×0.1 + 5×0.2 = 3。计算机的主频为1.2GHz，即1200MHz，因此该机器的MIPS = 1200/3 = 400。

19．D

假设原来的指令条数为x，则原CPI为$20f/x$（f为CPU的时钟频率），经过编译优化后，指令条数减少到原来的70%，即指令条数为$0.7x$，而CPI增加到原来的1.2倍，即$24f/x$，则现在P在M上的执行时间就为：(指令条数×CPI)/f = $(0.7x×24×f/x)/f$ = 24×0.7 = 16.8s，选择选项D。

20．C

运行时间 = 指令数×CPI/主频。M1的时间 = 指令数×2/1.5，M2的时间 = 指令数×1/1.2，两者之比为(2/1.5):(1/1.2) = 1.6。因此选择选项C。

21．B

机器字长是指CPU内部用于整数运算的数据通路的宽度。CPU内部数据通路是指CPU内部的数据流经的路径及路径上的部件，主要是CPU内部进行数据运算、存储和传送的部件，这些部件的宽度基本上要一致才能相互匹配。因此，机器字长等于CPU内部用于整数运算的运算器位数和通用寄存器宽度。

22．D

PFLOPS = 每秒一千万亿（10^{15}）次浮点运算。故93.0146 PFLOPS ≈ 每秒$9.3×10^{16}$次浮点运算，即每秒9.3亿亿次浮点运算。

23．A

CPI指平均每条指令的执行需要多少个时钟周期。由于80%的指令执行平均需要1个时钟周期，20%的指令执行平均需要10个时钟周期，因此CPI = 80%×1 + 20%×10 = 2.8。计算机主频为1GHz，程序P共执行10000条指令，平均每条指令需要2.8个时钟周期，因此，CPU执行时间 = $(10000×2.8)/10^9 = 2.8×10^{-5}$ s = 28μs。

二、综合应用题

01．【解答】

由于主存容量为64K×32位，因2^{16} = 64K，则地址总线宽度为16位，32位表示数据总线宽度，因此MAR为16位，PC为16位，MDR为32位。

因指令字长 = 存储字长 = 机器字长，则IR、ACC、MQ、X均为32位。

寄存器之间的信息通路有：

```
PC→MAR
Ad(IR)→MAR
MDR→IR
取数：MDR→ACC，存数：ACC→MDR
MDR→X
```

02．【解答】

CPI即执行一条指令所需的时钟周期数。本标准测试程序共包含4种指令，则CPI就是这4种指令的数学期望，即

$$CPI = 1×60\% + 2×18\% + 4×12\% + 8×10\% = 2.24$$

MIPS即每秒执行的百万条指令数。已知处理器时钟频率为40MHz，即每秒包含40M个时钟周期，因此

$$MIPS = 40/CPI = 40/2.24 = 17.9$$

程序的执行时间 T = CPI×T_IC×I，其中 T_IC 是一个 CPU 时钟的时间长度，是 CPU 时钟频率 f 的倒数，因此有

$$T = CPI \times T\_IC \times I = CPI \times (1/f) \times I = 5.6 \times 10^{-8} \times I \text{ 秒}$$

本题中的 I 对于解题应无作用，程序的执行时间应是指令的期望即 CPI 乘以时钟的时间长度，即 T = CPI×T_IC。

03.【解答】

1）A 机的 CPU 主频为 8MHz，所以 A 机的 CPU 时钟周期 = 1/8MHz = 0.125μs。

2）A 机的平均指令周期 = 1/0.4MIPS = 2.5μs。

3）A 机平均每条指令的时钟周期数 = 2.5μs/0.125μs = 20。

因微机 A 和 B 的片内逻辑电路完全相同，所以 B 机平均每条指令的时钟周期数也为 20。

由于 B 机的 CPU 主频为 12MHz，所以 B 机的 CPU 时钟周期 = 1/12MHz = 1/12μs。

B 机的平均指令周期 = 20×(1/12) = 5/3μs。

B 机的平均指令执行速度 = 1/(5/3)μs = 0.6MIPS。

【另解】B 机的平均指令执行速度 = A 机的平均指令执行速度×(12/8) = 0.4MIPS×(12/8) = 0.6MIPS。

04.【解答】

① 本处理机共包含 4 种指令，则 CPI 就是这 4 种指令的数学期望，即

$$CPI = 1 \times 43\% + 2 \times 21\% + 2 \times 12\% + 2 \times 24\% = 1.57$$

② 设原指令总数为 M，由于新增的算术操作有取操作数的功能，替代了 Load 的功能，所以新指令总数为

$$M + (0.25 \times 0.43M) - (0.25 \times 0.43M) - (0.25 \times 0.43M) = 0.8925M$$

增加另一种算术逻辑指令后，每种指令所占的比例及 CPI 数如下表所示：

指令类型	指令所占比例	CPI
算术逻辑指令	$(0.43M - 0.43M \times 0.25)/0.8925M = 0.3613$	1
算术逻辑指令（新）	$(0.43M \times 0.25)/0.8925M = 0.1204$	2
Load 指令	$(0.21M - 0.43M \times 0.25)/0.8925M = 0.1149$	2
Store 指令	$0.12M/0.8925M = 0.1345$	2
转移指令	$0.24M/0.8925M = 0.2689$	3

所以 CPI′ = 1×0.3613 + 2×0.1204 + 2×0.1149 + 2×0.1345 + 3×0.2689 = 1.9076。

1.4　本章小结

本章开头提出的问题的参考答案如下。

1）计算机由哪几部分组成？以哪部分为中心？

计算机由运算器、控制器、存储器、输入设备及输出设备五大部分构成，现代计算机通常把运算器和控制器集成在一个芯片上，合称为中央处理器。

而在微处理器面世之前，运算器和控制器分离，而且存储器的容量很小，因此设计成以运算器为中心的结构，其他部件都通过运算器完成信息的传递。

随着微电子技术的进步，同时计算机需要处理、加工的信息量也与日俱增，大量I/O设备的速度和CPU的速度差距悬殊，因此以运算器为中心的结构不能满足计算机发展的要求。现代计算机已经发展为以存储器为中心，使I/O操作尽可能地绕过CPU，直接在I/O设备和存储器之间完成，以提高系统的整体运行效率。

2）主频高的CPU一定比主频低的CPU快吗？为什么？

衡量CPU运算速度的指标有很多，不能以单独的某个指标来判断CPU的好坏。CPU的主频，即CPU内核工作的时钟频率。CPU的主频表示CPU内数字脉冲信号振荡的速度，主频和实际的运算速度存在一定的关系，但目前还没有一个确定的公式能够定量两者的数值关系，因为CPU的运算速度还要看CPU的流水线的各方面的性能指标（架构、缓存、指令集、CPU的位数、Cache大小等）。由于主频并不直接代表运算速度，因此在一定情况下很可能会出现主频较高的CPU实际运算速度较低的现象。

3）翻译程序、汇编程序、编译程序、解释程序有什么差别？各自的特性是什么？

见常见问题和易混淆知识点1。

4）不同级别的语言编写的程序有什么区别？哪种语言编写的程序能被硬件直接执行？

机器语言和汇编语言与机器指令对应，而高级语言不与指令直接对应，具有较好的可移植性。其中机器语言可以被硬件直接执行。

1.5　常见问题和易混淆知识点

1. 翻译程序、解释程序、汇编程序、编译程序的区别和联系是什么？

翻译程序有两种：一种是编译程序，它将高级语言源程序一次全部翻译成目标程序，只要源程序不变，就无须重新翻译。另一种是解释程序，它将源程序的一条语句翻译成对应的机器目标代码，并立即执行，然后翻译下一条源程序语句并执行，直至所有源程序语句全部被翻译并执行完。所以解释程序的执行过程是翻译一句执行一句，并且不会生成目标程序。

汇编程序也是一种语言翻译程序，它把汇编语言源程序翻译为机器语言程序。

编译程序与汇编程序的区别：若源语言是诸如C、C++、Java等“高级语言”，而目标语言是诸如汇编语言或机器语言之类的“低级语言”，则这样的一个翻译程序称为编译程序。若源语言是汇编语言，而目标语言是机器语言，则这样的一个翻译程序称为汇编程序。

2. 什么是透明性？透明是指什么都能看见吗？

在计算机领域中，站在某类用户的角度，若感觉不到某个事物或属性的存在，即“看”不到某个事物或属性，则称为“对该用户而言，某个事物或属性是透明的”。这与日常生活中的“透明”概念（公开、看得见）正好相反。

例如，对于高级语言程序员来说，浮点数格式、乘法指令等这些指令的格式、数据如何在运算器中运算等都是透明的；而对于机器语言或汇编语言程序员来说，指令的格式、机器结构、数据格式等则不是透明的。

在CPU中，IR、MAR和MDR对各类程序员都是透明的。

3. 字、字长、机器字长、指令字长、存储字长的区别和联系是什么？

在通常所说的“某16位或32位机器”中，16、32指的是字长，也称机器字长。所谓字长，通常是指 CPU 内部用于整数运算的数据通路的宽度，因此字长等于 CPU 内部用于整数运算的运算器位数和通用寄存器宽度，它反映了计算机处理信息的能力。字和字长的概念不同。字用来表示被处理信息的单位，用来度量数据类型的宽度，如 x86 机器中将一个字定义为 16 位。

指令字长：一个指令字中包含的二进制代码的位数。

存储字长：一个存储单元存储的二进制代码的长度。

它们都必须是字节的整数倍。

指令字长一般取存储字长的整数倍，若指令字长等于存储字长的 2 倍，则需要 2 个访存周期来取出一条指令；若指令字长等于存储字长，则取指周期等于机器周期。

早期的存储字长一般与指令字长、字长相等，因此访问一次主存便可取出一条指令或一个数据。随着计算机的发展，指令字长、字长都可变，但必须都是字节的整数倍。

4. 计算机体系结构和计算机组成的区别和联系是什么？

计算机体系结构是指机器语言或汇编语言程序员所看得到的传统机器的属性，包括指令集、数据类型、存储器寻址技术等，大都属于抽象的属性。

计算机组成是指如何实现计算机体系结构所体现的属性，它包含对许多对程序员来说透明的硬件细节。例如，指令系统属于结构的问题，但指令的实现即如何取指令、分析指令、取操作数、如何运算等都属于组成的问题。因此，当两台机器指令系统相同时，只能认为它们具有相同的结构，至于这两台机器如何实现其指令，完全可以不同，即可以认为它们的组成方式是不同的。例如，一台机器是否具备乘法指令是一个结构的问题，但实现乘法指令采用什么方式则是一个组成的问题。许多计算机厂商提供一系列体系结构相同的计算机，而它们的组成却有相当大的差别，即使是同一系列的不同型号机器，其性能和价格差异也很大。

5. 基准程序执行得越快说明机器的性能越好吗？

一般情况下，基准测试程序能够反映机器性能的好坏。但是，由于基准程序中的语句存在频度的差异，因此运行结果并不能完全说明问题。

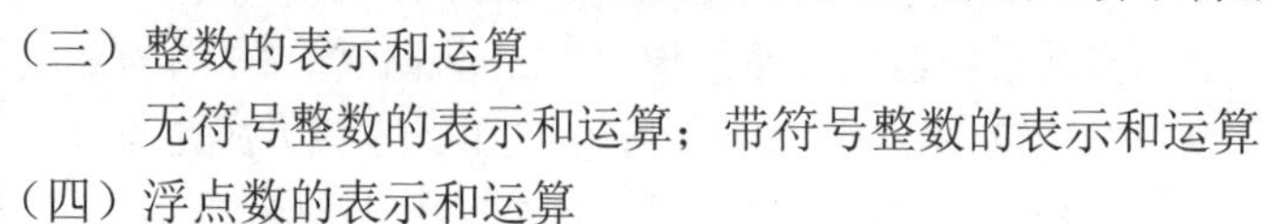

第 2 章 数据的表示和运算

【考纲内容】

（一）数制与编码

进位计数制及其相互转换；定点数的编码表示

（二）运算方法和运算电路

基本运算部件：加法器，算法逻辑单元（ALU）

加/减运算：补码加/减运算器，标志位的生成

乘/除运算：乘/除法运算的基本原理，乘法运算和除法电路的基本结构

（三）整数的表示和运算

无符号整数的表示和运算；带符号整数的表示和运算

（四）浮点数的表示和运算

浮点数的表示：IEEE 754 标准；浮点数的加/减运算

【复习提示】

本章内容较为繁杂，由于计算机中数的表示和运算方法与人们日常生活中的表示和运算方法不同，因此理解也较为困难。纵观近几年的真题，不难发现 unsigned、short、int、long、float、double 等在 C 语言中的表示、运算、溢出判断、隐式类型转换、强制类型转换、IEEE 754 浮点数的表示，以及浮点数的运算，都是考研考查的重点，需要牢固掌握。

在学习本章时，请读者思考以下问题：

1）在计算机中，为什么要采用二进制来表示数据？

2）计算机在字长足够的情况下能够精确地表示每个数吗？若不能，请举例说明。

3）字长相同的情况下，浮点数和定点数的表示范围与精度有什么区别？

4）用移码表示浮点数的阶码有什么好处？

请读者在本章的学习过程中寻找答案，本章末尾会给出参考答案。

2.1 数制与编码

2.1.1 进位计数制及其相互转换

在计算机系统内部，所有的信息都是用二进制进行编码的，这样做的原因有以下几点。

1）二进制只有两种状态，使用有两个稳定状态的物理器件就可以表示二进制数的每一位，制造成本比较低，例如用高低电平或电荷的正负极性都可以很方便地表示 0 和 1。

2）二进制位 1 和 0 正好与逻辑值“真”和“假”对应，为计算机实现逻辑运算和程序中的逻辑判断提供了便利条件。

3）二进制的编码和运算规则都很简单，通过逻辑门电路能方便地实现算术运算。

1．进位计数法

常用的进位计数法有十进制、二进制、八进制、十六进制等。十进制数是日常生活中最常使用的，而计算机中通常使用二进制数、八进制数和十六进制数。

在进位计数法中，每个数位所用到的不同数码的个数称为基数。十进制的基数为 10（0～9），每个数位计满 10 就向高位进位，即“逢十进一”。

十进制数 101，其个位的 1 显然与百位的 1 所表示的数值是不同的。每个数码所表示的数值等于该数码本身乘以一个与它所在数位有关的常数，这个常数称为位权。一个进位数的数值大小就是它的各位数码按权相加。

一个 r 进制数（$K_nK_{n-1}\cdots K_0K_{-1}\cdots K_{-m}$）的数值可表示为

$$K_nr^n + K_{n-1}r^{n-1} + \cdots + K_0r^0 + K_{-1}r^{-1} + \cdots + K_{-m}r^{-m} = \sum_{i=n}^{-m} K_ir^i$$

式中，r 是基数；r^i 是第 i 位的位权（整数位最低位规定为第 0 位）；K_i 的取值可以是 $0, 1,\cdots, r-1$ 共 r 个数码中的任意一个。

1）二进制。计算机中用得最多的是基数为 2 的计数制，即二进制。二进制只有 0 和 1 两种数字符号，计数“逢二进一”。它的任意数位的权为 2^i，i 为所在位数。

2）八进制。八进制作为二进制的一种书写形式，其基数为 8，有 0～7 共 8 个不同的数字符号，计数“逢八进一”。因为 $r = 8 = 2^3$，所以只要把二进制中的 3 位数码编为一组就是一位八进制数码，两者之间的转换极为方便。

3）十六进制。十六进制也是二进制的一种常用书写形式，其基数为 16，“逢十六进一”。每个数位可取 0～9、A、B、C、D、E、F 中的任意一个，其中 A、B、C、D、E、F 分别表示 10～15。因为 $r = 16 = 2^4$，因此 4 位二进制数码与 1 位十六进制数码相对应。

2．不同进制数之间的相互转换

（1）二进制数转换为八进制数和十六进制数

对于一个二进制混合数（既包含整数部分，又包含小数部分），在转换时应以小数点为界。其整数部分，从小数点开始往左数，将一串二进制数分为 3 位（八进制）一组或 4 位（十六进制）一组，在数的最左边可根据需要加“0”补齐；对于小数部分，从小数点开始往右数，也将一串二进制数分为 3 位一组或 4 位一组，在数的最右边也可根据需要加“0”补齐。最终使总的位数为 3 或 4 的整数倍，然后分别用对应的八进制数或十六进制数取代。

【例 2.1】 将二进制数 1111000010.01101 分别转换为八进制数和十六进制数。

解：

高位补 0，凑足 3 位　　分界点　　低位补 0，凑足 3 位

001　111　000　010　.　011　010

所以，对应的八进制数为$(1702.32)_8 = (1111000010.01101)_2$。

高位补 0，凑足 4 位　　分界点　　低位补 0，凑足 4 位

0011	1100	0010	.	0110	1000
3	C	2		6	8

所以，对应的十六进制数为$(3C2.68)_{16} = (1111000010.01101)_2$。

同样，由八进制数或十六进制数转换成二进制数，只需将每位改为 3 位或 4 位二进制数即可（必要时去掉整数最高位或小数最低位的 0）。八进制数和十六进制数之间的转换也能方便地实现，

十六进制数转换为八进制数（或八进制数转换为十六进制数）时，先将十六进制（八进制）数转换为二进制数，然后由二进制数转换为八进制（十六进制）数较为方便。

（2）任意进制数转换为十进制数

将任意进制数的各位数码与它们的权值相乘，再把乘积相加，就得到了一个十进制数。这种方法称为按权展开相加法。

例如，$(11011.1)_2 = 1\times2^4 + 1\times2^3 + 0\times2^2 + 1\times2^1 + 1\times2^0 + 1\times2^{-1} = 27.5$。

（3）十进制数转换为任意进制数

一个十进制数转换为任意进制数，常采用基数乘除法。这种转换方法对十进制数的整数部分和小数部分将分别进行处理，对整数部分用除基取余法，对小数部分用乘基取整法，最后将整数部分与小数部分的转换结果拼接起来。

除基取余法（整数部分的转换）：整数部分除基取余，最先取得的余数为数的最低位，最后取得的余数为数的最高位（即除基取余，先余为低，后余为高），商为 0 时结束。

【例 2.2】将十进制数 123.6875 转换成二进制数。

解：

整数部分：

除基	取余	
2 | 123	1	最低位
2 | 61	1	
2 | 30	0	
2 | 15	1	
2 | 7	1	
2 | 3	1	
2 | 1	1	最高位
0		

因此整数部分 $123 = (1111011)_2$。

乘基取整法（小数部分的转换）：小数部分乘基取整，最先取得的整数为数的最高位，最后取得的整数为数的最低位（即乘基取整，先整为高，后整为低），乘积为 1.0（或满足精度要求）时结束。

小数部分：

乘基	取整	
0.6875		
× 2		
1.3750	1	最高位
0.3750		
× 2		
0.7500	0	
× 2		
1.5000	1	
0.5000		
× 2		
1.0000	1	最低位
……		

因此小数部分 $0.6875 = (0.1011)_2$，所以 $123.6875 = (1111011.1011)_2$。

注意：在计算机中，小数和整数不一样，整数可以连续表示，但小数是离散的，所以并不是每个十进制小数都可以准确地用二进制表示。例如 0.3，无论经过多少次乘二取整转换都无法得到精确的结果。但任意一个二进制小数都可以用十进制小数表示，希望读者引起重视。

注意：关于十进制数转换为任意进制数为何采用除基取余法和乘基取整法，以及所取之数放置位置的原理，请结合 r 进制数的数值表示公式思考，而不应死记硬背。

3．真值和机器数

在日常生活中，通常用正号、负号来分别表示正数（正号可省略）和负数，如+15、−8 等。这种带“+”或“−”符号的数称为真值。真值是机器数所代表的实际值。

在计算机中，通常将数的符号和数值部分一起编码，将数据的符号数字化，通常用“0”表示“正”，用“1”表示“负”。这种把符号“数字化”的数称为机器数。常用的有原码、补码和反码表示法。如 0, 101（这里的逗号“,”仅为区分符号位与数值位）表示+5。

*2.1.2　BCD 码[①]

二进制编码的十进制数（Binary-Coded Decimal, BCD）通常采用 4 位二进制数来表示一位十进制数中的 0～9 这 10 个数码。这种编码方法使二进制数和十进制数之间的转换得以快速进行。但 4 位二进制数可以组合出 16 种代码，因此必有 6 种状态为冗余状态。

下面列举几种常用的 BCD 码。

1）8421 码（常用）。它是一种有权码，设其各位的数值为 b_3, b_2, b_1, b_0，则权值从高到低依次为 8, 4, 2, 1，它表示的十进制数为 $D = 8b_3 + 4b_2 + 2b_1 + 1b_0$。如 8→1000；9→1001。

若两个 8421 码相加之和小于或等于$(1001)_2$即$(9)_{10}$，则不需要修正；若相加之和大于或等于$(1010)_2$即$(10)_{10}$，则要加 6 修正（从 1010 到 1111 这 6 个为无效码，当运算结果落于这个区间时，需要将运算结果加上 6），并向高位进位。

1+8=9	4+9=13		9+7=16	
0001	0100		1001	
+ 1000	+ 1001		+ 0111	
1001	1101		10000	
不需要修正	+ 0110	修正	+ 0110	修正
	10011	进位	10110	进位

2）余 3 码。这是一种无权码，是在 8421 码的基础上加$(0011)_2$形成的，因每个数都多余“3”，因此称为余 3 码。如 8→1011；9→1100。

3）2421 码。这也是一种有权码，权值由高到低分别为 2, 4, 2, 1，特点是大于或等于 5 的 4 位二进制数中最高位为 1，小于 5 的最高位为 0。如 5→1011 而非 0101。

2.1.3　定点数的编码表示

根据小数点的位置是否固定，在计算机中有两种数据格式：定点表示和浮点表示。在现代计算机中，通常用定点补码整数表示整数，用定点原码小数表示浮点数的尾数部分，用移码表示浮点数的阶码部分，历年统考真题的考点分布也基本落在这个范围内。

1．机器数的定点表示

定点表示法用来表示定点小数和定点整数。

1）定点小数。定点小数是纯小数，约定小数点位置在符号位之后、有效数值部分最高位之前。若数据 X 的形式为 $X = x_0.x_1x_2\cdots x_n$（其中 x_0 为符号位，x_1～x_n 是数值的有效部分，也称尾数，x_1 为最高有效位），则在计算机中的表示形式如图 2.1 所示。

2）定点整数。定点整数是纯整数，约定小数点位置在有效数值部分最低位之后。若数据 X 的形式为 $X = x_0x_1x_2\cdots x_n$（其中 x_0 为符号位，x_1～x_n 是尾数，x_n 为最低有效位），则在计算机中的表示形式如图 2.2 所示。

① 加“*”号表示新大纲已删除，仅供学习参考。

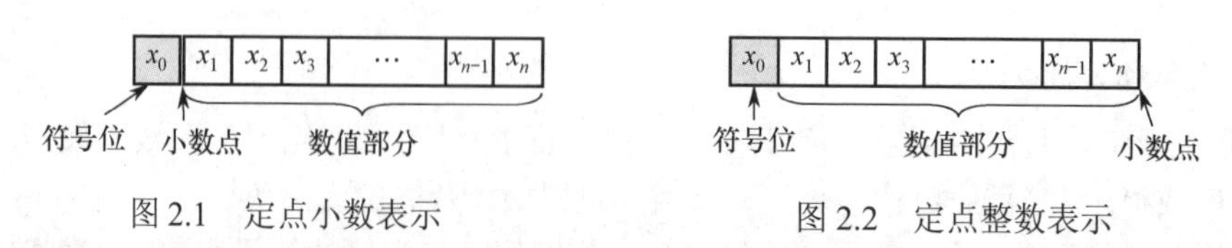

图 2.1　定点小数表示　　　　图 2.2　定点整数表示

定点数编码表示法主要有以下 4 种：原码、补码、反码和移码。

2．原码、补码、反码、移码

（1）原码表示法

用机器数的最高位表示数的符号，其余各位表示数的绝对值。原码的定义如下。

- 纯小数的原码定义

$$[x]_{原}=\begin{cases}x, & 0\leqslant x<1\\ 1-x=1+|x|, & -1<x\leqslant 0\end{cases}$$（$[x]_{原}$是原码机器数，x 是真值）

例如，若 $x_1=+0.1101$，$x_2=-0.1101$，字长为 8 位，则其原码表示为$[x_1]_{原}=\mathbf{0}.1101000$，$[x_2]_{原}=1-(-0.1101)=\mathbf{1}.1101000$，其中最高位是符号位。

若字长为 $n+1$，则原码小数的表示范围为$-(1-2^{-n})\leqslant x\leqslant 1-2^{-n}$（关于原点对称）。

- 纯整数的原码定义（了解）

$$[x]_{原}=\begin{cases}0,x, & 0\leqslant x<2^n\\ 2^n-x=2^n+|x|, & -2^n<x\leqslant 0\end{cases}$$（x 是真值，n 是整数位数）

例如，若 $x_1=+1110$，$x_2=-1110$，字长为 8 位，则其原码表示为$[x_1]_{原}=\mathbf{0},0001110$，$[x_2]_{原}=2^7+1110=\mathbf{1},0001110$，其中最高位是符号位。

若字长为 $n+1$，则原码整数的表示范围为$-(2^n-1)\leqslant x\leqslant 2^n-1$（关于原点对称）。

注意：真值零的原码表示有正零和负零两种形式，即$[+0]_{原}=\mathbf{0}0000$和$[-0]_{原}=\mathbf{1}0000$。

原码表示的优点是与真值的对应关系简单、直观，与真值的转换简单，并且用原码实现乘除运算比较简便。缺点是，0 的表示不唯一，更重要的是原码加减运算比较复杂。

（2）补码表示法

原码加减运算规则比较复杂，对于两个不同符号数的加法（或同符号数的减法），先要比较两个数的绝对值大小，然后用绝对值大的数减去绝对值小的数，最后还要给结果选择合适的符号。而补码表示法中的加减运算则统一采用加法操作实现。

- 纯小数的补码定义（了解）

$$[x]_{补}=\begin{cases}x, & 0\leqslant x<1\\ 2+x=2-|x|, & -1\leqslant x<0\end{cases}\pmod 2$$

例如，若 $x_1=+0.1001$，$x_2=-0.0110$，字长为 8 位，则其补码表示为$[x_1]_{补}=\mathbf{0}.1001000$，$[x_2]_{补}=2-0.0110=\mathbf{1}.1010000$。

若字长为 $n+1$，则补码的表示范围为$-1\leqslant x\leqslant 1-2^{-n}$（比原码多表示$-1$）。

- 纯整数的补码定义

$$[x]_{补}=\begin{cases}0,x, & 0\leqslant x<2^n\\ 2^{n+1}+x=2^{n+1}-|x|, & -2^n\leqslant x<0\end{cases}\pmod{2^{n+1}}$$

例如，若 $x_1=+1010$，$x_2=-1101$，字长为 8 位，则其补码表示为$[x_1]_{补}=\mathbf{0},0001010$，$[x_2]_{补}=2^8-0,0001101=\mathbf{1},1110011$。

若字长为 $n+1$，则补码的表示范围为$-2^n\leqslant x\leqslant 2^n-1$（比原码多表示$-2^n$）。

注意：零的补码表示是唯一的，即$[+0]_补 = [-0]_补 = 0.0000$。由定义$[-1]_补 = 10.0000 - 1.0000 = 1.0000$，可见，小数补码比原码多表示一个“$-1$”；整数补码比原码多表示一个“$-2^n$”。

● 变形补码

变形补码，又称模 4 补码，双符号位的补码小数，其定义为

$$[x]_补 = \begin{cases} x, & 0 \leqslant x < 1 \\ 4 + x = 4 - |x|, & -1 \leqslant x < 0 \end{cases} \pmod 4$$

模 4 补码双符号位 00 表示正，11 表示负，用在完成算术运算的 ALU 部件中。

将$[x]_补$的符号位与数值位一起右移并保持原符号位的值不变，可实现除法功能。

● 补码与真值之间的转换

对补码而言，正数和负数的转换不同。正数补码的转换方式与原码的相同。

真值转换为补码：对于正数，与原码的方式一样。对于负数，符号位取 1，其余各位由真值“各位取反，末位加 1”得到。补码转换为真值：若符号位为 0，与原码的方式一样。若符号位为 1，真值的符号为负，数值部分各位由补码“各位取反，末位加 1”得到。

（3）反码表示法（了解）

负数的补码可采用“各位取反，末位加 1”的方法得到，如果仅各位求反而末尾不加 1，那么就可得到负数的反码表示，因此负数反码的定义就是在相应的补码表示中再末位减 1。正数反码的定义和相应的补码（或原码）表示相同。

反码表示存在以下几个方面的不足：0 的表示不唯一（即存在正负 0）；表示范围比补码少一个最小负数。反码在计算机中很少使用，通常用作数码变换的中间表示形式。

（4）移码表示法

移码常用来表示浮点数的阶码。它只能表示整数。

移码就是在真值 X 上加上一个常数（偏置值），通常这个常数取 2^n，相当于 X 在数轴上向正方向偏移了若干单位，这就是“移码”一词的由来。移码定义为

$$[x]_移 = 2^n + x \ (-2^n \leqslant x < 2^n，其中机器字长为 n+1)$$

例如，若正数 $x_1 = +10101$，$x_2 = -10101$，字长为 8 位，则其移码表示为$[x_1]_移 = 2^7 + 10101 = 1, 0010101$；$[x_2]_移 = 2^7 + (-10101) = 0, 1101011$。

移码具有以下特点：

① 移码中零的表示唯一，$[+0]_移 = 2^n + 0 = [-0]_移 = 2^n - 0 = 100\cdots0$（$n$ 个“0”）。

② 一个真值的移码和补码仅差一个符号位，$[x]_补$的符号位取反即得$[x]_移$（“1”表示正，“0”表示负，这与其他机器数的符号位取值正好相反），反之亦然。

③ 移码全 0 时，对应真值的最小值-2^n；移码全 1 时，对应真值的最大值 2^n-1。

④ 移码保持了数据原有的大小顺序，移码大真值就大，移码小真值就小。

原码、补码、反码和移码这 4 种编码表示的总结如下：

① 原码、补码、反码的符号位相同，正数的机器码相同。

② 原码、反码的表示在数轴上对称，二者都存在+0 和−0 两个零。

③ 补码、移码的表示在数轴上不对称，零的表示唯一，它们比原码、反码多表示一个数。

④ 整数的补码、移码的符号位相反，数值位相同。

⑤ 负数的反码、补码末位相差 1。

⑥ 原码很容易判断大小。而负数的反码、补码很难直接判断大小，可采用如下规则快速判断：对于负数，数值部分越大，绝对值越小，真值越大（更靠近 0）。

2.1.4 整数的表示

1．无符号整数的表示

当一个编码的全部二进制位均为数值位而没有符号位时，该编码表示就是无符号整数，也直接称为无符号数。此时，默认数的符号为正。由于无符号整数省略了一位符号位，所以在字长相同的情况下，它能表示的最大数比带符号整数能表示的大。例如，8 位无符号整数，对应的表示范围为 $0\sim2^8-1$，即最大数为 255，而 8 位带符号整数的最大数是 127。

一般在全部是正数运算且不出现负值结果的场合下，使用无符号整数表示。例如，可用无符号整数进行地址运算，或用它来表示指针。

2．带符号整数的表示

将符号数值化，并将符号位放在有效数字的前面，就组成了带符号整数。虽然前面介绍的原码、补码、反码和移码都可以用来表示带符号整数，但补码表示有其明显的优势：

① 与原码和反码相比，0 的补码表示唯一。

② 与原码和移码相比，补码运算规则比较简单，且符号位可以和数值位一起参加运算。

③ 与原码和反码相比，补码比原码和反码多表示一个最小负数。

计算机中的带符号整数都用补码表示，故 n 位带符号整数的表示范围是 $-2^{n-1}\sim2^{n-1}-1$。

2.1.5 本节习题精选

单项选择题

01. 下列各种数制的数中，最小的数是（ ）。

A. $(101001)_2$　　B. $(101001)_{BCD}$　　C. $(52)_8$　　D. $(233)_{16}$

02. 两个数 7E5H 和 4D3H 相加，得（ ）。

A. BD8H　　B. CD8H　　C. CB8H　　D. CC8H

03. 若十进制数为 137.5，则其八进制数为（ ）。

A. 89.8　　B. 211.4　　C. 211.5　　D. 1011111.101

04. 一个 16 位无符号二进制数的表示范围是（ ）。

A. 0～65536　　B. 0～65535　　C. −32768～32767　　D. −32768～32768

05. 下列说法有误的是（ ）。

A. 任何二进制整数都可以用十进制表示

B. 任何二进制小数都可以用十进制表示

C. 任何十进制整数都可以用二进制表示

D. 任何十进制小数都可以用二进制表示

06. 对真值 0 表示形式唯一的机器数是（ ）。

A. 原码　　B. 补码和移码　　C. 反码　　D. 以上都不对

07. 若$[X]_补=1.1101010$，则$[X]_原=$（ ）。

A. 1.0010101　　B. 1.0010110　　C. 0.0010110　　D. 0.1101010

08. 若 X 为负数，则由$[X]_补$求$[-X]_补$是将（ ）。

A. $[X]_补$各值保持不变

B. $[X]_补$符号位变反，其他各位不变

C. $[X]_补$除符号位外，各位变反，末位加 1

D. $[X]_补$连同符号位一起变反，末位加 1

09. 8 位原码能表示的不同数据有（ ）个。

A. 15　　B. 16　　C. 255　　D. 256

10. 一个 $n+1$ 位整数 x 原码的数值范围是（　）。

A. $-2^n+1<x<2^n-1$　　B. $-2^n+1 \leqslant x<2^n-1$

C. $-2^n+1<x \leqslant 2^n-1$　　D. $-2^n+1 \leqslant x \leqslant 2^n-1$

11. n 位定点整数（有符号）表示的最大值是（　）。

A. 2^n　　B. 2^n-1　　C. 2^{n-1}　　D. $2^{n-1}-1$

12. 对于相同位数（设为 N 位，不考虑符号位）的二进制补码小数和十进制小数，二进制小数能表示的数的个数/十进制小数所能表示数的个数为（　）。

A. $(0.2)^N$　　B. $(0.2)^{N-1}$　　C. $(0.02)^N$　　D. $(0.02)^{N-1}$

13. 若定点整数为 64 位，含 1 位符号位，则采用补码表示的绝对值最大的负数为（　）。

A. -2^{64}　　B. $-(2^{64}-1)$　　C. -2^{63}　　D. $-(2^{63}-1)$

14. 下列关于补码和移码关系的叙述中，（　）是不正确的。

A. 相同位数的补码和移码表示具有相同的数据表示范围

B. 零的补码和移码表示相同

C. 同一个数的补码和移码表示，其数值部分相同，而符号相反

D. 一般用移码表示浮点数的阶，而补码表示定点整数

15. 若$[x]_补=1,x_1x_2x_3x_4x_5x_6$，其中 x_i 取 0 或 1，若要 $x>-32$，应当满足（　）。

A. x_1 为 0，其他各位任意　　B. x_1 为 1，其他各位任意

C. x_1 为 1，$x_2\cdots x_6$ 中至少有一位为 1　　D. x_1 为 0，$x_2\cdots x_6$ 中至少有一位为 1

16. 设 x 为整数，$[x]_补=1,x_1x_2x_3x_4x_5$，若要 $x<-16$，$x_1\sim x_5$ 应满足的条件是（　）。

A. $x_1\sim x_5$ 至少有一个为 1　　B. x_1 必须为 0，$x_2\sim x_5$ 至少有一个为 1

C. x_1 必须为 0，$x_2\sim x_5$ 任意　　D. x_1 必须为 1，$x_2\sim x_5$ 任意

17. 设 x 为真值，x^*为其绝对值，满足$[-x^*]_补=[-x]_补$，当且仅当（　）。

A. x 任意　　B. x 为正数　　C. x 为负数　　D. 以上说法都不对

18. 假定一个十进制数为−66，按补码形式存放在一个 8 位寄存器中，该寄存器的内容用十六进制表示为（　）。

A. C2H　　B. BEH　　C. BDH　　D. 42H

19. 设机器数采用补码表示（含 1 位符号位），若寄存器内容为 9BH，则对应的十进制数为（　）。

A. −27　　B. −97　　C. −101　　D. 155

20. 若寄存器内容为 10000000，若它等于−0，则为（　）。

A. 原码　　B. 补码　　C. 反码　　D. 移码

21. 若寄存器内容为 11111111，若它等于+127，则为（　）。

A. 反码　　B. 补码　　C. 原码　　D. 移码

22. 若寄存器内容为 11111111，若它等于−1，则为（　）。

A. 原码　　B. 补码　　C. 反码　　D. 移码

23. 若寄存器内容为 00000000，若它等于−128，则为（　）。

A. 原码　　B. 补码　　C. 反码　　D. 移码

24. 若二进制定点小数真值是−0.1101，机器表示为 1.0010，则为（　）。

A. 原码　　B. 补码　　C. 反码　　D. 移码

25. 下列为 8 位移码机器数$[x]_移$，求$[-x]_移$时，（　）将会发生溢出。

A. 11111111　　B. 00000000　　C. 10000000　　D. 01111111

26. 计算机内部的定点数大多用补码表示，以下是一些关于补码特点的叙述：

I. 零的表示是唯一的　　II. 符号位可以和数值部分一起参加运算

III. 和其真值的对应关系简单、直观　　IV. 减法可用加法来实现

在以上叙述中，(　) 是补码表示的特点。

A. I 和 II　　B. I 和 III　　C. I 和 II 和 III　　D. I 和 II 和 IV

27. 在计算机中，通常用来表示主存地址的是（　）。

A. 移码　　B. 补码　　C. 原码　　D. 无符号数

28.【2015 统考真题】由 3 个“1”和 5 个“0”组成的 8 位二进制补码，能表示的最小整数是（　）。

A. −126　　B. −125　　C. −32　　D. −3

29.【2018 统考真题】冯·诺依曼结构计算机中的数据采用二进制编码表示，其主要原因是（　）。

I. 二进制的运算规则简单　　II. 制造两个稳态的物理器件较容易

III. 便于用逻辑门电路实现算术运算

A. 仅 I、II　　B. 仅 I、III　　C. 仅 II、III　　D. I、II 和 III

30.【2021 统考真题】已知带符号整数用补码表示，变量 x, y, z 的机器数分别为 FFFDH, FFDFH, 7FFCH，下列结论中，正确的是（　）。

A. 若 x, y 和 z 为无符号整数，则 $z < x < y$

B. 若 x, y 和 z 为无符号整数，则 $x < y < z$

C. 若 x, y 和 z 为带符号整数，则 $x < y < z$

D. 若 x, y 和 z 为带符号整数，则 $y < x < z$

31.【2022 统考真题】32 位补码所能表示的整数范围是（　）。

A. $-2^{32} \sim 2^{31}-1$　　B. $-2^{31} \sim 2^{31}-1$　　C. $-2^{32} \sim 2^{32}-1$　　D. $-2^{31} \sim 2^{32}-1$

2.1.6　答案与解析

单项选择题

01. B

A 为 29H，B 为 29D，C 写成二进制数为 101010，即 2AH，显然最小的为 29D。注意，没有特殊说明时，可默认 BCD 码就是 8421 码。

02. C

在十六进制数的加减法中，逢十六进一，因此有 7E5 H + 4D3 H = CB8 H。

03. B

十进制数转换成八进制数，整数部分采用除基取余法：将整数除以 8，所得余数即为转换后的八进制数的个位数码，再将商除以 8，余数为八进制数十位上的数码，如此反复进行，直到商是 0 为止。小数部分采用乘基取整法：将小数乘以 8，所得积的整数部分即为八进制数十分位上的数码，再将此积的小数部分乘以 8，得到百分位上的数码，如此反复直到积是 1.0 为止。经转换得到的八进制数为 211.40。

04. B

一个 16 位无符号二进制数的表示范围是 $0 \sim 2^{16}-1$，即 0～65535。

05. D

选项 A、B、C 明显正确，二进制整数和十进制整数可以相互转换，仅仅是每位的位权不同而

已。而二进制的小数位只能表示 1/2, 1/4, 1/8,⋯, $1/2^n$，因此无法表示所有的十进制小数，选项 D 错误。

06. B

假设位数为 5 位(含 1 位符号位)，$[+0]_原 = 00000$，$[-0]_原 = 10000$，$[+0]_反 = 00000$，$[-0]_反 = 11111$，$[+0]_补 = [-0]_补 = 00000$，$[+0]_移 = [-0]_移 = 10000$。可知，0 的补码和移码的表示是唯一的。

07. B

若 X 为负数，则其补码转换成原码的规则是"符号位不变，数值位取反，末位加 1"，即$[X]_原 = 0010101 + 1 = 0010110$。

08. D

不论 X 是正数还是负数，由$[X]_补$求$[-X]_补$的方法是连同符号位一起，每位取反，末位加 1。

09. C

8 个二进制位有 $2^8 = 256$ 种不同表示。原码中 0 有两种表示，因此原码能表示的不同数据为 $2^8 - 1 = 255$ 个。由于 0 在反码中也有两种表示，因此若题目改为反码，答案也为选项 C。0 在补码与移码中只有一种表示，因此题目若改为补码或移码，答案为选项 D。

10. D

$n + 1$ 位整数原码的表示范围为$-2^n + 1 \leqslant x \leqslant 2^n - 1$。

11. D

n 位二进制有符号定点整数，数值位只有 $n - 1$ 位最高位为符号位，所以最大值为 $2^{n-1} - 1$。

12. A

N 位的二进制小数可以表示的数的个数为 $1 + 2^0 + 2^1 + \cdots + 2^{N-1} = 2^N$，而十进制小数能表示的数的个数为 10^N，二者的商为$(0.2)^N$。这也是为何在计算机的运算中会出现误差情况的原因，它表明仅有$(0.2)^N$概率的十进制数可以精确地用二进制表示。

13. C

对于长度为 $n+1$（含 1 位符号位）定点整数 x，用补码表示时，$x_{绝对值最大负数} = -2^n$，这里 $n = 63$。

14. B

以机器字长 5 位为例，$[0]_补 = 00000$，$[0]_移 = 2^4 + 0 = 10000$，$[0]_补 \neq [0]_移$，表示不相同，但在补码或移码中的表示形式是唯一的。

15. C

$[x]_补$的符号位为 1，所以 x 一定是负数。绝对值越小，数值越大，所以要满足 $x > -32$，则 x 的绝对值必须小于 32。因此，x_1 为 1，$x_2 \cdots x_6$ 中至少有一位为 1；这样，各位取反末尾加 1 后，x_1 一定为 0，$x_2 \cdots x_6$ 中至少有一位为 1，使得 x 的绝对值保证小于 32。

解题技巧：使用补码表示时，若符号位相同，则数值位越大码值越大。

16. C

对补码进行按位取反末尾加 1 得到原码，−16 的原码为 1, 10000，则小于−16 的原码中 x_1 为 1、x_2～x_5 至少有一个为 1，此时按位取反，末位加 1，有 x_1 必为 0，而 x_2～x_5 任意。

17. D

当 x 为 0 或为正数时，满足$[-x^*]_补 = [-x]_补$，B 为充分条件，因此选项 B 错误。而 x 为负数时，$-x$ 为正数，而$-x^*$为负数，补码的表示是唯一的，显然二者不等，因此选项 C 错误。

18. B

$x = -66$ 用二进制表示，$[x]_原 = 11000010$，则有$[x]_补 = 10111110 = $ BEH。

19. C

9BH = $(1001\ 1011)_2$，最高位的 1 表示负数，因此其真值 = $(11100101)_2$ = −(64 + 32 + 4 + 1) = −101。

20. A

值等于−0 说明只能是原码或反码（因为补码和移码表示零时是唯一的），$[-0]_{原}$ = 10000000，$[-0]_{反}$ = 11111111。

21. D

这里寄存器长度为 8，$[+127]_{原} = [+127]_{反} = [+127]_{补}$ = 01111111，又知同一数值的移码和补码除最高位相反外，其他各位相同，则$[+127]_{移}$ = 11111111 或$[+127]_{移} = 2^7$ + 01111111 = 11111111。

22. B

这里寄存器长度为 8，$[-1]_{补} = [10000001]_{补}$ = 11111111。

23. D

这里寄存器长度为 8，$[-128]_{移} = 2^7$ + (−10000000) = 00000000。

24. C

真值−0.1101，对应的原码表示为 1.1101，补码表示为 1.0011，反码表示为 1.0010，移码通常用于表示阶码，不用来表示定点小数。

25. B

选项 B 对应 8 位最小的值−128，而$-x$ = 128 发生溢出，因此无法表示其移码。

26. D

$[+0]_{补}$和$[-0]_{补}$是相同的，所以 I 正确。在进行补码定点数的加减运算时，符号作为数的一部分参加运算，所以 II 正确，$[A]_{补} - [B]_{补} = [A]_{补} + [-B]_{补}$，即将减法采用加法实现，所以 IV 正确。实际上，补码和其真值的对应关系远不如原码和其真值的对应关系简单直观，所以 III 错误。

27. D

主存地址都是正数，因此不需要符号位，因此直接采用无符号数表示。

28. B

补码整数表示时，负数的符号位为 1，绝对值是数值部分按位取反，末位加 1，因此剩下的两个“1”放在末位时，补码的绝对值最大，因此补码形式为 1000 0011，转换为真值为−125。

29. D

对于 I，二进制由于只有 0 和 1 两种数值，运算规则较简单，都通过 ALU 部件转换成加法运算。对于 II，二进制只需要高电平和低电平两个状态就可表示，这样的物理器件很容易制造。对于 III，二进制与逻辑量相吻合。二进制的 0 和 1 正好与逻辑量的“真”和“假”相对应，因此用二进制数表示二值逻辑显得十分自然，采用逻辑门电路很容易实现运算。

30. D

若 x, y 和 z 均为无符号整数，则 $x > y > z$，A 和 B 错误。若 x, y 和 z 均为带符号整数，补码的最高位是符号位，0 表示正数，1 表示负数，因此 z 为正数，而 x 和 y 为负数。对于 x 和 y 的比较，数值位取反加 1，可知 x = −3H，y = −33H，故 $x > y$。D 正确。

31. B

n 位补码整数的最小值是 1,00…0（即 -2^{n-1}）；最大值是 0,11…1（即 $2^{n-1}-1$）。n 位补码整数所能表示的范围是 $-2^{n-1} \sim 2^{n-1}-1$，32 位补码整数所能表示的范围是 $-2^{31} \sim 2^{31}-1$。

2.2　运算方法和运算电路

2.2.1　基本运算部件

在计算机中，运算器由算术逻辑单元（Arithmetic Logic Unit，ALU）、移位器、状态寄存器和通用寄存器组等组成。运算器的基本功能包括加、减、乘、除四则运算，与、或、非、异或等逻辑运算，以及移位、求补等操作。ALU 的核心部件是加法器。

1．一位全加器

全加器（FA）是最基本的加法单元，有加数 A_i、加数 B_i 与低位传来的进位 C_{i-1} 共三个输入，有本位和 S_i 与向高位的进位 C_i 共两个输出。全加器的逻辑表达式如下。

和表达式：$S_i = A_i \oplus B_i \oplus C_{i-1}$（$A_i$、$B_i$、$C_{i-1}$ 中有奇数个 1 时，$S_i = 1$；否则 $S_i = 0$）

进位表达式：$C_i = A_iB_i + (A_i \oplus B_i)C_{i-1}$

一位全加器对应的逻辑结构如图 2.3(a)所示，其逻辑符号如图 2.3(b)所示。

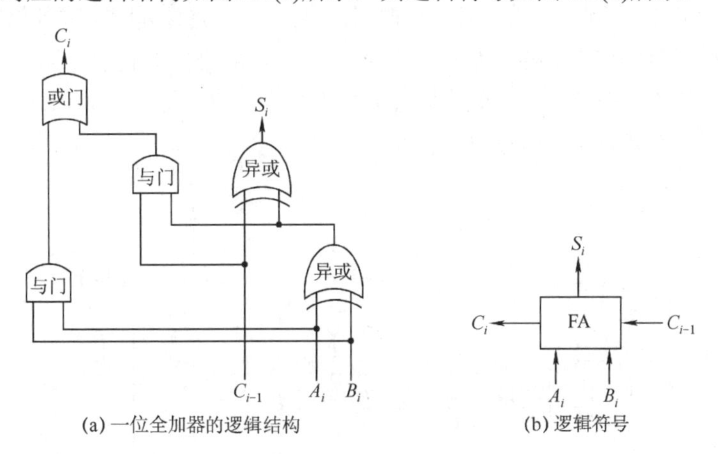

(a) 一位全加器的逻辑结构　　(b) 逻辑符号

图 2.3　一位全加器

2．串行进位加法器

把 n 个全加器相连可得到 n 位加法器，称为**串行进位加法器**，如图 2.4 所示。串行进位又称行波进位，每级进位直接依赖于前一级的进位，即进位信号是逐级形成的。

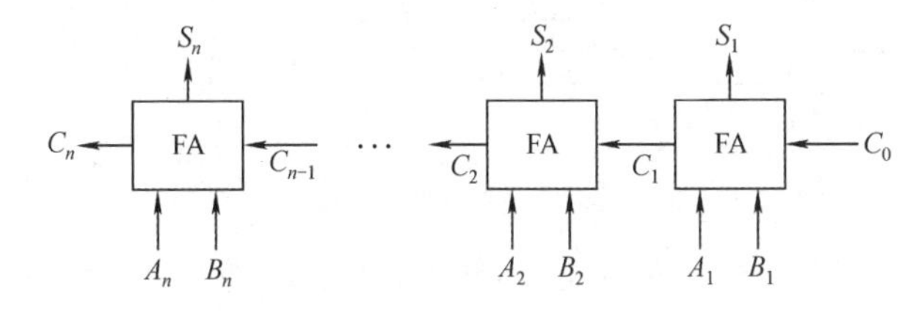

图 2.4　n 位串行进位加法器

图 2.4 中的加法器实现了两个 n 位二进制数 $A = A_nA_{n-1}\cdots A_1$ 和 $B = B_nB_{n-1}\cdots B_1$ 逐位相加的功能，得到的二进制和为 $S = S_nS_{n-1}\cdots S_1$，进位输出为 C_n。例如，当 $A = 11\cdots11$、$B = 00\cdots01$ 时，结果输出为 $S = 00\cdots00$ 且 $C_n = 1$。由于位数有限，高位自动丢失，所以实际是模 2^n 的加法运算。

在串行进位加法器中，低位运算产生进位所需的时间将影响高位运算的时间。因此，串行进位加法器的最长运算时间主要是由进位信号的传递时间决定的，位数越多延迟时间就越长，而全加器本身的求和延迟只为次要因素，所以加快进位产生和提高传递的速度是关键。

3．并行进位加法器

令 $G_i = A_iB_i$，$P_i = A_i \oplus B_i$，全加器的进位表达式为

$$C_i = G_i + P_iC_{i-1}\text{（}G_i = 1 \text{ 或 } P_iC_{i-1} = 1 \text{ 时，}C_i = 1\text{）}$$

式中，当 A_i 与 B_i 都为 1 时，C_i=1，即有进位信号产生，所以称 A_iB_i 为*进位产生函数*（本地进位），用 G_i 表示。$A_i \oplus B_i$=1 且 C_{i-1}=1 时，C_i=1。可视为 $A_i \oplus B_i$=1，第 $i-1$ 位的进位信号 C_{i-1} 可以通过本位向高位传送。因此称 $A_i \oplus B_i$ 为*进位传递函数*（进位传递条件），用 P_i 表示。

将 G_i 和 P_i 代入前面 C_1～C_4 的公式，可得

$$\begin{aligned}
C_1 &= G_1 + P_1C_0 \\
C_2 &= G_2 + P_2C_1 = G_2 + P_2G_1 + P_2P_1C_0 \\
C_3 &= G_3 + P_3C_2 = G_3 + P_3G_2 + P_3P_2G_1 + P_3P_2P_1C_0 \\
C_4 &= G_4 + P_4C_3 = G_4 + P_4G_3 + P_4P_3G_2 + P_4P_3P_2G_1 + P_4P_3P_2P_1C_0
\end{aligned}$$

从上述表达式可以看出，C_i 仅与 A_i、B_i 及最低进位 C_0 有关，相互间的进位没有依赖关系。只要 A_1～A_4、B_1～B_4 和 C_0 同时到达，就可几乎同时形成 C_1～C_4，并且同时生成各位的和。

实现上述逻辑表达式的电路称为先行进位（也称超前进位）部件，简称 CLA 部件，如图 2.5(a)所示。通过这种进位方式实现的加法器称为全先行进位加法器。因为各个进位是并行产生的，所以是一种并行加法器，如图 2.5(b)所示。

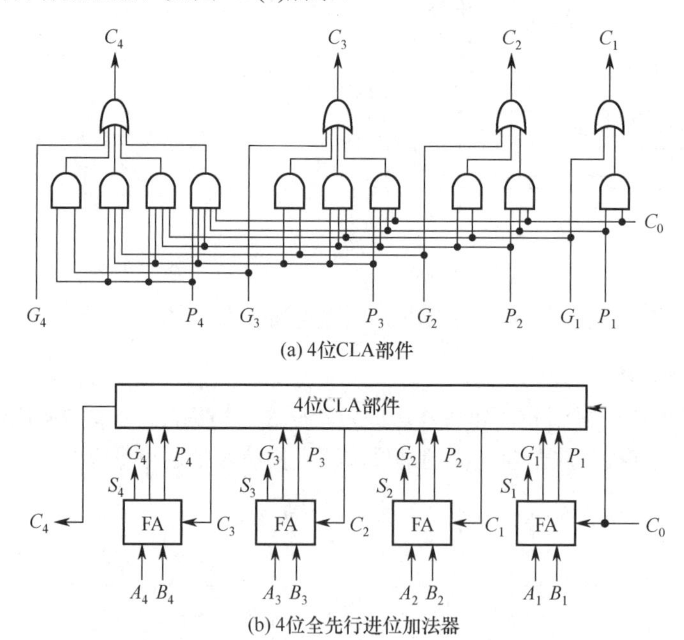

图 2.5　4 位 CLA 部件和 4 位全先行进位加法器

这种进位方式是快速的，与位数无关。但随着加法器位数的增加，C_i 的逻辑表达式会变得越来越长，这会使电路结构变得很复杂。因此，当位数较多时采用全先行进位是不现实的。

更多位数的加法器可通过将 CLA 部件或全先行进位加法器串接起来实现。例如，对于 16 位加法器，可以分成 4 组，组内为 4 位先行进位，组间串行进位。为了进一步提高运算速度，也可以采用组内和组间都并行的进位方式。因为两级先行进位加法器组内和组间都采用先行进位方

式，其延迟和加法器的位数没有关系。所以，通常采用两级或多级先行进位加法器。

4．带标志加法器

无符号数加法器只能用于两个无符号数相加，不能进行带符号整数的加/减运算。为了能进行带符号整数的加/减运算，还需要在无符号数加法器的基础上增加相应的逻辑门电路，使得加法器不仅能计算和/差，还要能生成相应的标志信息。图 2.6 是带标志加法器的实现电路。

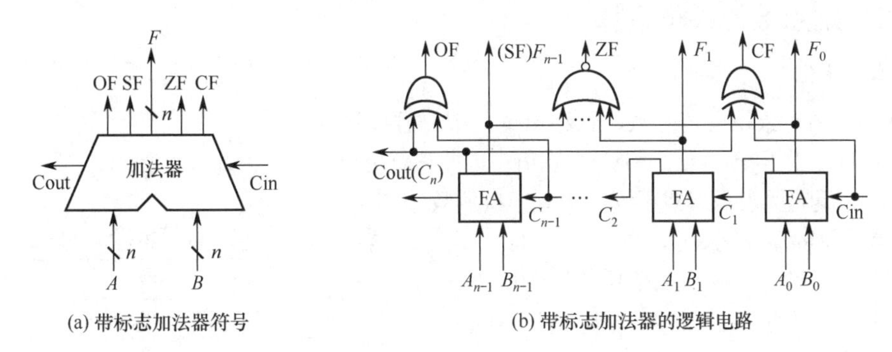

图 2.6　用全加器实现 n 位带标志加法器的电路

在图 2.6 中，溢出标志的逻辑表达式为 $\mathrm{OF} = C_n \oplus C_{n-1}$；符号标志就是和的符号，即 $\mathrm{SF} = F_{n-1}$；零标志 ZF = 1 当且仅当 $F = 0$；进位/借位标志 $\mathrm{CF} = C_{\mathrm{out}} \oplus C_{\mathrm{in}}$，即当 $C_{\mathrm{in}} = 0$ 时，CF 为进位 C_{out}，当 $C_{\mathrm{in}} = 1$ 时，CF 为进位 C_{out} 取反。

值得注意的是，为了加快加法运算的速度，实际电路一定使用多级先行进位方式，图 2.6(b) 是为了说明如何从加法运算结果中获得标志信息，因而使用全加器简化了加法器电路。

5．算术逻辑单元（ALU）

ALU 是一种功能较强的组合逻辑电路，它能进行多种算术运算和逻辑运算。由于加、减、乘、除运算最终都能归结为加法运算，因此 ALU 的核心是带标志加法器，同时也能执行“与”“或”“非”等逻辑运算。ALU 的基本结构如图 2.7 所示，其中 A 和 B 是两个 n 位操作数输入端，C_{in} 是进位输入端，ALUop 是操作控制端，用来决定 ALU 所执行的处理功能。例如，ALUop 选择 Add 运算，ALU 就执行加法运算，输出的结果就是 A 加 B 之和。ALUop 的位数决定了操作的种类。例如，当位数为 3 时，ALU 最多只有 8 种操作。

图 2.8 给出了能够完成 3 种运算“与”、“或”和“加法”的一位 ALU 结构图。其中，一位加法用一个全加器实现，在 ALUop 的控制下，由一个多路选择器（MUX）选择输出 3 种操作结果之一。这里有 3 种操作，所以 ALUop 至少要有两位。

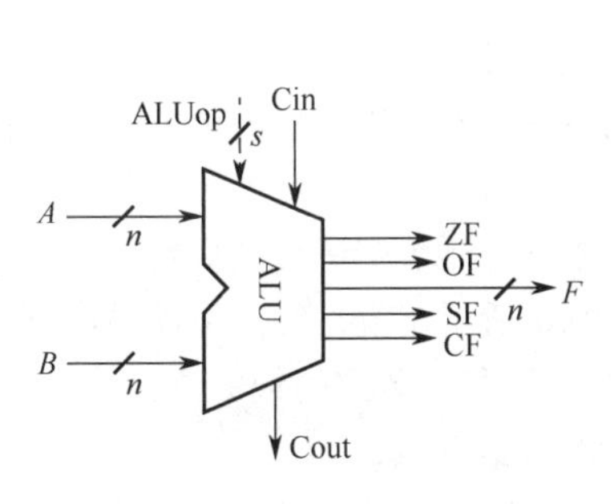

图 2.7　ALU 的基本结构

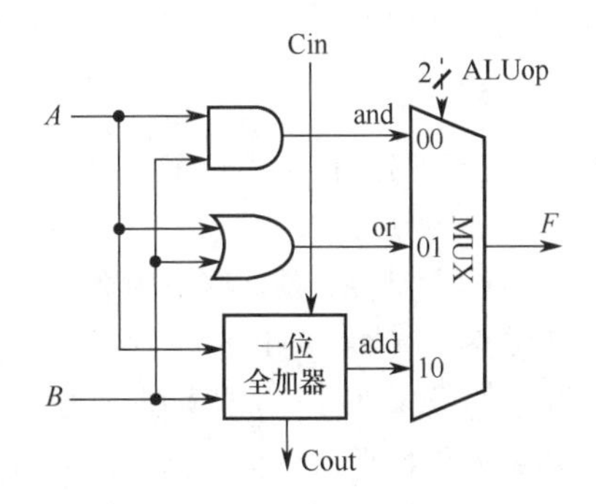

图 2.8　一位 ALU 的结构

同时，ALU 也可以实现左移或右移的移位操作。

注意：MUX 是多路选择开关（多路选择器），它从多个输入信号中选择一个送到输出端。

注意：如对电路基础知识不太熟悉，可参阅电路相关教材的基础部分。对此节电路内容亦不必过分深究，目前统考对电路的要求并不高，很少涉及。

2.2.2　定点数的移位运算

1．算术移位

算术移位的对象是有符号数，在移位过程中符号位保持不变。

对于正数，由于$[x]_{原} = [x]_{补} = [x]_{反}$ = 真值，因此移位后出现的空位均以 0 添之。对于负数，由于原码、补码、反码的表示形式不同，因此当机器数移位时，对其空位的添补规则也不同。

表 2.1　不同机器数算术移位后的空位添补规则

	码制	添补代码
正数	原码、补码、反码	0
负数	原码	0
	补码	左移添 0
		右移添 1
	反码	1

对于带符号数，左移一位若不产生溢出，相当于乘以 2（与十进制的左移一位相当于乘以 10 类似），右移一位，若不考虑因移出而舍去的末位尾数，相当于除以 2。

由表 2.1 可以得出如下结论。

① 负数的原码数值部分与真值相同，故在移位时只要使符号位不变，其空位均添 0。

② 负数的反码各位除符号位外与负数的原码正好相反，故移位后所添的代码应与原码相反，即全部添 1。

③ 分析由原码得到补码的过程发现，当对其由低位向高位找到第一个“1”时，在此“1”左边的各位均与对应的反码相同，而在此“1”右边的各位（包括此“1”在内）均与对应的原码相同。故负数的补码左移时，因空位出现在低位，则添补的代码与原码相同，即添 0；右移时因空位出现在高位，则添补的代码应与反码相同，即添 1。

三种机器数算术移位后的符号位均不变。对于正数，左移时，高位丢 1，结果出错；右移时最低位丢 1，影响精度。对于负数，负数的原码左移时，高位丢 1，结果出错；右移时，低位丢 1，影响精度。负数的补码左移时，高位丢 0，结果出错；右移时，低位丢 1，影响精度。负数的反码左移时，高位丢 0，结果出错；右移时，低位丢 0，影响精度。

2．逻辑移位

逻辑移位将操作数视为无符号数。

移位规则：逻辑左移时，高位移丢，低位添 0；逻辑右移时，低位移丢，高位添 0。

3．循环移位

循环移位分为带进位标志位 CF 的循环移位（大循环）和不带进位标志位的循环移位（小循环），过程如图 2.9 所示。

循环移位的主要特点是，移出的数位又被移入数据中，而是否带进位则要看是否将进位标志位加入循环位移。例如，带进位位的循环左移，如图 2.9(d)所示，就是数据位连同进位标志位一起左移，数据的最高位移入进位标志位 CF，而进位位则依次移入数据的最低位。

循环移位操作特别适合将数据的低字节数据和高字节数据互换。

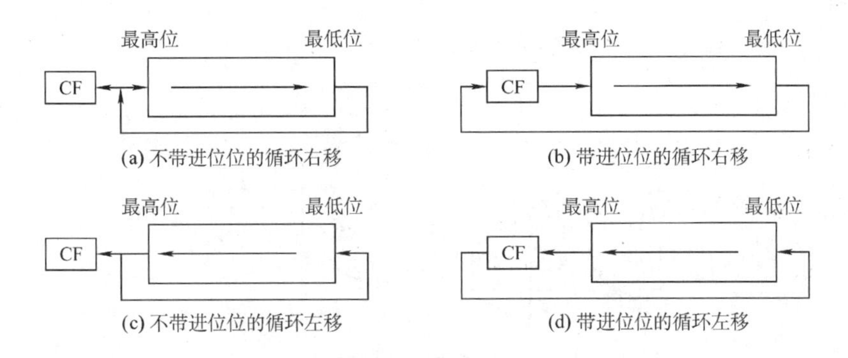

图 2.9　循环移位

2.2.3　定点数的加减运算

事实上，在机器内部并没有小数点，只是人为约定了小数点的位置，小数点约定在最左边就是定点小数，小数点约定在最右边就是定点整数。因此，在运算过程中，可以不用考虑对应的定点数是小数还是整数，而只需关心它们的符号位和数值位即可。

1．补码的加减法运算

补码加减运算规则简单，易于实现。补码加减运算的公式如下（设机器字长为 $n+1$）。

$$[A+B]_{补}=[A]_{补}+[B]_{补}\ (\bmod 2^{n+1})$$

$$[A-B]_{补}=[A]_{补}+[-B]_{补}\ (\bmod 2^{n+1})$$

补码运算的特点如下。

1）按二进制运算规则运算，逢二进一。

2）若做加法，两数的补码直接相加；若做减法，则将被减数与减数的机器负数相加。

3）符号位与数值位一起参与运算，加、减运算结果的符号位也在运算中直接得出。

4）最终运算结果的高位丢弃，保留 n+1 位，运算结果亦为补码。

【例 2.6】 设机器字长为 8 位（含 1 位符号位），$A=15$，$B=24$，求$[A+B]_{补}$和$[A-B]_{补}$。

解：

$A=+15=+0001111$，$B=+24=+0011000$；得$[A]_{补}=00001111$，$[B]_{补}=00011000$。

求得$[-B]_{补}=11101000$。所以

$[A+B]_{补}=00001111+00011000=00100111$，符号位为 0，对应真值为+39。

$[A-B]_{补}=[A]_{补}+[-B]_{补}=00001111+11101000=11110111$，符号位为 1，对应真值为−9。

2．补码加减运算电路

已知一个数的补码表示为 Y，则这个数的负数的补码为 $\overline{Y}+1$，因此，只要在原加法器的 Y 输入端加 n 个反向器以实现各位取反的功能，然后加一个 2 选 1 多路选择器，用一个控制端 Sub 来控制，以选择是将 Y 输入加法器还是将 $\overline{Y}$ 输入加法器，并将控制端 Sub 同时作为低位进位送到加法器，如图 2.10 所示。该电路可实现补码加减运算。当控制端 Sub 为 1 时，做减法，实现 $X+\overline{Y}+1=[x]_{补}+[-y]_{补}$；当控制端 Sub 为 0 时，做加法，实现 $X+Y=[x]_{补}+[y]_{补}$。

图 2.10 中的加法器是带标志加法器。无符号整数的二进制表示相当于正整数的补码表示，因此，该电路同时也能实现无符号整数的加/减运算。对于带符号整数 x 和 y，图中 X 和 Y 分别是 x 和 y 的补码表示；对于无符号整数 x 和 y，图中 X 和 Y 分别是 x 和 y 的二进制表示。

可通过标志信息来区分带符号整数运算结果和无符号整数运算结果。

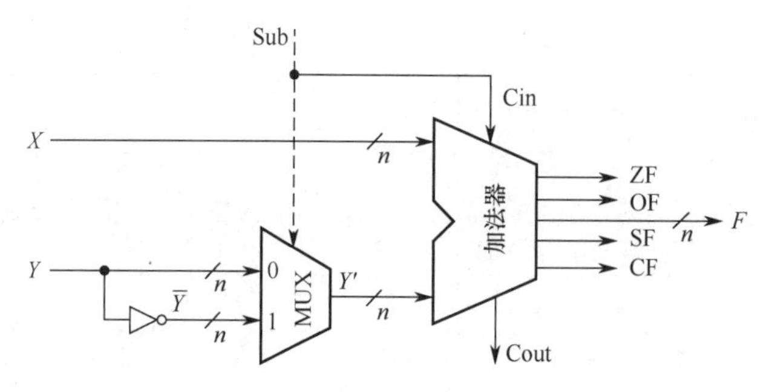

图 2.10　补码加减运算部件

零标志 ZF = 1 表示结果 F 为 0。不管对于无符号数还是带符号整数运算，ZF 都有意义。

溢出标志 OF = 1 表示带符号整数运算时发生溢出。对于无符号数运算，OF 没有意义。

符号标志 SF 表示结果的符号，即 F 的最高位。对于无符号数运算，SF 没有意义。

进/借位标志 CF 表示无符号整数运算时的进位/借位，判断是否发生溢出。加法时，CF = 1 表示结果溢出，因此 CF 等于进位输出 C_{out}。减法时，CF = 1 表示有借位，即不够减，故 CF 等于进位输出 C_{out} 取反。综合可得 CF = Sub ⊕ C_{out}。对于带符号数运算，CF 没有意义。

3．溢出判别方法

仅当两个符号相同的数相加或两个符号相异的数相减才可能产生溢出，如两个正数相加，而结果的符号位却为 1（结果为负）；一个负数减去一个正数，结果的符号位却为 0（结果为正）。

补码定点数加减运算溢出判断的方法有 3 种。

（1）采用一位符号位

由于减法运算在机器中是用加法器实现的，因此无论是加法还是减法，只要参加操作的两个数符号相同，结果又与原操作数符号不同，则表示结果溢出。

设 A 的符号为 A_s，B 的符号为 B_s，运算结果的符号为 S_s，则溢出逻辑表达式为

$$V = A_s B_s \overline{S_s} + \overline{A_s}\,\overline{B_s} S_s$$

若 $V = 0$，表示无溢出；若 $V = 1$，表示有溢出。

（2）采用双符号位

双符号位法也称模 4 补码。运算结果的两个符号位 $S_{s1}S_{s2}$ 相同，表示未溢出；运算结果的两个符号位 $S_{s1}S_{s2}$ 不同，表示溢出，此时最高位符号位代表真正的符号。

符号位 $S_{s1}S_{s2}$ 的各种情况如下：

① $S_{s1}S_{s2} = 00$：表示结果为正数，无溢出。

② $S_{s1}S_{s2} = 01$：表示结果正溢出。

③ $S_{s1}S_{s2} = 10$：表示结果负溢出。

④ $S_{s1}S_{s2} = 11$：表示结果为负数，无溢出。

溢出逻辑判断表达式为 $V = S_{s1} \oplus S_{s2}$，若 $V = 0$，表示无溢出；若 $V = 1$，表示有溢出。

（3）采用一位符号位根据数据位的进位情况判断溢出

若符号位的进位 C_s 与最高数位的进位 C_1 相同，则说明没有溢出，否则表示发生溢出。溢出逻辑判断表达式为 $V = C_s \oplus C_1$，若 $V = 0$，表示无溢出；$V = 1$，表示有溢出。

4．原码的加减法运算（了解）

设$[X]_{原} = x_s.x_1x_2\cdots x_n$ 和$[Y]_{原} = y_s.y_1y_2\cdots y_n$，进行加减运算的规则如下。

加法规则：先判符号位，若相同，则绝对值相加，结果符号位不变；若不同，则做减法，绝

对值大的数减去绝对值小的数，结果符号位与绝对值大的数相同。

减法规则：两个原码表示的数相减，首先将减数符号取反，然后将被减数与符号取反后的减数按原码加法进行运算。

注意： 运算时注意机器字长，当左边位出现溢出时，将溢出位丢掉。

2.2.4　定点数的乘除运算

1．定点数的乘法运算

乘法运算由累加和右移操作实现，可分为原码一位乘法和补码一位乘法。

（1）原码一位乘法

原码一位乘法的特点是符号位与数值位是分开求的，乘积符号由两个数的符号位"异或"形成，而乘积的数值部分则是两个数的绝对值相乘之积。

设$[X]_{原} = x_s.x_1x_2\cdots x_n$，$[Y]_{原} = y_s.y_1y_2\cdots y_n$，则运算规则如下：

① 被乘数和乘数均取绝对值参加运算，看作无符号数，符号位为$x_s \oplus y_s$。

② 部分积是乘法过程的中间结果。乘数的每一位y_i乘以被乘数得$X \times y_i$后，将该结果与前面所得的结果累加，就是部分积，初值为 0。

③ 从乘数的最低位y_n开始判断：若$y_n = 1$，则部分积加上被乘数$|x|$，然后右移一位；若$y_n = 0$，则部分积加上 0，然后右移一位。

④ 重复步骤③，判断n次。

由于参与运算的是两个数的绝对值，因此运算过程中的右移操作均为逻辑右移。

注意： 考虑到运算过程中部分积和乘数做加法时，可能出现部分积大于 1 的情况（产生进位），但此刻并非溢出，所以部分积和被乘数取双符号位。

【例 2.7】 设$x = -0.1101$，$y = 0.1011$，采用原码一位乘法求$x \cdot y$。

解：$|x| = 00.1101$，$|y| = 00.1011$，原码一位乘法的求解过程如下。

```
        (高位部分积)        (低位部分积/乘数)     说明
              00.0000              1011 丢失位    起始情况
   +|x|       00.1101                             y4=1, 则+|x|
              -------
              00.1101
   右移       00.0110   -----   1101 1            右移部分积和乘数
   +|x|       00.1101                             y4=1, 则+|x|
              -------
              01.0011
   右移       00.1001   -----   1110 11           右移部分积和乘数
   +0         00.0000                             y4=0, 则+0
              -------
              00.1001
   右移       00.0100   -----   1111 011          右移部分积和乘数
   +|x|       00.1101                             y4=1, 则+|x|
              -------
              01.0001
   右移       00.1000   -----   1111 1011         右移部分积和乘数
                                                  乘数全部移出
              \_______________________/
                   结果的绝对值部分
```

符号位$P_s = x_s \oplus y_s = 1 \oplus 0 = 1$，得$x \cdot y = -0.10001111$。

（2）无符号数乘法运算电路

图 2.11 是实现两个 32 位无符号数乘法的逻辑结构图。

在图 2.11 中，部分积和被乘数X做无符号数加法时，可能产生进位，因此需要一个专门的进位位C。乘积寄存器P初始时置 0。计数器C_n初值为 32，每循环一次减 1。ALU 是乘法器核心部件，对乘积寄存器 P 和被乘数寄存器 X 的内容做“无符号加法”运算，运算结果送回寄存器 P，进位存放在 C 中。每次循环都对进位位 C、乘积寄存器 P 和乘数寄存器 Y 实现同步“逻辑右移”，此时，进位位 C 移入寄存器 P 的最高位，寄存器 Y 的最低位移出。每次从寄存器 Y 移出的最低位都被送到控制逻辑，以决定被乘数是否“加”到部分积上。

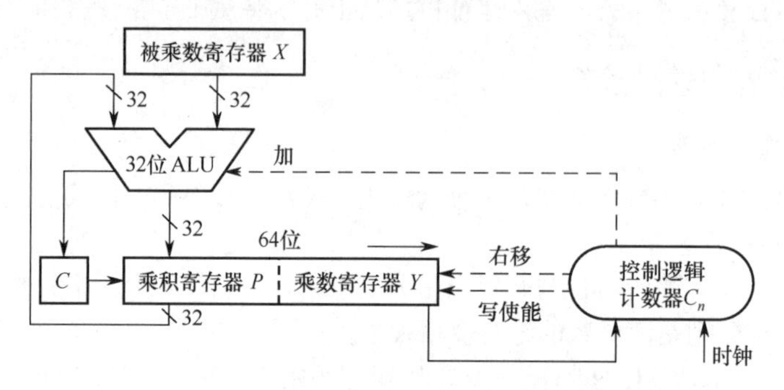

图 2.11　32 位无符号数乘法运算的逻辑结构图

（3）补码一位乘法（Booth 算法）

这是一种有符号数的乘法，采用相加和相减操作计算补码数据的乘积。

设$[X]_补 = x_s.x_1x_2\cdots x_n$，$[Y]_补 = y_s.y_1y_2\cdots y_n$，则运算规则如下：

① 符号位参与运算，运算的数均以补码表示。

② 被乘数一般取双符号位参与运算，部分积取双符号位，初值为 0，乘数取单符号位。

③ 乘数末位增设附加位 y_{n+1}，初值为 0。

④ 根据(y_n, y_{n+1})的取值来确定操作，见表 2.2。

⑤ 移位按补码右移规则进行。

⑥ 按照上述算法进行 $n+1$ 步操作，但第 $n+1$ 步不再移位（共进行 $n+1$ 次累加和 n 次右移），仅根据 y_n 与 y_{n+1} 的比较结果做相应的运算。

表 2.2　Booth 算法的移位规则

y_n（高位）	y_{n+1}（低位）	操作
0	0	部分积右移一位
0	1	部分积加$[X]_补$，右移一位
1	0	部分积加$[-X]_补$，右移一位
1	1	部分积右移一位

【例 2.8】 设 $x = -0.1101$，$y = 0.1011$，采用 Booth 算法求 $x \cdot y$。

解：$[x]_补 = 11.0011$，$[-x]_补 = 00.1101$，$[y]_补 = 0.1011$。Booth 算法的求解过程如下。

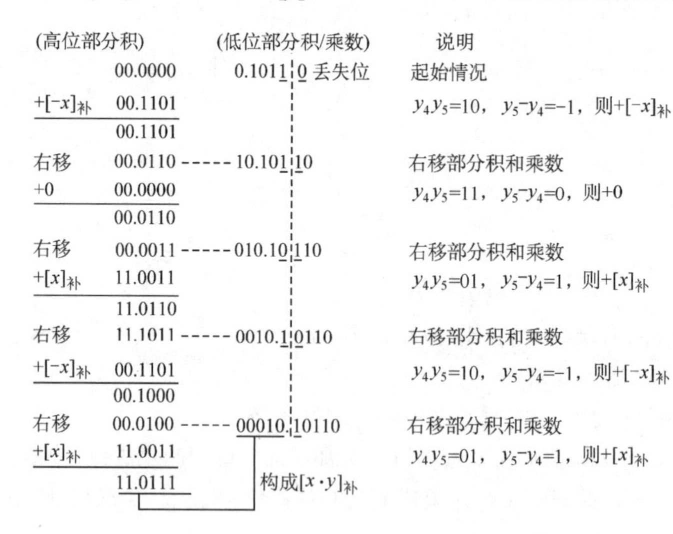

所以$[x \cdot y]_{补} = 1.01110001$，得 $x \cdot y = -0.10001111$。

（4）补码乘法运算电路

图 2.12 是实现 32 位补码一位乘法的逻辑结构图，和图 2.11 所示的逻辑结构很相似。因为是带符号数运算，不需要专门的进位位。每次循环，乘积寄存器 P 和乘数寄存器 Y 实现同步“算术右移”，每次从寄存器 Y 移出的最低位和它的前一位来决定是$-[x]_{补}$、$+[x]_{补}$还是+0。

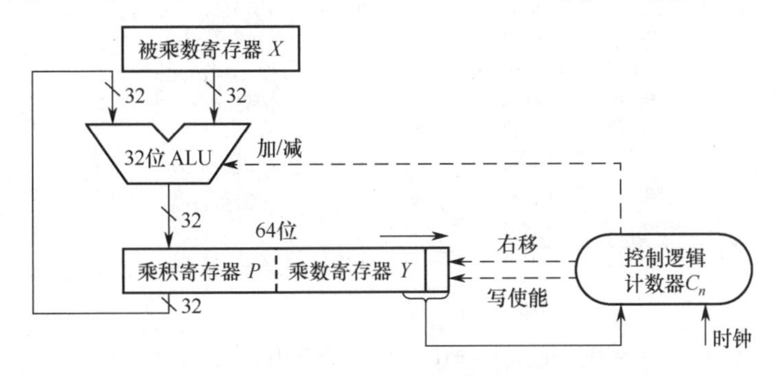

图 2.12　补码一位乘法的逻辑结构图

2．定点数的除法运算

除法运算可转换成“累加－左移”（逻辑左移），分为原码除法和补码除法。

（1）符号扩展

在算术运算中，有时必须把带符号的定点数转换成具有不同位数的表示形式。例如，某个程序需要将一个 8 位整数与另外一个 32 位整数相加，要想得到正确的结果，在将 8 位整数与 32 位整数相加之前，必须将 8 位整数转换成 32 位整数形式，这称为“符号扩展”。

正数的符号扩展非常简单，即符号位不变，新表示形式的所有扩展位都用 0 进行填充。

负数的符号扩展方法则根据机器数的不同而不同。原码表示负数的符号扩展方法与正数相同，只不过此时符号位为 1。补码表示负数的符号扩展方法：原有形式的符号位移动到新形式的符号位上，新表示形式的所有附加位都用 1（对于整数）或 0（对于小数）进行填充。

（2）原码除法运算（不恢复余数法）

原码不恢复余数法也称原码加减交替除法。特点是商符和商值是分开进行的，减法操作用补码加法实现，商符由两个操作数的符号位“异或”形成。求商值的规则如下。

设被除数$[X]_{原} = x_s.x_1x_2\cdots x_n$，除数$[Y]_{原} = y_s.y_1y_2\cdots y_n$，则

① 商的符号：$Q_s = x_s \oplus y_s$。

② 商的数值：$|Q| = |X|/|Y|$。

求$|Q|$的不恢复余数法运算规则如下。

① 先用被除数减去除数（$|X| - |Y| = |X| + (-|Y|) = |X| + [-|Y|]_{补}$），当余数为正时，商上 1，余数和商左移一位，再减去除数；当余数为负时，商上 0，余数和商左移一位，再加上除数。

② 当第 $n+1$ 步余数为负时，需加上$|Y|$得到第 $n+1$ 步正确的余数（余数与被除数同号）。

【例 2.9】 设 $x = 0.1011$，$y = 0.1101$，采用原码加减交替除法求 x/y。

解：$|x| = 0.1011$，$|y| = 0.1101$，$[|y|]_{补} = 0.1101$，$[-|y|]_{补} = 1.0011$。

原码不恢复余数法的求解过程如下。

	被除数	商	说明
	0.1011	0.0000	起始情况
+[-|y|]补	1.0011		-|y|即+[-|y|]补
	1.1110	0.0000	部分余数为负，商上0
左移	1.1100 --------	0.0000	余数和商左移一位
+[|y|]补	0.1101		+|y|
	0.1001	0.0001	部分余数为正，商上1
左移	1.0010 --------	0.0010	余数和商左移一位
+[-|y|]补	1.0011		-|y|即+[-|y|]补
	0.0101	0.0011	部分余数为正，商上1
左移	0.1010 --------	0.0110	余数和商左移一位
+[-|y|]补	1.0011		-|y|即+[-|y|]补
	1.1101	0.0110	部分余数为负，商上0
左移	1.1010 --------	0.1100	余数和商左移一位
+[|y|]补	0.1101		+|y|
	0.0111	0.1101	部分余数为正，商上1
	↑余数	↑商	

因此 $Q_s = x_s \oplus y_s = 0 \oplus 0 = 0$，得 $x/y = +0.1101$，余 0.0111×2^{-4}。

（3）补码除法运算（加减交替法）

补码一位除法的特点是，符号位与数值位一起参加运算，商符自然形成。除法第一步根据被除数和除数的符号决定是做加法还是减法；上商的原则根据余数和除数的符号位共同决定，同号上商“1”，异号上商“0”；最后一步商恒置“1”。

加减交替法的规则如下：

① 符号位参加运算，除数与被除数均用补码表示，商和余数也用补码表示。

② 若被除数与除数同号，则被除数减去除数；若被除数与除数异号，则被除数加上除数。

③ 若余数与除数同号，则商上 1，余数左移一位减去除数；若余数与除数异号，则商上 0，余数左移一位加上除数。

④ 重复执行第③步操作 n 次。

⑤ 若对商的精度没有特殊要求，则一般采用“末位恒置 1”法。

【例 2.10】 设 $x = 0.1000$，$y = -0.1011$，采用补码加减交替法求 x/y。

解：采用两位符号表示，$[x]_{原} = 00.1000$，则$[x]_{补} = 00.1000$。$[y]_{原} = 11.1011$，则$[y]_{补} = 11.0101$，$[-y]_{补} = 00.1011$。补码加减交替法的求解过程如下。

	被除数	商	说明
	00.1000	0.0000	起始情况
+[y]补	11.0101		[x]补、[y]补异号，则+[y]补
	11.1101	0.0001	部分余数与[y]补同号，则商上1
左移	11.1010 --------	0.0010	左移一位
+[-y]补	00.1011		+[-y]补
	00.0101	0.0010	部分余数与[y]补异号，则商上0
左移	00.1010 --------	0.0100	左移一位
+[y]补	11.0101		+[y]补
	11.1111	0.0101	部分余数与[y]补同号，则商上1
左移	11.1110 --------	0.1010	左移一位
+[-y]补	00.1011		+[-y]补
	00.1001	0.1010	部分余数与[y]补异号，则商上0
左移	01.0010 --------	1.0100	左移一位
+[y]补	11.0101		+[y]补
	00.0111	1.0101	末位恒置1
	↑余数	↑商	

所以有$[x/y]_{补} = 1.0101$，余 0.0111×2^{-4}。

由例 2.9 和例 2.10 可知，n 位定点数的除法运算，实际上是用一个 $2n$ 位的数去除以一个 n 位的数，得到一个 n 位的商，因此需要对被除数进行扩展。对于 n 位定点正小数，只需在被除数低位添 n 个 0 即可。对于 n 位无符号数或定点正整数，只需在被除数高位添 n 个 0 即可。

（4）除法运算电路

图 2.13 是一个 32 位除法逻辑结构图，它和乘法逻辑结构也很相似。

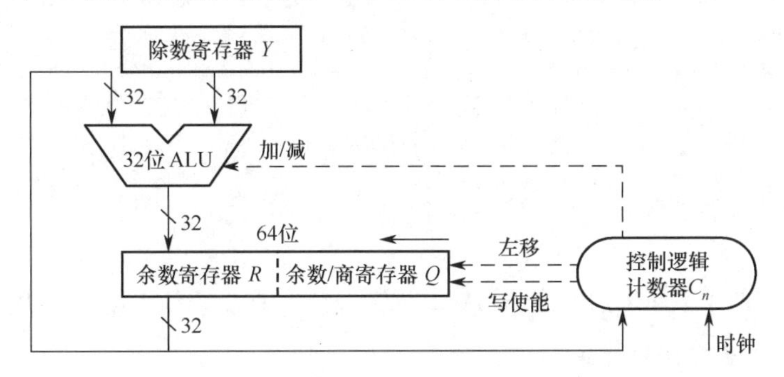

图 2.13　32 位除法运算的逻辑结构图

初始时，寄存器 R 存放扩展被除数的高位部分，寄存器 Q 存放扩展被除数的低位部分。ALU 是除法器核心部件，对余数寄存器 R 和除数寄存器 Y 的内容做加/减运算，运算结果送回寄存器 R。每次循环，寄存器 R 和 Q 实现同步左移，左移时，Q 的最高位移入 R 的最低位，Q 中空出的最低位被上商。每次由控制逻辑根据 ALU 运算结果的符号来决定上商是 0 还是 1。

2.2.5　C 语言中的整数类型及类型转换

统考大纲要求考生具有对高级程序设计语言（如 C 语言）中相关问题进行分析的能力，而 C 语言变量之间的类型转换是统考中经常出现的题目，需要读者深入掌握这一内容。

1．有符号数和无符号数的转换

C 语言允许在不同的数据类型之间做强制类型转换，而从数学的角度来说，可以想到很多不同的转换规则。就用户使用而言，对于两者都能表示的数，当然希望转换过程中数值本身不发生任何变化，而那些转换过后无法表示的数呢？请先观察如下这段程序：

```
int main(){
short x=-4321;
unsigned short y=(unsigned short)x;
printf("x=%d, y=%u\n", x, y);
}
```

有符号数 x 是一个负数，而无符号数 y 的表示范围显然不包括 x 的值。读者可以自己猜想一下这段程序的运行结果，再比较下面给出的运行结果。

在采用补码的机器上，上述代码会输出如下结果：

$$x = -4321, y = 61215$$

最后的结果中，得到的 y 值似乎与原来的 x 没有一点关系。不过将这两个数化为二进制表示时，我们就会发现其中的规律，如表 2.3 所示。

其中 x 为补码表示，y 为无符号的二进制真值。观察可知，将 short int 强制转换为 unsigned short 只改变数值，而两个变量对应的每位都是一样的。通过这个例子就可以知道，强制类型转换的结果保持位值不变，仅改变了解释这些位的方式。

表 2.3 y 与 x 的对比

变量	值	位															
		15	14	13	12	11	10	9	8	7	6	5	4	3	2	1	0
x	−4321	1	1	1	0	1	1	1	1	0	0	0	1	1	1	1	1
y	61215	1	1	1	0	1	1	1	1	0	0	0	1	1	1	1	1

下面再来看一个 unsigned short 型转换到 short 型的例子。考虑如下代码：

```
int main(){
unsigned short x=65535;
short y=(short)x;
printf("x=%u, y=%d\n", x, y);
}
```

同样在采用补码的机器上，上述代码会输出以下结果：

x = 65535, y = −1

同样可以把这两个数用之前的方法写成二进制，然后证实我们之前得出的结论。

2．不同字长整数之间的转换

另一种常见的运算是在不同字长的整数之间进行数值转换。先观察如下程序：

```
int main(){
int x=165537, u=-34991;            //int 型占用 4B
short y=(short)x, v=(short)u;      //short 型占用 2B
printf("x=%d, y=%d\n", x, y);
printf("u=%d, v=%d\n", u, v);
}
```

这段程序可以得到如下结果：

```
x = 165537, y = -31071
u = -34991, v = 30545
```

其中 x、y、u、v 的十六进制表示分别为 0x000286a1、0x86a1、0xffff7751、0x7751，观察上述数字很容易得出结论，当大字长变量向小字长变量强制类型转换时，系统把多余的高位部分直接截断，低位直接赋值，因此也是一种保持位值的处理方法。

最后来看小字长变量向大字长变量转换的情况。先观察下面这段程序：

```
int main(){
short x=-4321;
int y=x;
unsigned short u=(unsigned short)x;
unsigned int v=u;
printf("x=%d, y=%d\n", x, y);
printf("u=%u, v=%u\n", u, v);
}
```

运行结果如下：

```
x = -4321, y = -4321
u = 61215, v = 61215
```

x、y、u、v 的十六进制表示分别是 0xef1f、0xffffef1f、0xef1f、0x0000ef1f。由本例可知，短字长到长字长的转换时，不仅要使相应的位值相等，还要对高位部分进行扩展。如果原数字是无符号整数，则进行零扩展，扩展后的高位部分用 0 填充。否则进行符号扩展，扩展后的高位部分用原数字符号位填充。其实两种方式扩展的高位部分都可理解为原数字的符号位。这与之前的三个举例都不一样，从位值与数值的角度说，前三个举例的转换规则都是保证相应的位值相等，而短字长到长字长的转换，在位值相等的条件下还要补充高位的符号位，可以理解为数值的相等。注意，char 类型为 8 位无符号整数，其在转换为 int 时高位补 0 即可。

2.2.6　数据的存储和排列

1．数据的“大端方式”和“小端方式”存储

在存储数据时，数据从低位到高位可以按从左到右排列，也可以按从右到左排列。因此，无法用最左或最右来表征数据的最高位或最低位，通常用最低有效字节（LSB）和最高有效字节（MSB）来分别表示数的低位和高位。例如，在 32 位计算机中，一个 int 型变量 i 的机器数为 01 23 45 67H，其最高有效字节 MSB = 01H，最低有效字节 LSB = 67H。

现代计算机基本上都采用字节编址，即每个地址编号中存放 1 字节。不同类型的数据占用的字节数不同，int 和 float 型数据占 4 字节，double 型数据占 8 字节等，而程序中对每个数据只给定一个地址。假设变量 i 的地址为 08 00H，字节 01H、23H、45H、67H 应该各有一个内存地址，那么地址 08 00H 对应 4 字节中哪字节的地址呢？这就是字节排列顺序问题。

多字节数据都存放在连续的字节序列中，根据数据中各字节在连续字节序列中的排列顺序不同，可以采用两种排列方式：大端方式（big endian）和小端方式（little endian），如图 2.14 所示。

		0800H	0801H	0802H	0803H	
大端方式	…	01H	23H	45H	67H	…

		0800H	0801H	0802H	0803H	
小端方式	…	67H	45H	23H	01H	…

图 2.14　采用大端方式和小端方式存储数据

大端方式按从最高有效字节到最低有效字节的顺序存储数据，即最高有效字节存放在前面；小端方式按从最低有效字节到最高有效字节的顺序存储数据，即最低有效字节存放在前面。

在检查底层机器级代码时，需要分清各类型数据字节序列的顺序，例如以下是由反汇编器（汇编的逆过程，即将机器代码转换为汇编代码）生成的一行机器级代码的文本表示：

```
    4004d3:  01 05 64 94 04 08    add  %eax, 0x8049464
```

其中，“4004d3”是十六进制数表示的地址，“01 05 64 94 04 08”是指令的机器代码，“add %eax, 0x8049464”是指令的汇编形式，该指令的第二个操作数是立即数 0x8049464。执行指令时，从指令代码的后 4 字节中取出该立即数，立即数存放的字节序列为 64H、94H、04H、08H，正好与操作数的字节顺序相反，即采用的是小端方式存储，得到 08049464H，去掉开头的 0，得到 0x8049464，在阅读小端方式存储的机器代码时，要注意字节是按相反顺序显示的。

2．数据按“边界对齐”方式存储

假设存储字长为 32 位，可按字节、半字和字寻址。对于机器字长为 32 位的计算机，数据以边界对齐方式存放，半字地址一定是 2 的整数倍，字地址一定是 4 的整数倍，这样无论所取的数据是字节、半字还是字，均可一次访存取出。所存储的数据不满足上述要求时，通过填充空白字节使其符合要求。这样虽然浪费了一些存储空间，但可提高取指令和取数的速度。

数据不按边界对齐方式存储时，可以充分利用存储空间，但半字长或字长的指令可能会存储在两个存储字中，此时需要两次访存，并且对高低字节的位置进行调整、连接之后才能得到所要的指令或数据，从而影响了指令的执行效率。

例如，“字节 1、字节 2、字节 3、半字 1、半字 2、半字 3、字 1”的数据按序存放在存储器

中，按边界对齐方式和不对齐方式存放时，格式分别如图 2.15 和图 2.16 所示。

字节 1	字节 2	字节 3	填充
半字 1		半字 2	
半字 3		填充	
字 1			

图 2.15　边界对齐方式

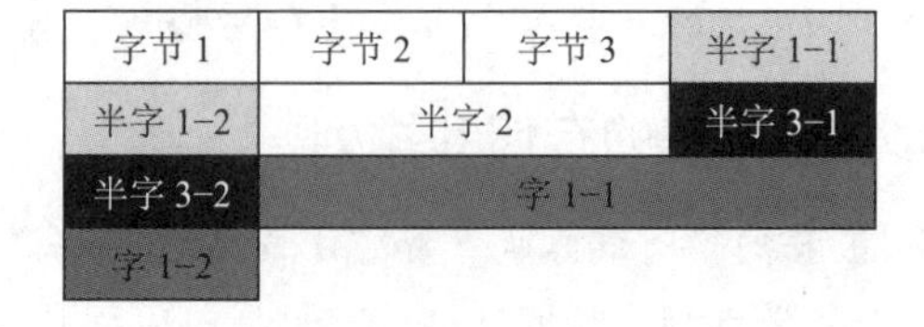

图 2.16　边界不对齐方式

边界对齐方式相对边界不对齐方式是一种空间换时间的思想。精简指令系统计算机 RISC 通常采用边界对齐方式，因为对齐方式取指令时间相同，因此能适应指令流水。

2.2.7　本节习题精选

一、单项选择题

01. 并行加法器中，每位全和的形成除了与本位相加二数数值位有关外，还与（　）有关。

A. 低位数值大小　　B. 低位数的全和
C. 高位数值大小　　D. 低位数送来的进位

02. ALU 作为运算器的核心部件，其属于（　）。

A. 时序逻辑电路　B. 组合逻辑电路　C. 控制器　D. 寄存器

03. 在串行进位的并行加法器中，影响加法器运算速度的关键因素是（　）。

A. 门电路的级延迟　　B. 元器件速度
C. 进位传递延迟　　D. 各位加法器速度的不同

04. 加法器中每位的进位生成信号 g 为（　）。

A. $X_i \oplus Y_i$　B. X_iY_i　C. $X_iY_iC_i$　D. $X_i + Y_i + C_i$

05. 组成一个运算器需要多个部件，但下面的（　）不是组成运算器的部件。

A. 状态寄存器　B. 数据总线　C. ALU　D. 地址寄存器

06. 算术逻辑单元（ALU）的功能一般包括（　）。

A. 算术运算　　B. 逻辑运算
C. 算术运算和逻辑运算　　D. 加法运算

07. 加法器采用并行进位的目的是（　）。

A. 增强加法器功能　　B. 简化加法器设计
C. 提高加法器运算速度　　D. 保证加法器可靠性

08. 补码定点整数 0101 0101 左移两位后的值为（　）。

A. 0100 0111　B. 0101 0100　C. 0100 0110　D. 0101 0101

09. 补码定点整数 1001 0101 右移一位后的值为（　）。

A. 0100 1010　B. 01001010 1　C. 1000 1010　D. 1100 1010

10. 一个 8 位寄存器内的数值为 11001010，进位标志寄存器 C 为 0，若将此 8 位寄存器循环左移（不带进位位）1 位，则该 8 位寄存器和标志寄存器内的数值分别为（　）。

A. 10010100　1　B. 10010101　0　C. 10010101　1　D. 10010100　0

11. 设机器数字长 8 位（含 1 位符号位），若机器数 BAH 为原码，算术左移 1 位和算术右移 1 位分别得（　）。

A. F4H, EDH　B. B4H, 6DH　C. F4H, 9DH　D. B5H, EDH

12. 若机器数 BAH 为补码，其余条件同上题，则有（　）

A. F4H, DDH　　B. B4H, 6DH　　C. F4H, 9DH　　D. B5H, EDH

13. 16 位补码 0x8FA0 扩展为 32 位应该是（　）。

A. 0x0000 8FA0　　B. 0xFFFF 8FA0　　C. 0xFFFF FFA0　　D. 0x8000 8FA0

14. 在定点运算器中，无论是采用双符号位还是采用单符号位，必须有（　）。

A. 译码电路，它一般用“与非”门来实现

B. 编码电路，它一般用“或非”门来实现

C. 溢出判断电路，它一般用“异或”门来实现

D. 移位电路，它一般用“与或非”门来实现

15. 关于模 4 补码，下列说法正确的是（　）。

A. 模 4 补码和模 2 补码不同，它更容易检查乘除运算中的溢出问题

B. 每个模 4 补码存储时只需一个符号位

C. 存储每个模 4 补码需要两个符号位

D. 模 4 补码，在算术与逻辑部件中为一个符号位

16. 若采用双符号位，则两个正数相加产生溢出的特征时，双符号位为（　）。

A. 00　　B. 01　　C. 10　　D. 11

17. 判断加减法溢出时，可采用判断进位的方式，若符号位的进位为 C_0，最高位的进位为 C_1，则产生溢出的条件是（　）。

I. C_0 产生进位　　II. C_1 产生进位

III. C_0、C_1 都产生进位　　IV. C_0、C_1 都不产生进位

V. C_0 产生进位，C_1 不产生进位　VI. C_0 不产生进位，C_1 产生进位

A. I 和 II　　B. III　　C. IV　　D. V 和 VI

18. 在补码的加减法中，用两位符号位判断溢出，两位符号位 $S_{s1}S_{s2} = 10$ 时，表示（　）。

A. 结果为正数，无溢出　　B. 结果正溢出

C. 结果负溢出　　D. 结果为负数，无溢出

19. 若$[X]_{补} = X_0.X_1X_2\cdots X_n$，其中 X_0 为符号位，X_1 为最高数位。若（　），则当补码左移时，将会发生溢出。

A. $X_0 = X_1$　　B. $X_0 \neq X_1$　　C. $X_1 = 0$　　D. $X_1 = 1$

20. 原码乘法是（　）。

A. 先取操作数绝对值相乘，符号位单独处理

B. 用原码表示操作数，然后直接相乘

C. 被乘数用原码表示，乘数取绝对值，然后相乘

D. 乘数用原码表示，被乘数取绝对值，然后相乘

21. x、y 为定点整数，其格式为 1 位符号位、n 位数值位，若采用补码一位乘法实现乘法运算，则最多需要（　）次加法运算。

A. $n - 1$　　B. n　　C. $n + 1$　　D. $n + 2$

22. 在原码一位乘法中，（　）。

A. 符号位参加运算

B. 符号位不参加运算

C. 符号位参加运算，并根据运算结果改变结果中的符号位

D. 符号位不参加运算，并根据运算结果确定结果中的符号

23. 原码乘法时，符号位单独处理乘积的方式是（ ）。

A. 两个操作数符号相“与”　　B. 两个操作数符号相“或”

C. 两个操作数符号相“异或”　　D. 两个操作数中绝对值较大数的符号

24. 实现 N 位（不包括符号位）补码一位乘时，乘积为（ ）位。

A. N　　B. $N+1$　　C. $2N$　　D. $2N+1$

25. 在原码不恢复余数法（又称原码加减交替法）的算法中，（ ）。

A. 每步操作后，若不够减，则需恢复余数

B. 若为负商，则恢复余数

C. 整个算法过程中，从不恢复余数

D. 仅当最后一步不够减时，才恢复一次余数

26. 下列关于补码除法的说法中，正确的是（ ）。

A. 补码不恢复除法中，够减商 0，不够减商 1

B. 补码不恢复余数除法中，异号相除时，够减商 0，不够减商 1

C. 补码不恢复除法中，够减商 1，不够减商 0

D. 以上都不对

27. 下列关于各种移位的说法正确的是（ ）。

I. 假设机器数采用反码表示，当机器数为负时，左移时最高数位丢 0，结果出错；右移时最低数位丢 0，影响精度

II. 在算术移位的情况下，补码左移的前提条件是其原最高有效位与原符号位要相同

III. 在算术移位的情况下，双符号位的移位操作只有低符号位需要参加移位操作

A. I、III　　B. 仅 II　　C. 只有 III　　D. I、II、III

28. 在按字节编址的计算机中，若数据在存储器中以小端方案存放。假定 int 型变量 i 的地址为 08000000H，i 的机器数为 01234567H，地址 08000000H 单元的内容是（ ）。

A. 01H　　B. 23H　　C. 45H　　D. 67H

29. 某计算机字长为 8 位，CPU 中有一个 8 位加法器。已知无符号数 $x=69$，$y=38$，如果在该加法器中计算 $x-y$，则加法器的两个输入端信息和输入的低位进位信息分别为（ ）。

A. 0100 0101、0010 0110、0　　B. 0100 0101、1101 1001、1

C. 0100 0101、1101 1010、0　　D. 0100 0101、1101 1010、1

30. 某计算机中有一个 8 位加法器，带符号整数 x 和 y 的机器数用补码表示，$[x]_{补}=$F5H，$[y]_{补}=$7EH，如果在该加法器中计算 $x-y$，则加法器的低位进位输入信息和运算后的溢出标志 OF 分别是（ ）。

A. 1、1　　B. 1、0　　C. 0、1　　D. 0、0

31. 某 8 位计算机中，x 和 y 是两个带符号整数，用补码表示，$[x]_{补}=$44H，$[y]_{补}=$DCH，则 $x/2+2y$ 的机器数及相应的溢出标志 OF 分别是（ ）。

A. CAH、0　　B. CAH、1　　C. DAH、0　　D. DAH、1

32. 【2009 统考真题】一个 C 语言程序在一台 32 位机器上运行。程序中定义了三个变量 x、y、z，其中 x 和 z 为 int 型，y 为 short 型。当 x = 127、y = −9 时，执行赋值语句 z = x + y 后，x、y、z 的值分别是（ ）。

A. x = 0000007FH，y = FFF9H，z = 00000076H

B. x = 0000007FH，y = FFF9H，z = FFFF0076H

C. x = 0000007FH，y = FFF7H，z = FFFF0076H

D. x = 0000007FH，y = FFF7H，z = 00000076H

33.【2010 统考真题】假定有 4 个整数用 8 位补码分别表示：r_1 = FEH、r_2 = F2H、r_3 = 90H、r_4 = F8H，若将运算结果存放在一个 8 位寄存器中，则下列运算会发生溢出的是（　）。

A. $r_1 \times r_2$　　B. $r_2 \times r_3$　　C. $r_1 \times r_4$　　D. $r_2 \times r_4$

34.【2012 统考真题】某计算机存储器按字节编址，采用小端方式存放数据。假定编译器规定 int 和 short 型长度分别为 32 位和 16 位，并且数据按边界对齐存储。某 C 语言程序段如下：

```
struct{
int         a;
char        b;
short       c;
}record;
record.a=273;
```

若 record 变量的首地址为 0xC008，地址 0xC008 中的内容及 record.c 的地址分别为（　）。

A. 0x00、0xC00D　B. 0x00、0xC00E　C. 0x11、0xC00D　D. 0x11、0xC00E

35.【2012 统考真题】假定编译器规定 int 和 short 类型长度分别为 32 位和 16 位，执行下列 C 语言语句：

```
unsigned short x=65530;
unsigned int y=x;
```

得到 y 的机器数为（　）。

A. 0000 7FFAH　　B. 0000 FFFAH　　C. FFFF 7FFAH　　D. FFFF FFFAH

36.【2013 统考真题】某字长为 8 位的计算机中，已知整型变量 x、y 的机器数分别为$[x]_{补}$= 1 1110100，$[y]_{补}$ = 1 0110000。若整型变量 $z = 2x + y/2$，则 z 的机器数为（　）。

A. 1 1000000　　B. 0 0100100　　C. 1 0101010　　D. 溢出

37.【2014 统考真题】若 $x = 103$，$y = -25$，则下列表达式采用 8 位定点补码运算实现时，会发生溢出的是（　）。

A. $x + y$　　B. $-x + y$　　C. $x - y$　　D. $-x - y$

38.【2016 统考真题】有如下 C 语言程序段：

```
short si = -32767;
unsigned short usi = si;
```

执行上述两条语句后，usi 的值为（　）。

A. −32767　　B. 32767　　C. 32768　　D. 32769

39.【2016 统考真题】某计算机字长为 32 位，按字节编址，采用小端方式存放数据。假定有一个 double 型变量，其机器数表示为 1122 3344 5566 7788H，存放在 0000 8040H 开始的连续存储单元中，则存储单元 0000 8046H 中存放的是（　）。

A. 22H　　B. 33H　　C. 77H　　D. 66H

40.【2018 统考真题】假定有符号整数采用补码表示，若 int 型变量 x 和 y 的机器数分别是 FFFF FFDFH 和 0000 0041H，则 x、y 的值及 x − y 的机器数分别是（　）。

A. x = −65, y = 41, x − y 的机器数溢出

B. x = −33, y = 65, x − y 的机器数为 FFFF FF9DH

C. x = −33, y = 65, x − y 的机器数为 FFFF FF9EH

D. x = −65, y = 41, x − y 的机器数为 FFFF FF96H

41.【2018 统考真题】某 32 位计算机按字节编址，采用小端方式。若语句“int i = 0;”对应

指令的机器代码为“C7 45 FC 00 00 00 00”，则语句“int i = −64;”对应指令的机器代码是（　）。

A. C7 45 FC C0 FF FF FF　　B. C7 45 FC 0C FF FF FF
C. C7 45 FC FF FF FF C0　　D. C7 45 FC FF FF FF 0C

42.【2018 统考真题】整数 x 的机器数为 1101 1000，分别对 x 进行逻辑右移 1 位和算术右移 1 位操作，得到的机器数各是（　）。

A. 1110 1100、1110 1100　　B. 0110 1100、1110 1100
C. 1110 1100、0110 1100　　D. 0110 1100、 0110 1100

43.【2018 统考真题】减法指令“sub R1, R2, R3”的功能为“(R1) − (R2)→ R3”，该指令执行后将生成进位/借位标志 CF 和溢出标志 OF。若(R1) = FFFF FFFFH，(R2) = FFFF FFF0H，则该减法指令执行后，CF 与 OF 分别为（　）。

A. CF = 0, OF = 0　　B. CF = 1, OF = 0
C. CF = 0, OF = 1　　D. CF = 1, OF = 1

44.【2019 统考真题】考虑以下 C 语言代码:

```
unsigned short usi = 65535;
short si = usi;
```

执行上述程序段后，si 的值是（　）。

A. −1　　B. −32767　　C. −32768　　D. −65535

45.【2020 统考真题】在按字节编址，采用小端方式的 32 位计算机中，按边界对齐方式为以下 C 语言结构型变量 a 分配存储空间。

```
struct record{
    short   x1;
    int     x2;
} a;
```

若 a 的首地址为 2020 FE00H，a 的成员变量 x2 的机器数为 1234 0000H，则其中 34H 所在存储单元的地址是（　）。

A. 2020 FE03H　　B. 2020 FE04H　　C. 2020 FE05H　　D. 2020 FE06H

二、综合应用题

01. 已知 32 位寄存器 R1 中存放的变量 x 的机器码为 8000 0004H，unsigned int 类型的乘除法采用逻辑移位操作，int 类型的乘除法采用算术移位操作，请问:

1）当 x 是 unsigned int 类型时，x 的真值是多少？$x/2$ 存放在 R1 中的机器码是什么？$x/2$ 的真值是多少？$2x$ 存放在 R1 中的机器码是什么？$2x$ 的真值是多少？

2）当 x 是 int 类型时，x 的真值是多少？$x/2$ 存放在 R1 中的机器码是什么？$x/2$ 的真值是多少？$2x$ 存放在 R1 中的机器码是什么？$2x$ 的真值是多少？

02. 设$[X]_{补} = 0.1011$，$[Y]_{补} = 1.1110$，求$[X+Y]_{补}$和$[X-Y]_{补}$的值。

03. 证明：在定点小数表示中，$[X]_{补} + [Y]_{补} = 2 + (X+Y) = [X+Y]_{补}$。

04. 已知 $A = -1001$、$B = -0101$，求$[A+B]_{补}$。

05. 设 $x = +11/16$，$y = +3/16$，试用变形补码计算 $x + y$。

06. 假设有两个整数 $x = -68$，$y = -80$，采用补码形式（含 1 位符号位）表示，x 和 y 分别存放在寄存器 A 和 B 中。另外，还有两个寄存器 C 和 D。A、B、C、D 都是 8 位的寄存器。请回答下列问题（要求最终用十六进制表示二进制序列）:

1）寄存器 A 和 B 中的内容分别是什么？

2）x 和 y 相加后的结果存放在寄存器 C 中，则寄存器 C 中的内容是什么？此时，溢出标志 OF、符号标志 SF 各是什么？

3）x 和 y 相减后的结果存放在寄存器 D 中，寄存器 D 中的内容是什么？此时，溢出标志 OF、符号标志 SF 各是什么？

07.【2011 统考真题】假定在一个 8 位字长的计算机中运行如下 C 程序段：

```
unsigned int  x=134;
unsigned int  y=246;
int  m=x;
int  n=y;
unsigned int  z1=x-y;
unsigned int  z2=x + y;
int  k1=m-n;
int  k2=m+n;
```

若编译器编译时将 8 个 8 位寄存器 R1 ~ R8 分别分配给变量 x、y、m、n、z1、z2、k1 和 k2。请回答下列问题（提示：有符号整数用补码表示）。

1）执行上述程序段后，寄存器 R1、R5 和 R6 的内容分别是什么（用十六进制表示）？

2）执行上述程序段后，变量 m 和 k1 的值分别是多少（用十进制表示）？

3）上述程序段涉及有符号整数加减、无符号整数加减运算，这四种运算能否利用同一个加法器辅助电路实现？简述理由。

4）计算机内部如何判断有符号整数加减运算的结果是否发生溢出？上述程序段中，哪些有符号整数运算语句的执行结果会发生溢出？

08.【2020 统考真题】有实现 $x×y$ 的两个 C 语言函数如下：

```
unsigned umul (unsigned x, unsigned y)   { return x*y; }
int imul (int x, int y)  {return x * y; }
```

假定某计算机 M 中的 ALU 只能进行加减运算和逻辑运算。请回答下列问题。

1）若 M 的指令系统中没有乘法指令，但有加法、减法和位移等指令，则在 M 上也能实现上述两个函数中的乘法运算，为什么？

2）若 M 的指令系统中有乘法指令，则基于 ALU、位移器、寄存器及相应控制逻辑实现乘法指令时，控制逻辑的作用是什么？

3）针对以下三种情况：a）没有乘法指令；b）有使用 ALU 和位移器实现的乘法指令；c）有使用阵列乘法器实现的乘法指令，函数 umul()在哪种情况下执行的时间最长？在哪种情况下执行的时间最短？说明理由。

4）n 位整数乘法指令可保存 $2n$ 位乘积，当仅取低 n 位作为乘积时，其结果可能会发生溢出。当 $n = 32$、$x = 2^{31} - 1$、$y = 2$ 时，带符号整数乘法指令和无符号整数乘法指令得到的 $x×y$ 的 $2n$ 位乘积分别是什么（用十六进制表示）？此时函数 umul()和 imul()的返回结果是否溢出？对于无符号整数乘法运算，当仅取乘积的低 n 位作为乘法结果时，如何用 $2n$ 位乘积进行溢出判断？

2.2.8 答案与解析

一、单项选择题

01. D

在二进制加法（任意进制都是类似的）中，本位运算的结果不仅与参与运算的两数数值位有关，还和低位送来的进位有关。

02. B

ALU 是由组合逻辑电路构成的，最基本的部件是并行加法器。由于单纯的 ALU 不能够存储运算结果和中间变量，往往将 ALU 和寄存器或暂存器相连。

03. C

提高加法器运算速度最直接的方法是多位并行加法。本题中的 4 个选项均会对加法器的速度产生影响，但只有进位传递延迟对并行加法器的影响最为关键。

04. B

在设计多位加法器时，为了加快运算速度而采用了快速进位链，即对加法器的每位都生成两个信号：进位信号 g 和进位传递信号 p，其中 $g = X_iY_i$，$p = X_i \oplus Y_i$。

05. D

ALU 为运算器核心，选项 C 正确；数据总线供 ALU 与外界交互数据使用，选项 B 正确；溢出标志即为一个状态寄存器，选项 A 正确。地址寄存器不属于运算器，而属于存储器，选项 D 错误。

06. C

ALU 既能进行算术运算又能进行逻辑运算。

07. C

与串行进位相比，并行进位可以大大提高加法器的运算速度。

08. B

该数是一个正数（最高位为 0），按照算术补码移位规则，正数左右移位均添 0，且符号位不变，所以 0101 0101 左移两位后的值为 0101 0100。

09. D

该数是一个负数（最高位为 1），按照算术补码移位规则，负数右移添 1，负数左移添 0，所以 1001 0101 右移一位后的值为 1100 1010。

注意：算术移位过程中符号位不变，空位添补规则见表 2.1。

10. C

不带进位位的循环左移将最高位进入最低位和标志寄存器 C 位。

11. C

原码左、右移均补 0，且符号位不变（注意与补码移位的区别）。BAH = $(1011\ 10\ 10)_2$，算术左移 1 位得$(1111\ 0100)_2$ = F4H，算术右移 1 位得$(1001\ 1101)_2$ = 9DH。

12. A

补码负数移位时，左移补 0，右移补 1。即在负数情况下，左移和原码相同，右移和反码相同。算术左移 1 位得$(1111\ 0100)_2$ = F4H，算术右移 1 位得$(1101\ 1101)_2$ = DDH。

13. B

16 位扩展为 32 位，符号位不变，附加位是符号位的扩展。这个数是一个负数，需用 1 来填补附加位。选项 A 是一个正数，选项 C 的数值位发生变化，选项 D 用 0 来填充附加位，均不正确。

14. C

三种溢出判别方法，均须有溢出判别电路，可用“异或”门来实现。

15. B

模 4 补码具有模 2 补码的全部优点且更易检查加减运算中的溢出问题，选项 A 错误。需要注意的是，存储模 4 补码仅需一个符号位，因为任何一个正确的数值，模 4 补码的两个符号位总是相同的，选项 B 正确。只在把两个模 4 补码的数送往 ALU 完成加减运算时，才把每个数的符号位的值同时送到 ALU 的双符号位中，即只在 ALU 中采用双符号位，选项 C、D 错误。

16．B

采用双符号位时，第一符号位表示最终结果的符号，第二符号位表示运算结果是否溢出。若第二位和第一位符号相同，则未溢出；若不同，则溢出。若发生正溢出，则双符号位为 01，若发生负溢出，则双符号位为 10。

17．D

采用进位位来判断溢出时，当最高有效位进位和符号位进位的值不相同时才产生溢出。两正数相加，当最高有效位产生进位（$C_1 = 1$）而符号位不产生进位（$C_0 = 0$）时，发生正溢出；两负数相加，当最高有效位不产生进位（$C_1 = 0$）而符号位产生进位（$C_0 = 1$）时产生负溢出。因此溢出条件为 $\overline{C_0}C_1 + C_0\overline{C_1} = C_0 \oplus C_1$。

18．C

用两位符号位判断溢出时，两个符号位不同时表示溢出，即 01 时表示正溢出；10 时表示负溢出；两个符号位相同时（11 或 00）表示未溢出。

19．B

溢出判别法有两种适用于此种情况：一是加一个符号位变为双符号位，然后左移，若两符号位不同则溢出，因此 $X_0 \neq X_1$ 时溢出；二是数值位最高位进位和符号位进位不同则溢出，同样可知 $X_0 \neq X_1$ 时溢出。

20．A

原码一位乘法中，符号位与数值位是分开进行运算的。运算结果的数值部分是乘数与被乘数数值位的乘积，符号是乘数与被乘数符号位的异或。

21．C

补码一位乘法中，最多需要 n 次移位，$n + 1$ 次加法运算。原码乘法移位和加法运算最多均为 n 次。

22．B

在原码一位乘法中，符号位不参加运算，符号位单独处理，同号为正，异号为负。

23．C

原码的符号位为 1 表示负数，为 0 表示正数。原码乘法时，符号位单独处理，乘积的符号是两个操作数符号相“异或”，同号为正，异号为负。

注意：凡是原码运算，不论加减乘除，符号位都单独处理，其中乘除运算的结果符号由参加运算的两个操作数符号相“异或”得到。

24．D

补码一位乘法运算过程中一共向右移位 N 次，加上原先的 N 位，一共是 $2N$ 位数值位，因乘积结果需加上符号位，因此共 $2N + 1$ 位。

25．D

原码不恢复余数法即加减交替法，只在最终余数为负时，才需要恢复余数。

26．B

补码除法（不恢复余数法），异号相除是看够不够减，然后上商，够减商 0，不够减商 1。

27．D

Ⅰ．负数的反码除符号位外其他位与负数的原码相反，不难推出 Ⅰ 正确。如 5 位反码 10010

表示−13，右移1位变成11001为−6，影响精度；左移1位变成10101为−10，数据丢失。

II. 补码表示时，正数的符号位为0，左移最高位为0时，数据不会丢失；负数的符号位为1，左移最高位为1时，数据不会丢失。因此左移移走的最高位要与符号位相同。

III. 双符号位的最高符号位代表真正的符号，而低位符号位用于参与移位操作以判断是否发生溢出，如01表示结果正溢出，10表示结果负溢出。

I、II、III都正确。

28． D

小端方案是将最低有效字节存储在最小位置。在数01234567H中，最低有效字节为67H。

29． B

不管是补码减法，还是无符号数减法，都是用被减数加上减数的负数的补码来实现的。根据求补公式，减数 y 的负数的补码 $[-y]_{补}=\overline{Y}+1$，因此，在加法器的 Y' 输入端用一个反向器实现，并用控制端Sub控制多路选择器是否将 y 的各位取反后，输入 Y' 端，同时将Sub作为低位进位送到加法器。当Sub为1时，做减法，Sub=1控制将 $\overline{Y}$ 输入到加法器 Y' 端，即实现“各位取反”功能；同时将Sub=1作为低位进位送到加法器，实现“末位加1”功能。69的二进制数为0100 0101；38的二进制数为0010 0110，各位取反得1101 1001。做减法时，低位进位为Sub，即为1。

注意： *若仅记忆补码加减运算的过程，而未掌握加法电路的原理，则本题易误选选项D。*

30． A

对于补码减法运算，控制端Sub为1，故低位进位输入位＝Sub＝1。$[x]_{补}$＝1111 0101，$[y]_{补}$＝ 0111 1110，$[-y]_{补}$＝1000 0001＋1，$[x]_{补}-[y]_{补}=[x]_{补}+[-y]_{补}$＝1111 0101＋1000 0010＝0111 0111，进位丢掉，参与运算的两个数符均为1，结果的符号位为0，故溢出标志OF为1。

31． C

$[x/2+2y]_{补}=[x]_{补}\gg 1+[y]_{补}\ll 1$ = 0100 0100 ≫ 1 + 1101 1100 ≪ 1 = 0010 0010 + 1011 1000 = 1101 1010 = DAH，从最后一步加法操作来看，是一个正数和一个负数相加，必定不会溢出。

32． D

结合题干及选项可知，int为32位，short为16位；又因C语言的数据在内存中为补码形式，因此x、y的机器数写为0000007F、FFF7H。执行z＝x＋y时，由于x为int型，y为short型，因此需将y的类型强制转换为int型，在机器中通过符号位扩展实现，由于y的符号位为1，因此在y的前面添加16个1，即可将y强制转换为int型，其十六进制形式为FFFFFFF7H。然后执行加法，即0000007FH＋FFFFFFF7H＝00000076H，其中最高位的进位1自然丢弃。

注意： *数据转换时应注意的问题如下：*

1）*有符号数和无符号数之间的转换。例如，由signed型转换为等长unsigned型数据时，符号位成为数据的一部分，即负数转换为无符号数时，数值将发生变化。同理，由unsigned转换为signed时最高位作为符号位，也可能发生数值变化。*

2）*数据的截取与保留。当一个浮点数转换为整数时，浮点数的小数部分全部舍去，并按整数形式存储。但浮点数的整数部分不能超过整型数允许的最大范围，否则溢出。*

3）*数据转换中的精度丢失。四舍五入会丢失一些精度，截去小数也会丢失一些精度。此外，数据由long型转换为float型或double型时，有可能在存储时不能准确地表示该长整数的有效数字，精度也会受到影响。*

4）*数据转换结果的不确定性。当较长的整数转换为较短的整数时，要将高位截去。例如，long型转换为short型，只将低16位送过去，这样就会产生很大的误差。浮点数降格时，如double*

型转换为 float 型，当数值超过 float 型的表示范围时，所得到的结果将是不确定的。

对于此问题在“常见问题与知识点”的第 2 问中有另一角度的解析。

33． B

本题的真正意图是考查补码的表示范围，采用补码乘法规则计算出 4 个选项是费力不讨好的做法，且极易出错。8 位补码所能表示的整数范围为−128～+127。将 4 个数全部转换为十进制数：$r_1 = -2$，$r_2 = -14$，$r_3 = -112$，$r_4 = -8$，得 $r_2 \times r_3 = 1568$，远超出了表示范围，发生溢出。

34． D

尽管 record 大小为 7B（成员 a 有 4B，成员 b 有 1B，成员 c 有 2B），由于数据按边界对齐方式存储，因此 record 共占用 8B。record.a 的十六进制表示为 0x00000111，由于采用小端方式存放数据，因此地址 0xC008 中的内容应为低字节 0x11；record.b 只占 1B，后面的 1B 留空；record.c 占 2B，因此其地址为 0xC00E。各字节的存储分配如下表所示。

地址	**0xC008**	**0xC009**	**0xC00A**	**0xC00B**
内容	record.a (0x11)	record.a (0x01)	record.a (0x00)	record.a (0x00)
地址	**0xC00C**	**0xC00D**	**0xC00E**	**0xC00F**
内容	record.b	–	record.c	record.c

35． B

将一个 16 位 unsigned short 转换成 32 位 unsigned int，因为都是无符号数，新表示形式的高位用 0 填充。16 位无符号整数所能表示的最大值为 65535，其十六进制表示为 FFFFH，因此 x 的十六进制表示为 FFFFH − 5H = FFFAH，所以 y 的十六进制表示为 0000 FFFAH。

排除法：先直接排除 C、D，然后分析余下选项的特征。由于 A、B 的值相差几乎近 1 倍，可采用算出 0001 0000H（接近 B 且好算的数）的值，再推断出答案。

36． A

x*2，将 x 算术左移一位为 1 1101000；y/2，将 y 算术右移一位为 1 1011000，均无溢出或丢失精度。补码相加为 1 1101000 + 1 1011000 = 1 1000000，亦无溢出。

37． C

8 位定点补码表示的数据范围为−128～127，若运算结果超出这个范围则会溢出，A 选项 $x + y = 103 - 25 = 78$，符合范围，A 排除；B 选项 $-x + y = -103 - 25 = -128$，符合范围，B 排除；D 选项 $-x - y = -103 + 25 = -78$，符合范围，D 排除；C 选项 $x - y = 103 + 25 = 128$，超过 127，选择选项 C。

38． D

因 C 语言中的数据在内存中为补码表示形式，si 对应的补码二进制表示为 1000 0000 0000 0001B，最前面的一位“1”为符号位，表示负数，即−32767。由 signed 型转化为等长的 unsigned 型数据时，符号位成为数据的一部分，即负数转化为无符号数（即正数）时，其数值将发生变化。usi 对应的补码二进制表示与 si 的表示相同，但表示正数，为 32769。

39． A

大端方式：一个字中的高位字节存放在内存中这个字区域的低地址处。小端方式：一个字中的低位字节存放在内存中这个字区域的低地址处。各字节的存储分配如下表所示。

地址	0000 8040H	0000 8041H	0000 8042H	0000 8043H
内容	88H	77H	66H	55H
地址	0000 8044H	0000 8045H	0000 8046H	0000 8047H
内容	44H	33H	22H	11H

从而存储单元 0000 8046H 中存放的是 22H。

40． C

利用补码转换成原码的规则：负数符号位不变数值位取反加一；正数补码等于原码。两个机器数对应的原码是$[x]_{原}$ = 80000021H，对应的数值是−33，$[y]_{原} = [y]_{补}$ = 00000041H = 65。排除 A、D。$x - y$ 直接利用补码减法准则，$[x]_{补} - [y]_{补} = [x]_{补} + [-y]_{补}$，$-y$ 的补码是连同符号位取反加一，最终减法变成加法，得出结果为 FFFFFF9EH。

41． A

按字节编址，采用小端方式，低位的数据存储在低地址位、高位的数据存储在高地址位，并且按照一字节相对不变的顺序存储。由题意，存储 0 的位数是后 32 位，则我们只需要把−64 的补码按字节存储在其中即可，而−64 表示成 32 位的十六进制是 FFFFFF C0，根据小端方式特点，低字节存储在低地址，就是 C0 FF FF FF，答案是选项 A。

42． B

逻辑移位：左移和右移空位都补 0，且所有数字参与移动；补码算术移位：符号位不参与移动，右移空位补符号位，左移空位补 0。根据该规则，轻松选出 B。

43． A

$[x]_{补} - [y]_{补} = [x]_{补} + [-y]_{补}$，$[-R2]_{补}$ = 00000010H，很明显$[R1]_{补} + [-R2]_{补}$的最高位进位和符号位进位都是 1（当最高位进位和符号位进位的值不相同时才产生溢出），可以判断溢出标志 OF 为 0。同时，减法操作只需判断借位标志，R1 大于 R2，所以借位标志为 0，综上答案是选项 A。

44． A

unsigned short 类型为无符号短整型，长度为 2 字节，因此 unsigned short usi 转换为二进制代码即 1111 1111 1111 1111。short 类型为短整型，长度为 2 字节，在采用补码的机器上，short si 的二进制代码为 1111 1111 1111 1111，因此 si 的值为−1，所以答案是选项 A。

45． D

在 32 位计算机中，按字节编址，根据小端方式和按边界对齐的定义，变量 a 的存放方式：

地址	2020 FE00H	2020 FE01H	2020 FE02H	2020 FE03H
	未知	未知		
说明	x1（LSB）	x1（MSB）		
地址	2020 FE04H	2020 FE05H	2020 FE06H	2020 FE07H
	00H	00H	34H	12H
说明	x2（LSB）			x2（MSB）

于是，34H 所在存储单元的地址为 2020 FE06H。

二、综合应用题

01.【解答】

1）对于无符号数，所有二进制位均为数值位。乘 2 和除 2 运算，相当于无符号数的逻辑左移和逻辑右移。x 的真值为 $2^{31} + 2^2$。R1 中的机器码逻辑右移一位（高位补 0）为 4000 0002H，相当于是除 2，故 $x/2$ 的真值为 $2^{30} + 2$。R1 中的机器码逻辑左移一位（低位补 0）为 0000 0008H，相当于是乘 2，高位丢 1，结果溢出，$2x$ 的真值为 2^3（溢出）。

2）对于有符号数（补码），最高位为符号位。乘 2 和除 2 运算，相当于补码的算术左移和算术右移。8000 0004H 对应二进制数的最高位为 1，即为负数，其真值为$-(2^{31} - 2^2)$。R1 中的机器码算术右移一位（高位补 1）为 C000 0002H，相当于是除 2，$x/2$ 的真值为$-(2^{30} - 2)$。R1 中的机器码算术左移一位（低位补 0）为 8000 0008H，相当于是乘 2，高位丢 0，表示结果溢出，$2x$ 的真值为$-(2^{31} - 2^3)$（溢出）。

02.【解答】

$[X+Y]_{补}=0.1011+1.1110=0.1001$，$[X-Y]_{补}=0.1011+0.0010=0.1101$。

03.【解答】

提示：采用定点小数表示，条件为$|X|<1$，$|Y|<1$，$|X+Y|<1$，所以分 4 种情况证明。

1）$X>0$，$Y>0$，$X+Y>0$。

因为X、Y都是正数，而正数的补码和原码是一样的，所以得

$$[X]_{补}+[Y]_{补}=X+Y=[X+Y]_{补}\ (\text{mod } 2)$$

2）$X>0$，$Y<0$，则$X+Y>0$或$X+Y<0$。

一正数和一负数相加，结果有正、负两种可能。根据补码定义得

$$[X]_{补}=X,\ [Y]_{补}=2+Y$$

即

$$[X]_{补}+[Y]_{补}=X+2+Y=2+(X+Y)$$

当$X+Y>0$，$2+(X+Y)>2$，进位 2 必丢失。又因$(X+Y)>0$，因此

$$[X]_{补}+[Y]_{补}=X+Y=[X+Y]_{补}\ (\text{mod } 2)$$

当$X+Y<0$，$2+(X+Y)<2$，又因$X+Y<0$，因此

$$[X]_{补}+[Y]_{补}=2+(X+Y)=[X+Y]_{补}\ (\text{mod } 2)$$

3）$X<0$，$Y>0$，则$X+Y>0$或$X+Y<0$。

同 2)，把X和Y的位置对调即可。

4）$X<0$，$Y<0$，则$X+Y<0$。

两负数相加，其和也一定是负数。

因为$[X]_{补}=2+X$，$[Y]_{补}=2+Y$，即$[X]_{补}+[Y]_{补}=2+X+2+Y=2+(2+X+Y)$。

又$|X+Y|<1$，$1<(2+X+Y)<2$，$2+(2+X+Y)$进位 2 必丢失，而$X+Y<0$，因此

$$[X]_{补}+[Y]_{补}=2+(X+Y)=[X+Y]_{补}\ (\text{mod } 2)$$

结论：在模 2 意义下，任意两数的补码之和等于两数之和的补码。该结论也适用于定点整数。

04.【解答】

为判断溢出，采用双符号位。

因为$A=-1001$，$B=-0101$，所以$[A]_{补}=11,0111$，$[B]_{补}=11,1011$，

则$[A]_{补}+[B]_{补}=11,0111+11,1011=11,0010$。

两个符号位相同，无溢出，结果正确，故$[A+B]_{补}=1,0010$。

05.【解答】

因为$x=+11/16=0.1011$，$y=+3/16=0.0011$，所以$[x]_{补'}=00.1011$，$[y]_{补'}=00.0011$。

$$\begin{array}{lr} [x]_{补'} & 00.1011 \\ +\ [y]_{补'} & +00.0011 \\ \hline & 00.1110 \end{array}$$

得$[x+y]_{补'}=00.1110$，由于正数的原码、补码相同，因此$x+y=0.1110$。

06.【解答】

1）因为$x=-68=-(100\ 0100)_2$，则$[-68]_{补}=1011\ 1100=\text{BCH}$；因$y=-80=-(101\ 0000)_2$，则$[-80]_{补}=1011\ 0000=\text{B0H}$，所以寄存器 A 和 B 中的内容分别是 BCH、B0H。

2）$[x+y]_{补}=[x]_{补}+[y]_{补}=1011\ 1100+1011\ 0000=(1)\ 1\ 0110\ 1100=\text{6CH}$，所以寄存器 C 中的内容是 6CH，其真值为 108。此时，溢出标志 OF 为 1，表示溢出，即说明寄存器 C 中的内容不是正确的结果；符号标志 SF 为 0，表示结果为正数（溢出标志为 1，说明符号标志也是错的）。

3）$[x-y]_{补}=[x]_{补}+[-y]_{补}$ = 1011 1100 + 0101 0000 = (1) 0000 1100 = 0CH，最高位前面的一位被丢弃（取模运算），结果为12，所以寄存器D中的内容是0CH，其真值为12。此时，溢出标志OF为0，表示不溢出，即：寄存器D中的内容是正确的结果；符号标志SF为0，表示结果为正数。

07.【解答】

1）134 = 128 + 6 = 1000 0110B，所以 x 的机器数为1000 0110B，因此R1的内容为86H。246 = 255 − 9 = 1111 0110B，所以 y 的机器数为 1111 0110B，$x-y$ = 1000 0110 + 0000 1010 = (0)1001 0000，括号中为加法器的进位，因此R5的内容为90H。$x+y$ = 1000 0110 + 1111 0110 = (1)0111 1100，括号中为加法器的进位，因此R6的内容为7CH。

2）m 的机器数与 x 的机器数相同，皆为86H = 1000 0110B，解释为有符号整数 m（用补码表示）时，其值为−111 1010B = −122。$m-n$ 的机器数与 $x-y$ 的机器数相同，皆为90H = 1001 0000B，解释为有符号整数k1（用补码表示）时，其值为−111 0000B = −112。

3）能。n 位加法器实现的是模 2^n 无符号整数加法运算。对于无符号整数 a 和 b，$a+b$ 可以直接用加法器实现，而 $a-b$ 可用 a 加 $-b$ 的补数实现，即 $a-b=a+[-b]_{补}$（mod 2^n），所以 n 位无符号整数加减运算都可在 n 位加法器中实现。

由于有符号整数用补码表示，补码加减运算公式为 $[a+b]_{补}=[a]_{补}+[b]_{补}$（mod 2^n），$[a-b]_{补}=[a]_{补}+[-b]_{补}$（mod 2^n），所以 n 位有符号整数加减运算都可在 n 位加法器中实现。

4）有符号整数加减运算的溢出判断规则为：若加法器的两个输入端（加法）的符号相同，且不同于输出端（和）的符号，则结果溢出，或加法器完成加法操作时，若次高位（最高数位）的进位和最高位（符号位）的进位不同，则结果溢出。

最后一条语句执行时会发生溢出。因为1000 0110 + 1111 0110 = (1)0111 1100，括号中为加法器的进位，根据上述溢出判断规则可知结果溢出。或者，因为2个带符号整数均为负数，它们相加之后，结果小于8位二进制所能表示的最小负数。

08.【解答】

1）乘法运算可以通过加法和移位来实现。编译器可以将乘法运算转换为一个循环代码段，在循环代码段中通过比较、加法和移位等指令实现乘法运算。

2）控制逻辑的作用是控制循环次数，控制加法和移位操作。

3）a最长，c最短。对于a，需要用循环程序段实现乘法操作，因而需要反复执行很多条指令，而每条指令都需要取指令、译码、取数、执行并保存结果，所以执行时间很长；对于b和c，都只需用一条乘法指令实现乘法操作，不过b中的乘法指令需要多个时钟周期才能完成，而c中的乘法指令可在一个时钟周期内完成，所以c的执行时间最短。

4）当 $n=32, x=2^{31}-1, y=2$ 时，带符号整数和无符号整数乘法指令得到的64位乘积都是0000 0000 FFFF FFFEH。int型的表示范围为 $[-2^{31}, 2^{31}-1]$，故函数imul()的结果溢出；unsigned int型的表示范围为 $[0, 2^{32}-1]$，故函数umul()的结果不溢出。对于无符号整数乘法，若乘积高 n 位全为0，即使低 n 位全为1也正好是 $2^{32}-1$，不溢出，否则溢出。

2.3　浮点数的表示与运算

2.3.1　浮点数的表示

浮点数表示法是指以适当的形式将比例因子表示在数据中，让小数点的位置根据需要而浮动。这样，在位数有限的情况下，既扩大了数的表示范围，又保持了数的有效精度。例如，用定点数表示电子的质量（9×10^{-28}g）或太阳的质量（2×10^{33}g）是非常不方便的。

1．浮点数的表示格式

通常，浮点数表示为

$$N=(-1)^S\times M\times R^E$$

式中，S 取值 0 或 1，用来决定浮点数的符号；M 是一个二进制定点小数，称为尾数，一般用定点原码小数表示；E 是一个二进制定点整数，称为阶码或指数，用移码表示。R 是基数（隐含），可以约定为 2、4、16 等。可见浮点数由数符、尾数和阶码三部分组成。

图 2.17 是一个 32 位短浮点数格式的举例。

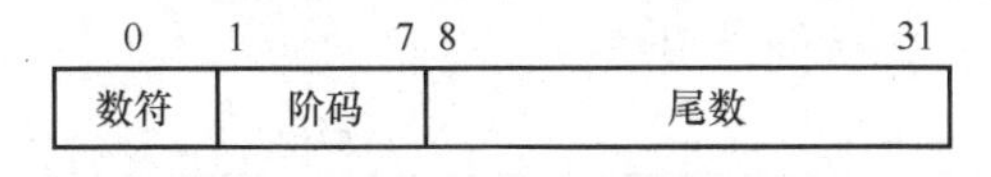

图 2.17　浮点数格式的举例

其中，第 0 位为数符 S；第 1～7 位为移码表示的阶码 E（偏置值为 64）；第 8～31 位为 24 位二进制原码小数表示的尾数 M；基数 R 为 2。阶码的值反映浮点数的小数点的实际位置；阶码的位数反映浮点数的表示范围；尾数的位数反映浮点数的精度。

2．浮点数的表示范围

原码是关于原点对称的，故浮点数的范围也是关于原点对称的，如图 2.18 所示。

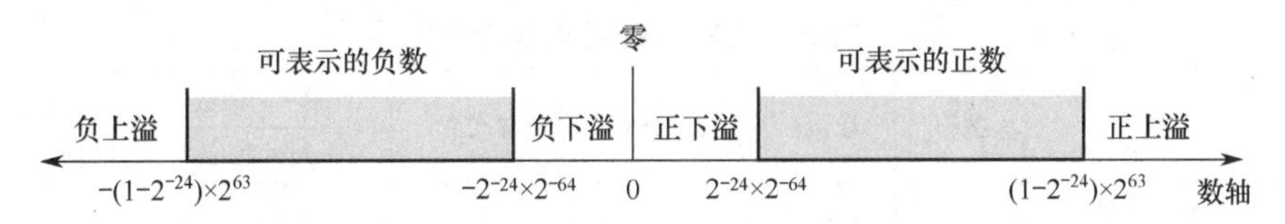

图 2.18　浮点数的表示范围

运算结果大于最大正数时称为正上溢，小于绝对值最大负数时称为负上溢，正上溢和负上溢统称上溢。数据一旦产生上溢，计算机必须中断运算操作，进行溢出处理。当运算结果在 0 至最小正数之间时称为正下溢，在 0 至绝对值最小负数之间时称为负下溢，正下溢和负下溢统称下溢。数据下溢时，浮点数值趋于零，计算机仅将其当作机器零处理。

3．浮点数的规格化

尾数的位数决定浮点数的有效数位，有效数位越多，数据的精度越高。为了在浮点数运算过程中尽可能多地保留有效数字的位数，使有效数字尽量占满尾数数位，必须在运算过程中对浮点数进行规格化操作。所谓*规格化操作*，是指通过调整一个非规格化浮点数的尾数和阶码的大小，使非零的浮点数在尾数的最高数位上保证是一个有效值。

左规：当运算结果的尾数的最高数位不是有效位，即出现±0.0…0×…×的形式时，需要进行左规。左规时，尾数每左移一位、阶码减 1（基数为 2 时）。左规可能要进行多次。

右规：当运算结果的尾数的有效位进到小数点前面时，需要进行右规。将尾数右移一位、阶码加 1（基数为 2 时）。需要右规时，只需进行一次。

规格化浮点数的尾数 M 的绝对值应满足 $1/R\leqslant|M|<1$。若 $R=2$，则有 $1/2\leqslant|M|<1$。原码表示的规格化尾数的形式如下：

1）正数为 0.1××…×的形式，其最大值表示为 0.11…1，最小值表示为 0.100…0。尾数的表

示范围为 $1/2 \leqslant M \leqslant (1-2^{-n})$。

2）负数为 1.1××…×的形式，其最大值表示为 1.10…0，最小值表示为 1.11…1。尾数的表示范围为 $-(1-2^{-n}) \leqslant M \leqslant -1/2$。

基数不同，浮点数的规格化形式也不同。当浮点数尾数的基数为 2 时，原码规格化数的尾数最高位一定是 1。当基数为 4 时，原码规格化形式的尾数最高两位不全为 0。

4．IEEE 754 标准

按照 IEEE 754 标准，常用的浮点数的格式如图 2.19 所示。

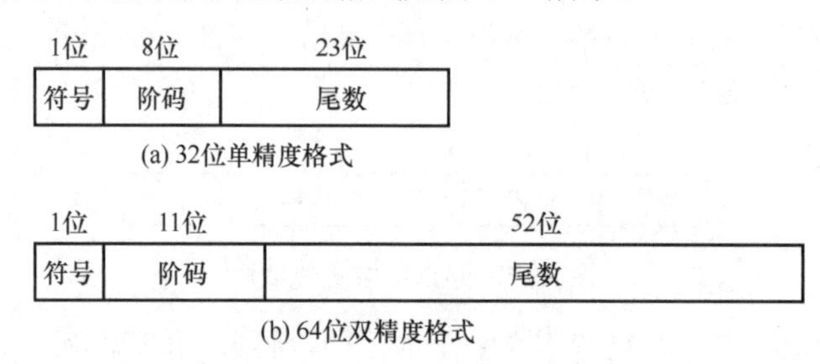

图 2.19　IEEE 754 标准浮点数的格式

IEEE 754 标准规定常用的浮点数格式有短浮点数（单精度、float 型）、长浮点数（双精度、double 型）、临时浮点数，其基数隐含为 2，见表 2.4。IEEE 754 标准的浮点数（除临时浮点数外），是尾数用采取隐藏位策略的原码表示，且阶码用移码表示的浮点数。

表 2.4　IEEE 754 浮点数的格式

类型	数符	阶码	尾数数值	总位数	偏置值	
					十六进制	十进制
短浮点数	1	8	23	32	7FH	127
长浮点数	1	11	52	64	3FFH	1023
临时浮点数	1	15	64	80	3FFFH	16383

以短浮点数为例，最高位为数符位；其后是 8 位阶码，用移码表示，阶码的偏置值为 $2^{8-1}-1=127$；基数为 2；其后 23 位是原码表示的尾数数值位。在浮点格式中表示的 23 位尾数是纯小数。对于规格化的二进制浮点数，数值的最高位总是“1”，为了能使尾数多表示一位有效位，将这个“1”隐藏，称为隐藏位，因此 23 位尾数实际上表示了 24 位有效数字。例如，$(12)_{10}=(1100)_2$，将它规格化后结果为 1.1×2^3，其中整数部分的“1”将不存储在 23 位尾数内。

注意： 短浮点数与长浮点数都采用隐藏尾数最高数位的方法，因此可多表示一位尾数。

对于短浮点数，偏置值为 127；对于长浮点数，偏置值为 1023。存储浮点数阶码之前，偏置值要先加到阶码真值上。上例中，阶码值为 3，因此在短浮点数中，移码表示的阶码为 127 + 3 = 130（82H）；在长浮点数中，阶码为 1023 + 3 = 1026（402H）。

IEEE 754 标准中，规格化的短浮点数的真值为

$$(-1)^S\times1.M\times2^{E-127}$$

规格化长浮点数的真值为

$$(-1)^S\times1.M\times2^{E-1023}$$

式中，短浮点数 E 的取值为 1～254（8 位表示），M 为 23 位，共 32 位；长浮点数 E 的取值为 1～2046（11 位表示），M 为 52 位，共 64 位。IEEE 754 标准浮点数的范围见表 2.5。

表 2.5　IEEE 754 浮点数的范围

格式	最小值	最大值
单精度	$E=1$，$M=0$ $1.0\times2^{1-127}=2^{-126}$	$E=254$，$M=.111\cdots$，$1.111\cdots1\times2^{254-127}=2^{127}\times(2-2^{-23})$
双精度	$E=1$，$M=0$ $1.0\times2^{1-1023}=2^{-1022}$	$E=2046$，$M=.1111\cdots$，$1.111\cdots1\times2^{2046-1023}=2^{1023}\times(2-2^{-52})$

对于 IEEE 754 格式的浮点数，阶码全 0 或全 1 时，有其特别的解释，如表 2.6 所示。

表 2.6　阶码全 0 或全 1 时 IEEE 754 浮点数的解释

值的类型	单精度（32 位）				双精度（64 位）			
	符号	阶码	尾数	值	符号	阶码	尾数	值
正零	0	0	0	0	0	0	0	0
负零	1	0	0	−0	1	0	0	−0
正无穷大	0	255（全 1）	0	∞	0	2047（全 1）	0	∞
负无穷大	1	255（全 1）	0	−∞	1	2047（全 1）	0	−∞

1）全 0 阶码全 0 尾数：+0/−0。零的符号取决于数符 S，一般情况下+0 和−0 是等效的。

2）全 1 阶码全 0 尾数：+∞/−∞。+∞在数值上大于所有有限数，−∞则小于所有有限数。引入无穷大数的目的是，在计算过程出现异常的情况下使得程序能继续进行下去。

5．定点、浮点表示的区别

（1）数值的表示范围

若定点数和浮点数的字长相同，则浮点表示法所能表示的数值范围远大于定点表示法。

（2）精度

对于字长相同的定点数和浮点数来说，浮点数虽然扩大了数的表示范围，但精度降低了。

（3）数的运算

浮点数包括阶码和尾数两部分，运算时不仅要做尾数的运算，还要做阶码的运算，而且运算结果要求规格化，所以浮点运算比定点运算复杂。

（4）溢出问题

在定点运算中，当运算结果超出数的表示范围时，发生溢出；浮点运算中，运算结果超出尾数表示范围却不一定溢出，只有规格化后阶码超出所能表示的范围时，才发生溢出。

2.3.2　浮点数的加减运算

浮点数运算的特点是阶码运算和尾数运算分开进行，浮点数加减运算分为以下几步。

1．对阶

对阶的目的是使两个操作数的小数点位置对齐，即使得两个数的阶码相等。为此，先求阶差，然后以小阶向大阶看齐的原则，将阶码小的尾数右移一位（基数为 2），阶加 1，直到两个数的阶码相等为止。尾数右移时，舍弃掉有效位会产生误差，影响精度。

2．尾数求和

将对阶后的尾数按定点数加（减）运算规则运算。运算后的尾数不一定是规格化的，因此，浮点数的加减运算需要进一步进行规格化处理。

3．规格化

IEEE 754 规格化尾数的形式为±1.×⋯×。尾数相加减后会得到各种可能结果，例如：

$$1.\times\cdots\times + 1.\times\cdots\times = \pm 1\times.\times\cdots\times$$

$$1.\times\cdots\times - 1.\times\cdots\times = \pm 0.0\cdots 01\times\cdots\times$$

1）右规：当结果为±1×.×⋯×时，需要进行右规。尾数右移一位，阶码加 1。尾数右移时，最高位 1 被移到小数点前一位作为隐藏位，最后一位移出时，要考虑舍入。

2）左规：当结果为±0.0⋯01×⋯×时，需要进行左规。尾数每左移一位，阶码减 1。可能需要左规多次，直到将第一位 1 移到小数点左边。

注意：① 左规一次相当于乘 2，右规一次相当于除 2；② 需要右规时，只需进行一次。

4．舍入

在对阶和尾数右规时，可能会对尾数进行右移，为保证运算精度，一般将低位移出的两位保留下来，参加中间过程的运算，最后将运算结果进行舍入，还原表示成 IEEE 754 格式。

常见的舍入方法有：0 舍 1 入法、恒置 1 法和截断法（恒舍法）。

0 舍 1 入法：类似于十进制的“四舍五入”法。运算结果保留位的最高数位为 0，则舍去；最高数位为 1，则在尾数的末位加 1。这样可能会使尾数溢出，此时需再做一次右规。

恒置 1 法：不论丢掉的最高数位是 0 还是 1，都把右移后的尾数末位恒置 1。

截断法：直接截取所需位数，丢弃后面的所有位，这种舍入处理最简单。

5．溢出判断

在尾数规格化和尾数舍入时，可能会对阶码执行加/减运算。因此，必须考虑指数溢出的问题。若一个正指数超过了最大允许值（127 或 1023），则发生指数上溢，产生异常。若一个负指数超过了最小允许值（−126 或−1022），则发生指数下溢，通常把结果按机器零处理。

1）右规和尾数舍入。数值很大的尾数舍入时，可能因为末位加 1 而发生尾数溢出，此时需要通过右规来调整尾数和阶。右规时阶加 1，导致阶增大，因此需要判断是否发生了指数上溢。当调整前的阶码为 11111110 时，加 1 后，会变成 11111111 而发生指数上溢。

2）左规。左规时阶减 1，导致阶减小，因此需要判断是否发生了指数下溢。其判断规则与指数上溢类似，左规一次，阶码减 1，然后判断阶码是否为全 0 来确定是否指数下溢。

由此可见，浮点数的溢出并不是以尾数溢出来判断的，尾数溢出可以通过右规操作得到纠正。运算结果是否溢出主要看结果的指数是否发生了上溢，因此是由指数上溢来判断的。

注意：某些题目可能会指定尾数或阶码采用补码表示。通常采用双符号位，当尾数求和结果溢出（如尾数为 10.××⋯×或 01.××⋯×）时，需右规一次；当结果出现 00.0××⋯×或 11.1××⋯×时，需要左规，直到尾数变为 00.1××⋯×或 11.0××⋯×。

6．C 语言中的浮点数类型

C 语言中的 float 和 double 类型分别对应于 IEEE 754 单精度浮点数和双精度浮点数。long double 类型对应于扩展双精度浮点数，但 long double 的长度和格式随编译器和处理器类型的不同而有所不同。在 C 程序中等式的赋值和判断中会出现强制类型转换，以 char→int→long→double 和 float→double 最为常见，从前到后范围和精度都从小到大，转换过程没有损失。

1）int 转换为 float 时，虽然不会发生溢出，但 float 尾数连隐藏位共 24 位，当 int 型数的第 24～31 位非 0 时，无法精确转换成 24 位浮点数的尾数，需进行舍入处理，影响精度。

2）int 或 float 转换为 double 时，因 double 的有效位数更多，因此能保留精确值。

3）double 转换为 float 时，因 float 表示范围更小，因此大数转换时可能会发生溢出。此外，由于尾数有效位数变少，因此高精度数转换时会发生舍入。

4）float 或 double 转换为 int 时，因 int 没有小数部分，因此数据会向 0 方向截断（仅保留整数部分），发生舍入。另外，因 int 表示范围更小，因此大数转换时可能会溢出。

在不同数据类型之间转换时，往往隐藏着一些不容易察觉的错误，编程时要非常小心。

2.3.3　本节习题精选

一、单项选择题

01. 在 C 语言的不同类型的数据混合运算中，要先转换成同一类型后进行运算。设一表达式中包含有 int、long、char 和 double 类型的变量与数据，则表达式最后的运算结果是（　），这 4 种类型数据的转换规律是（　）。

A. long，int→char→double→long　　B. long，char→int→long→double

C. double，char→int→long→double　　D. double，char→int→double→long

02. 长度相同但格式不同的两种浮点数，假设前者阶码长、尾数短，后者阶码短、尾数长，其他规定均相同，则它们可表示的数的范围和精度为（　）。

A. 两者可表示的数的范围和精度相同　　B. 前者可表示的数的范围大但精度低

C. 后者可表示的数的范围大且精度高　　D. 前者可表示的数的范围大且精度高

03. 长度相同、格式相同的两种浮点数，假设前者基数大，后者基数小，其他规定均相同，则它们可表示的数的范围和精度为（　）。

A. 两者可表示的数的范围和精度相同　　B. 前者可表示的数的范围大但精度低

C. 后者可表示的数的范围大且精度高　　D. 前者可表示的数的范围大且精度高

04. 下列说法中正确的是（　）。

A. 采用变形补码进行加减法运算可以避免溢出

B. 只有定点数运算才可能溢出，浮点数运算不会产生溢出

C. 定点数和浮点数运算都可能产生溢出

D. 两个正数相加时一定产生溢出

05. 在规格化浮点运算中，若某浮点数为 $2^5 \times 1.10101$，其中尾数为补码表示，则该数（　）。

A. 不需规格化　　B. 需右移规格化

C. 需将尾数左移一位规格化　　D. 需将尾数左移两位规格化

06. 某浮点机，采用规格化浮点数表示，阶码用移码表示（最高位代表符号位），尾数用原码表示。下列（　）的表示不是规格化浮点数。

A. 11111111, 1.1000⋯00　　B. 0011111, 1.0111⋯01

C. 1000001, 0.1111⋯01　　D. 0111111, 0.1000⋯10

07. 下列关于对阶操作说法正确的是（　）。

A. 在浮点加减运算的对阶操作中，若阶码减小，则尾数左移

B. 在浮点加减运算的对阶操作中，若阶码增大，则尾数右移；若阶码减小，则尾数左移

C. 在浮点加减运算的对阶操作中，若阶码增大，则尾数右移

D. 以上都不对

08. 浮点数的 IEEE 754 标准对尾数编码采用的是（　）。

A. 原码　　B. 反码　　C. 补码　　D. 移码

09. 在 IEEE 754 标准规定的 64 位浮点数格式中，符号位为 1 位，阶码为 11 位，尾数为 52

位，则它所能表示的最小规格化负数为（　）。

A. $-(2-2^{52})\times2^{-1023}$　　B. $-(2-2^{-52})\times2^{+1023}$

C. -1×2^{-1024}　　D. $-(1-2^{-52})\times2^{+2047}$

10. 按照 IEEE 754 标准规定的 32 位单精度浮点数 41A4C000H 对应的十进制数是（　）。

A. 4.59375　　B. −20.59375　　C. −4.59375　　D. 20.59375

11. 在浮点数编码表示中，（　）在机器数中不出现，是隐含的。

A. 阶码　　B. 符号　　C. 尾数　　D. 基数

12. 如果某单精度浮点数、某原码、某补码、某移码的 32 位机器数均为 0xF0000000。这些数从大到小的顺序是（　）。

A. 浮原补移　　B. 浮移补原　　C. 移原补浮　　D. 移补原浮

13. 采用规格化的浮点数最主要是为了（　）。

A. 增加数据的表示范围　　B. 方便浮点运算

C. 防止运算时数据溢出　　D. 增加数据的表示精度

14. 下列说法中，正确的是（　）。

I. 在计算机中，表示的数有时会发生溢出，根本原因是计算机的字长有限

II. 8421 码就是二进制数

III. 一个正数的补码和这个数的原码表示一样，而正数的反码是原码各位取反

IV. 设有两个正的规格化浮点数 $N_1=2^m\times M_1$ 和 $N_2=2^n\times M_2$，若 $m>n$，则有 $N_1>N_2$

A. I、II　　B. II、III　　C. I、III、IV　　D. I、IV

15. 在浮点运算中，下溢指的是（　）。

A. 运算结果的绝对值小于机器所能表示的最小绝对值

B. 运算的结果小于机器所能表示的最小负数

C. 运算的结果小于机器所能表示的最小正数

D. 运算结果的最低有效位产生的错误

16. 假定采用 IEEE 754 标准中的单精度浮点数格式表示一个数为 45100000H，则该数的值是（　）。

A. $(+1.125)_{10}\times2^{10}$　　B. $(+1.125)_{10}\times2^{11}$　　C. $(+0.125)_{10}\times2^{11}$　　D. $(+0.125)_{10}\times2^{10}$

17. 设浮点数共 12 位。其中阶码含 1 位阶符共 4 位，以 2 为底，补码表示；尾数含 1 位数符共 8 位，补码表示，规格化。则该浮点数所能表示的最大正数是（　）。

A. 2^7　　B. 2^8　　C. 2^8-1　　D. 2^7-1

18. 计算机在进行浮点数的加减运算之前先进行对阶操作，若 x 的阶码大于 y 的阶码，则应将（　）。

A. x 的阶码缩小至与 y 的阶码相同，且使 x 的尾数部分进行算术左移

B. x 的阶码缩小至与 y 的阶码相同，且使 x 的尾数部分进行算术右移

C. y 的阶码扩大至与 x 的阶码相同，且使 y 的尾数部分进行算术左移

D. y 的阶码扩大至与 x 的阶码相同，且使 y 的尾数部分进行算术右移

19. 若浮点数的尾数用补码表示，则下列（　）中的尾数是规格化数形式。

A. 1.11000　　B. 0.01110　　C. 0.01010　　D. 1.00010

20. 设浮点数的基数为 4，尾数用原码表示，则以下（　）是规格化的数。

A. 1.001101　　B. 0.001101　　C. 1.011011　　D. 0.000010

21. 下列关于舍入的说法，正确的是（　）。

I. 不仅仅只有浮点数需要舍入，定点数在运算时也可能要舍入

II. 在浮点数舍入中，只有左规格化时可能要舍入

III. 在浮点数舍入中，只有右规格化时可能要舍入

IV. 在浮点数舍入中，左、右规格化均可能要舍入

V. 舍入不一定产生误差

A. I、III、V　　B. I、II、V　　C. V　　D. I、IV

22.【2009 统考真题】浮点数加、减运算过程一般包括对阶、尾数运算、规格化、舍入和判断溢出等步骤。设浮点数的阶码和尾数均采用补码表示，且位数分别为 5 和 7（均含 2 位符号位）。若有两个数 $X = 2^7 \times 29/32$ 和 $Y = 2^5 \times 5/8$，则用浮点加法计算 $X + Y$ 的最终结果是（　）。

A. 00111 1100010　B. 00111 0100010　C. 01000 0010001　D. 发生溢出

23.【2010 统考真题】假定变量 i、f 和 d 的数据类型分别为 int、float 和 double（int 用补码表示，float 和 double 分别用 IEEE 754 单精度和双精度浮点数格式表示），已知 i = 785、f = 1.5678E3、d = 1.5E100，若在 32 位机器中执行下列关系表达式，则结果为“真”的是（　）。

I. i == (int)(float)i　II. f == (float)(int)f　III. f ==(float)(double)f　IV. (d+f)−d == f

A. 仅 I 和 II　　B. 仅 I 和 III　　C. 仅 II 和 III　　D. 仅 III 和 IV

24.【2011 统考真题】float 型数据通常用 IEEE 754 单精度格式表示。若编译器将 float 型变量 x 分配在一个 32 位浮点寄存器 FR1 中，且 x = −8.25，则 FR1 的内容是（　）。

A. C104 0000H　　B. C242 0000H　　C. C184 0000H　　D. C1C2 0000H

25.【2012 统考真题】float 类型（即 IEEE 754 单精度浮点数格式）能表示的最大正整数是（　）。

A. $2^{126} - 2^{103}$　　B. $2^{127} - 2^{104}$　　C. $2^{127} - 2^{103}$　　D. $2^{128} - 2^{104}$

26.【2013 统考真题】某数采用 IEEE 754 单精度浮点数格式表示为 C640 0000H，则该数的值是（　）。

A. -1.5×2^{13}　　B. -1.5×2^{12}　　C. -0.5×2^{13}　　D. -0.5×2^{12}

27.【2014 统考真题】float 型数据常用 IEEE 754 单精度浮点格式表示。假设两个 float 型变量 x 和 y 分别存放在 32 位寄存器 f1 和 f2 中，若(f1) = CC90 0000H，(f2) = B0C0 0000H，则 x 和 y 之间的关系为（　）。

A. x < y 且符号相同　　B. x < y 且符号不同

C. x > y 且符号相同　　D. x > y 且符号不同

28.【2015 统考真题】下列有关浮点数加减运算的叙述中，正确的是（　）。

I. 对阶操作不会引起阶码上溢或下溢

II. 右规和尾数舍入都可能引起阶码上溢

III. 左规时可能引起阶码下溢

IV. 尾数溢出时结果不一定溢出

A. 仅 II、III　　B. 仅 I、II、IV　　C. 仅 I、III、IV　　D. I、II、III、IV

29.【2018 统考真题】IEEE 754 单精度浮点格式表示的数中，最小的规格化正数是（　）。

A. 1.0×2^{-126}　　B. 1.0×2^{-127}　　C. 1.0×2^{-128}　　D. 1.0×2^{-149}

30.【2020 统考真题】已知带符号整数用补码表示，float 型数据用 IEEE 754 标准表示，假定变量 x 的类型只可能是 int 或 float，当 x 的机器数为 C800 0000H 时，x 的值可能是（　）。

A. -7×2^{27}　　B. -2^{16}　　C. 2^{17}　　D. 25×2^{27}

31.【2021统考真题】下列数值中，不能用IEEE 754浮点格式精确表示的是（　）。

A. 1.2　　B. 1.25　　C. 2.0　　D. 2.5

32.【2022统考真题】−0.4375的IEEE 754单精度浮点数表示为（　）。

A. BEE0 0000H　　B. BF60 0000H　　C. BF70 0000H　　D. C0E0 0000H

二、综合应用题

01. 什么是浮点数的溢出？什么情况下发生上溢出？什么情况下发生下溢出？

02. 现有一计算机字长32位（$D_{31}\sim D_0$），数符位是第31位。

对于二进制1000 1111 1110 1111 1100 0000 0000 0000，

1）表示一个补码整数，其十进制值是多少？

2）表示一个无符号整数，其十进制值是多少？

3）表示一个IEEE 754标准的单精度浮点数，其值是多少？

03. 假定变量i是一个32位的int型整数，f和d分别为float型（32位）和double型（64位）实数。分析下列各布尔表达式，说明结果是否在任何情况下都是“true”。

1）i == (int) ((double) i)

2）f == (float) ((int) f)

3）f == (float) ((double) f)

4）d == (double) ((float) d)

04. 已知两个实数x = −68，y = −8.25，它们在C语言中定义为float型变量，分别存放在寄存器A和B中。另外，还有两个寄存器C和D。A、B、C、D都是32位的寄存器。请问（要求用十六进制表示二进制序列）:

1）寄存器A和B中的内容分别是什么？

2）x和y相加后的结果存放在C寄存器中，寄存器C中的内容是什么？

3）x和y相减后的结果存放在D寄存器中，寄存器D中的内容是什么？

05. 设浮点数的格式如下（阶码和尾数均用补码表示，基为2）:

E_s	$E_1\sim E_3$	M_s	$M_1\sim M_9$

1）将27/64转换为浮点数。

2）将−27/64转换为浮点数。

06. 两个规格化浮点数进行加减法运算，最后对结果规格化时，能否确定需要右规的次数？能否确定需要左规的次数？

07. 对下列每个IEEE 754单精度数值，解释它们所表示的是哪种数字类型（规格化数、非规格化数、无穷大、0）。当它们表示某个具体数值时，请给出该数值。

1）0000　0000　0000　0000　0000　0000　0000　0000

2）0100　0010　0100　0000　0000　0000　0000　0000

3）1000　0000　0100　0000　0000　0000　0000　0000

4）1111　1111　1000　0000　0000　0000　0000　0000

08.【2017统考真题】已知 $f(n)=\sum_{i=0}^{n}2^i=2^{n+1}-1=\overbrace{11\cdots1}^{n+1位}B$，计算$f(n)$的C语言函数f1如下:

```
int f1(unsigned n){
    int sum=1,power=1;
```

```
    for(unsigned i=0;i<=n-1;i++){
        power *= 2;
        sum += power;
        }
    return sum;
}
```

将 f1 中的 int 都改为 float，可得到计算 f(n)的另一个函数 f2。假设 unsigned 和 int 型数据都占 32 位，float 采用 IEEE 754 单精度标准。请回答下列问题：

1）当 n = 0 时，f1 会出现死循环，为什么？若将 f1 中的变量 i 和 n 都定义为 int 型，则 f1 是否还会出现死循环？为什么？

2）f1(23)和 f2(23)的返回值是否相等？机器数各是什么（用十六进制表示）？

3）f1(24)和 f2(24)的返回值分别为 33 554 431 和 33 554 432.0，为什么不相等？

4）$f(31) = 2^{32} - 1$，而 f1(31)的返回值却为-1，为什么？若使 f1(n)的返回值与 f(n)相等，则最大的 n 是多少？

5）f2(127)的机器数为 7F80 0000H，对应的值是什么？若使 f2(n)的结果不溢出，则最大的 n 是多少？若使 f2(n)的结果精确（无舍入），则最大的 n 是多少？

2.3.4　答案与解析

一、单项选择题

01． C

不同类型的数据混合运算时，遵循的原则是“类型提升”，即较低类型转换为较高类型，最终结果为 double 类型。4 种类型数据的转换规律为 char→int→long→double。

例如，long 型数据与 int 型数据一起运算时，需先将 int 型转换为 long 型，然后两者再进行运算，结果为 long 型。float 型数据和 double 型数据一起运算时，虽然它们同为实型，但两者精度不同，仍要先将 float 型转换成 double 型再进行运算，结果亦为 double 型。所有这些转换都是由系统自动进行的，这种转换通常称为隐式转换。

注意在强制类型转换中，从 int 转换为 float 时，虽然不会发生溢出，但由于尾数位数的关系，可能有数据舍入，而转换为 double 则能保留精度。double 转换为 float 亦是如此。从 float 或 double 转换为 int 时，小数部分被截断，且由于 int 的表示范围更小，还可能发生溢出。

02． B

在浮点数总位数不变的情况下，阶码位数越多，尾数位数越少；即表示的数的范围越大，精度越差（数变稀疏）。

03． B

基数越大，范围越大，但精度变低（数变稀疏）。

注意： ① 基数越大，在运算中尾数右移的可能性越小，运算的精度损失越小。② 由于基数大时发生因对阶或尾数溢出需右移及规格化需左移的次数显著减少，因此运算速度可以提高。③ 基数越大，可表示的数的范围越大。

04． C

变形补码，即用两个二进制位来表示数字的符号位，其余与补码相同，所以并不能避免溢出，选项 A 错误。定点数和浮点数运算都可能产生溢出，但是溢出判断有区别，因此选项 B 错误、选项 C 正确。在定点运算中，当运算结果超出数的表示范围时，就发生溢出；在浮点运算中，运算结果超出尾数表示范围却不一定溢出，只有规格化后阶码超出所能表示的范围时，才发生溢出，选项D错误。

05. C

考查浮点数的规格化。当尾数为补码表示，且为1.0××××形式时为规格化数，因此该尾数需左移一位，阶码同时应减1，才为规格化数。

06. B

原码表示时，正数的规格化形式为0.1×⋯×，负数的规格化形式为1.1×⋯×，因此B错误。

07. C

对阶操作，是将较小的阶码调整到与较大的阶码一致，因此不存在阶码减小、尾数左移的情况，因而选项A、B错误。

08. A

IEEE 754标准中尾数采用原码表示，阶码部分用移码表示。

09. B

长浮点数，其阶码11位，尾数52位，采取隐藏位策略，因此其最小规格化负数为阶码取最大值2^{+1023}（$1023 = 2^{11-1} - 1$），尾数取最大值$2 - 2^{-52}$（注意其有隐藏位要加1），符号位为负。

10. D

在IEEE754单精度浮点数中，最高位为数符位；其后是8位阶码，以2为底，用移码表示，阶码的偏置值为127；其后23位是尾数数值位。对于规格化的二进制浮点数，数值的最高位总是"1"，为了能使尾数多表示一位有效值，将这个"1"隐藏，因此尾数数值实际上是24位。隐藏的"1"是一位整数。在浮点格式中表示出来的23位尾数是纯小数，用原码表示。41A4C000H写成二进制为0100 0001 1010 0100 1100 0000 0000 0000，第一位为符号位0，表示是正数。之后的8位1000 0011表示阶码，真值为$(100)_B$，即4。剩下的是隐藏了最高1的尾数，故而为1.010 0100 1100 0000 0000 0000，数值左移四位后整数部分10100表示为20。

11. D

浮点数表示中基数的值是约定好的，因此将其隐含。

12. D

这个机器数的最高位为1，对于原码、补码、单精度浮点数而言为负数，对于移码而言为正数，所以移码最大，而补码为-2^{28}，原码为$-(2^{30} + 2^{29} + 2^{28})$，单精度浮点数为$-1.0\times2^{97}$，大小依次递减。

13. D

与非规格化浮点数相比，采用规格化浮点数的目的主要是为了增加数据的表示精度。

14. D

I正确；8421码是十进制数的编码，II错误；正数的原码、反码和补码都相同，III错误；因为是规格化正浮点数，所以M_1、M_2均为$0.1xx$形式，有N_1阶码至少比N_2大1，所以$N_1 > N_2$，IV正确。

15. A

运算结果在0至规格化最小正数之间时称为正下溢，运算结果在0至规格化最大负数之间时称为负下溢，正下溢和负下溢统称下溢。

16. B

写成二进制表示为0100 0101 0001 0000 0000 0000 0000 0000，第一位为符号位，0表示正数，随后8位（float型）1000 1010是用移码表示的阶码，因此减去0111 1111后得十进制数11，而IEEE 754标准中单精度浮点数在阶码不为0时隐藏1，因此尾数为$(1.0010)_B = (1.125)_D$，因此该数值为

$(+1.125)_{10}\times 2^{11}$。

17． D

为使浮点数取正数最大，可使尾数取正数最大，阶码取正数最大。尾数为 8 位补码（含符号位），正值最大为 0.1111111，即 $1-2^{-7}$，阶码为 4 位补码（含符号位），正值最大为 0111，即 7，则最大正数为$(1-2^{-7})\times 2^{7}=2^{7}-1$。

18． D

浮点数加减运算时，首先要进行对阶，根据对阶的规则，阶码和尾数将进行相应的操作。

对阶的规则是，小阶向大阶看齐。即阶码小的数的尾数算术右移，每右移一位，阶码加 1，直到两数的阶码相等为止。

19． D

补码的规格化表示是小数点后一位与符号位不同，因此选择选项 D。

20． C

原码表示的规格化小数是小数点后 2 位（基数为 4，用 2 位表示）不全为 0 的小数。

21． C

舍入是浮点数的概念，定点数没有舍入的概念，因此 I 错误。浮点数舍入的情况有两种：对阶、右规格化，因此 II、III、IV 错误。舍入不一定产生误差，如向下舍入 11.00 到 11.0 时是没有误差的，因此 V 正确。

22． D

X 的浮点数格式为 00, 111; 00, 11101（分号前为阶码，分号后为尾数），*Y* 的浮点数格式为 00, 101; 00, 10100。然后根据浮点数的加法步骤进行运算。

① 对阶。*X*、*Y* 阶码相减，即 00, 111 – 00, 101 = 00, 111 + 11, 011 = 00, 010，可知 *X* 的阶码比 *Y* 的价码大 2（这一步可直接目测）。根据小阶向大阶看齐的原则，将 *Y* 的阶码加 2，尾数右移 2 位，将 *Y* 变为 00, 111; 00, 00101。

② 尾数相加。即 00, 11101 + 00, 00101 = 01, 00010，尾数相加结果符号位为 01，因此需要右规。

③ 规格化。将尾数右移 1 位，阶码加 1，得 *X* + *Y* 为 01, 000; 00, 10001。

④ 判断溢出。阶码符号位为 01，说明发生溢出。

本题容易误选选项 B、C，因为选项 B、C 本身并无计算错误，只是它们不是最终结果，选项 B 少了第 3 步和第 4 步，选项 C 少了第 4 步。

23． B

题中三种数据类型强制类型转换的顺序为 int→float→double。若将 float 转换为 int，小数位部分会被舍去，int 是精确到 32 位的整数，而 float 只保存到 1 + 23 位，因此一个 32 位的 int 整数在转换为 float 时也会有损失，但 i < 1024（10 位），I 正确。对于 II，将 float 型的 f 转换为 int 型，小数点后的数位丢失，结果非真。double 的精度和范围都比 float 大，float 转换为 double 不会有损失，III 正确。对于 IV，初看似乎没有问题，但浮点运算 d + f 时需要对阶，对阶后 f 的尾数有效位被舍去而变为 0，因此 d + f 仍然为 d，再减去 d 后结果为 0，结果非真。此外，根据不同类型数据混合运算“类型提升”原则，IV 中等号左边的类型为 double 型，结果非真。

注意：从 int 转换为 float 时，虽然不会发生溢出，但由于尾数位数的关系，可能有数据舍入，影响精度，而转换为 double 则能保留精度。

24． A

本题的目的在于考查 IEEE 754 单精度浮点数的表示。先将 x 转换成二进制为−1000.01 = −1.000 01×2^3，其次计算阶码 E，根据 IEEE 754 单精度浮点数格式，有 $E - 127 = 3$，因此 $E = 130$，转换成二进制为 1000 0010。最后，根据 IEEE 754 标准，最高位的“1”是被隐藏的。

IEEE 754 单精度浮点数格式：数符（1 位） + 阶码（8 位） + 尾数（23 位）。

因此 FR1 的内容为 1; 1000 0010; 0000 1000 0000 0000 0000 000。

即 1100 0001 0000 0100 0000 0000 0000 0000 = C104 0000H。

本题易误选选项 D，未考虑 IEEE 754 标准隐藏最高位 1 的情况，把偏置值认为是 128。

25．D

IEEE 754 单精度浮点数是尾数用采取隐藏位策略的原码表示，且阶码用移码（偏置值为 127）表示的浮点数。规格化短浮点数的真值为$(-1)^S \times 1.m \times 2^{E-127}$，其中 S 为符号位，阶码 E 的取值为 1～254（8 位表示），尾数 m 为 23 位，共 32 位；因此 float 类型能表示的最大整数是 $1.111\cdots1 \times 2^{254-127} = 2^{127} \times (2 - 2^{-23}) = 2^{128} - 2^{104}$，因此答案是选项 D。

【另解】 IEEE 754 单精度浮点数的格式如下图所示。

数符（1）	阶码（8）	尾数（23）

表示最大正整数时：数符取 0；阶码取最大值为 127；尾数部分隐藏了整数部分的“1”，23 位尾数全取 1 时尾数最大，为 $2 - 2^{-23}$，此时浮点数的大小为$(2 - 2^{-23}) \times 2^{127} = 2^{128} - 2^{104}$。

26．A

IEEE 754 单精度浮点数格式为 C640 0000H，二进制格式为 1100 0110 0100 0000 0000 0000 0000 0000，转换为标准的格式为

S	阶码	尾数
1	1000 1100	100 0000 0000 0000 0000 0000

数符 = 1 表示负数；阶码值为 1000 1100 − 0111 1111 = 0000 1101 = 13；尾数值为 1.5（注意其有隐藏位，要加 1）。因此，浮点数的值为-1.5×2^{13}。

27．A

(f1)和(f2)对应的二进制分别是$(110011001001\ldots)_2$和$(101100001100\ldots)_2$，根据 IEEE 754 浮点数标准，可知(f1)的数符为 1，阶码为 10011001，尾数为 1.001，而(f2)的数符为 1，阶码为 01100001，尾数为 1.1，可知两数均为负数，符号相同，B、D 排除；(f1)的绝对值为 1.001×2^{26}，(f2)的绝对值为 1.1×2^{-30}，(f1)的绝对值比(f2)的绝对值大，而符号为负，真值大小相反，即(f1)的真值比(f2)的真值小，即 $x < y$，选择选项 A。

28．D

对阶是较小的阶码对齐至较大的阶码，I 正确。右规和尾数舍入过程，阶码加 1 而可能上溢，II 正确，同理 III 也正确。尾数溢出时可能仅产生误差，结果不一定溢出，IV 正确。

29．A

IEEE 754 单精度浮点数的符号位、阶码位、尾数位（省去正数位 1）所占的位数分别是 1、8、23。最小正数，数符位取 0，移码的取值范围是 1～254，取 1，得阶码值 1 − 127 = −126（127 为我们规定的偏置值），尾数取全 0，最终推出最小规格化正数为 A 选项。

30．A

C800 0000H = 1100 1000 0000 0000 0000 0000 0000 0000。

将其转换为对应的 float 型或 int 型。

1）若为 float 型，则尾数隐藏最高位 1，数符为 1 表示负数，阶码 1001 0000 = $2^7 + 2^4 = 128 + 16$，再减去偏置值 127 得到 17，算出 x 值为-2^{17}。

2）若为 int 型，则带符号补码，为负数，数值部分取反加 1，得 011 1000 0000 0000 0000 0000 0000 0000，算出 x 值为 -7×2^{27}。

31. A

使用排除法。选项 B：$1.25 = 1.01B\times 2^0$；选项 C：$2.0 = 1.0B\times 2^1$；选项 D：$2.5 = 1.01B\times 2^1$。因此，B、C 和 D 均可以用 IEEE 754 浮点格式精确表示。选项 A 的十进制小数 1.2 转换成二进制的结果是无限循环小数 1.001100110011⋯，无法用精度有限的 IEEE 754 格式精确表示。

32. A

IEEE 754 单精度浮点数格式中依次为数符 1 位、阶码 8 位（偏置值 127）、尾数 23 位（隐藏 1 位）。$-0.4375 = -1.75\times 2^{-2}$，保证小数点前是 1。根据单精度浮点数格式，数符为 1；阶码为移码表示，$-2 + 127 = 125$，写成 8 位二进制数为 01111101；尾数隐藏小数点前的 1，剩下的 0.75 写成二进制数为 0.11，所以尾数部分是 1100⋯0。该浮点数的二进制格式为 1011 1110 1110 0000 0000 0000 000 0000，对应的十六进制格式为 BEE0 0000H。

二、综合应用题

01.【解答】

浮点数的运算结果可能出现以下几种情况：

① 阶码上溢出。一个正指数超过了最大允许值时，浮点数发生上溢出（即向∞方向溢出）。若结果是正数，则发生正上溢出（有的机器把值置为+∞）；若结果是负数，则发生负上溢出（有的机器把值置为−∞）。这种情况为软件故障，通常要引入溢出故障处理程序来处理。

② 阶码下溢出。一个负指数比最小允许值还小时，浮点数发生下溢出。一般机器把下溢出时的值置为 0（+0 或−0）。不发生溢出故障。

③ 尾数溢出。当尾数最高有效位有进位时，发生尾数溢出。此时，进行“右规”操作：尾数右移一位，阶码加 1，直到尾数不溢出为止。此时，只要阶码不发生上溢出，浮点数就不会溢出。

④ 非规格化尾数。当数值部分高位不是一个有效值时（如原码时为 0 或补码时与符号位相同），尾数为非规格化形式。此时，进行“左规”操作：尾数左移一位，阶码减 1，直到尾数为规格化形式为止。

02.【解答】

1）最高位为符号位，符号位为 1，表示是一个负数，对应真值的二进制为

−111 0000 0001 0000 0100 0000 0000 0000（数值位取反，末位加 1）

对应的十进制值为$-(2^{30} + 2^{29} + 2^{28} + 2^{20} + 2^{14})$。

2）全部 32 位均为数值位，按权相加可知其十进制值为

$$2^{31} + 2^{27} + 2^{26} + 2^{25} + 2^{24} + 2^{23} + 2^{22} + 2^{21} + 2^{19} + 2^{18} + 2^{17} + 2^{16} + 2^{15} + 2^{14}$$

3）表示一个 IEEE 754 标准的单精度浮点数：

数符		阶码		尾数
1	;	00011111	;	11011111110000000000000

因为阶码为 00011111，对应的十进制数为 31。IEEE 754 标准中的阶码用移码表示，其偏置

值为 127，所以阶码的十进制真值为 31 − 127 = −96。

因为尾数为 1.11011111110000000000000。IEEE 754 标准中的尾数用原码表示，且采用隐藏尾数最高数位“1”的方法，隐藏的“1”是一位整数。所以尾数真值为

$$1 + 2^{-1} + 2^{-2} + 2^{-4} + 2^{-5} + 2^{-6} + 2^{-7} + 2^{-8} + 2^{-9}$$

因为数符为 1，表示这个浮点数是个负数。所以单精度浮点数的真值为

$$-(1 + 2^{-1} + 2^{-2} + 2^{-4} + 2^{-5} + 2^{-6} + 2^{-7} + 2^{-8} + 2^{-9})\times 2^{-96}$$

03.【解答】

强制类型转换，转换过程有两个，一是 unsigned int→int→long→double，二是 float→double，从后向前转换会使得数据丢失，进而使等号不成立。

1）是。因为 double 型比 int 型精度高，所以 int 型变量转换为 double 型变量时不会有精度损失。

2）不是。因为 float 型有小数部分，而 int 型没有小数部分，所以把 float 型变量转换为 int 型变量时，可能会丢失小数部分。

3）是。因为 double 型比 float 型精度高，所以 float 型变量转换为 double 型变量时不会有精度损失。

4）不是。因为 float 型比 double 型的有效位数少，所以 double 型变量转换为 float 型变量时会有精度损失。

04.【解答】

1）float 型变量在计算机中都被表示成 IEEE 754 单精度格式。$X = -68 = -(1000100)_2 = -1.0001\times 2^6$，符号位为 1，阶码为 127 + 6 = 128 + 5 = $(1000\ 0101)_2$，尾数为 1.0001，所以小数部分为 000 1000 0000 0000 0000 0000，合起来整个浮点数表示为 1 1000 0101 000 1000 0000 0000 0000 0000，写成十六进制为 C2880000H。

$Y = -8.25 = -(1000.01)_2 = -1.00001\times 2^3$，符号位为 1，阶码为 127 + 3 = 128 + 2 = $(1000\ 0010)_2$，尾数为 1.00001，所以小数部分为 000 0100 0000 0000 0000 0000，合起来整个浮点数表示为 1 1000 0010 000 0100 0000 0000 0000 0000，写成十六进制为 C1040000H。

因此，寄存器 A 和 B 的内容分别为 C2880000H、C1040000H。

2）两个浮点数相加的步骤如下。

① 对阶：$E_x = 10000101$，$E_y = 10000010$，则

$$[E_x - E_y]_{补} = [E_x]_{补} + [-E_y]_{补} = 10000101 + 01111110 = 00000011$$

E_x 大于 E_y，所以对 y 进行对阶。对阶后，$y = -0.00100001\times 2^6$。

② 尾数相加：x 的尾数为−1.000 1000 0000 0000 0000 0000，y 的尾数为−0.001 0000 1000 0000 0000 0000，用原码加法运算实现，两数符号相同，做加法，结果为−1.001 1000 1000 0000 0000 0000。

即 x 加 y 的结果为$-1.001\ 1000\ 1\times 2^6$，所以符号位为 1，尾数为 001 1000 1000 0000 0000 0000，阶码为 127 + 6 = 128 + 5，即 1000 0101。合起来为 1 1000 0101 001 1000 1000 0000 0000 0000，转换为十六进制形式为 C2988000H。

所以 C 寄存器中的内容是 C2988000H。

3）两个浮点数相减的步骤同加法，对阶的结果也一样，只是尾数相减。

尾数相减：x 的尾数为−1.000 1000 0000 0000 0000 0000，y 的尾数为−0.001 0000 1000 0000 0000 0000。

用原码减法运算实现，两数符号相同，做减法；符号位：取大数的符号，负数，为 1；数值

部分：大数加小数负数的补码：

$$
\begin{array}{r}
1.\ 000\ \ 1000\ \ 0000\ \ 0000\ \ 0000\ \ 0000 \\
+\ \ 1.\ 110\ \ 1111\ \ 1000\ \ 0000\ \ 0000\ \ 0000 \\
\hline
0.\ 111\ \ 0111\ \ 1000\ \ 0000\ \ 0000\ \ 0000
\end{array}
$$

x 减 y 的结果为 $-0.11101111\times2^6=-1.1101111\times2^5$，所以符号位为 1，尾数为 110 1111 0000 0000 0000 0000，阶码为 127 + 5 = 128 + 4，即 1000 0100。

合起来为 1 1000 0100 110 1111 0000 0000 0000 0000，转换为十六进制形式为 C26F0000H。所以寄存器 D 中的内容是 C26F0000H。

提示：如果是选择题，那么第 2 问可不采用这么严格的计算，先将十进制的 $x+y, x-y$ 计算之后的结果再转成 IEEE 754。对于大题，也可以采用这种方法验证结果的正确性。

05.【解答】

1）$27/64=11011\times2^{-6}=0.011011=0.110110000\times2^{-1}$

阶码补码为 **1**111，尾数补码为 **0**110110000，机器数为（**1**111, **0**110110000）。

2）$-27/64=-11011\times2^{-6}=-0.011011=-0.11011\times2^{-1}$

阶码补码为 **1**111，尾数补码为 **1**001010000，机器数为（**1**111, **1**001010000）。

06.【解答】

两个 n 位数的加减运算，其和/差最多为 $n+1$ 位，因此有可能需要右规，但右规最多一次。

由于异号数相加或同号数相减，其和/差的最少位数无法确定，因此左规的次数也无法确定，但最多不会超过尾数的字长 n 位次。

07.【解答】

1）由于该数的阶码字段内容为 0，符号位为 0，尾数字段内容也为 0，所以它表示 IEEE 浮点格式的+0。

2）该数的阶码字段内容为 132，尾数字段内容为 100 0000 0000 0000 0000 0000，由于阶码字段的内容既不全部为 0，也不全部为 1，所以它表示一个规格化数，其实际值为 $(1.1)_2\times2^5=48$。

3）由于该数的阶码字段内容全部为 0，且尾数字段内容不全部为 0，所以它表示一个非规格化数，其实际值为 $(-0.1)_2\times2^{-126}=-2^{-127}=-5.877\times10^{-39}$（表示成 4 位有效数字形式）。

4）由于该数的阶码字段内容全部为 1，且尾数字段内容为 0，符号位为 1，所以它表示负无穷大。

08.【解答】

1）由于 i 和 n 是 unsigned 型，因此“i <= n−1”是无符号数比较，n = 0 时，n − 1 的机器数为全 1，值是 $2^{32}-1$，为 unsigned 型可表示的最大数，条件“i <= n − 1”永真，因此出现死循环。

若 i 和 n 改为 int 类型，则不会出现死循环。

因为“i <= n−1”是有符号整数比较，当 n = 0 时，n − 1 的值是−1，当 i = 0 时，条件“i <= n−1”不成立，此时退出 for 循环。

2）f1(23)与 f2(23)的返回值相等。$f(23)=2^{23+1}-1=2^{24}-1$，其二进制形式是 24 个 1。int 占 32 位，没有溢出。float 有 1 个符号位，8 个指数位，23 个底数位，23 个底数位可以表示 24 位的底数，所以两者返回值相等。

f1(23)的机器数是 00FF FFFFH，f2(23)的机器数是 4B7FFFFFH。

显而易见，前者是 24 个 1，即 $0000\ 0000\ 1111\ 1111\ 1111\ 1111\ 1111\ 1111_{(2)}$，后者的符号位

是 0，指数位为 $23 + 127_{(10)} = 1001\ 0110_{(2)}$，底数位是 $111\ 1111\ 1111\ 1111\ 1111\ 1111_{(2)}$。

3）当 n = 24 时，f(24) = 1 1111 1111 1111 1111 1111 1111 B，而 float 型数只有 24 位有效位，舍入后数值增大，所以 f2(24)比 f1(24)大 1。

4）显然 f(31)已超出了 int 型数据的表示范围，用 f1(31)实现时得到的机器数为 32 个 1，作为 int 型数解释时其值为−1，即 f1(31)的返回值为−1。

因为 int 型最大可表示的数是 0 后面加 31 个 1，因此使 f1(n)的返回值与 f(n)相等的最大 n 值是 30。

5）IEEE 754 标准用“阶码全 1、尾数全 0”表示无穷大。f2 的返回值为 float 型，机器数 7F80 0000H 对应的值是+∞。当 n = 126 时，$f(126) = 2^{127} - 1 = 1.1\cdots1\times2^{126}$，对应阶码为 127 + 126 = 253，尾数部分舍入后阶码加 1，最终阶码为 254，是 IEEE 754 单精度格式表示的最大阶码。因此使 f2 结果不溢出的最大 n 值为 126。

当 n = 23 时，f(23)为 24 位 1，float 型数有 24 位有效位，所以不需要舍入，结果精确。因此使 f2 获得精确结果的最大 n 值为 23。

2.4　本章小结

本章开头提出的问题的参考答案如下：

1）在计算机中，为什么要采用二进制来表示数据？

答案已在本章开头说明。

2）计算机在字长足够的情况下能够精确地表示每个数吗？若不能，请举例。

计算机采用二进制来表示数据，在字长足够时，可以表示任何一个整数。而二进制表示小数时只能够用 $1/(2^n)$的和的任意组合表示，即使字长很长，也不可能精确表示出所有小数，只能无限接近。例如 0.1 就无法用二进制精确地表示。

3）字长相同的情况下，浮点数和定点数的表示范围与精度有什么区别？

字长相同时，浮点数取字长的一部分作为阶码，所以表示范围比定点数要大，而取一部分作为阶码也就代表着尾数部位的有效位数减少，而定点数字长的全部位都用来表示数值本身，精度要比同字长的浮点数更大。

4）用移码表示浮点数的阶码有什么好处？

移码的两个好处：

① 浮点数进行加减运算时要比较阶码的大小，移码比较大小更方便。

② 检验移码的特殊值（0 和 max）时比较容易。阶码以移码编码时的特殊值如下。0：表示指数为负无穷大，相当于分数分母无穷大，整个数无穷接近 0，在尾数也为 0 时可用来表示 0；尾数不为零表示未正规化的数。max：表示指数正无穷大，若尾数为 0，则表示浮点数超出表示范围（正负无穷大）；尾数不为 0，则表示浮点数运算错误。

2.5　常见问题和易混淆知识点

1. 如何表示一个数值数据？计算机中的数值数据都是二进制数吗？

在计算机内部，数值数据的表示方法有以下两大类。

① 直接用二进制数表示。分为有符号数和无符号数，有符号数又分为定点数表示和浮点数表示。无符号数用来表示无符号整数（如地址等信息）。

② 二进制编码的十进制数，一般采用 BCD 码表示，用来表示整数。

所以，计算机中的数值数据虽然都用二进制表示，但不全是二进制，也有用十进制表示的。后面一章有关指令类型的内容中，就分别有二进制加法指令和十进制加法指令。

2. 什么称为无符号整数的“溢出”？

对于无符号定点整数来说，若寄存器位数不够，则计算机运算过程中一般保留低 n 位，舍弃高位。这样，会产生以下两种结果。

① 保留的低 n 位数不能正确表示运算结果。在这种情况下，意味着运算的结果超出了计算机所能表达的范围，有效数值进到了第 $n+1$ 位，称此时发生了“溢出”现象。

② 保留的低 n 位数能正确表达计算结果，即高位的舍去并不影响其运算结果。

3. 如何判断一个浮点数是否是规格化数？

为了使浮点数能尽量多地表示有效位数，一般要求运算结果用规格化数形式表示。规格化浮点数的尾数小数点后的第一位一定是个非零数。因此，对于原码编码的尾数来说，只要看尾数的第一位是否为 1 就行；对于补码表示的尾数，只要看符号位和尾数最高位是否相反。需要注意的是，IEEE 754 标准的浮点数尾数是用原码编码的。

4. 对于位数相同的定点数和浮点数，可表示的浮点数个数比定点数个数多吗？

不是，可表示的数据个数取决于编码所采用的位数。编码位数一定，编码出来的数据个数就是一定的。n 位编码只能表示 2^n 个数，所以对于相同位数的定点数和浮点数来说，可表示的数据个数应该一样多（有时可能由于一个值有两个或多个编码对应，编码个数会有少量差异）。

5. 浮点数如何进行舍入？

舍入方法选择的原则是：①尽量使误差范围对称，使得平均误差为 0，即有舍有入，以防误差积累。②方法要简单，以加快速度。IEEE 754 有以下 4 种舍入方式。

① 就近舍入：舍入为最近可表示的数，若结果值正好落在两个可表示数的中间，则一般选择舍入结果为偶数。

② 正向舍入：朝 $+\infty$ 方向舍入，即取右边的那个数。

③ 负向舍入：朝 $-\infty$ 方向舍入，即取左边的那个数。

④ 截去：朝 0 方向舍入，即取绝对值较小的那个数。

6. 现代计算机中是否要考虑原码加减运算？如何实现？

因为现代计算机中浮点数采用 IEEE 754 标准，所以在进行两个浮点数的加减运算时，必须考虑原码的加减运算，因为 IEEE 754 规定浮点数的尾数都用原码表示。

原码的加减运算可以有以下两种实现方式：

1）转换为补码后，用补码加减法实现，结果再转换为原码。

2）直接用原码进行加减运算，符号和数值部分分开进行（具体过程见原码加减运算部分）。

第 3 章 存储系统

【考纲内容】

扫一扫

视频讲解

（一）存储器的分类

（二）层次化存储器的基本结构

（三）半导体随机存取存储器

SRAM、DRAM、Flash 存储器

（四）主存储器

DRAM 芯片和内存条、多模块存储器、主存和 CPU 之间的连接

（五）外部存储器

磁盘存储器、固态硬盘（SSD）

（六）高速缓冲存储器（Cache）

Cache 的基本原理；Cache 和主存之间的映射方式

Cache 中主存块的替换算法；Cache 写策略

（七）虚拟存储器

虚拟存储器的基本概念

页式虚拟存储器：基本原理、页表、地址转换、TLB（快表）

段式虚拟存储器的基本原理；段页式虚拟存储器的基本原理

【复习提示】

本章是历年命题重点，特别是有关 Cache 和虚拟存储器的考点容易出综合题。此外，存储器的特点，存储器的扩展（芯片选择、连接方式、地址范围等），交叉存储器，Cache 的相关计算与替换算法，虚拟存储器与快表也容易出选择题。读者应在掌握基本原理的基础上，多结合习题进行反复训练，以加深巩固。另外，读者需掌握存在 Cache 和 TLB 的计算机中的地址翻译与 Cache 映射问题，也建议结合《操作系统考研复习指导》复习。

在学习本章时，请读者思考以下问题：

1）存储器的层次结构主要体现在何处？为何要分这些层次？计算机如何管理这些层次？

2）存取周期和存取时间有何区别？

3）在虚拟存储器中，页面是设置得大一些好还是设置得小一些好？

请读者在学习本章的过程中寻找答案，本章末尾会给出参考答案。

3.1 存储器概述

3.1.1 存储器的分类

存储器种类繁多，可从不同角度对存储器进行分类。

1．按在计算机中的作用（层次）分类

1）主存储器。简称主存，又称内存储器（内存），用来存放计算机运行期间所需的程序和数据，CPU 可以直接随机地对其进行访问，也可以和高速缓冲存储器（Cache）及辅助存储器交换数据。其特点是容量较小、存取速度较快、每位的价格较高。

2）辅助存储器。简称辅存，又称外存储器（外存），用来存放当前暂时不用的程序和数据，以及一些需要永久性保存的信息。辅存的内容需要调入主存后才能被 CPU 访问。其特点是容量大、存取速度较慢、单位成本低。

3）高速缓冲存储器。简称 Cache，位于主存和 CPU 之间，用来存放当前 CPU 经常使用的指令和数据，以便 CPU 能高速地访问它们。Cache 的存取速度可与 CPU 的速度相匹配，但存储容量小、价格高。现代计算机通常将它们制作在 CPU 中。

2．按存储介质分类

按存储介质，存储器可分为磁表面存储器（磁盘、磁带）、磁芯存储器、半导体存储器（MOS 型存储器、双极型存储器）和光存储器（光盘）。

3．按存取方式分类

1）随机存储器（RAM）。存储器的任何一个存储单元都可以随机存取，而且存取时间与存储单元的物理位置无关。其优点是读写方便、使用灵活，主要用作主存或高速缓冲存储器。RAM 又分为静态 RAM 和动态 RAM（第 2 节会详细介绍）。

2）只读存储器（ROM）。存储器的内容只能随机读出而不能写入。信息一旦写入存储器就固定不变，即使断电，内容也不会丢失。因此，通常用它存放固定不变的程序、常数和汉字字库等。它与随机存储器可共同作为主存的一部分，统一构成主存的地址域。

由 ROM 派生出的存储器也包含可反复重写的类型，ROM 和 RAM 的存取方式均为随机存取。广义上的只读存储器已可通过电擦除等方式进行写入，其"只读"的概念没有保留，但仍保留了断电内容保留、随机读取特性，但其写入速度比读取速度慢得多。

3）串行访问存储器。对存储单元进行读/写操作时，需按其物理位置的先后顺序寻址，包括顺序存取存储器（如磁带）与直接存取存储器（如磁盘、光盘）。

顺序存取存储器的内容只能按某种顺序存取，存取时间的长短与信息在存储体上的物理位置有关，其特点是存取速度慢。直接存取存储器既不像 RAM 那样随机地访问任何一个存储单元，又不像顺序存取存储器那样完全按顺序存取，而是介于两者之间。存取信息时通常先寻找整个存储器中的某个小区域（如磁盘上的磁道），再在小区域内顺序查找。

4．按信息的可保存性分类

断电后，存储信息即消失的存储器，称为易失性存储器，如 RAM。断电后信息仍然保持的存储器，称为非易失性存储器，如 ROM、磁表面存储器和光存储器。若某个存储单元所存储的信息被读出时，原存储信息被破坏，则称为破坏性读出；若读出时，被读单元原存储信息不被破坏，则称为非破坏性读出。具有破坏性读出性能的存储器，每次读出操作后，必须紧接一个再生的操作，以便恢复被破坏的信息。

3.1.2　存储器的性能指标

存储器有 3 个主要性能指标，即存储容量、单位成本和存储速度。这 3 个指标相互制约，设计存储器系统所追求的目标就是大容量、低成本和高速度。

1）存储容量 = 存储字数×字长（如 1M×8 位）。单位换算：1B（Byte，字节）= 8b（bit，位）。存储字数表示存储器的地址空间大小，字长表示一次存取操作的数据量。

2）单位成本：每位价格 = 总成本/总容量。

3）存储速度：数据传输率 = 数据的宽度/存取周期（或称存储周期）。

① **存取时间**（T_a）：存取时间是指从启动一次存储器操作到完成该操作所经历的时间，分为读出时间和写入时间。

② **存取周期**（T_m）：存取周期又称读写周期或访问周期。它是指存储器进行一次完整的读写操作所需的全部时间，即连续两次独立访问存储器操作（读或写操作）之间所需的最小时间间隔。

③ **主存带宽**（B_m）：主存带宽又称数据传输率，表示每秒从主存进出信息的最大数量，单位为字/秒、字节/秒（B/s）或位/秒（b/s）。

存取时间不等于存取周期，通常存取周期大于存取时间。这是因为对任何一种存储器，在读写操作之后，总要有一段恢复内部状态的复原时间。对于破坏性读出的存储器，存取周期往往比存取时间大得多，甚至可达 $T_m = 2T_a$，因为存储器中的信息读出后需要马上进行再生。

存取时间与存取周期的关系如图 3.1 所示。

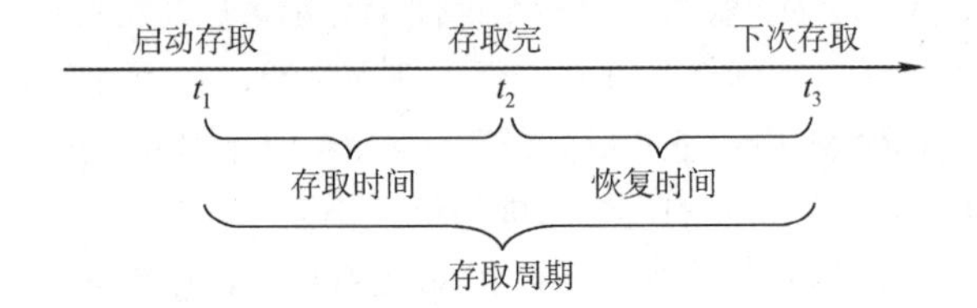

图 3.1　存取时间与存取周期的关系

3.1.3　多级层次的存储系统

为了解决存储系统大容量、高速度和低成本 3 个相互制约的矛盾，在计算机系统中，通常采用多级存储器结构，如图 3.2 所示。在图中由上至下，位价越来越低，速度越来越慢，容量越来越大，CPU 访问的频度也越来越低。

实际上，存储系统层次结构主要体现在 Cache–主存层和主存–辅存层。前者主要解决 CPU 和主存速度不匹配的问题，后者主要解决存储系统的容量问题。在存储体系中，Cache、主存能与 CPU 直接交换信息，辅存则要通过主存与 CPU 交换信息；主存与 CPU、Cache、辅存都能交换信息，如图 3.3 所示。

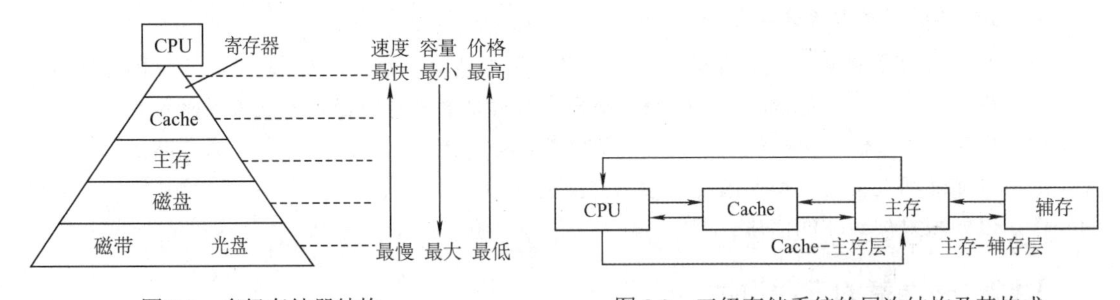

图 3.2　多级存储器结构

图 3.3　三级存储系统的层次结构及其构成

存储器层次结构的主要思想是上一层的存储器作为低一层存储器的高速缓存。从 CPU 的角度看，Cache–主存层速度接近于 Cache，容量和位价却接近于主存。从主存–辅存层分析，其速度接近于主存，容量和位价却接近于辅存。这就解决了速度、容量、成本这三者之间的矛盾，现代计算机系统几乎都采用这种三级存储系统。需要注意的是，主存和 Cache 之间的数据调动是由硬件自动完成的，对所有程序员均是透明的；而主存和辅存之间的数据调动则是由硬件和操作系统共同完成的，对应用程序员是透明的。

在主存–辅存层的不断发展中，逐渐形成了虚拟存储系统，在这个系统中程序员编程的地址范围与虚拟存储器的地址空间相对应。对具有虚拟存储器的计算机系统而言，编程时可用的地址空间远大于主存空间。

注意： 在 Cache–主存层和主存–辅存层中，上一层中的内容都只是下一层中的内容的副本，也即 Cache（或主存）中的内容只是主存（或辅存）中的内容的一部分。

3.1.4 本节习题精选

一、单项选择题

01. 磁盘属于（ ）类型的存储器。

A. 随机存取存储器（RAM） B. 只读存储器（ROM）
C. 顺序存取存储器（SAM） D. 直接存取存储器（DAM）

02. 存储器的存取周期是指（ ）。

A. 存储器的读出时间
B. 存储器的写入时间
C. 存储器进行连续读或写操作所允许的最短时间间隔
D. 存储器进行一次读或写操作所需的平均时间

03. 设机器字长为 32 位，一个容量为 16MB 的存储器，CPU 按半字寻址，其可寻址的单元数是（ ）。

A. 2^{24} B. 2^{23} C. 2^{22} D. 2^{21}

04. 相联存储器是按（ ）进行寻址的存储器。

A. 地址指定方式
B. 堆栈存储方式
C. 内容指定方式和堆栈存储方式相结合
D. 内容指定方式和地址指定方式相结合

05. 在下列几种存储器中，CPU 不能直接访问的是（ ）。

A. 硬盘 B. 内存 C. Cache D. 寄存器

06. 若某存储器存储周期为 250ns，每次读出 16 位，该存储器的数据传输率是（ ）。

A. 4×10^6B/s B. 16MB/s C. 8×10^6B/s D. 8×2^{20}B/s

07. 设机器字长为 64 位，存储容量为 128MB，若按字编址，它可寻址的单元个数是（ ）。

A. 16MB B. 16M C. 32M D. 32MB

08. 计算机的存储器采用分级方式是为了（ ）。

A. 方便编程 B. 解决容量、速度、价格三者之间的矛盾
C. 保存大量数据方便 D. 操作方便

09. 计算机的存储系统是指（ ）。

A. RAM B. ROM
C. 主存储器 D. Cache、主存储器和外存储器

10. 在多级存储体系中，“Cache–主存”结构的作用是解决（　）的问题。

A. 主存容量不足　　B. 主存与辅存速度不匹配

C. 辅存与 CPU 速度不匹配　　D. 主存与 CPU 速度不匹配

11. 存储器分层体系结构中，存储器从速度最快到最慢的排列顺序是（　）。

A. 寄存器 - 主存 - Cache - 辅存　　B. 寄存器 - 主存 - 辅存 - Cache

C. 寄存器 - Cache - 辅存 - 主存　　D. 寄存器 - Cache - 主存 - 辅存

12. 在 Cache 和主存构成的两级存储体系中，主存与 Cache 同时访问，Cache 的存取时间是 100ns，主存的存取时间是 1000ns，设 Cache 和主存同时访问，若希望有效（平均）存取时间不超过 Cache 存取时间的 115%，则 Cache 的命中率至少应为（　）。

A. 90%　　B. 98%　　C. 95%　　D. 99%

13. 下列关于多级存储系统的说法中，正确的有（　）。

I. 多级存储系统是为了降低存储成本

II. 虚拟存储器中主存和辅存之间的数据调动对任何程序员是透明的

III. CPU 只能与 Cache 直接交换信息，CPU 与主存交换信息也需要经过 Cache

A. 仅 I　　B. 仅 I 和 II　　C. I、II 和 III　　D. 仅 II

14.【2011 统考真题】下列各类存储器中，不采用随机存取方式的是（　）。

A. EPROM　　B. CD-ROM　　C. DRAM　　D. SRAM

二、综合应用题

01. 某个两级存储器系统的平均访问时间为 12ns，该存储器系统中顶层存储器的命中率为 90%，访问时间是 5ns，该存储器系统中底层存储器的访问时间是多少（假设采用同时访问两级存储器的方式）？

02. CPU 执行一段程序时，Cache 完成存取的次数为 1900，主存完成存取的次数为 100，已知 Cache 存取周期为 50ns，主存存取周期为 250ns。设主存与 Cache 同时访问。1）Cache/主存系统的效率是多少；2）平均访问时间是多少。

3.1.5　答案与解析

一、单项选择题

01. D

磁盘属于直接存取存储器，其速度介于随机存取存储器和顺序存取存储器之间。

02. C

存取时间 T_a 是指从存储器读出或写入一次信息所需要的平均时间；存取周期 T_m 是指连续两次访问存储器之间所必需的最短时间间隔。对 T_m 一般有 $T_m = T_a + T_r$，其中 T_r 为复原时间；对 SRAM 指存取信息的稳定时间，对 DRAM 指刷新的又一次存取时间。D 指的是存取时间。

03. B

16MB = 2^{24}B，由于字长为 32 位，现按半字（2B）寻址，可寻址单元数为 2^{24}B/2B = 2^{23}。

04. D

相联存储器的基本原理是把存储单元所存内容的某一部分作为检索项（即关键字项）去检索该存储器，并将存储器中与该检索项符合的存储单元内容进行读出或写入。所以它是按内容或地址进行寻址的，价格较为昂贵。一般用来制作 TLB、相联 Cache 等。

05. A

CPU 不能直接访问硬盘，需先将硬盘中的数据调入内存才能被 CPU 访问。

06. C

每个存储周期读出 16bit = 2B，因此数据传输率为 $2B/(250\times10^{-9}s)$，即 $8\times10^{6}B/s$。

07. B

机器字长位 64 位，即 8B，按字编址，因此可寻址的单元个数是 128MB/8B = 16M。

08. B

存储器有 3 个主要特性：速度、容量和价格/位（简称位价）。存储器采用分级方式是为了解决这三者之间的矛盾。

09. D

计算机的存储系统包括 CPU 内部寄存器、Cache、主存和外存。

10. D

Cache 中的内容只是主存内容的部分副本（拷贝），因而“Cache–主存”结构并未增加主存容量，目的是解决主存与 CPU 速度不匹配的问题。

11. D

在存储器分层结构中，寄存器在 CPU 中，因此速度最快，Cache 次之，主存再次之，最慢的是辅存（如磁盘、光盘等）。

12. D

假设命中率为 x，可得 $100x + 1000(1 - x)\leqslant 100\times(1 + 15\%)$，简单计算后得结果为 $x\geqslant 8.33\%$，因此命中率至少为 99%。

注意： *本题采用同时访问 Cache 和主存的方式，此时不命中的访问时间为 1000ns，但若题设中没有说明（通常会说明），则默认 Cache 不命中的时间为访问 Cache 和主存的时间之和。*

13. A

主存和辅存之间的数据调动是由硬件和操作系统共同完成的，仅对应用级程序员透明。CPU 与主存可直接交换信息。

14. B

随机存取是指 CPU 可对存储器的任意一个存储单元中的内容随机存取，而且存取时间与存储单元的物理位置无关。A、C 和 D 均采用随机存取方式，CD-ROM 即光盘，采用串行存取方式（直接存取）。注意，CD-ROM 是只读型光盘存储器，不属于只读存储器 ROM。

二、综合应用题

01.【解答】

设底层存储器访问时间为 T，则有 $12ns = (0.90\times5ns) + (0.10\times T)$，求得 $T = 75ns$。

02.【解答】

1）命中率 $H = N_c/(N_c + N_m) = 1900/(1900 + 100) = 0.95$。主存访问时间与 Cache 访问时间的倍率 $r = T_m/T_c = 250ns/50ns = 5$；Cache 主存系统的效率 $e=$ 访问 Cache 的时间/平均访存时间。

访问效率 $e = 1/[H + (1 - H)r] = 1/[0.95 + (1 - 0.95)\times5] = 83.3\%$。

2）平均访问时间 $T_a = T_c/e = 50\,ns/0.833 = 60\,ns$。

3.2 主存储器

主存储器由 DRAM 实现，靠处理器的那一层（Cache）则由 SRAM 实现，它们都属于易失性存储器，只要电源被切断，原来保存的信息便会丢失。DRAM 的每位价格低于 SRAM，速度也慢于 SRAM，价格差异主要是因为制造 SRAM 需要更多的硅。ROM 属于非易失性存储器。

3.2.1 SRAM 芯片和 DRAM 芯片

1．SRAM 的工作原理

通常把存放一个二进制位的物理器件称为存储元，它是存储器的最基本的构件。地址码相同的多个存储元构成一个存储单元。若干存储单元的集合构成存储体。

静态随机存储器（SRAM）的存储元是用双稳态触发器（六晶体管 MOS）来记忆信息的，因此即使信息被读出后，它仍保持其原状态而不需要再生（非破坏性读出）。

SRAM 的存取速度快，但集成度低，功耗较大，价格昂贵，一般用于高速缓冲存储器。

2．DRAM 的工作原理

与 SRAM 的存储原理不同，动态随机存储器（DRAM）是利用存储元电路中栅极电容上的电荷来存储信息的，DRAM 的基本存储元通常只使用一个晶体管，所以它比 SRAM 的密度要高很多。相对于 SRAM 来说，DRAM 具有容易集成、位价低、容量大和功耗低等优点，但 DRAM 的存取速度比 SRAM 的慢，一般用于大容量的主存系统。

DRAM 电容上的电荷一般只能维持 1～2ms，因此即使电源不断电，信息也会自动消失。为此，每隔一定时间必须刷新，通常取 2ms，称为刷新周期。常用的刷新方式有 3 种：

1）*集中刷新*：指在一个刷新周期内，利用一段固定的时间，依次对存储器的所有行进行逐一再生，在此期间停止对存储器的读写操作，称为“死时间”，又称访存“死区”。优点是读写操作时不受刷新工作的影响；缺点是在集中刷新期间（死区）不能访问存储器。

2）*分散刷新*：把对每行的刷新分散到各个工作周期中。这样，一个存储器的系统工作周期分为两部分：前半部分用于正常读、写或保持；后半部分用于刷新。这种刷新方式增加了系统的存取周期，如存储芯片的存取周期为 0.5μs，则系统的存取周期为 1μs。优点是没有死区；缺点是加长了系统的存取周期，降低了整机的速度。

3）*异步刷新*：异步刷新是前两种方法的结合，它既可缩短“死时间”，又能充分利用最大刷新间隔为 2ms 的特点。具体做法是将刷新周期除以行数，得到两次刷新操作之间的时间间隔 t，利用逻辑电路每隔时间 t 产生一次刷新请求。这样可以避免使 CPU 连续等待过长的时间，而且减少了刷新次数，从根本上提高了整机的工作效率。

DRAM 的刷新需要注意以下问题：①刷新对 CPU 是透明的，即刷新不依赖于外部的访问；②动态 RAM 的刷新单位是行，由芯片内部自行生成行地址；③刷新操作类似于读操作，但又有所不同。另外，刷新时不需要选片，即整个存储器中的所有芯片同时被刷新。

3．DRAM 芯片的读写周期

在读周期中，为使芯片能正确接收行、列地址，在 $\overline{\text{RAS}}$ 有效前将行地址送到芯片的地址引脚，$\overline{\text{CAS}}$ 滞后 $\overline{\text{RAS}}$ 一段时间，在 $\overline{\text{CAS}}$ 有效前再将列地址送到芯片的地址引脚，$\overline{\text{RAS}}$、$\overline{\text{CAS}}$ 应至少保持 t_{RAS} 和 t_{CAS} 的时间。在读周期中 $\overline{\text{WE}}$ 为高电平，并在 $\overline{\text{CAS}}$ 有效前建立。

在写周期中，行列选通的时序关系和读周期相同。在写周期中 $\overline{WE}$ 为低电平，同样在 $\overline{CAS}$ 有效前建立。为了保证数据可靠地写入，写数据必须在 $\overline{CAS}$ 有效前在数据总线上保持稳定。

读（写）周期时间 t_{RC}（t_{WC}）表示 DRAM 芯片进行两次连续读（写）操作时所必须间隔的时间。DRAM 芯片读写周期的时序图如图 3.4 所示。

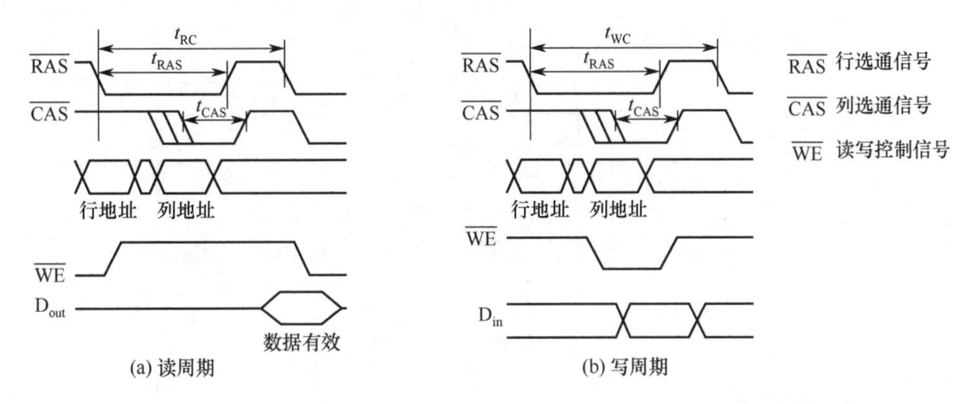

图 3.4　DRAM 芯片读周期时序图

4．SRAM 和 DRAM 的比较

表 3.1 详细列出了 SRAM 和 DRAM 各自的特点。

表 3.1　SRAM 和 DRAM 各自的特点

类型 特点	**SRAM**	**DRAM**
存储信息	触发器	电容
破坏性读出	非	是
需要刷新	不要	需要
送行列地址	同时送	分两次送
运行速度	快	慢
集成度	低	高
存储成本	高	低
主要用途	高速缓存	主机内存

5．存储器芯片的内部结构

如图 3.5 所示，存储器芯片由存储体、I/O 读写电路、地址译码和控制电路等部分组成。

1）存储体（存储矩阵）。存储体是存储单元的集合，它由行选择线（X）和列选择线（Y）来选择所访问单元，存储体的相同行、列上的位同时被读出或写入。

2）地址译码器。用来将地址转换为译码输出线上的高电平，以便驱动相应的读写电路。

3）I/O 控制电路。用以控制被选中的单元的读出或写入，具有放大信息的作用。

4）片选控制信号。单个芯片容量太小，往往满足不了计算机对存储器容量的要求，因此需用一定数量的芯片进行存储器的扩展。在访问某个字时，必须“选中”该存储字所在的芯片，而其他芯片不被“选中”，因此需要有片选控制信号。

5）读/写控制信号。根据 CPU 给出的读命令或写命令，控制被选中单元进行读或写。

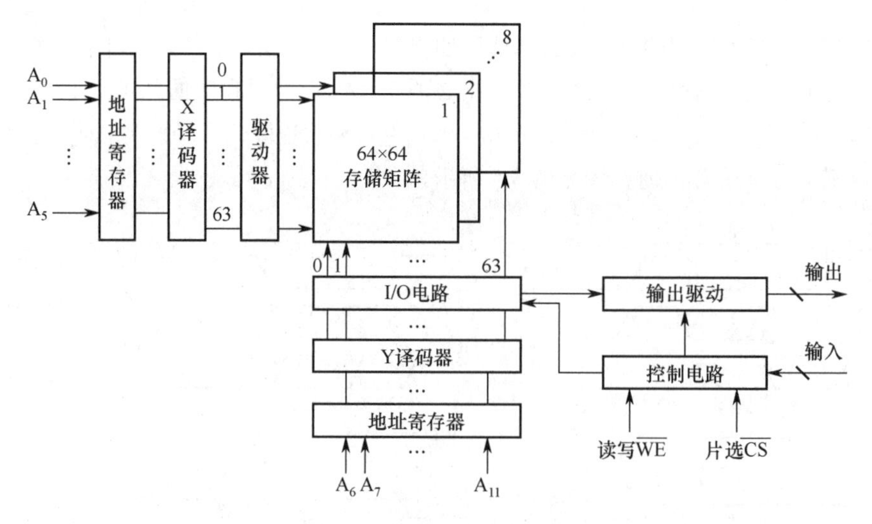

图 3.5　存储器芯片结构图

3.2.2　只读存储器

1．只读存储器（ROM）的特点

ROM 和 RAM 都是支持随机访问的存储器，其中 SRAM 和 DRAM 均为易失性半导体存储器。而 ROM 中一旦有了信息，就不能轻易改变，即使掉电也不会丢失，它在计算机系统中是只供读出的存储器。ROM 器件有两个显著的优点：

1）结构简单，所以位密度比可读写存储器的高。

2）具有非易失性，所以可靠性高。

2．ROM 的类型

根据制造工艺的不同，ROM 可分为掩模式只读存储器（MROM）、一次可编程只读存储器（PROM）、可擦除可编程只读存储器（EPROM）、Flash 存储器和固态硬盘（SSD）。

（1）掩模式只读存储器

MROM 的内容由半导体制造厂按用户提出的要求在芯片的生产过程中直接写入，写入以后任何人都无法改变其内容。优点是可靠性高，集成度高，价格便宜；缺点是灵活性差。

（2）一次可编程只读存储器

PROM 是可以实现一次性编程的只读存储器。允许用户利用专门的设备（编程器）写入自己的程序，一旦写入，内容就无法改变。

（3）可擦除可编程只读存储器

EPROM 不仅可以由用户利用编程器写入信息，而且可以对其内容进行多次改写。EPROM 虽然既可读又可写，但它不能取代 RAM，因为 EPROM 的编程次数有限，且写入时间过长。

（4）Flash 存储器

Flash 存储器是在 EPROM 与 E^2PROM 的基础上发展起来的，其主要特点是既可在不加电的情况下长期保存信息，又能在线进行快速擦除与重写。Flash 存储器既有 EPROM 的价格便宜、集成度高的优点，又有 E^2PROM 电可擦除重写的特点，且擦除重写的速度快。

（5）固态硬盘（Solid State Drives，SSD）

基于闪存的固态硬盘是用固态电子存储芯片阵列制成的硬盘，由控制单元和存储单元（Flash 芯片）组成。保留了 Flash 存储器长期保存信息、快速擦除与重写的特性。对比传统硬盘也具有读写速度快、低功耗的特性，缺点是价格较高。

3.2.3　主存储器的基本组成

图 3.6 是主存储器（Main Memory，MM）的基本组成框图，其中由一个个存储 0 或 1 的记忆单元（也称存储元件）构成的存储矩阵（也称存储体）是存储器的核心部分。记忆单元是具有两种稳态的能表示二进制 0 和 1 的物理器件。为了存取存储体中的信息，必须对存储单元编号（也称编址）。编址单位是指具有相同地址的那些存储元件构成的一个单位，可以按字节编址，也可以按字编址。现代计算机通常采用字节编址方式，此时存储体内的一个地址中有 1 字节。

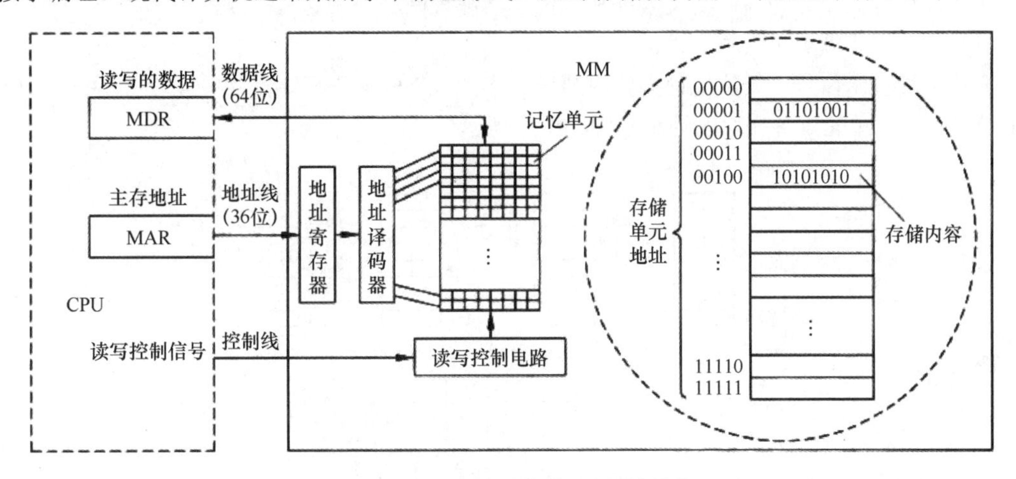

图 3.6　主存储器的基本组成框图

指令执行过程中需要访问主存时，CPU 首先把被访问单元的地址送到 MAR 中，然后通过地址线将主存地址送到主存中的地址寄存器，以便地址译码器进行译码选中相应单元，同时 CPU 将读写信号通过控制线送到主存的读写控制电路。如果是写操作，那么 CPU 同时将要写的信息送到 MDR 中，在读写控制电路的控制下，经数据线将信号写入选中的单元；如果是读操作，那么主存读出选中单元的内容送到数据线，然后送到 MDR 中。数据线的宽度与 MDR 的宽度相同，地址线的宽度与 MAR 的宽度相同。图 3.6 采用 64 位数据线，所以在按字节编址方式下，每次最多可以存取 8 个单元的内容。地址线的位数决定了主存地址空间的最大可寻址范围。例如，36 位地址的最大寻址范围为 0～$2^{36}-1$，即地址从 0 开始编号。

DRAM 芯片容量较大，地址位数较多，为了减少芯片的地址引脚数，通常采用地址引脚复用技术，行地址和列地址通过相同的引脚分先后两次输入，这样地址引脚数可减少一半。

3.2.4　多模块存储器

多模块存储器是一种空间并行技术，利用多个结构完全相同的存储模块的并行工作来提高存储器的吞吐率。常用的有单体多字存储器和多体低位交叉存储器。

注意： CPU 的速度比存储器的快，若同时从存储器中取出 n 条指令，就可充分利用 CPU 资源，提高运行速度。多体交叉存储器就是基于这种思想提出的。

1．单体多字存储器

单体多字系统的特点是存储器中只有一个存储体，每个存储单元存储 m 个字，总线宽度也为 m 个字。一次并行读出 m 个字，地址必须顺序排列并处于同一存储单元。

单体多字系统在一个存取周期内，从同一地址取出 m 条指令，然后将指令逐条送至 CPU 执行，即每隔 $1/m$ 存取周期，CPU 向主存取一条指令。这显然提高了单体存储器的工作速度。

缺点：指令和数据在主存内必须是连续存放的，一旦遇到转移指令，或操作数不能连续存放，这种方法的效果就不明显。

2．多体并行存储器

多体并行存储器由多体模块组成。每个模块都有相同的容量和存取速度，各模块都有独立的读写控制电路、地址寄存器和数据寄存器。它们既能并行工作，又能交叉工作。

多体并行存储器分为高位交叉编址和低位交叉编址两种。

（1）高位交叉编址（顺序方式）

高位地址表示体号，低位地址为体内地址。如图 3.7 所示，存储器共有 4 个模块 M_0～M_3，每个模块有 n 个单元，各模块的地址范围如图中所示。

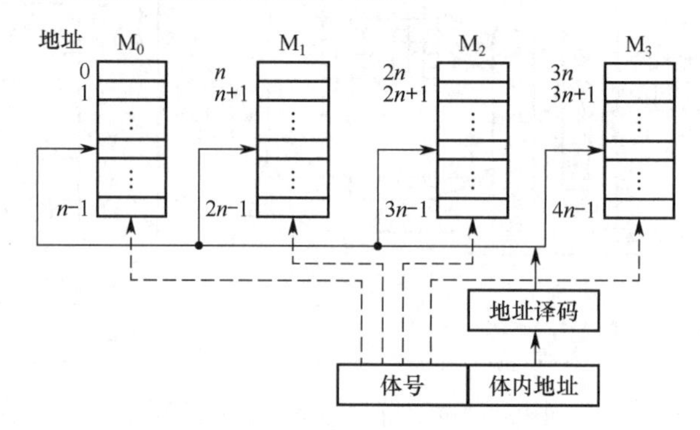

图 3.7　高位交叉编址的多体存储器

高位交叉方式下，总是把低位的体内地址送到由高位体号确定的模块内进行译码。访问一个连续主存块时，总是先在一个模块内访问，等到该模块访问完才转到下一个模块访问，CPU 总是按顺序访问存储模块，各模块不能被并行访问，因而不能提高存储器的吞吐率。

注意： 模块内的地址是连续的，存取方式仍是串行存取，因此这种存储器仍是顺序存储器。

（2）低位交叉编址（交叉方式）

低位地址为体号，高位地址为体内地址。如图 3.8 所示，每个模块按“模 m”交叉编址，模块号 = 单元地址 % m，假定有 m 个模块，每个模块有 k 个单元，则 $0, m,\cdots, (k-1)m$ 单元位于 M_0；第 $1, m+1,\cdots, (k-1)m+1$ 单元位于 M_1；以此类推。

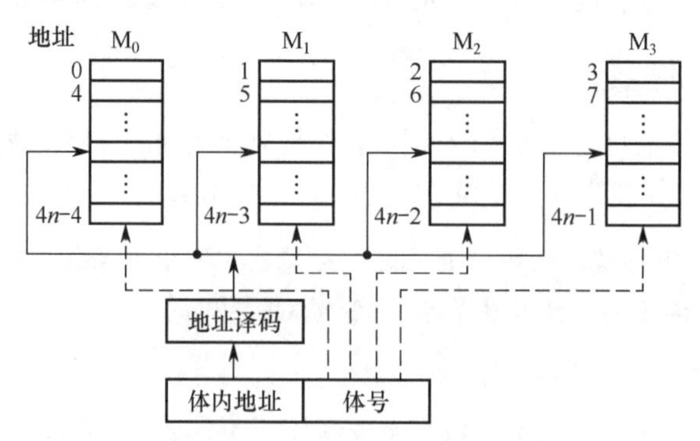

图 3.8　低位交叉编址的多体存储器

低位交叉方式下，总是把高位的体内地址送到由低位体号确定的模块内进行译码。程序连续存放在相邻模块中，因此称采用此编址方式的存储器为交叉存储器。采用低位交叉编址后，可在不改变每个模块存取周期的前提下，采用流水线的方式并行存取，提高存储器的带宽。

设模块字长等于数据总线宽度，模块存取一个字的存取周期为 T，总线传送周期为 r，为实现流水线方式存取，存储器交叉模块数应大于等于

$$m = T/r$$

式中，m 称为交叉存取度。每经过 r 时间延迟后启动下一个模块，交叉存储器要求其模块数必须大于等于 m，以保证启动某模块后经过 $m \times r$ 的时间后再次启动该模块时，其上次的存取操作已经完成（即流水线不间断）。这样，连续存取 m 个字所需的时间为

$$t_1 = T + (m-1)r$$

而顺序方式连续读取 m 个字所需的时间为 $t_2 = mT$。可见低位交叉存储器的带宽大大提高。模块数为 4 的流水线方式存取示意图如图 3.9 所示。

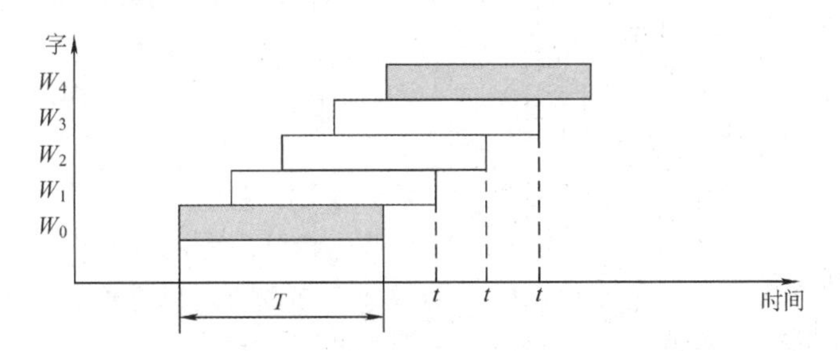

图 3.9　低位交叉编址流水线方式存取示意图

【例 3.1】 设存储器容量为 32 个字，字长为 64 位，模块数 $m = 4$，分别采用顺序方式和交叉方式进行组织。存储周期 $T = 200\text{ns}$，数据总线宽度为 64 位，总线传输周期 $r = 50\text{ns}$。在连续读出 4 个字的情况下，求顺序存储器和交叉存储器各自的带宽。

解：顺序存储器和交叉存储器连续读出 $m = 4$ 个字的信息总量均是

$$q = 64\text{ 位} \times 4 = 256\text{ 位}$$

顺序存储器和交叉存储器连续读出 4 个字所需的时间分别是

$$t_1 = mT = 4 \times 200\text{ns} = 800\text{ns} = 8 \times 10^{-7}\text{s}$$

$$t_2 = T + (m-1)r = 200\text{ns} + 3 \times 50\text{ns} = 350\text{ns} = 35 \times 10^{-8}\text{s}$$

顺序存储器和交叉存储器的带宽分别是

$$W_1 = q/t_1 = 256/(8 \times 10^{-7}) = 32 \times 10^7\text{b/s}$$

$$W_2 = q/t_2 = 256/(35 \times 10^{-8}) = 73 \times 10^7\text{b/s}$$

3.2.5　本节习题精选

一、单项选择题

01. 某一 SRAM 芯片，其容量为 1024×8 位，除电源和接地端外，该芯片的引脚的最小数目为（　）。

A. 21　　B. 22　　C. 23　　D. 24

02. 某存储器容量为 32K×16 位，则（　）。

A. 地址线为 16 根，数据线为 32 根　　B. 地址线为 32 根，数据线为 16 根

C. 地址线为 15 根，数据线为 16 根　　D. 地址线为 15 根，数据线为 32 根

03. 若 RAM 中每个存储单元为 16 位，则下面所述正确的是（　）。

A. 地址线是 16 位　　B. 数据线是 16 位

C. 指令长度是 16 位　　D. 以上说法都不正确

04. DRAM 的刷新是以（　）为单位的。

A. 存储单元　　B. 行　　C. 列　　D. 存储字

05. 动态 RAM 采用下列哪种刷新方式时，不存在死时间（　）。

A. 集中刷新　　B. 分散刷新　　C. 异步刷新　　D. 都不对

06. 下面是有关 DRAM 和 SRAM 存储器芯片的叙述：

I. DRAM 芯片的集成度比 SRAM 芯片的高

II. DRAM 芯片的成本比 SRAM 芯片的高

III. DRAM 芯片的速度比 SRAM 芯片的快

IV. DRAM 芯片工作时需要刷新，SRAM 芯片工作时不需要刷新

通常情况下，错误的是（　）。

A. I 和 II　　B. II 和 III　　C. III 和 IV　　D. I 和 IV

07. 下列说法中，正确的是（　）。

A. 半导体 RAM 信息可读可写，且断电后仍能保持记忆

B. DRAM 是易失性 RAM，而 SRAM 中的存储信息是不易失的

C. 半导体 RAM 是易失性 RAM，但只要电源不断电，所存信息是不丢失的

D. 半导体 RAM 是非易失性 RAM

08. 关于 SRAM 和 DRAM，下列叙述中正确的是（　）。

A. 通常 SRAM 依靠电容暂存电荷来存储信息，电容上有电荷为 1，无电荷为 0

B. DRAM 依靠双稳态电路的两个稳定状态来分别存储 0 和 1

C. SRAM 速度较慢，但集成度稍高；DRAM 速度稍快，但集成度低

D. SRAM 速度较快，但集成度稍低；DRAM 速度稍慢，但集成度高

09. 某一 DRAM 芯片，采用地址复用技术，其容量为 1024×8 位，除电源和接地端外，该芯片的引脚数最少是（　）（读写控制线为两根）。

A. 16　　B. 17　　C. 19　　D. 21

10. 下列几种存储器中，（　）是易失性存储器。

A. Cache　　B. EPROM　　C. Flash 存储器　　D. CD-ROM

11. U 盘属于（　）类型的存储器。

A. 高速缓存　　B. 主存　　C. 只读存储器　　D. 随机存取存储器

12. 某计算机系统，其操作系统保存于硬盘上，其内存储器应该采用（　）。

A. RAM　　B. ROM　　C. RAM 和 ROM　　D. 均不完善

13. 下列说法正确的是（　）。

A. EPROM 是可改写的，因此可以作为随机存储器

B. EPROM 是可改写的，但不能作为随机存储器

C. EPROM 是不可改写的，因此不能作为随机存储器

D. EPROM 只能改写一次，因此不能作为随机存储器

14. 下列（　）是动态半导体存储器的特点。

I. 在工作中存储器内容会产生变化

II. 每隔一定时间，需要根据原存内容重新写入一遍

III. 一次完整的刷新过程需要占用两个存储周期
IV. 一次完整的刷新过程只需要占用一个存储周期
A. I、III B. II、III C. II、IV D. 只有 III

15. 已知单个存储体的存储周期为 110ns，总线传输周期为 10ns，采用低位交叉编址的多模块存储器时，存储体数应（ ）。
A. 小于 11 B. 等于 11 C. 大于 11 D. 大于等于 11

16. 一个四体并行低位交叉存储器，每个模块的容量是 64K×32 位，存取周期为 200ns，总线周期为 50ns，在下述说法中，（ ）是正确的。
A. 在 200ns 内，存储器能向 CPU 提供 256 位二进制信息
B. 在 200ns 内，存储器能向 CPU 提供 128 位二进制信息
C. 在 50ns 内，每个模块能向 CPU 提供 32 位二进制信息
D. 以上都不对

17. 某机器采用四体低位交叉存储器，现分别执行下述操作：① 读取 6 个连续地址单元中存放的存储字，重复 80 次；② 读取 8 个连续地址单元中存放的存储字，重复 60 次。则①、②所花费的时间之比为（ ）。
A. 1:1 B. 2:1 C. 4:3 D. 3:4

18. 下列说法中，正确的是（ ）。
I. 高位多体交叉存储器能很好地满足程序的局部性原理
II. 高位四体交叉存储器可能在一个存储周期内连续访问 4 个模块
III. 双端口存储器可以同时访问同一区间、同一单元
IV. 双端口存储器当两个端口的地址码相同时，必然会发生冲突
A. I、III B. II、III C. II、III 和 IV D. III 、IV

19. 假定用若干 16K×8 位的存储芯片组成一个 64K×8 位的存储器，芯片各单元采用交叉编址方式，则地址 BFFFH 所在的芯片的最小地址为（ ）。
A. 0000H B. 0001H C. 0002H D. 0003H

20. 【2010 统考真题】下列有关 RAM 和 ROM 的叙述中，正确的是（ ）。
I. RAM 是易失性存储器，ROM 是非易失性存储器
II. RAM 和 ROM 都采用随机存取方式进行信息访问
III. RAM 和 ROM 都可用作 Cache
IV. RAM 和 ROM 都需要进行刷新
A. 仅 I 和 II B. 仅 II 和 III C. 仅 I、II 和 III D. 仅 II、III 和 IV

21. 【2012 统考真题】下列关于闪存的叙述中，错误的是（ ）。
A. 信息可读可写，并且读、写速度一样快
B. 存储元由 MOS 管组成，是一种半导体存储器
C. 掉电后信息不丢失，是一种非易失性存储器
D. 采用随机访问方式，可替代计算机外部存储器

22. 【2014 统考真题】某容量为 256MB 的存储器由若干 4M×8 位的 DRAM 芯片构成，该 DRAM 芯片的地址引脚和数据引脚总数是（ ）。
A. 19 B. 22 C. 30 D. 36

23. 【2015 统考真题】下列存储器中，在工作期间需要周期性刷新的是（ ）。
A. SRAM B. SDRAM C. ROM D. Flash

24.【2015 统考真题】某计算机使用四体交叉编址存储器，假定在存储器总线上出现的主存地址（十进制）序列为 8005, 8006, 8007, 8008, 8001, 8002, 8003, 8004, 8000，则可能发生访存冲突的地址对是（　）。

A. 8004 和 8008　　B. 8002 和 8007　　C. 8001 和 8008　　D. 8000 和 8004

25.【2017 统考真题】某计算机主存按字节编址，由 4 个 64M×8 位的 DRAM 芯片采用交叉编址方式构成，并与宽度为 32 位的存储器总线相连，主存每次最多读写 32 位数据。若 double 型变量 x 的主存地址为 804 001AH，则读取 x 需要的存储周期数是（　）。

A. 1　　B. 2　　C. 3　　D. 4

26.【2022 统考真题】某内存条包含 8 个 8192×8192×8 位的 DRAM 芯片，按字节编址，支持突发（burst）传送方式，对应存储器总线宽度为 64 位，每个 DRAM 芯片内有一个行缓冲区（row buffer）。下列关于该内存条的叙述中，不正确的是（　）。

A. 内存条的容量为 512 MB　　B. 采用多模块交叉编址方式
C. 芯片的地址引脚为 26 位　　D. 芯片内行缓冲有 8192×8 位

二、综合应用题

01. 在显示适配器中，用于存放显示信息的存储器称为刷新存储器，它的重要性能指标是带宽。具体工作中，显示适配器的多个功能部分要争用刷新存储器的带宽。设总带宽 50%用于刷新屏幕，保留 50%的带宽用于其他非刷新功能，且采用分辨率为 1024×768 像素、颜色深度为 3B、刷新频率为 72Hz 的工作方式。

1）试计算刷新存储器的总带宽。

2）为达到这样高的刷新存储器带宽，应采取何种技术措施？

02. 一个四体并行交叉存储器，每个模块容量是 64K×32 位，存取周期为 200ns，问：

1）在一个存取周期中，存储器能向 CPU 提供多少位二进制信息？

2）若存取周期为 400ns，则在 0.1μs 内每个体可向 CPU 提供 32 位二进制信息，该说法正确否？为什么？

03. 某计算机字长 32 位，存储体的存储周期为 200ns。

1）采用四体交叉工作，用低 2 位的地址作为体地址，存储数据按地址顺序存放。主机最快多长时间可以读出一个数据字？存储器的带宽是多少？

2）若 4 个体分别保存主存中前 1/4、次 1/4、再下个 1/4、最后 1/4 这四段的数据，即选用高 2 位的地址作为体地址，可以提高存储器顺序读出数据的速度吗？为什么？

3）若把存储器改成单体 4 字宽度，会带来什么好处和问题？

4）比较采用四体低位地址交叉的存储器和四端口读出的存储器这两种方案的优缺点。

04. 假定一个存储器系统支持四体交叉存取，某程序执行过程中访问地址序列为 3, 9, 17, 2, 51, 37, 13, 4, 8, 41, 67, 10，哪些地址访问会发生体冲突？

3.2.6 答案与解析

一、单项选择题

01. A

芯片容量为 1024×8 位，说明芯片容量为 1024B，且以字节为单位存取，即地址线数要 10 根（$1024B = 2^{10}B$）。8 位说明数据线要 8 根，加上片选线和读/写控制线（读控制为 RD、写控制为 WE），因此引脚数最小为 10 + 8 + 1 + 2 = 21 根。

注意：读写控制线也可共用一根，但题中无 20 选项，做题时应随机应变。

02． C

该芯片 16 位，所以数据线为 16 根，寻址空间 $32K = 2^{15}$，所以地址线为 15 根。

03． B

地址线只与 RAM 的存储单元个数有关，而与存储单元的字长无关。

04． B

DRAM 的刷新按行进行。

05． B

集中刷新必然存在死时间。采用分散刷新时，机器的存取周期中的一段用来读/写，另一段用来刷新，因此不存在死时间，但存取周期变长。异步刷新虽然缩短了死时间，但死时间依然存在。

06． B

DRAM 芯片的集成度高于 SRAM，I 正确；SRAM 芯片的速度高于 DRAM，III 错误；可以推出 DRAM 芯片的成本低于 SRAM，II 错误；SRAM 芯片工作时不需要刷新，DRAM 芯片工作时需要刷新，IV 正确。本题要求选择描述错误的表述，故选 II 和 III。

07． C

RAM 属于易失性半导体，因此 A、B、D 错误，SRAM 和 DRAM 的区别在于是否需要动态刷新。

08． D

SRAM 依靠双稳态电路的两个稳定状态来分别存储 0 和 1，A 错误。DRAM 依靠电容暂存电荷来存储信息，电容上有电荷为 1，无电荷为 0，B 错误。SRAM 速度较快，不需要动态刷新，但集成度稍低，功耗大，单位价格高；DRAM 集成度高，功耗小，单位价格较低，需定时刷新，速度慢，因此 C 错误、D 正确。

09． B

1024×8 位，因此可寻址范围是 $1024B = 2^{10}B$，按字节寻址。采用地址复用技术时，通过行通选和列通选分行、列两次传送地址信号，因此地址线减半为 5 根，数据线仍为 8 根；加上行通选和列通选及读/写控制线（片选线用行通选代替）4 根，总共是 17 根。

注意 SRAM 和 DRAM 的区别，DRAM 采用地址复用技术，而 SRAM 不采用。

10． A

Cache 由 SRAM 组成，掉电后信息即消失，属于易失性存储器。

11． C

U 盘采用 Flash 存储器技术，它是在 E^2PROM 的基础上发展起来的，属于 ROM 的一种。由于擦写速度和性价比均很可观，因此其常用作辅存。

注意：随机存取与随机存取存储器（RAM）不同，只读存储器（ROM）也是随机存取的。因此，支持随机存取的存储器并不一定是 RAM。

12． C

因计算机的操作系统保存于硬盘上，所以需要 BIOS 的引导程序将操作系统引导到主存（RAM）中，而引导程序则固化于 ROM 中。

13． B

EPROM 可多次改写，但改写较为烦琐，写入时间过长，且改写的次数有限，速度较慢，因此不能作为需要频繁读写的 RAM 使用。

14． C

动态半导体存储器利用电容存储电荷的特性记录信息，由于电容会放电，必须在电荷流失前对电容充电，即刷新。方法是每隔一定的时间，根据原存内容重新写入一遍，因此 I 错误。这里的读并不是把信息读入 CPU，也不是从 CPU 向主存存入信息，它只是把信息读出，通过一个刷新放大器后又重新存回存储单元，而刷新放大器是集成在 RAM 上的。因此，这里只进行了一次访存，也就是占用一个存取周期，II、IV 正确，III 错误。

15． D

为保证第二次启动某个体时，其上次存取操作已完成，存储体的数量应大于等于 11（110ns/10ns = 11）。

16． B

低位交叉存储器采用流水线技术，可以在一个存取周期内连续访问 4 个模块，32 位×4 = 128 位。本题答案为 B。

注：本题若作为计算题来考虑，从第一个字的读写请求发出，到第 4 个字读写结束，共需要 350ns，但这里考查的是整体工作性能，可从以下角度理解：

1）连续取 m 个字耗时 $t_1 = T + (m - 1)r$，平均每个字的存取时间是 t_1/m，实际工作时 m 非常大，因此 t_1/m 也就非常接近 r，可认为存储器在每个总线周期 r 都能给 CPU 提供一个字。

2）流水线充分流动起来后，每个总线周期后都能完成一个字的读写，所以本题中每 4 个总线周期（200ns）都能完成 4 个字的读写。

17． C

1）在每轮读取存储器的前 6 个 $T/4$ 时间（共 $3T/2$）内，依次进入各体。下一轮欲读取存储器时，最近访问的 M_1 还在占用中（才过 $T/2$ 的时间），因此必须再等待 $T/2$ 的时间才能开始新的读取（M_1 连续完成两次读取，也即总共 $2T$ 的时间才可进入下一轮）。

注意，进入下一轮不需要第 6 个字读取结束，第 5 个字读取结束时 M_1 就已空出，即可马上进入下一轮。

最后一轮读取结束的时间是本轮第 6 个字读取结束，共$(6 - 1)×(T/4) + T = 2.25T$。

情况 1）的总时间为$(80 - 1)×2T + 2.25T = 160.25T$。

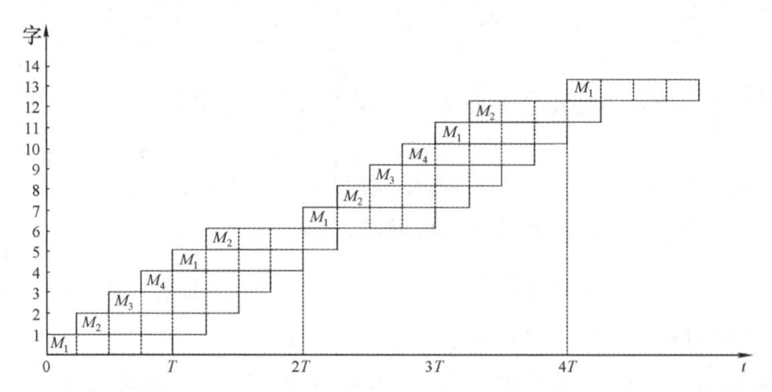

2）每轮读取 8 个存储字刚好经过 $2T$ 的时间，每轮结束后，最近访问的 M_1 刚好经过了时间 T，此时可以立即开始下一轮的读取。

最后一轮读取结束的时间是本轮第 8 个字读取结束，共$(8 - 1)×(T/4) + T = 2.75T$。

情况 2）的总时间为$(60 - 1)×2T + 2.75T = 120.75T$。

因此情况 1）和 2）所花费的总时间比为 4:3。

18. B

高位交叉存储器在单个存储器中的字是连续存放的，不满足程序的局部性原理；而低位交叉存储器是交叉存放，很好地满足了程序的局部性原理，I 错误。高位四体交叉存储器虽然不能满足程序的连续读取，但仍可能一次连续读出彼此地址相差一个存储体容量的4个字，只是这么读的概率较小，II 正确。双端口存储器具有两套独立读/写口，具有各自的地址寄存器和译码电路，所以可以同时访问同一区间、同一单元，III 正确。当两个端口同时对相同的单元进行读操作时，则不会发生冲突，IV 错误。

19. D

64K×8位/16K×8位 =4，可知芯片数为4。芯片各单元采用交叉编址，所以每个芯片的片选信号由最低两位地址确定，高 14 位为片内地址。4 个芯片内各存储单元的最低两位地址分别为00、01、10、11，即最小地址分别为0000H、0001H、0002H、0003H。地址 BFFFH 最低两位为11，因此该存储单元所在芯片的最小地址为0003H。

注意：根据历年408真题的描述，交叉编址方式就是指低位交叉编址。

20. A

一般 Cache 采用高速的 SRAM 制作，比 ROM 的速度快很多，因此 III 错误。动态 RAM 需要刷新，而 ROM 不需要刷新，因此 IV 错误。

21. A

闪存是 E^2PROM 的进一步发展，可读可写，用 MOS 管的浮栅上有无电荷来存储信息。闪存依然是 ROM 的一种，写入时必须先擦除原有数据，因此写速度比读速度要慢不少（硬件常识）。闪存是一种非易失性存储器，它采用随机访问方式。现在常见的 SSD 固态硬盘，它由 Flash 芯片组成。

22. A

4M×8位的芯片数据线应为8根，地址线应为 $\log_2 4M = 22$ 根，而 DRAM 采用地址复用技术，地址线是原来的1/2，且地址信号分行、列两次传送。地址线数为 22/2 = 11 根，所以地址引脚与数据引脚的总数为 11 + 8 = 19 根，选 A。此题需要注意 DRAM 采用的是传两次地址的策略，所以地址线为正常的一半，这是很多考生容易忽略的地方。

23. B

DRAM 使用电容存储，所以必须隔一段时间刷新一次，若存储单元未被刷新，则存储的信息就会丢失。同步动态随机存储器 SDRAM 是现在最常用的一种 DRAM。

24. D

每个访存地址对应的存储模块序号（0, 1, 2, 3）如下所示：

访存地址	8005	8006	8007	8008	8001	8002	8003	8004	8000
模块序号	1	2	3	0	1	2	3	0	0

其中，模块序号 = 访存地址%存储器交叉模块数。

判断可能发生访存冲突的规则如下：给定的访存地址在相邻的四次访问中出现在同一个存储模块内。据此，根据上表可知8004和8000对应的模块号都为0，即表明这两次的访问出现在同一模块内且在相邻的访问请求中，满足发生冲突的条件。

25. C

由4个 DRAM 芯片采用交叉编址方式构成主存可知，主存地址最低两位表示该字节存储的芯片编号。double 型变量占 64 位（8B）。其主存地址 804 001AH 的最低两位是 10，说明它从编号为 2 的芯片开始存储（编号从 0 开始）。一个存储周期可对所有芯片各读取 1 字节，因此需要 3 轮，选择选项 C。

26. D

$8\times8192\times8192\times8\text{bit} = 512\text{MB}$，内存条的容量为 512MB，选项 A 正确。存储器总线宽度 $64 = 8\times8\text{bit}$，而每个芯片一次只能传输 8bit，需要 8 体多模块交叉编址才能实现，选项 B 正确。芯片容量为 $8192\times8192\times8\text{bit}$，按字节编址，地址线数应为 $\log_2(8192\times8192) = 26$，DRAM 采用地址复用技术，地址信号分行、列两次传送，因此地址引脚数为 $26/2 = 13$ 根，选项 C 错误。芯片内行数是 8192，一行的大小是 $8192\times8\text{bit}$，行缓冲长度就是一行的大小，选项 D 正确。

二、综合应用题

01.【解答】

1）因为刷新带宽 W_1 = 分辨率×像素点颜色深度×刷新速率

$$= 1024\times768\times3\text{B}\times72/\text{s}$$

$$= 169869\text{KB/s}$$

所以刷新总带宽 $W_0 = W_1(W_0/W_1)$

$$= 169869\text{KB/s}\times100/50 = 339738\text{KB/s}$$

$$= 339.738\text{MB/s}$$（其中 1K = 1000）

2）要提高刷新存储器带宽，可采用以下技术：①采用高速 DRAM 芯片；②采用多体交叉存储结构；③刷新存储器至显示控制器的内部总线宽度加倍；④采用双端口存储器将刷新端口和更新端口分开。

02.【解答】

1）一个存取周期，四体并行交叉存储器可取 32 位×4 = 128 位，其中 32 位为总线宽度，4 为交叉存储器内的存储体个数。

2）该说法不正确。因为在 0.1μs 内整个存储器可向 CPU 提供 32 位二进制信息，但每个存储体必须经过 400ns 才能向 CPU 提供 32 位二进制信息。

03.【解答】

关于交叉存储器的题目在 2013 年、2015 年出现过两次，希望能引起读者的足够重视，本题应是这一类题中较难的。

1）因为每个体的存取周期是 200ns。四体交叉工作，每两个体间读出操作的延时为 1/4 个存储周期，理想情况是每个存取周期平均可读出 4 个数据字，读出一个数据字的时间平均为 200ns/4 = 50ns。数据字长为 32 位，数据传输率为 32 位/50ns = 640Mb/s = 80MB/s。

2）若对多体结构的存储器选用高位地址交叉，通常起不到提高存储器读写速度的作用，因为它不符合程序运行的局部性原理，一次连续读出彼此地址相差一个存储体容量的 4 个字的机会太少。因此，通常只有一个存储模块在不停地忙碌，其他存储模块是空闲的。

3）若把存储器的字长扩大为原来的 4 倍，实现的则是一个单体 4 字结构的存储器，每次读可以同时读出 4 个字的内容，有利于提高存储器每个字的平均读写速度，但其灵活性不如多体单字结构的存储器，还会多用到几个缓冲寄存器。

4）多端口存储器是对同一个存储体使用多套读写电路实现的，扩大存储容量的难度显然比多体结构的存储器要大，而且不能对多端口存储器的同一个存储单元同时执行多个写入操作，而多体结构的存储器则允许在同一个存储周期对几个存储体执行写入操作。

04.【解答】

对于四体交叉访问的存储系统，每个存储模块的地址分布如下：

Bank0: 0, 4, 8, 12, 16,⋯

Bank1: 1, 5, 9, 13, 17,⋯, 37,⋯, 41,⋯

Bank2: 2, 6, 10, 14, 18,⋯

Bank3: 3, 7, 11, 15, 19,⋯, 51,⋯, 67

若给定的访存地址在相邻的 4 次访问中出现在同一个 Bank 内，就会发生访存冲突。所以 17 和 9、37 和 17、13 和 37、8 和 4、41 和 13 发生冲突。

注意：虽然 41 和 13 号单元也在同一个模块内，且访问间隔小于 4，但是由于访问 8 号单元发生冲突而使其访问延迟 3 个间隔，从而使 41 号单元的访问也延迟 3 个间隔，因而其访问不会和 13 号单元的访问发生冲突。

3.3　主存储器与 CPU 的连接

3.3.1　连接原理

1）主存储器通过数据总线、地址总线和控制总线与 CPU 连接。

2）数据总线的位数与工作频率的乘积正比于数据传输率。

3）地址总线的位数决定了可寻址的最大内存空间。

4）控制总线（读/写）指出总线周期的类型和本次输入/输出操作完成的时刻。

主存储器与 CPU 的连接如图 3.10 所示。

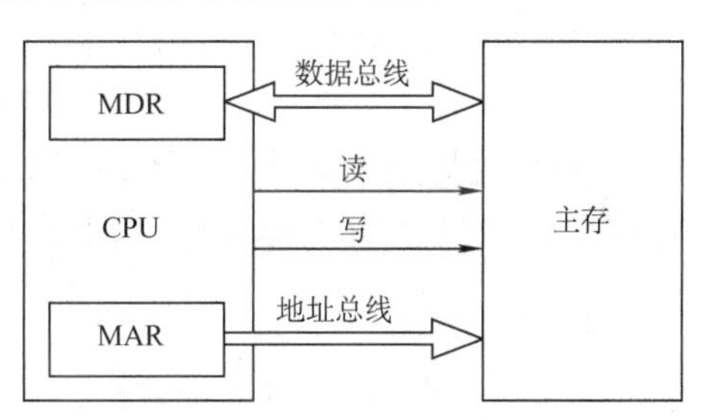

图 3.10　主存储器与 CPU 的连接

单个芯片的容量不可能很大，往往通过存储器芯片扩展技术，将多个芯片集成在一个内存条上，然后由多个内存条及主板上的 ROM 芯片组成计算机所需的主存空间，再通过总线与 CPU 相连。图 3.11 是存储控制器、存储器总线和内存条的连接关系示意图。

在图 3.11 中，内存条插槽就是存储器总线，内存条中的信息通过内存条的引脚，再通过插槽内的引线连接到主板上，通过主板上的导线连接到 CPU 芯片。

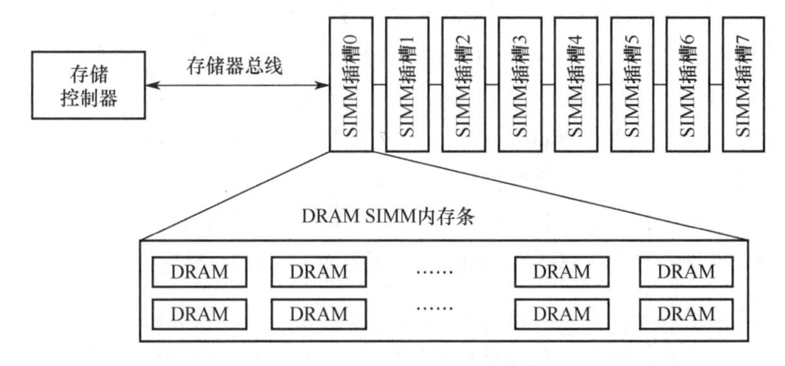

图 3.11　存储控制器、存储器总线和内存条之间的连接关系示意图

3.3.2　主存容量的扩展

由于单个存储芯片的容量是有限的，它在字数或字长方面与实际存储器的要求都有差距，因此需要在字和位两方面进行扩充才能满足实际存储器的容量要求。通常采用位扩展法、字扩展法和字位同时扩展法来扩展主存容量。

1．位扩展法

CPU 的数据线数与存储芯片的数据位数不一定相等，此时必须对存储芯片扩位（即进行位扩展，用多个存储器件对字长进行扩充，增加存储字长），使其数据位数与 CPU 的数据线数相等。

位扩展的连接方式是将多个存储芯片的地址端、片选端和读写控制端相应并联，数据端分别引出。

如图 3.12 所示，用 8 片 8K×1 位的 RAM 芯片组成 8K×8 位的存储器。8 片 RAM 芯片的地址线 A_{12}～A_0、$\overline{CS}$、$\overline{WE}$ 都分别连在一起，每片的数据线依次作为 CPU 数据线的一位。

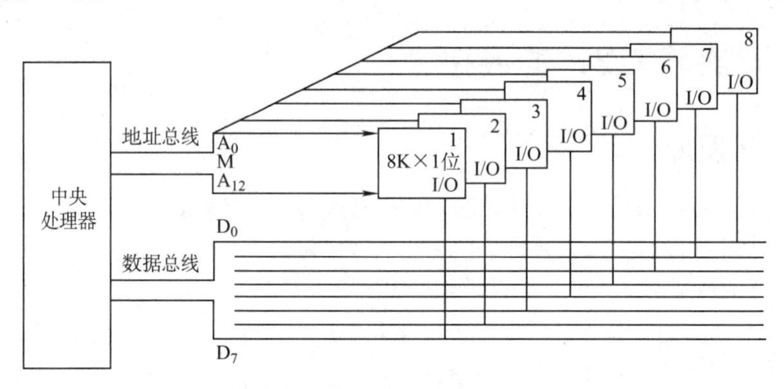

图 3.12　位扩展连接示意图

注意：仅采用位扩展时，各芯片连接地址线的方式相同，但连接数据线的方式不同，在某一时刻选中所有的芯片，所以片选信号 $\overline{CS}$ 要连接到所有芯片。

2．字扩展法

字扩展是指增加存储器中字的数量，而位数不变。字扩展将芯片的地址线、数据线、读写控制线相应并联，而由片选信号来区分各芯片的地址范围。

如图 3.13 所示，用 4 片 16K×8 位的 RAM 芯片组成 64K×8 位的存储器。4 片 RAM 芯片的数据线 D_0～D_7 和 $\overline{WE}$ 都分别连在一起。将 $A_{15}A_{14}$ 用作片选信号，$A_{15}A_{14}$ = 00 时，译码器输出端 0 有效，选中最左边的 1 号芯片；$A_{15}A_{14}$ = 01 时，译码器输出端 1 有效，选中 2 号芯片，以此类推（在同一时间内只能有一个芯片被选中）。各芯片的地址分配如下：

第 1 片，最低地址：**00**00000000000000；最高地址：**00**11111111111111（16 位）

第 2 片，最低地址：**01**00000000000000；最高地址：**01**11111111111111

第 3 片，最低地址：**10**00000000000000；最高地址：**10**11111111111111

第 4 片，最低地址：**11**00000000000000；最高地址：**11**11111111111111

注意：仅采用字扩展时，各芯片连接地址线的方式相同，连接数据线的方式也相同，但在某一时刻只需选中部分芯片，所以通过片选信号 $\overline{CS}$ 或采用译码器设计连接到相应的芯片。

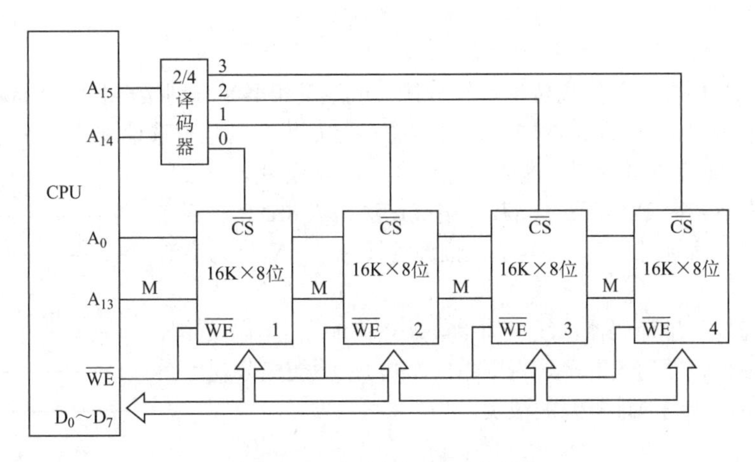

图 3.13　字扩展连接示意图

3．字位同时扩展法

实际上，存储器往往需要同时扩充字和位。字位同时扩展是指既增加存储字的数量，又增加存储字长。

如图 3.14 所示，用 8 片 16K×4 位的 RAM 芯片组成 64K×8 位的存储器。每两片构成一组 16K×8 位的存储器（位扩展），4 组便构成 64K×8 位的存储器（字扩展）。地址线 $A_{15}A_{14}$ 经译码器得到 4 个片选信号，$A_{15}A_{14}$ = 00 时，输出端 0 有效，选中第一组的芯片（①和②）；$A_{15}A_{14}$ = 01 时，输出端 1 有效，选中第二组的芯片（③和④），以此类推。

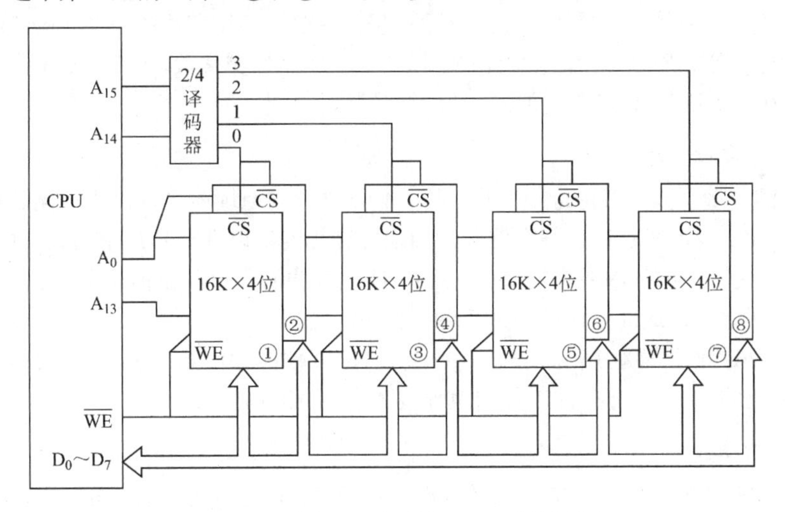

图 3.14　字位同时扩展及 CPU 的连接图

注意：采用字位同时扩展时，各芯片连接地址线的方式相同，但连接数据线的方式不同，而且需要通过片选信号 $\overline{CS}$ 或采用译码器设计连接到相应的芯片。

3.3.3　存储芯片的地址分配和片选

CPU 要实现对存储单元的访问，首先要选择存储芯片，即进行片选；然后为选中的芯片依地址码选择相应的存储单元，以进行数据的存取，即进行字选。片内的字选通常是由 CPU 送出的 N 条低位地址线完成的，地址线直接接到所有存储芯片的地址输入端（N 由片内存储容量 2^N 决定）。片选信号的产生分为线选法和译码片选法。

1．线选法

线选法用除片内寻址外的高位地址线直接（或经反相器）分别接至各个存储芯片的片选端，当某地址线信息为“0”时，就选中与之对应的存储芯片。这些片选地址线每次寻址时只能有一位有效，不允许同时有多位有效，这样才能保证每次只选中一个芯片（或芯片组）。假设 4 片 2K×8 位存储芯片用线选法构成 8K×8 位存储器，各芯片的片选信号见表 3.2，其中低位地址线 A_{10}～A_0 作为字选线，用于片内寻址。

优点：不需要地址译码器，线路简单。缺点：地址空间不连续，选片的地址线必须分时为低电平（否则不能工作），不能充分利用系统的存储器空间，造成地址资源的浪费。

表 3.2　线选法的地址分配

芯片	A_{14}～A_{11}
0#	1110
1#	1101
2#	1011
3#	0111

2．译码片选法

译码片选法用除片内寻址外的高位地址线通过地址译码器芯片产生片选信号。如用 8 片 8K×8 位的存储芯片组成 64K×8 位存储器（地址线为 16 位，数据线为 8 位），需要 8 个片选信号；若采用线选法，除去片内寻址的 13 位地址线，仅余高 3 位，不足以产生 8 个片选信号。因此，采用译码片选法，即用一片 74LS138 作为地址译码器，则 $A_{15}A_{14}A_{13} = 000$ 时选中第一片，$A_{15}A_{14}A_{13} = 001$ 时选中第二片，以此类推（即 3 位二进制编码）。

3.3.4　存储器与 CPU 的连接

1．合理选择存储芯片

要组成一个主存系统，选择存储芯片是第一步，主要指存储芯片的类型（RAM 或 ROM）和数量的选择。通常选用 ROM 存放系统程序、标准子程序和各类常数，RAM 则是为用户编程而设置的。此外，在考虑芯片数量时，要尽量使连线简单、方便。

2．地址线的连接

存储芯片的容量不同，其地址线数也不同，而 CPU 的地址线数往往比存储芯片的地址线数要多。通常将 CPU 地址线的低位与存储芯片的地址线相连，以选择芯片中的某一单元（字选），这部分的译码是由芯片的片内逻辑完成的。而 CPU 地址线的高位则在扩充存储芯片时使用，用来选择存储芯片（片选），这部分译码由外接译码器逻辑完成。

例如，设 CPU 地址线为 16 位，即 A_{15}～A_0，1K×4 位的存储芯片仅有 10 根地址线，此时可将 CPU 的低位地址 A_9～A_0 与存储芯片的地址线 A_9～A_0 相连。

3．数据线的连接

CPU 的数据线数与存储芯片的数据线数不一定相等，在相等时可直接相连；在不等时必须对存储芯片扩位，使其数据位数与 CPU 的数据线数相等。

4．读/写命令线的连接

CPU 读/写命令线一般可直接与存储芯片的读/写控制端相连，通常高电平为读，低电平为写。有些 CPU 的读/写命令线是分开的（读为 $\overline{RD}$，写为 $\overline{WE}$，均为低电平有效），此时 CPU 的读命令线应与存储芯片的允许读控制端相连，而 CPU 的写命令线则应与存储芯片的允许写控制端相连。

5．片选线的连接

片选线的连接是 CPU 与存储芯片连接的关键。存储器由许多存储芯片叠加而成，哪一片被选中完全取决于该存储芯片的片选控制端 $\overline{CS}$ 是否能接收到来自 CPU 的片选有效信号。

片选有效信号与 CPU 的访存控制信号 $\overline{MREQ}$（低电平有效）有关，因为只有当 CPU 要求访存时，才要求选中存储芯片。若 CPU 访问 I/O，则 $\overline{MREQ}$ 为高，表示不要求存储器工作。

3.3.5　本节习题精选

一、单项选择题

01. 用存储容量为 16K×1 位的存储器芯片来组成一个 64K×8 位的存储器，则在字方向和位方向分别扩展了（　）倍。

A. 4, 2　　B. 8, 4　　C. 2, 4　　D. 4, 8

02. 80386DX 是 32 位系统，以 4B 为编址单位，当在该系统中用 8KB（8K×8 位）的存储芯片构造 32KB 的存储体时，应完成存储器的（　）设计。

A. 位扩展　　B. 字扩展　　C. 字位扩展　　D. 字位均不扩展

03. 某计算机字长为 16 位，存储器容量为 256KB，CPU 按字寻址，其寻址范围是（　）。

A. $0\sim2^{19}-1$　　B. $0\sim2^{20}-1$　　C. $0\sim2^{18}-1$　　D. $0\sim2^{17}-1$

04. 4 个 16K×8 位的存储芯片，可设计为（　）容量的存储器。

A. 32K×16 位　　B. 16K×16 位　　C. 32K×8 位　　D. 8K×16 位

05. 16 片 2K×4 位的存储器可以设计为（　）存储容量的 16 位存储器。

A. 16K　　B. 32K　　C. 8K　　D. 2K

06. 设 CPU 地址总线有 24 根，数据总线有 32 根，用 512K×8 位的 RAM 芯片构成该机的主存储器，则该机主存最多需要（　）片这样的存储芯片。

A. 256　　B. 512　　C. 64　　D. 128

07. 地址总线 A_0（高位）~ A_{15}（低位），用 4K×4 位的存储芯片组成 16KB 存储器，则产生片选信号的译码器的输入地址线应该是（　）。

A. A_2A_3　　B. A_0A_1　　C. $A_{12}A_{13}$　　D. $A_{14}A_{15}$

08. 若内存地址区间为 4000H ~ 43FFH，每个存储单元可存储 16 位二进制数，该内存区域用 4 片存储器芯片构成，构成该内存所用的存储器芯片的容量是（　）。

A. 512×16bit　　B. 256×8bit　　C. 256×16bit　　D. 1024×8bit

09. 内存按字节编址，地址从 90000H 到 CFFFFH，若用存储容量为 16K×8 位芯片构成该内存，至少需要的芯片数是（　）。

A. 2　　B. 4　　C. 8　　D. 16

10. 若片选地址为 111 时，选定某一 32K×16 位的存储芯片工作，则该芯片在存储器中的首地址和末地址分别为（　）。

A. 00000H, 01000H　　B. 38000H, 3FFFFH

C. 3800H, 3FFFH　　D. 0000H, 0100H

11. 如下图所示，若低位地址（$A_0\sim A_{11}$）接在内存芯片地址引脚上，高位地址（$A_{12}\sim A_{19}$）进行片选译码（其中 A_{14} 和 A_{16} 未参加译码），且片选信号低电平有效，则对图中所示的译码电路，不属于此译码空间的地址是（　）。

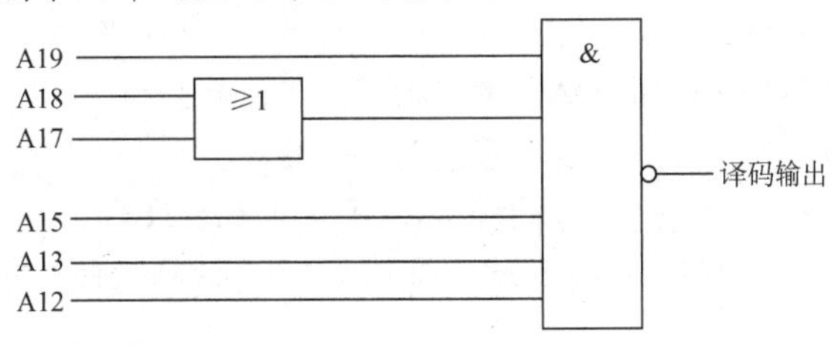

A. AB000H ~ ABFFFH　　B. BB000H ~ BBFFFH
C. EF000H ~ EFFFFH　　D. FE000H ~ FEFFFH

12. 【2009 统考真题】某计算机主存容量为 64KB，其中 ROM 区为 4KB，其余为 RAM 区，按字节编址。现要用 2K×8 位的 ROM 芯片和 4K×4 位的 RAM 芯片来设计该存储器，需要上述规格的 ROM 芯片数和 RAM 芯片数分别是（ ）。

A. 1, 15　　B. 2, 15　　C. 1, 30　　D. 2, 30

13. 【2010 统考真题】假定用若干 2K×4 位的芯片组成一个 8K×8 位的存储器，则地址 0B1FH 所在芯片的最小地址是（ ）。

A. 0000H　　B. 0600H　　C. 0700H　　D. 0800H

14. 【2011 统考真题】某计算机存储器按字节编址，主存地址空间大小为 64MB，现用 4M×8 位的 RAM 芯片组成 32MB 的主存储器，则存储器地址寄存器 MAR 的位数至少是（ ）。

A. 22 位　　B. 23 位　　C. 25 位　　D. 26 位

15. 【2016 统考真题】某存储器容量为 64KB，按字节编址，地址 4000H ~ 5FFFH 为 ROM 区，其余为 RAM 区。若采用 8K×4 位的 SRAM 芯片进行设计，则需要该芯片的数量是（ ）。

A. 7　　B. 8　　C. 14　　D. 16

16. 【2018 统考真题】假定 DRAM 芯片中存储阵列的行数为 r、列数为 c，对于一个 2K×1 位的 DRAM 芯片，为保证其地址引脚数最少，并尽量减少刷新开销，则 r、c 的取值分别是（ ）。

A. 2048, 1　　B. 64, 32　　C. 32, 64　　D. 1, 2048

17. 【2021 统考真题】某计算机的存储器总线中有 24 位地址线和 32 位数据线，按字编址，字长为 32 位。如果 00 0000H ~ 3F FFFFH 为 RAM 区，那么需要 512K×8 位的 RAM 芯片数为（ ）。

A. 8　　B. 16　　C. 32　　D. 64

二、综合应用题

01. 主存储器的地址寄存器和数据寄存器各自的作用是什么？设一个 1MB 容量的存储器，字长为 32 位，问：

1）按字节编址，地址寄存器和数据寄存器各几位？编址范围为多大？

2）按字编址，地址寄存器和数据寄存器各几位？编址范围为多大？

02. 用一个 512K×8 位的 Flash 存储芯片组成一个 4M×32 位的半导体只读存储器，存储器按字编址，试回答以下问题：

1）该存储器的数据线数和地址线数分别为多少？

2）共需要几片这样的存储芯片？

3）说明每根地址线的作用。

03. 有一组 16K×16 位的存储器，由 1K×4 位的 DRAM 芯片构成（芯片是 64×64 结构）。问：

1）共需要多少 RAM 芯片？

2）采用异步刷新方式，如单元刷新间隔不超过 2ms，则刷新信号周期是多少？

04. 设有 32 片 256K×1 位的 SRAM 芯片。回答以下问题：

1）采用位扩展方法可以构成多大容量的存储器？

2）采用 32 位的字编址方式，该存储器需要多少地址线？

3）画出该存储器与 CPU 连接的结构图，设 CPU 的接口信号有地址信号、数据信号和

控制信号 $\overline{MREQ}$、$\overline{WE}$。

05. 某机的主存空间为 64KB，I/O 空间与主存单元统一编址，I/O 空间占用 1KB，范围为 FC00H ~ FFFFH。可选用 8K×8 位和 1K×8 位两种 SRAM 芯片构成主存储器，$\overline{RD}$ 和 $\overline{WR}$ 分别为系统提供的读写信号线。画出该存储器的逻辑图，并标明每块芯片的地址范围。

3.3.6　答案与解析

一、单项选择题

01. D

字方向扩展了 64K/16K = 4 倍，位方向扩展了 8bit/1bit = 8 倍。

02. A

因为以 4B 为编址单位，要扩展到 32KB，即扩展到 8K×32bit，所以只用进行位扩展。

03. D

256KB = 2^{18}B，按字寻址，且字长为 16bit = 2B，可寻址的单元数 = 2^{18}B/2B = 2^{17}，其寻址范围是 0～$2^{17}-1$。

04. A

4 个 16K×8 位的存储芯片构成的存储器容量 = 4×16K×8 位 = 512K 位或 64KB，只有选项 A 的容量为 64KB。注意，若有某项为 128K×4 位，则此选项不能选，因为芯片为 8 位，不可能将字长“扩展”成 4 位。

05. C

设存储容量为 M，则有(M×16 位)/(2K×4 位) = 16，因此 M = 8K。

06. D

地址线为 24 根，寻址范围是 2^{24}；数据线为 32 根，字长为 32 位。主存的总容量 = 2^{24}×32 位，因此所需存储芯片数 = (2^{24}×32 位)/(512K×8 位) = 128。

07. A

由于 A_{15} 为地址线的低位，接入各芯片地址端的是地址线的低 12 位，即 A_4～A_{15}，共有 8 个芯片（16KB/4K = 4B，且位扩展时每组两片分为 4 组）组成 16KB 的存储器，则由高两位地址线 A_2A_3 作为译码器的输入。

08. C

43FF − 4000 + 1 = 400H，即内存区域为 1K 个单元，总容量为 1K×16 位。现由 4 片存储芯片构成，则构成该内存的芯片容量为 1K×16 位/4 = 256×16 位。

09. D

CFFFF − 90000 + 1 = 40000H，即内存区域有 256K 个单元。若用存储容量为 16K×8 位的芯片，则需要的芯片数 = (256K×8)/(16K×8) = 16 片。

10. B

32K×16 的存储芯片有地址线 15 根（片内地址），片选地址为 3 位，因此地址总位数为 18 位，现高 3 位为 111，则首地址为 111000000000000000 = 38000H，末地址为 111111111111111111 = 3FFFFH。

11. D

这是一个部分译码的片选信号，高 8 位地址中有 2 位（A_{14} 和 A_{16}）未参与译码，根据译码器电路，译码输出的逻辑表达式应为

$$\overline{CS}=\overline{A_{19}(A_{18}+A_{17})A_{15}A_{13}A_{12}}$$

因此不属于此译码空间的是这几位不合该逻辑表达式的，A 选项为 AB，即 1010 1011，去掉 14 位和 16 位为 101 111；B 选项为 101 111；C 选项为 111 111；D 选项为 111 110。由逻辑表达式可知 A17 与 A18 至少有一个为 1，$A_{19}A_{15}A_{13}A_{12}$ 应全为 1，仅 D 无法满足。

12． D

首先确定 ROM 的个数，ROM 区为 4KB，选用 2K×8 位的 ROM 芯片，需要(4K×8)/(2K×8) = 2 片，采用字扩展方式；60KB 的 RAM 区，选用 4K×4 位的 RAM 芯片，需要(60K×8)/(4K×4) = 30 片，采用字和位同时扩展的方式。

13． D

用 2K×4 位的芯片组成一个 8K×8 位存储器，每行中所需芯片数为 2，每列中所需芯片数为 4，各行芯片的地址分配如下：

第一行（2 个芯片并联）：0000H～07FFH

第二行（2 个芯片并联）：0800H～0FFFH

第三行（2 个芯片并联）：1000H～17FFH

第四行（2 个芯片并联）：1800H～1FFFH

可知，地址 0B1FH 在第二行，且所在芯片的最小地址为 0800H。

14． D

主存按字节编址，地址空间大小为 64MB，MAR 的寻址范围为 $64M = 2^{26}$，因此是 26 位。实际的主存容量 32MB 不能代表 MAR 的位数，考虑到存储器扩展的需要，MAR 应保证能访问到整个主存地址空间，反过来，MAR 的位数决定了主存地址空间的大小。

15． C

5FFF − 4000 + 1 = 2000H，即 ROM 区容量为 2^{13}B = 8KB（2000H = $2×16^3 = 2^{13}$），RAM 区容量为 56KB（64KB − 8KB = 56KB）。需要 8K×4 位的 SRAM 芯片的数量为 14（56KB/8K×4 位 = 14）。

16． C

由题意，首先根据 DRAM 采用的是行列地址线复用技术，我们尽量选用行列差值不要太大的，B、C 选项的地址线只需 6 根（取行或列所需地址线的最大值），轻松排除选项 A、D。其次，为了减小刷新开销，而 DRAM 一般是按行刷新的，所以应选行数值较少的，答案为选项 C。

17． C

000000～3FFFFF，共有 3FFFFFH − 000000H + 1H = 400000H = 2^{22} 个地址，按字编址，字长为 32 位（4B），因此 RAM 区大小为 2^{22}×4B = 2^{22}×32bit。每个 RAM 芯片的容量为 512K×8bit = 2^{19}×8bit，所以需要 RAM 芯片的数量为(2^{22}×32bit)/(2^{19}×8bit) = 32。

二、综合应用题

01.【解答】

在主存储器中，地址寄存器 MAR 用来存放当前 CPU 访问的内存单元地址，或存放 CPU 写入内存的内存单元地址。数据寄存器 MDR 用来存放由内存中读出的信息或写入内存的信息。

1）按字节编址，1MB = 2^{20}×8 位，地址寄存器为 20 位，数据寄存器为 8 位，编址范围为 00000H～FFFFFH（FFFFFH − 00000H + 1 = 100000H = 2^{20}）。

2）按字编址，1MB = 2^{18}×32 位，地址寄存器为 18 位，数据寄存器为 32 位，编址范围为 00000H～3FFFFH（3FFFFH − 00000H + 1 = 40000H = 2^{18}）。

02.【解答】

1）由于所需的组成存储器的最终容量为 4M×32 位，所以需要 32 根数据线。而存储器又是按字编址的，所以此时不需要将存储器的容量先转换成 16M×8 位，直接是 4M×32 位中的 4M，所以只需要 22 根地址线（$2^{22}=4M$）。

2）采用 512K×8 位的 Flash 存储芯片组成 4M×32 位的存储器时，需要同时进行位扩展和字扩展。位扩展：4 片 512K×8 位的 Flash 存储芯片位扩展可组成 512K×32 位的 Flash 存储芯片。字扩展：8 片 512K×32 位的 Flash 存储芯片字扩展可组成 4M×32 位的存储器。综上可知，一共需要 4×8 = 32 片 512K×8 位的存储芯片。

3）在 CPU 的 22 根地址线中（A_0～A_{21}），地址线的作用分配如下：首先，此时不需要指定 A_0、A_1 来标识每组中的 4 片存储器，因为此时是按字寻址的，所以 4 片每次都是一起取的，而不是按字节编址时需要取 4 片中的某一片。

A_0～A_{18}：每片都是 512K，所以需要 19 位（$2^{19}=512K$）来表示。

A_{19}、A_{20}、A_{21}：因为在扩展中 4 片一组，一共有 8 组（$=2^3$），所以需要用 3 位地址线来决定取哪一组（通过 3/8 译码器形成片选信号）。

03.【解答】

1）存储器总容量为 16K×16 位，RAM 芯片为 1K×4 位，因此所需芯片总数为(16K×16 位)/(1K× 4 位) = 64 片。

2）采用异步刷新方式，在 2ms 时间内分散地把芯片 64 行刷新一遍，因此刷新信号的时间间隔为 2ms/64 = 31.25μs，即可取刷新信号周期为 31μs。

注意： 刷新周期也可取 30μs，只要小于 31.25μs 即可，但通常取刷新间隔的整数部分。

04.【解答】

1）采用位扩展法，32 片 256K×1 位的 SRAM 芯片可构成 256K×32 位的存储器。

2）若采用 32 位的字编址方式，则需要 18 条地址线，因为 $2^{18}=256K$。

3）用 $\overline{MREQ}$ 作为芯片选择信号，$\overline{WE}$ 作为读写控制信号，该存储器与 CPU 连接的结构图如下图所示，因为存储容量为 256K×32 位 = 1024KB = 2^{20}B，所以 CPU 访存地址为 A_{19}～A_2，最高地址位为 A_{19}（A_0、A_1 保留作为字节编址，本题中未画出）。

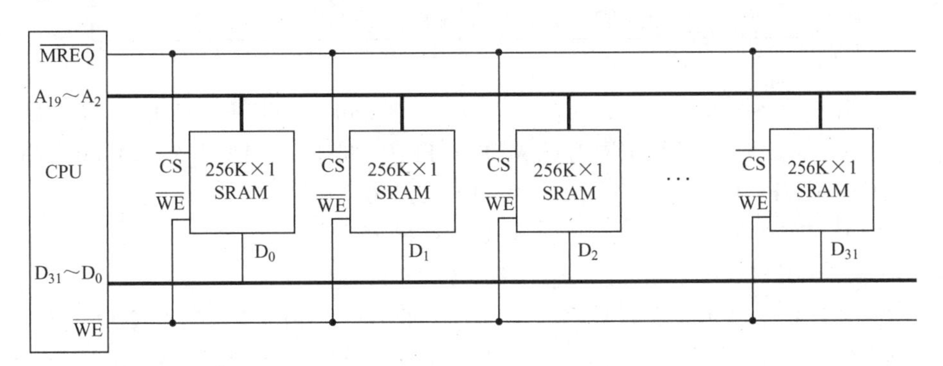

05.【解答】

由于 64KB 存储空间中，I/O 占用了最高的 1KB 空间（FC00H～FFFFH），RAM 芯片应当分配在余下的低 63KB 空间中。选用 7 片 8K×8 位芯片和 7 片 1K×8 位芯片，共计 63KB。

8K×8RAM 芯片共有 8K 个 8 位的存储单元，片内地址应有 $\log_2(8K)=13$ 根，分别连接地址线 A_{12}～A_0，每片的地址范围为 0000H～1FFFH。

64KB 的存储器应有 64K 个存储单元，地址线应有 $\log_2(64K)=16$ 根。地址范围为 0000H～FFFFH。

地址线 A_{12}～A_0 并行连接到 7 片 8K×8 位 RAM 芯片的 13 个地址端，用 3 根高地址线 A_{15}、A_{14}、A_{13} 经 3/8 译码器译码，译码器的 7 个输出端（000～110）分别接到 7 片 8K×8 位芯片的片选端，用以选择 7 片 8K×8 位芯片中的 1 片。剩下 1 个输出端 111 用以控制另一个 3/8 译码器。

1K×8 的存储器共有 1K 个存储单元，地址线应有 $\log_2(1K) = 10$ 根。地址范围为 000H～3FFH。地址线 A_9～A_0，共 10 根，并行连接到 7 片 1K×8 位 RAM 芯片的 10 个地址端。3 根地址线 A_{12}、A_{11}、A_{10} 经 3/8 译码器译码，译码器的 7 个输出端（000～110）分别接到 7 片 1K×8 位芯片的片选端，用以选择 7 片 1K×8 位芯片中的 1 片。

组成主存储器的逻辑图如下图所示。

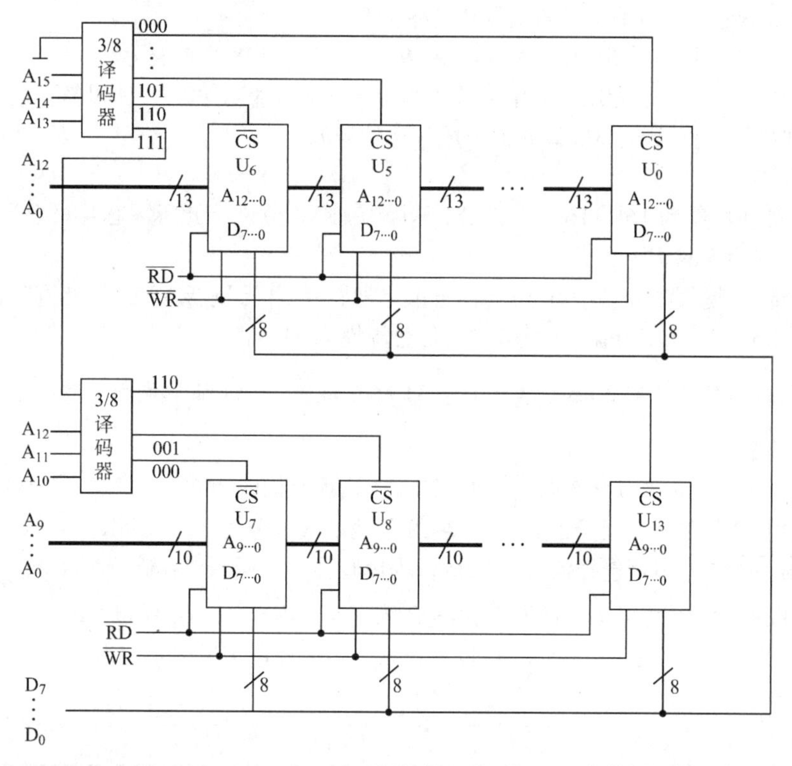

其中 U_0～U_6 为 7 片 8K×8 位芯片，片内地址范围为 0000H～1FFFH。U_0 的片选端接 000，即 $A_{15}A_{14}A_{13} = 000$，因此 U_0 的地址范围为 0000H～1FFFH；同理 U_1～U_6 芯片的地址范围如下：

U_1：2000H～3FFFH	U_2：4000H～5FFFH
U_3：6000H～7FFFH	U_4：8000H～9FFFH
U_5：A000H～BFFFH	U_6：C000H～DFFFH

U_7～U_{13} 为 7 片 1K×8 位芯片，片内地址范围为 000H～3FFH。由于第一级 3/8 译码器的输出端 111 控制第二级 3/8 译码器，即 $A_{15}A_{14}A_{13} = 111$，U_7 的片选端接 000，即 $A_{12}A_{11}A_{10} = 000$，因此 U_7 的地址范围为 E000H～E3FFH；同理 U_8～U_{13} 芯片地址范围如下：

U_8：E400H～E7FFH	U_9：E800H～EBFFH
U_{10}：EC00H～EFFFH	U_{11}：F000H～F3FFH
U_{12}：F400H～F7FFH	U_{13}：F800H～FBFFH

余下的 FC00H～FFFFH 为 I/O 空间。

3.4　外部存储器

3.4.1　磁盘存储器

磁盘存储器的优点：①存储容量大，位价格低；②记录介质可重复使用；③记录信息可长期保存而不丢失，甚至可脱机存档；④非破坏性读出，读出时不需要再生。缺点：存取速度慢，机械结构复杂，对工作环境要求较高。

1．磁盘存储器

（1）磁盘设备的组成

① 硬盘存储器的组成。硬盘存储器由磁盘驱动器、磁盘控制器和盘片组成。

- 磁盘驱动器。核心部件是磁头组件和盘片组件，温彻斯特盘是一种可移动磁头固定盘片的硬盘存储器。
- 磁盘控制器。硬盘存储器和主机的接口，主流的标准有IDE、SCSI、SATA等。

② 存储区域。一块硬盘含有若干记录面，每个记录面划分为若干磁道，而每条磁道又划分为若干扇区，扇区（也称块）是磁盘读写的最小单位，即磁盘按块存取。

- 磁头数（Heads）：即记录面数，表示硬盘共有多少个磁头，磁头用于读取/写入盘片上记录面的信息，一个记录面对应一个磁头。
- 柱面数（Cylinders）：表示硬盘每面盘片上有多少条磁道。在一个盘组中，不同记录面的相同编号（位置）的诸磁道构成一个圆柱面。
- 扇区数（Sectors）：表示每条磁道上有多少个扇区。

（2）磁记录原理

原理：磁头和磁性记录介质相对运动时，通过电磁转换完成读/写操作。

编码方法：按某种方案（规律），把一连串的二进制信息变换成存储介质磁层中一个磁化翻转状态的序列，并使读/写控制电路容易、可靠地实现转换。

磁记录方式：通常采用调频制（FM）和改进型调频制（MFM）的记录方式。

（3）磁盘的性能指标

① 记录密度。记录密度是指盘片单位面积上记录的二进制信息量，通常以道密度、位密度和面密度表示。道密度是沿磁盘半径方向单位长度上的磁道数，位密度是磁道单位长度上能记录的二进制代码位数，面密度是位密度和道密度的乘积。

② 磁盘的容量。磁盘容量有非格式化容量和格式化容量之分。非格式化容量是指磁记录表面可利用的磁化单元总数，它由道密度和位密度计算而来；格式化容量是指按照某种特定的记录格式所能存储信息的总量。格式化后的容量比非格式化容量要小。

③ 平均存取时间。平均存取时间由寻道时间（磁头移动到目的磁道的时间）、旋转延迟时间（磁头定位到要读写扇区的时间）和传输时间（传输数据所花费的时间）三部分构成。由于寻道和找扇区的距离远近不一，故寻道时间和旋转延迟时间通常取平均值。

④ 数据传输率。磁盘存储器在单位时间内向主机传送数据的字节数，称为数据传输率。假设磁盘转数为 r 转/秒，每条磁道容量为 N 字节，则数据传输率为

$$D_r = rN$$

（4）磁盘地址

主机向磁盘控制器发送寻址信息，磁盘的地址一般如下图所示。

驱动器号	柱面（磁道）号	盘面号	扇区号

若系统中有4个驱动器，每个驱动器带一个磁盘，每个磁盘256个磁道、16个盘面，每个盘面划分为16个扇区，则每个扇区地址要18位二进制代码，其格式如下图所示。

驱动器号（2位）	柱面（磁道）号（8位）	盘面号（4位）	扇区号（4位）

（5）硬盘的工作过程

硬盘的主要操作是寻址、读盘、写盘。每个操作都对应一个控制字，硬盘工作时，第一步是取控制字，第二步是执行控制字。

硬盘属于机械式部件，其读写操作是串行的，不可能在同一时刻既读又写，也不可能在同一时刻读两组数据或写两组数据。

2．磁盘阵列

RAID（独立冗余磁盘阵列）是指将多个独立的物理磁盘组成一个独立的逻辑盘，数据在多个物理盘上分割交叉存储、并行访问，具有更好的存储性能、可靠性和安全性。

RAID的分级如下所示。在RAID1～RAID5几种方案中，无论何时有磁盘损坏，都可随时拔出受损的磁盘再插入好的磁盘，而数据不会损坏，提升了系统的可靠性。

- RAID0：无冗余和无校验的磁盘阵列。
- RAID1：镜像磁盘阵列。
- RAID2：采用纠错的海明码的磁盘阵列。
- RAID3：位交叉奇偶校验的磁盘阵列。
- RAID4：块交叉奇偶校验的磁盘阵列。
- RAID5：无独立校验的奇偶校验磁盘阵列。

RAID0把连续多个数据块交替地存放在不同物理磁盘的扇区中，几个磁盘交叉并行读写，不仅扩大了存储容量，而且提高了磁盘数据存取速度，但RAID0没有容错能力。

为了提高可靠性，RAID1使两个磁盘同时进行读写，互为备份，若一个磁盘出现故障，可从另一磁盘中读出数据。两个磁盘当一个磁盘使用，意味着容量减少一半。

总之，RAID通过同时使用多个磁盘，提高了传输率；通过在多个磁盘上并行存取来大幅提高存储系统的数据吞吐量；通过镜像功能，提高安全可靠性；通过数据校验，提供容错能力。

3.4.2 固态硬盘

固态硬盘（SSD）是一种基于闪存技术的存储器。它与U盘并没有本质上的差别，只是容量更大，存取性能更好。一个SSD由一个或多个闪存芯片和闪存翻译层组成，闪存芯片替代传统旋转磁盘中的机械驱动器，而闪存翻译层将来自CPU的逻辑块读写请求翻译成对底层物理设备的读写控制信号，因此，这个闪存翻译层相当于扮演了磁盘控制器的角色。

如图3.15所示，一个闪存由B块组成，每块由P页组成。通常，页的大小是512B～4KB，每块由32～128页组成，块的大小为16KB～512KB。数据是以页为单位读写的。只有在一页所属的块整个被擦除后，才能写这一页。不过，一旦一个块被擦除，块中的每个页都可以直接再写一次。某个块进行了约10万次重复写之后，就会磨损坏，不能再使用。

随机写很慢，有两个原因。首先，擦除块比较慢，1ms级，比访问页高一个数量级。其次，如果写操作试图修改一个包含已有数据的页P_i，那么这个块中所有含有用数据的页都必须被复制到一个新（擦除过的）块中，才能进行对页P_i的写。

比起传统磁盘，SSD有很多优点，它由半导体存储器构成，没有移动的部件，因而随机访问时间比机械磁盘要快很多，也没有任何机械噪声和震动，能耗更低，抗震性好，安全性高等。不过，SSD也有缺点，因为反复写之后，闪存块会磨损，所以SSD也容易磨损。闪存翻译层中有一个平均磨损逻辑试图通过将擦除平均分布在所有的块上来最大化每个块的寿命。实际上，平均磨损逻辑处理得非常好，要很多年SSD才会磨损坏。

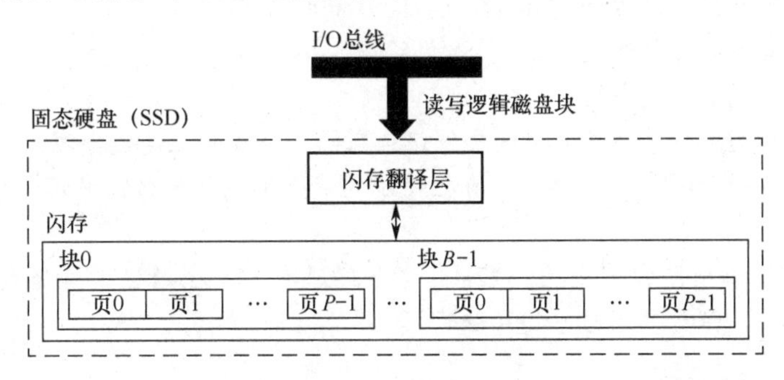

图3.15 固态硬盘（SSD）

随着技术的不断发展，价格也不断下降，SSD有望逐步取代传统机械硬盘。

3.4.3 本节习题精选

一、单项选择题

01. 一个磁盘的转速为7200转/分，每个磁道有160个扇区，每个扇区有512字节，则在理想情况下，其数据传输率为（ ）。

A. 7200×160KB/s B. 7200KB/s C. 9600KB/s D. 19200KB/s

02. 下列关于磁盘的说法中，错误的是（ ）。

A. 本质上，U盘（闪存）是一种只读存储器

B. RAID技术可以提高磁盘的磁记录密度和磁盘利用率

C. 未格式化的硬盘容量要大于格式化后的实际容量

D. 计算磁盘的存取时间时，“寻道时间”和“旋转等待时间”常取其平均值

03. 下列关于固态硬盘（SSD）的说法中，错误的是（ ）。

A. 基于闪存的存储技术 B. 随机读写性能明显高于磁盘

C. 随机写比较慢 D. 不易磨损

04. 【2013统考真题】某磁盘的转速为10000转/分，平均寻道时间是6ms，磁盘传输速率是20MB/s，磁盘控制器延迟为0.2ms，读取一个4KB的扇区所需的平均时间约为（ ）。

A. 9ms B. 9.4ms C. 12ms D. 12.4ms

05. 【2013统考真题】下列选项中，用于提高RAID可靠性的措施有（ ）。

I. 磁盘镜像 II. 条带化 III. 奇偶校验 IV. 增加Cache机制

A. 仅I、II B. 仅I、III C. 仅I、III和IV D. 仅II、III和IV

06. 【2015统考真题】若磁盘转速为7200转/分，平均寻道时间为8ms，每个磁道包含1000个扇区，则访问一个扇区的平均存取时间大约是（ ）。

A. 8.1ms B. 12.2ms C. 16.3ms D. 20.5ms

07. 【2019统考真题】下列关于磁盘存储器的叙述中，错误的是（ ）。

A. 磁盘的格式化容量比非格式化容量小

B. 扇区中包含数据、地址和校验等信息

C. 磁盘存储器的最小读写单位为1字节

D. 磁盘存储器由磁盘控制器、磁盘驱动器和盘片组成

二、综合应用题

01. 某个硬磁盘共有 4 个记录面，存储区域内半径为 10cm，外半径为 15.5cm，道密度为 60 道/cm，外层位密度为 600bit/cm，转速为 6000 转/分。

1）硬磁盘的磁道总数是多少？

2）硬磁盘的容量是多少？

3）将长度超过一个磁道容量的文件记录在同一个柱面上是否合理？

4）采用定长数据块记录格式，直接寻址的最小单位是什么？寻址命令中磁盘地址如何表示？

5）假定每个扇区的容量为 512B，每个磁道有 12 个扇区，寻道的平均等待时间为 10.5ms，试计算磁盘平均存取时间。

3.4.4　答案与解析

一、单项选择题

01. C

磁盘的转速为 7200 转/分 ＝ 120 转/秒，转一圈经过 160 个扇区，每个扇区为 512B，所以数据传输率为 120×160×512/1024 = 9600KB/s。

02. B

闪存是在 E^2PROM 的基础上发展起来的，本质上是只读存储器。RAID 将多个物理盘组成像单个逻辑盘，不会影响磁记录密度，也不可能提高磁盘利用率。

03. D

固态硬盘基于闪存技术，没有机械部件，随机读写不需要机械操作，因此速度明显高于磁盘，选项 A 和 B 正确。选项 C 已在考点讲解中解释过。SSD 的缺点是容易磨损，选项 D 错误。

04. B

磁盘转速是 10000 转/分，转一圈的时间为 6ms，因此平均查询扇区的时间为 3ms，平均寻道时间为 6ms，读取 4KB 扇区信息的时间为 4KB/(20MB/s) = 0.2ms，信息延迟的时间为 0.2ms，总时间为 3 + 6 + 0.2 + 0.2 = 9.4ms。

05. B

RAID0 方案是无冗余和无校验的磁盘阵列，而 RAID1～RAID5 方案均是加入了冗余（镜像）或校验的磁盘阵列。因此，能够提高 RAID 可靠性的措施主要是对磁盘进行镜像处理和奇偶校验，其余选项不符合条件。

06. B

存取时间 ＝ 寻道时间 ＋ 延迟时间 ＋ 传输时间。存取一个扇区的平均延迟时间为旋转半周的时间，即(60/7200)/2 = 4.17ms，传输时间为(60/7200)/1000 = 0.01ms，因此访问一个扇区的平均存取时间为 4.17 + 0.01 + 8 = 12.18ms，保留一位小数则为 12.2ms。

07. C

磁盘存储器的最小读写单位为一个扇区，即磁盘按块存取，选项 C 错误。磁盘存储数据之前需要进行格式化，将磁盘分成扇区，并写入信息，因此磁盘的格式化容量比非格式化容量小，选项 A 正确。磁盘扇区中包含数据、地址和校验等信息，选项 B 正确。磁盘存储器由磁盘控制器、磁盘驱动器和盘片组成，选项 D 正确。

二、综合应用题

01.【解答】

1）有效存储区域 = 15.5 − 10 = 5.5cm，道密度 = 60 道/cm，因此每个面为 60×5.5 = 330 道，即有 330 个柱面，因此磁道总数 = 4×330 = 1320 个磁道。

2）外层磁道的长度为 $2\pi R = 2\times3.14\times15.5 = 97.34$cm。
每道信息量 = 600bit/cm×97.34cm = 58404bit = 7300B。
利用 1）的结果，可得磁盘总容量 = 7300B×1320 = 9636000B（非格式化容量）。

3）若长度超过一个磁道容量的文件，将它记录在同一个柱面上是比较合理的，因为不需要重新寻找磁道，这样数据读/写速度快。

4）采用定长数据块格式，直接寻址的最小单位是一个扇区，每个扇区记录固定字节数目的信息，在定长记录的数据块中，活动头磁盘组的编址方式可用如下格式：

15～14（2 位）	13～4（10 位）	3～0（4 位）
硬盘号	柱面号	扇区号

此地址格式表示最多可以接 4 个硬盘，每个最多有 8 个记录面，每面最多可有 128 个磁道，每道最多可有 16 个扇区。

5）读一个扇区中数据所用的时间 = 找磁道的时间 + 找扇区的时间 + 磁头扫过一个扇区的时间。
找磁道的时间是指磁头从当前所处磁道运动到目标磁道的时间，一般选用磁头在磁盘径向方向上移动 1/2 个半径长度所用的时间为平均值来估算，题中给出的是 10.5ms。
找扇区的时间是指磁头从当前所处扇区运动到目标扇区的时间，一般选用磁盘旋转半周所用的时间作为平均值来估算，题中给出磁盘转速为 6000 转/分，即 100 转/秒，所以磁盘转一周用时 10ms，转半周用时 5ms。
题中给出每个磁道有 12 个扇区，磁头扫过一个扇区用时为 10/12 = 0.83ms，因此磁盘平均存取时间为 10.5 + 5 + 0.83 = 16.33ms。

3.5　高速缓冲存储器

由于程序的转移概率不会很低，数据分布的离散性较大，所以单纯依靠并行主存系统提高主存系统的频宽是有限的。这就必须从系统结构上进行改进，即采用存储体系。通常将存储系统分为“Cache−主存”层次和“主存−辅存”层次。

3.5.1　程序访问的局部性原理

程序访问的局部性原理包括时间局部性和空间局部性。时间局部性是指在最近的未来要用到的信息，很可能是现在正在使用的信息，因为程序中存在循环。空间局部性是指在最近的未来要用到的信息，很可能与现在正在使用的信息在存储空间上是邻近的，因为指令通常是顺序存放、顺序执行的，数据一般也是以向量、数组等形式簇聚地存储在一起的。

高速缓冲技术就是利用局部性原理，把程序中正在使用的部分数据存放在一个高速的、容量较小的 Cache 中，使 CPU 的访存操作大多数针对 Cache 进行，从而提高程序的执行速度。

【**例 3.2**】假定数组元素按行优先方式存储，对于下面的两个函数：

1）对于数组 a 的访问，哪个空间局部性更好？哪个时间局部性更好？

2）对于指令访问来说，for 循环体的空间局部性和时间局部性如何？

程序 A：

```
1   int sumarrayrows(int a[M][N])
2   {
3       int i, j, sum = 0;
4       for (i = 0; i < M; i++)
5           for (j = 0; j < N; j++)
6               sum += a[i][j];
7       return sum;
8   }
```

程序 B：

```
1   int sumarraycols(int a[M][N])
2   {
3       int i, j, sum = 0;
4       for (j = 0; j < N; j++)
5           for (i = 0; i < M; i++)
6               sum += a[i][j];
7       return sum;
8   }
```

解：假定 M、N 都为 2048，按字节编址，每个数组元素占 4 字节，则指令和数据在主存的存放情况如图 3.16 所示。

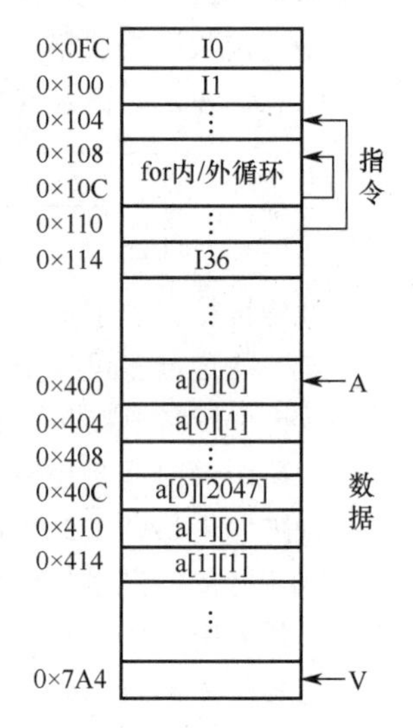

图 3.16　指令和数据在主存的存放

1）对于数组 a，程序 A 和程序 B 的空间局部性相差较大。

程序 A 对数组 a 的访问顺序为 a[0][0], a[0][1],…, a[0][2047]; a[1][0], a[1][1], …, a[1][2047]; …。由此可见，访问顺序与存放顺序是一致的，因此空间局部性好。

程序 B 对数组 a 的访问顺序为 a[0][0], a[1][0],…, a[2047][0]; a[0][1], a[1][1], …, a[2047][1]; …。由此可见，访问顺序与存放顺序不一致，每次访问都要跳过 2048 个数组元素，即 8192 字节，若主存与 Cache 的交换单位小于 8KB，则每访一个数组元素都需要装入一个主存块到 Cache 中，因而没有空间局部性。

两个程序的时间局部性都差，因为每个数组元素都只被访问一次。

2）对于 for 循环体，程序 A 和程序 B 中的访问局部性是一样的。因为循环体内指令按序连续存放，所以空间局部性好；内循环体被连续重复执行 2048×2048 次，因此时间局部性也好。

由上述分析可知，虽然程序 A 和程序 B 的功能相同，但因内、外两重循环的顺序不同而导致两者对数组 a 访问的空间局部性相差较大，从而带来执行时间的不同。有人在 2GHz Pentium 4 机器上执行上述两个程序，实际执行所需的时钟周期相差 21.5 倍！

3.5.2　Cache 的基本工作原理

Cache 位于存储器层次结构的顶层，通常由 SRAM 构成，其基本结构如图 3.17 所示。

为便于 Cache 和主存间交换信息，Cache 和主存都被划分为相等的块，Cache 块又称 Cache 行，每块由若干字节组成，块的长度称为块长（Cache 行长）。由于 Cache 的容量远小于主存的容量，所以 Cache 中的块数要远少于主存中的块数，它仅保存主存中最活跃的若干块的副本。因此 Cache 按照某种策略，预测 CPU 在未来一段时间内欲访存的数据，将其装入 Cache。

当 CPU 发出读请求时，若访存地址在 Cache 中命中，就将此地址转换成 Cache 地址，直接对 Cache 进行读操作，与主存无关；若 Cache 不命中，则仍需访问主存，并把此字所在的块一次性地从主存调入 Cache。若此时 Cache 已满，则需根据某种替换算法，用这个块替换 Cache 中原来的某块信息。整个过程全部由硬件实现。值得注意的是，CPU 与 Cache 之间的数据交换以字为单位，而 Cache 与主存之间的数据交换则以 Cache 块为单位。

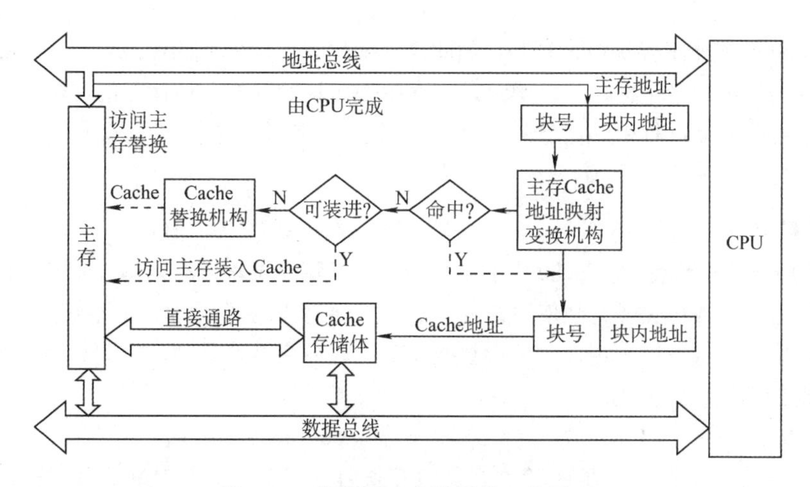

图 3.17　高速缓冲存储器的工作原理

注意：某些计算机中也采用同时访问 Cache 和主存的方式，若 Cache 命中，则主存访问终止；否则访问主存并替换 Cache。

当 CPU 发出写请求时，若 Cache 命中，有可能会遇到 Cache 与主存中的内容不一致的问题。例如，由于 CPU 写 Cache，把 Cache 某单元中的内容从 X 修改成了 X'，而主存对应单元中的内容仍然是 X，没有改变。所以若 Cache 命中，需要按照一定的写策略处理，常见的处理方法有全写法和回写法，详见本节的 Cache 写策略部分。

CPU 欲访问的信息已在 Cache 中的比率称为 Cache 的命中率。设一个程序执行期间，Cache 的总命中次数为 N_c，访问主存的总次数为 N_m，则命中率 H 为

$$H = N_c / (N_c + N_m)$$

可见为提高访问效率，命中率 H 越接近 1 越好。设 t_c 为命中时的 Cache 访问时间，t_m 为未命中时的访问时间，$1-H$ 表示未命中率，则 Cache-主存系统的平均访问时间 T_a 为

$$T_a = Ht_c + (1-H)\,t_m$$

【例 3.3】假设 Cache 的速度是主存的 5 倍，且 Cache 的命中率为 95%，则采用 Cache 后，存储器性能提高多少（设 Cache 和主存同时被访问，若 Cache 命中则中断访问主存）？

解：设 Cache 的存取周期为 t，主存的存取周期为 $5t$，由 $H = 95\%$得系统的平均访问时间为

$$T_a = 0.95 \times t + 0.05 \times 5t = 1.2t$$

可知，采用 Cache 后的存储器性能为原来的 $5t/1.2t \approx 4.17$ 倍。

思考：若采用先访问 Cache 再访问主存的方式，则提高的性能又是多少？

根据 Cache 的读、写流程，实现 Cache 时需解决以下关键问题：

1）数据查找。如何快速判断数据是否在 Cache 中。

2）地址映射。主存块如何存放在 Cache 中，如何将主存地址转换为 Cache 地址。

3）替换策略。Cache 满后，使用何种策略对 Cache 块进行替换或淘汰。

4）写入策略。如何既保证主存块和 Cache 块的数据一致性，又尽量提升效率。

3.5.3　Cache 和主存的映射方式

Cache 行中的信息是主存中某个块的副本，地址映射是指把主存地址空间映射到 Cache 地址空间，即把存放在主存中的信息按照某种规则装入 Cache。

由于 Cache 行数比主存块数少得多，因此主存中只有一部分块的信息可放在 Cache 中，因此在 Cache 中要为每块加一个标记，指明它是主存中哪一块的副本。该标记的内容相当于主存中块的编号。为了说明 Cache 行中的信息是否有效，每个 Cache 行需要一个有效位。

地址映射的方法有以下 3 种。

1．直接映射

主存中的每一块只能装入 Cache 中的唯一位置。若这个位置已有内容，则产生块冲突，原来的块将无条件地被替换出去（无须使用替换算法）。直接映射实现简单，但不够灵活，即使 Cache 的其他许多地址空着也不能占用，这使得直接映射的块冲突概率最高，空间利用率最低。

直接映射的关系可定义为

$$\text{Cache 行号} = \text{主存块号} \bmod \text{Cache 总行数}$$

假设 Cache 共有 2^c 行，主存有 2^m 块，在直接映射方式中，主存的第 0 块、第 2^c 块、第 2^{c+1} 块……只能映射到 Cache 的第 0 行；而主存的第 1 块、第 2^c+1 块、第 $2^{c+1}+1$ 块……只能映射到 Cache 的第 1 行，以此类推。由映射函数可看出，主存块号的低 c 位正好是它要装入的 Cache 行号。给每个 Cache 行设置一个长为 $t=m-c$ 的标记（tag），当主存某块调入 Cache 后，就将其块号的高 t 位设置在对应 Cache 行的标记中，如图 3.18(a)所示。

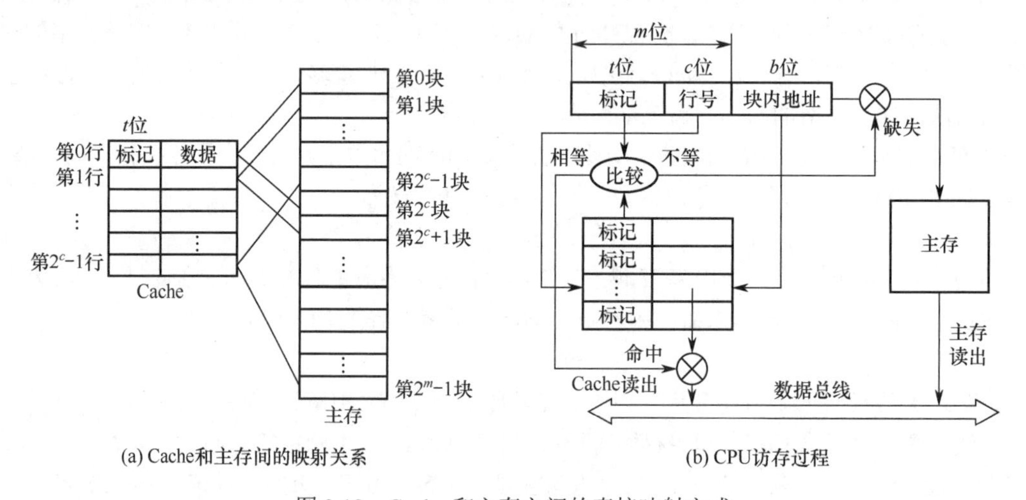

(a) Cache和主存间的映射关系　　(b) CPU访存过程

图 3.18　Cache 和主存之间的直接映射方式

直接映射的地址结构为

标记	Cache 行号	块内地址

CPU 访存过程如图 3.18(b)所示。首先根据访存地址中间的 c 位，找到对应的 Cache 行，将对应 Cache 行中的标记和主存地址的高 t 位标记进行比较，若相等且有效位为 1，则访问 Cache“命中”，此时根据主存地址中低位的块内地址，在对应的 Cache 行中存取信息；若不相等或有效位为 0，则“不命中”，此时 CPU 从主存中读出该地址所在的一块信息送到对应的 Cache 行中，将有效位置 1，并将标记设置为地址中的高 t 位，同时将该地址中的内容送 CPU。

2．全相联映射

主存中的每一块可以装入 Cache 中的任何位置，每行的标记用于指出该行取自主存的哪一块，所以 CPU 访存时需要与所有 Cache 行的标记进行比较。全相联映射方式的优点是比较灵活，Cache 块的冲突概率低，空间利用率高，命中率也高；缺点是标记的比较速度较慢，实现成本较高，通常需采用昂贵的按内容寻址的相联存储器进行地址映射，如图 3.19 所示。

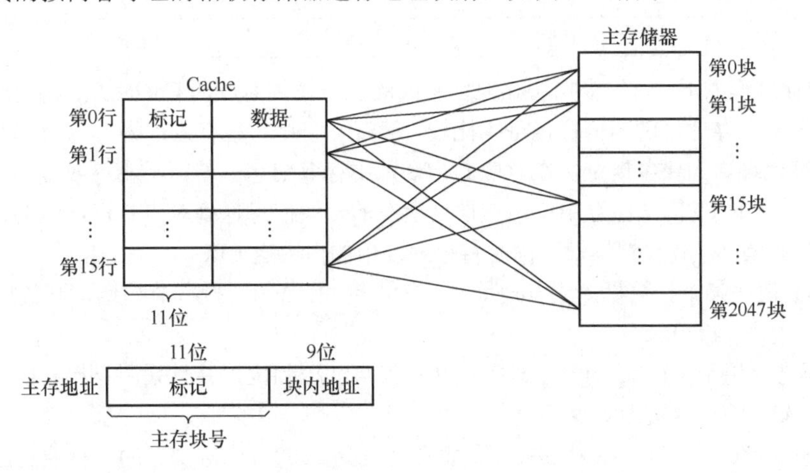

图 3.19　Cache 和主存之间的全相联映射方式

全相联映射的地址结构为

标记	块内地址

3．组相联映射

将 Cache 分成 Q 个大小相等的组，每个主存块可以装入固定组中的任意一行，即组间采用直接映射、而组内采用全相联映射的方式，如图 3.20 所示。它是对直接映射和全相联映射的一种折中，当 $Q=1$ 时变为全相联映射，当 $Q=$ Cache 行数时变为直接映射。假设每组有 r 个 Cache 行，则称之为 r 路组相联，图 3.20 中每组有 2 个 Cache 行，因此称为二路组相联。

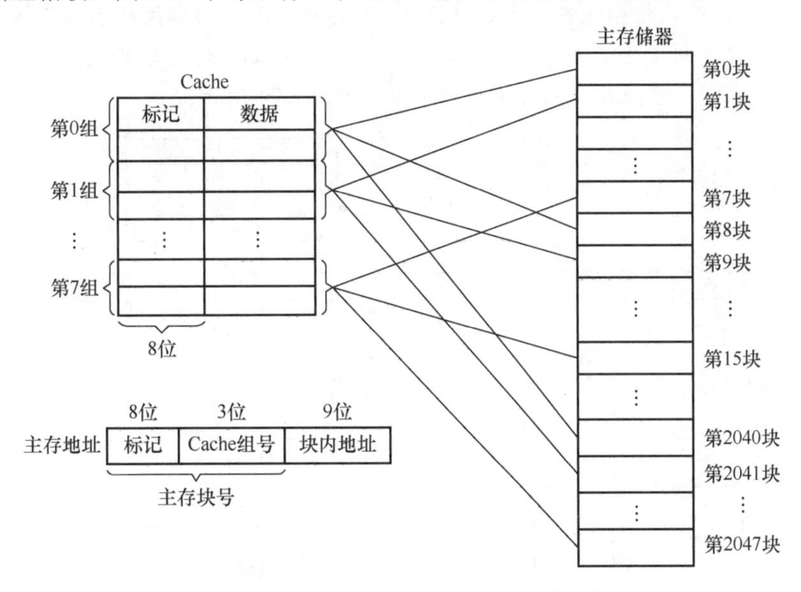

图 3.20　Cache 和主存之间的二路组相联映射方式

组相联映射的关系可以定义为

$$\text{Cache 组号} = \text{主存块号} \bmod \text{Cache 组数}（Q）$$

路数越大，即每组 Cache 行的数量越大，发生块冲突的概率越低，但相联比较电路也越复杂。选定适当的数量，可使组相联映射的成本接近直接映射，而性能上仍接近全相联映射。

组相联映射的地址结构为

标记	组号	块内地址

CPU 访存过程如下：首先根据访存地址中间的组号找到对应的 Cache 组；将对应 Cache 组中每个行的标记与主存地址的高位标记进行比较；若有一个相等且有效位为 1，则访问 Cache 命中，此时根据主存地址中的块内地址，在对应 Cache 行中存取信息；若都不相等或虽相等但有效位为 0，则不命中，此时 CPU 从主存中读出该地址所在的一块信息送到对应 Cache 组的任意一个空闲行中，将有效位置 1，并设置标记，同时将该地址中的内容送 CPU。

【例 3.4】假设某个计算机的主存地址空间大小为 256MB，按字节编址，其数据 Cache 有 8 个 Cache 行，行长为 64B。

1）若不考虑用于 Cache 的一致维护性和替换算法控制位，并且采用直接映射方式，则该数据 Cache 的总容量为多少？

2）若该 Cache 采用直接映射方式，则主存地址为 3200（十进制）的主存块对应的 Cache 行号是多少？采用二路组相联映射时又是多少？

3）以直接映射方式为例，简述访存过程（设访存的地址为 0123456H）。

解：

1）数据 Cache 的总容量为 4256 位。因为 Cache 包括了可以对 Cache 中所包含的存储器地址进行跟踪的硬件，即 Cache 的总容量包括：存储容量、标记阵列容量（有效位、标记位）（标记阵列中的一致性维护位和 Cache 数据一致性维护方式相关，替换算法控制位和替换算法相关，这里不计算）。

注意：每个 Cache 行对应一个标记项（包括有效位、标记位 Tag、一致性维护位、替换算法控制位），而在组相联中，将每组的标记项排成一行，将各组从上到下排列，成为一个二维的标记阵列（直接映射一行就是一组）。查找 Cache 时就是查找标记阵列的标记项是否符合要求。二路组相联的标记阵列示意图如图 3.21 所示。

其中每一行代表Cache的每一组

标记项	标记项
标记项	标记项
标记项	标记项
标记项	标记项

有效位	脏位	替换控制位	标记位

图 3.21　二路组相联的标记阵列示意图

因此本题中每行相关的存储器容量如图 3.22 所示。

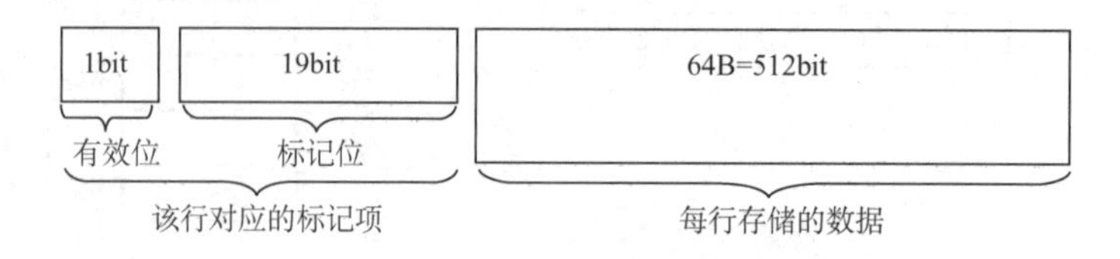

图 3.22　Cache 行的存储容量示意图

标记字段长度的计算：主存地址有 28 位（$256\text{MB} = 2^{28}\text{B}$），其中 6 位为块内地址（$2^6\text{B} = 64\text{B}$），3 位为行号（$2^3 = 8$），剩余 $28 - 6 - 3 = 19$ 位为标记字段，总容量为 $8\times(1 + 19 + 512) = 4256$ 位。

2）直接映射方式中，主存按照块的大小划分，主存地址 3200 对应的字块号为 3200B/64B =

50。而 Cache 只有 8 行，则 50 mod 8 = 2，因此对应的 Cache 行号为 2。

二路组相联映射方式，实质上就是将两个 Cache 行合并，内部采用全相联方式，外部采用直接映射方式，50 mod 4 = 2，对应的组号为 2，即对应的 Cache 行号为 4 或 5。

3）直接映射方式中，28 位主存地址可分为 19 位的主存标记位，3 位的块号，6 位的块内地址，即 0000 0001 0010 0011 010 为主存标记位，001 为块号，010110 为块内地址。

首先根据块号，查 Cache（即 001 号 Cache 行）中对应的主存标记位，看是否相同。若相同，再看 Cache 行中的装入有效位是否为 1，若是，则表示有效，称此访问命中，按块内地址 010110 读出 Cache 行所对应的单元并送入 CPU 中，完成访存。

若出现标记位不相等或有效位为 0 的情况，则不命中，访问主存将数据取出并送往 CPU 和 Cache 的对应块中，把主存的最高 19 位存入 001 行的 Tag 中，并将有效位置 1。

思考：1）若第 1 问中采用二路组相联，则 Cache 总容量是多少？2）仔细分析主存划分和 Cache 划分的关系，自行推导二路组相联映射方式的主存地址划分和访存过程。

三种映射方式中，直接映射的每个主存块只能映射到 Cache 中的某一固定行；全相联映射可以映射到所有 Cache 行；*N* 路组相联映射可以映射到 *N* 行。当 Cache 大小、主存块大小一定时，

1）直接映射的命中率最低，全相联映射的命中率最高。

2）直接映射的判断开销最小、所需时间最短，全相联映射的判断开销最大、所需时间最长。

3）直接映射标记所占的额外空间开销最少，全相联映射标记所占的额外空间开销最大。

3.5.4 Cache 中主存块的替换算法①

在采用全相联映射或组相联映射方式时，从主存向 Cache 传送一个新块，当 Cache 或 Cache 组中的空间已被占满时，就需要使用替换算法置换 Cache 行。而采用直接映射时，一个给定的主存块只能放到唯一的固定 Cache 行中，所以在对应 Cache 行已有一个主存块的情况下，新的主存块毫无选择地把原先已有的那个主存块替换掉，因而无须考虑替换算法。

常用的替换算法有随机（RAND）算法、先进先出（FIFO）算法、近期最少使用（LRU）算法和最不经常使用（LFU）算法。其中最常考查的是 LRU 算法。

1）*随机算法*：随机地确定替换的 Cache 块。它的实现比较简单，但未依据程序访问的局部性原理，因此可能命中率较低。

2）*先进先出算法*：选择最早调入的行进行替换。它比较容易实现，但也未依据程序访问的局部性原理，因为最早进入的主存块也可能是目前经常要用的。

3）*近期最少使用算法（LRU）*：依据程序访问的局部性原理，选择近期内长久未访问过的 Cache 行作为替换的行，平均命中率要比 FIFO 的高，是堆栈类算法。

LRU 算法对每个 Cache 行设置一个计数器，用计数值来记录主存块的使用情况，并根据计数值选择淘汰某个块，计数值的位数与 Cache 组大小有关，2 路时有一位 LRU 位，4 路时有两位 LRU 位。假定采用四路组相联，有 5 个主存块{1, 2, 3, 4, 5}映射到 Cache 的同一组，对于主存访问序列{1, 2, 3, 4, 1, 2, 5, 1, 2, 3, 4, 5}，采用 LRU 算法的替换过程如图 3.23 所示。图中左边阴影的数字是对应 Cache 行的计数值，右边的数字是存放在该行中的主存块号。

计数器的变化规则：①命中时，所命中的行的计数器清零，比其低的计数器加 1，其余不变；②未命中且还有空闲行时，新装入的行的计数器置 0，其余全加 1；③未命中且无空闲行时，计数值为 3 的行的信息块被淘汰，新装行的块的计数器置 0，其余全加 1。

① 本考点建议结合《操作系统考研复习指导》复习。

1		2		3		4		1		2		5		1		2		3		4		5	
0	1	1	1	2	1	3	1	0	1	1	1	2	1	0	1	1	1	2	1	3	1	0	5
		0	2	1	2	2	2	3	2	0	2	1	2	2	2	0	2	1	2	2	2	3	2
				0	3	1	3	2	3	3	3	0	5	1	5	2	5	3	5	0	4	1	4
						0	4	1	4	2	4	3	4	3	4	3	4	0	3	1	3	2	3

图 3.23　LRU 算法的替换过程示意图

当集中访问的存储区超过 Cache 组的大小时，命中率可能变得很低，如上例的访问序列变为 1, 2, 3, 4, 5, 1, 2, 3, 4, 5, …，而 Cache 每组只有 4 行，那么命中率为 0，这种现象称为抖动。

4）**最不经常使用算法**：将一段时间内被访问次数最少的存储行换出。每行也设置一个计数器，新行建立后从 0 开始计数，每访问一次，被访问的行计数器加 1，需要替换时比较各特定行的计数值，将计数值最小的行换出。这种算法与 LRU 类似，但不完全相同。

3.5.5　Cache 写策略

因为 Cache 中的内容是主存块副本，当对 Cache 中的内容进行更新时，就需选用写操作策略使 Cache 内容和主存内容保持一致。此时分两种情况。

对于 Cache 写命中（write hit），有两种处理方法。

1）**全写法**（**写直通法**、write-through）。当 CPU 对 Cache 写命中时，必须把数据同时写入 Cache 和主存。当某一块需要替换时，不必把这一块写回主存，用新调入的块直接覆盖即可。这种方法实现简单，能随时保持主存数据的正确性。缺点是增加了访存次数，降低了 Cache 的效率。写缓冲：为减少全写法直接写入主存的时间损耗，在 Cache 和主存之间加一个写缓冲（Write Buffer），如下图所示。CPU 同时写数据到 Cache 和写缓冲中，写缓冲再控制将内容写入主存。写缓冲是一个 FIFO 队列，写缓冲可以解决速度不匹配的问题。但若出现频繁写时，会使写缓冲饱和溢出。

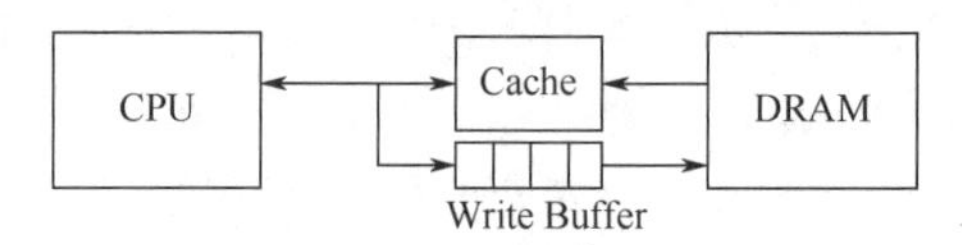

2）**回写法**（write-back）[①]。当 CPU 对 Cache 写命中时，只把数据写入 Cache，而不立即写入主存，只有当此块被换出时才写回主存。这种方法减少了访存次数，但存在不一致的隐患。为了减少写回主存的开销，每个 Cache 行设置一个修改位（脏位）。若修改位为 1，则说明对应 Cache 行中的块被修改过，替换时需要写回主存；若修改位为 0，则说明对应 Cache 行中的块未被修改过，替换时无须写回主存。

全写法和回写法都对应于 Cache 写命中（要被修改的单元在 Cache 中）时的情况。

对于 Cache 写不命中，也有两种处理方法。

1）**写分配法**（write-allocate）。加载主存中的块到 Cache 中，然后更新这个 Cache 块。它试图利用程序的空间局部性，但缺点是每次不命中都需要从主存中读取一块。

2）**非写分配法**（not-write-allocate）。只写入主存，不进行调块。

非写分配法通常与全写法合用，写分配法通常和回写法合用。

随着新技术的发展（如指令预取），需要将指令 Cache 和数据 Cache 分开设计，这就有了分离的 Cache 结构。统一 Cache 的优点是设计和实现相对简单，但由于执行部件存取数据时，指令

① 大多数教材将其翻译为写回法，但 2015 年和 2021 年统考真题都采用回写法，故本书采用该名称。

预取部件要从同一 Cache 读指令，会引发冲突。采用分离 Cache 结构可以解决这个问题，而且分离的指令和数据 Cache 还可以充分利用指令和数据的不同局部性来优化性能。

现代计算机的 Cache 通常设立多级 Cache，假定设 3 级 Cache，按离 CPU 的远近可各自命名为 L1 Cache、L2 Cache、L3 Cache，离 CPU 越远，访问速度越慢，容量越大。指令 Cache 与数据 Cache 分离一般在 L1 级，此时通常为写分配法与回写法合用。下图是一个含有两级 Cache 的系统，L1 Cache 对 L2 Cache 使用全写法，L2 Cache 对主存使用回写法，由于 L2 Cache 的存在，其访问速度大于主存，因此避免了因频繁写时造成的写缓冲饱和溢出。

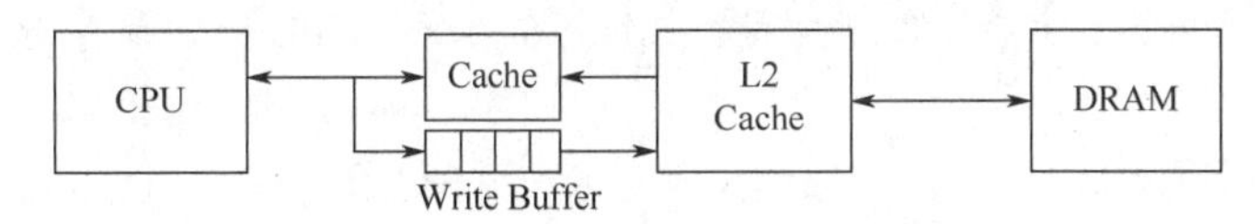

3.5.6 本节习题精选

一、单项选择题

01. 在高速缓存系统中，主存容量为 12MB，Cache 容量为 400KB，则该存储系统的容量为（ ）。

A. 12MB + 400KB　　B. 12MB
C. 12MB − 12MB + 400KB　　D. 12MB − 400KB

02. 访问 Cache 系统失效时，通常不仅主存向 CPU 传送信息，同时还需要将信息写入 Cache，在此过程中传送和写入信息的数据宽度各为（ ）。

A. 块、页　　B. 字、字　　C. 字、块　　D. 块、块

03. 关于 Cache 的更新策略，下列说法中正确的是（ ）。

A. 读操作时，全写法和回写法在命中时应用
B. 写操作时，回写法和写分配法在命中时应用
C. 读操作时，全写法和写分配法在失效时应用
D. 写操作时，写分配法、非写分配法在失效时应用

04. 某虚拟存储器系统采用页式内存管理，使用 LRU 页面替换算法，考虑下面的页面访问地址流（每次访问在一个时间单位中完成）：

1 8 1 7 8 2 7 2 1 8 3 8 2 1 3 1 7 1 3 7

假定内存容量为 4 个页面，开始时是空的，则页面失效率是（ ）。

A. 30%　　B. 5%　　C. 1.5%　　D. 15%

05. 某 32 位计算机的 Cache 容量为 16KB，Cache 行的大小为 16B，若主存与 Cache 地址映像采用直接映像方式，则主存地址为 0x1234E8F8 的单元装入 Cache 的地址是（ ）。

A. 00010001001101　　B. 01000100011010
C. 10100011111000　　D. 11010011101000

06. 在 Cache 中，常用的替换策略有随机法（RAND）、先进先出法（FIFO）、近期最少使用法（LRU），其中与局部性原理有关的是（ ）。

A. 随机法（RAND）　　B. 先进先出法（FIFO）
C. 近期最少使用法（LRU）　　D. 都不是

07. 某存储系统中，主存容量是 Cache 容量的 4096 倍，Cache 被分为 64 个块，当主存地址和 Cache 地址采用直接映像方式时，地址映射表的大小应为（ ）。（假设不考虑一致维护和替换算法位。）

A. 6×4097bit　　B. 64×12bit　　C. 6×4096bit　　D. 64×13bit

08. 有效容量为128KB的Cache，每块16B，采用8路组相联。字节地址为1234567H的单元调入该Cache，则其Tag应为（　）。

A. 1234H　　B. 2468H　　C. 048DH　　D. 12345H

09. 有一主存-Cache层次的存储器，其主存容量为1MB，Cache容量为16KB，每块有8个字，每字32位，采用直接地址映像方式，Cache起始字块为第0块，若主存地址为35301H，且CPU访问Cache命中，则在Cache的第（　）（十进制表示）字块中。

A. 152　　B. 153　　C. 154　　D. 151

10. 对于由高速缓存、主存、硬盘构成的三级存储体系，CPU访问该存储系统时发送的地址为（　）。

A. 高速缓存地址　　B. 虚拟地址　　C. 主存物理地址　　D. 磁盘地址

11. 设有8页的逻辑空间，每页有1024B，它们被映射到32块的物理存储区中，则按字节编址逻辑地址的有效位是（　），物理地址至少是（　）位。

A. 10，12　　B. 10，15　　C. 13，15　　D. 13，12

12. 假设主存地址位数为32位，按字节编址，主存和Cache之间采用全相联映射方式，主存块大小为1个字，每字32位，采用回写（write back）方式和随机替换策略，则能存放32K字数据的Cache的总容量至少应有（　）位。

A. 1536K　　B. 1568K　　C. 2016K　　D. 2048K

13. 假设主存按字节编址，Cache共有64行，采用四路组相联映射方式，主存块大小为32字节，所有编号都从0开始。则第2593号存储单元所在主存块的Cache组号是（　）。

A. 1　　B. 15　　C. 14　　D. 4

14. 假定CPU通过存储器总线读取数据的过程为：发送地址和读命令需1个时钟周期，存储器准备一个数据需8个时钟周期，总线上每传送1个数据需1个时钟周期。若主存和Cache之间交换的主存块大小为64B，存取宽度和总线宽度都为8B，则Cache的一次缺失损失至少为（　）个时钟周期。

A. 64　　B. 72　　C. 80　　D. 160

15. 假定采用多模块交叉存储器组织方式，存储器芯片和总线支持突发传送，CPU通过存储器总线读取数据的过程为：发送首地址和读命令需1个时钟周期，存储器准备第一个数据需8个时钟周期，随后每个时钟周期总线上传送1个数据，可连续传送8个数据（即突发长度为8）。若主存和Cache之间交换的主存块大小为64B，存取宽度和总线宽度都为8B，则Cache的一次缺失损失至少为（　）个时钟周期。

A. 17　　B. 20　　C. 33　　D. 80

16. 【2009统考真题】假设某计算机的存储系统由Cache和主存组成，某程序执行过程中访存1000次，其中访问Cache缺失（未命中）50次，则Cache的命中率是（　）。

A. 5%　　B. 9.5%　　C. 50%　　D. 95%

17. 【2009统考真题】某计算机的Cache共有16块，采用二路组相联映射方式（即每组2块）。每个主存块大小为32B，按字节编址，主存129号单元所在主存块应装入的Cache组号是（　）。

A. 0　　B. 2　　C. 4　　D. 6

18. 【2012统考真题】假设某计算机按字编址，Cache有4行，Cache和主存之间交换的块大小为1个字。若Cache的内容初始为空，采用二路组相联映射方式和LRU替换策略，则访问的主存地址依次为0, 4, 8, 2, 0, 6, 8, 6, 4, 8时，命中Cache的次数是（　）。

A. 1　　B. 2　　C. 3　　D. 4

19.【2014 统考真题】采用指令 Cache 与数据 Cache 分离的主要目的是（　）。

A. 降低 Cache 的缺失损失　　B. 提高 Cache 的命中率

C. 降低 CPU 平均访存时间　　D. 减少指令流水线资源冲突

20.【2016 统考真题】有如下 C 语言程序段：

```
for(k=0; k<1000; k++)
    a[k] = a[k]+ 32;
```

若数组 a 和变量 k 均为 int 型，int 型数据占 4B，数据 Cache 采用直接映射方式，数据区大小为 1KB、块大小为 16B，该程序段执行前 Cache 为空，则该程序段执行过程中访问数组 a 的 Cache 缺失率约为（　）。

A. 1.25%　　B. 2.5%　　C. 12.5%　　D. 25%

21.【2017 统考真题】某 C 语言程序段如下：

```
for(i=0;i<=9;i++){
temp=1;
for(j=0;j<=i;j++)temp*=a[j];
sum += temp;
}
```

下列关于数组 a 的访问局部性的描述中，正确的是（　）。

A. 时间局部性和空间局部性皆有　　B. 无时间局部性，有空间局部性

C. 有时间局部性，无空间局部性　　D. 时间局部性和空间局部性皆无

22.【2021 统考真题】若计算机主存地址为 32 位，按字节编址，Cache 数据区大小为 32KB，主存块大小为 32B，采用直接映射方式和回写（Write Back）策略，则 Cache 行的位数至少是（　）。

A. 275　　B. 274　　C. 258　　D. 257

23.【2022 统考真题】若计算机主存地址为 32 位，按字节编址，某 Cache 的数据区容量为 32KB，主存块大小为 64B，采用 8 路组相联映射方式，该 Cache 中比较器的个数和位数分别为（　）。

A. 8, 20　　B. 8, 23　　C. 64, 20　　D. 64, 23

二、综合应用题

01. 假定某处理器可通过软件对高速缓存设置不同的写策略，则在下列两种情况下，应分别设置成什么写策略？为什么？

1）处理器主要运行包含大量存储器写操作的数据访问密集型应用。

2）处理器运行程序的性质与 1）相同，但安全性要求高得多，不允许有任何数据不一致的情况发生。

02. 某计算机的主存地址位数为 32 位，按字节编址。假定数据 Cache 中最多存放 128 个主存块，采用四路组相联方式，块大小为 64B，每块设置了 1 位有效位。采用一次性回写策略，为此每块设置了 1 位“脏”位。要求：

1）分别指出主存地址中标记（Tag）、组号（Index）和块内地址（Offset）三部分的位置与位数。

2）计算该数据 Cache 的总位数。

03. 有一 Cache 系统，字长为 16 位，主存容量为 16 字×256 块，Cache 的容量为 16 字×8 块，采用全相联映射。

1）主存和Cache的字地址各为多少位？

2）若原先已经依次装入了5块信息，问字地址338H所在的主存块将装入Cache块的块号及在Cache中的字地址是多少？

3）若快表中地址为1的行中标记着36H的主存块号标志，Cache块号标志为5H，则在CPU送来主存的字地址为368H时是否命中？若命中，此时Cache的字地址为多少？

04. 某个Cache的容量大小为64KB，行长为128B，且是四路组相联Cache，主存使用32位地址，按字节编址。

1）该Cache共有多少行？多少组？

2）该Cache的标记阵列中需要有多少标记项？每个标记项中标记位长度是多少？

3）该Cache采用LRU替换算法，若当该Cache为写直达式Cache时，标记阵列总共需要多大的存储容量？回写式又该如何？（提示：四路组相联Cache使用LRU算法的替换控制位为2位。）

05. 有一全相联Cache系统，Cache由8个块构成，CPU送出的主存地址流序列分别为01110, 10010, 01110, 10010, 01000, 00100, 01000和01010，即十进制为14, 18, 14, 18, 8, 4, 8, 10。

1）求每次访问后，Cache的地址分配情况。

2）当Cache的容量换成4个块，地址流为6, 15, 6, 13, 11, 10, 8和7时，求采用先进先出替换算法的相应地址分配和操作。

06.【2010统考真题】某计算机的主存地址空间大小为256MB，按字节编址。指令Cache和数据Cache分离，均有8个Cache行，每个Cache行大小为64B，数据Cache采用直接映射方式。现有两个功能相同的程序A和B，其伪代码如下所示：

```
程序A:
int a[256][256];
…
int sum_array1()
{
    int i, j, sum=0;
    for(i=0;i<256;i++)
        for(j=0;j<256;j++)
            sum += a[i][j];
    return sum;
}
```

```
程序B:
int a[256][256];
…
int sum_array2()
{
        int i, j, sum=0;
    for(j=0;j<256;j++)
        for(i=0;i<256;i++)
            sum += a[i][j];
    return sum;
}
```

假定int类型数据用32位补码表示，程序编译时，i、j和sum均分配在寄存器中，数组a按行优先方式存放，其首地址为320（十进制数）。请回答下列问题，要求说明理由或给出计算过程。

1）不考虑用于Cache一致性维护和替换算法的控制位，数据Cache的总容量为多少？

2）数组元素a[0][31]和a[1][1]各自所在的主存块对应的Cache行号是多少（Cache行号从0开始）？

3）程序A和B的数据访问命中率各是多少？哪个程序的执行时间更短？

07.【2013统考真题】某32位计算机，CPU主频为800MHz，Cache命中时的CPI为4，Cache块大小为32B；主存采用8体交叉存储方式，每个体的存储字长为32位、存储周期为40ns；存储器总线宽度为32位，总线时钟频率为200MHz，支持突发传送总线事务。每次读突发传送总线事务的过程包括：送首地址和命令、存储器准备数据、传送数据。每次突发传送32B，传送地址或32位数据均需要一个总线时钟周期。请回答下列问题，要求给出理由或计算过程。

1）CPU和总线的时钟周期各为多少？总线的带宽（即最大数据传输率）为多少？

2）Cache缺失时，需要用几个读突发传送总线事务来完成一个主存块的读取？

3）存储器总线完成一次读突发传送总线事务所需的时间是多少？

4）若程序BP执行过程中共执行了100条指令，平均每条指令需进行1.2次访存，Cache缺失率为5%，不考虑替换等开销，则BP的CPU执行时间是多少？

08.【2016统考真题】某计算机采用页式虚拟存储管理方式，按字节编址，虚拟地址为32位，物理地址为24位，页大小为8KB；TLB采用全相联映射；Cache数据区大小为64KB，按二路组相联方式组织，主存块大小为64B。存储访问过程的示意图如下。

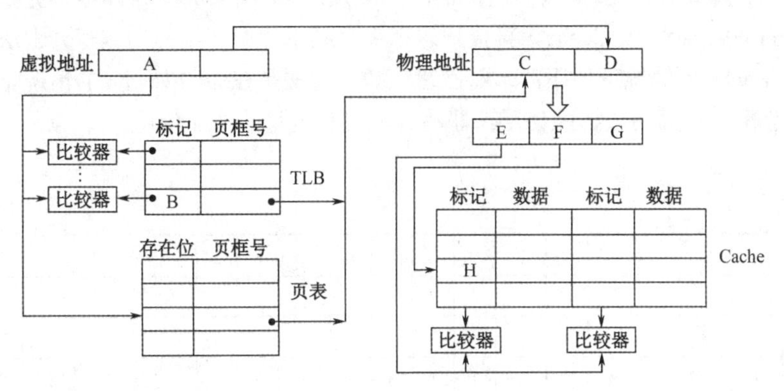

回答下列问题:

1）图中字段A~G的位数各是多少？TLB标记字段B中存放的是什么信息？

2）将块号为4099的主存块装入Cache时，所映射的Cache组号是多少？对应的H字段内容是什么？

3）是Cache缺失处理的时间开销大还是缺页处理的时间开销大？为什么？

4）为什么Cache可以采用直写策略，而修改页面内容时总是采用回写策略？

09.【2020统考真题】假定主存地址为32位，按字节编址，指令Cache和数据Cache与主存之间均采用8路组相联映射方式，直写（Write Through）写策略和LRU替换算法，主存块大小为64B，数据区容量各为32KB。开始时Cache均为空。请回答下列问题。

1）Cache每一行中标记（Tag）、LRU位各占几位？是否有修改位？

2）有如下C语言程序段:

```
for (k = 0; k < 1024; k++)
s[k] = 2 * s[k];
```

若数组s及其变量k均为int型，int型数据占4B，变量k分配在寄存器中，数组s在主存中的起始地址为0080 00C0H，则在该程序段执行过程中，访问数组s的数据Cache缺失次数为多少？

3）若CPU最先开始的访问操作是读取主存单元0001 0003H中的指令，简要说明从Cache中访问该指令的过程，包括Cache缺失处理过程。

3.5.7 答案与解析

一、单项选择题

01. B

选项A为干扰项。各层次的存储系统不是孤立工作的，三级结构的存储系统是围绕主存储器来组织、管理和调度的存储器系统，它们既是一个整体，又要遵循系统运行的原理，其中包括包含性原则。由于 Cache 中存放的是主存中某一部分信息的副本，所以不能认为总容量为两个层次容量的简单相加。

02． C

一个块通常由若干字组成，CPU 与 Cache（或主存）间信息交互的单位是字，而 Cache 与主存间信息交互的单位是块。当 CPU 访问的某个字不在 Cache 中时，将该字所在的主存块调入 Cache，这样 CPU 下次欲访问的字才有可能在 Cache 中。

03． D

在写不命中时，加载相应的低一层中的块到高速缓存（Cache）中，然后更新这个高速缓存块，称为写分配法；而避开 Cache，直接把这个字写到主存中，则称为非写分配法。这两种方法都是在不命中 Cache 的情况下使用的，而回写法和全写法是在命中 Cache 的情况下使用的。在写 Cache 时，写分配法和回写法搭配使用，非写分配法和全写法搭配使用。

04． A

LRU 表如下：

单元 1						2	7	2	1	8	3	8	2	1	3	1	7	1	3	7
单元 2				7	8	8	2	7	2	1	8	3	8	2	1	3	1	7	1	3
单元 3		8	1	1	7	7	8	8	7	2	1	1	3	8	2	2	3	3	7	1
单元 4	1	1	8	8	1	1	1	1	8	7	2	2	1	3	8	8	2	2	2	2
命中否	否	否		否		否					否						否			

可见页面失效率是 6/20 = 30%。

05． C

因为 Cache 容量为 16KB = 2^{14}B，所以 Cache 地址长 14 位（选项都为 14 位，即隐含了按字节编址）。主存与 Cache 地址映像采用直接映像方式，将 32 位的主存地址 0x1234E8F8 写成二进制，根据直接映射的地址结构可知，取低 14 位就是 Cache 地址。

06． C

LRU 算法根据程序访问局部性原理选择近期使用得最少的存储块作为替换的块。

07． D

地址映射表即标记阵列，由于 Cache 被分为 64 个块，则 Cache 有 64 行，采用直接映射，一行相当于一组。因此标记阵列每行存储 1 个标记项，其中主存标记项为 12 位（2^{12} = 4096，是 Cache 容量的 4096 倍，即地址长度比 Cache 长 12 位），加上 1 位有效位，因此为 64×13 位。

08． C

块大小为 16B，所以块内地址字段为 4 位；Cache 容量为 128KB，采用 8 路组相联，共有 128KB/(16B×8) = 1024 组，组号字段为 10 位；剩下的为标记字段。1234567H 转换为二进制数 0001 0010 0011 0100 0101 0110 0111，标记字段对应高 14 位，即 048DH。

09． A

先写出主存地址的二进制形式，然后分析 Cache 块内地址、Cache 字块地址和主存字块标记。主存地址的二进制数 0011 0101 0011 0000 0001，根据直接映射的地址结构，字块内地址为低 5 位（每字块含 32B，2^5 = 32，因此为 5 位），主存字块标记为高 6 位（1MB/16KB = 64，2^6 = 64，因此为 6 位），其余 01 0011 000 即为 Cache 字块地址，转换为十进制数 152。

10. C

当 CPU 访存时，先要到 Cache 中查看该主存地址是否在 Cache 中，所以发送的是主存物理地址。只有在虚拟存储器中，CPU 发出的才是虚拟地址，这里并未指出是虚拟存储系统。磁盘地址是外存地址，外存中的程序由操作系统调入主存中，然后在主存中执行，因此 CPU 不可能直接访问磁盘。

11. C

对于逻辑地址，因为 $8 = 2^3$ 页，所以表示页号的地址有 3 位，又因为每页有 $1024 = 2^{10}$B，所以页内地址有 10 位，因此逻辑地址共 13 位。

对于物理地址，块内地址和页内地址一样有 10 位，内存至少有 $32 = 2^5$ 个物理块，所以表示块号的地址至少有 5 位，因此物理地址至少有 15 位。

12. D

主存块大小为 1 个字，即 32 位，按字节编址，故块内地址占 2 位。在全相联映射方式下，主存地址只有两个字段，故标志占 32－2 = 30 位。因采用回写法，故需 1 位修改位；因为采用随机替换策略，故无须替换控制位。每个 Cache 行的总位数为 32bit（数据位）+ 30bit（tag 位）+ 1bit（修改位）+ 1bit（有效位）= 64bit。综上，Cache 总容量至少应有 32K×64bit = 2048K bit。

13. A

主存块大小为 32 字节，按字节编址，故块内地址占 5 位。采用四路组相联映射方式，共 64 行，分 64/4 = 16 组，故组号占 4 位。因为 2593 = 0…0101 0001 00001，根据主存地址划分的结果，可以看出第 2593 号存储单元所在主存块的 Cache 组号为 0001。

14. C

一次缺失损失需要从主存读出一个主存块（64B），每个总线事务读取 8B，因此需要 8 个总线事务。每个总线事务所用的时间为 1 + 8 + 1 = 10 个时钟周期，共需要 80 个时钟周期。

15. A

一次缺失损失需要从主存读出一个主存块(64B)，每个突发传送总线事务可读取 8B×8 = 64B，因此，只需要一个突发传送总线事务。每个突发传送总线事务所用的时间为 1 + 8 + 8 = 17 个时钟周期，因此共需要 17 个时钟周期。

16. D

命中率 = Cache 命中次数/总访问次数。注意看清题目，题中说明的是缺失 50 次，而不是命中 50 次，仔细审题是做对题的第一步。

17. C

由于 Cache 共有 16 块，采用二路组相联，共分为 8 组，组号为 0, 1, 2,…, 7，组号占 3 位。主存块大小为 32B，按字节编址，块内地址占 5 位。主存单元地址 129 = 0…0 100 00001，后 5 位是块内地址，块内地址的前 3 位是组号，因此将映射到组号 4 的任意一个 Cache 块中。

18. C

地址映射采用二路组相联，主存字地址为 0～1、4～5、8～9 可映射到第 0 组 Cache 中，主存地址为 2～3、6～7 可映射到第 1 组 Cache 中。Cache 置换过程如下表所示。

走向		0	4	8	2	0	6	8	6	4	8
第 0 组	块 0		0	4	4	8	8	0	0	8	4
	块 1	$\underline{0}$	$\underline{4}$	$\underline{8}$	8	$\underline{0}$	0	$\underline{8}$*	8	$\underline{4}$	$\underline{8}$*
第 1 组	块 2						2	2	2	2	2
	块 3				$\underline{2}$	2	$\underline{6}$	6	$\underline{6}$*	6	6

注：“_” 表示当前访问块，“*” 表示本次访问命中。

注意：在不同的计算机组成原理教材中，关于组相联映射的介绍并不相同。通常建议采用上题中的方式，这也是唐朔飞所编教材中的方式，但本题中采用的是蒋本珊所编教材中的方式。可以推断两次命题的老师应该不是同一老师，因此给考生答题带来了困扰。

19．D

把指令 Cache 与数据 Cache 分离后，取指和取数分别到不同的 Cache 中寻找，则指令流水线中取指部分和取数部分就可以很好地避免冲突，即减少了指令流水线的冲突。

20．C

分析语句“a[k] = a[k] + 32”：首先读取 a[k]需要访问一次 a[k]，之后将结果赋值给 a[k]需要访问一次，共访问两次。第一次访问 a[k]未命中，并将该字所在的主存块调入 Cache 对应的块中，对该主存块中的 4 个整数的两次访问中，只在访问第一次的第一个元素时发生缺失，其他的 7 次访问中全部命中，因此该程序段执行过程中访问数组 a 的 Cache 缺失率约为 1/8。

21．A

时间局部性是，一旦一条指令执行，它就可能在不久的将来再被执行。空间局部性是，一旦一个存储单元被访问，它附近的存储单元也很快被访问。显然，这里的循环指令本身具有时间局部性，它对数组 a 的访问具有空间局部性，选择选项 A。

22．A

Cache 数据区大小为 32KB，主存块的大小为 32B，那么 Cache 中共有 1K 个 Cache 行，物理地址中偏移量部分的长度为 5bit。因为采用直接映射方式，所以 1K 个 Cache 行映射到 1K 个分组，物理地址中组号部分的长度为 10bit。32bit 的主存地址除去 5bit 的偏移量和 10bit 的组号后，还剩 17bit 的 tag 部分。又因为 Cache 采用回写法，所以 Cache 行的总位数应为 32B（数据位）+ 17bit（tag 位）+ 1bit（脏位）+ 1bit（有效位）= 275bit。

23．A

Cache 采用组相联映射，主存地址结构应分为 Tag 标记、组号、块内地址三部分。主存块大小 = Cache 块大小 = 64B = 2^6B，因此块内地址占 6 位。Cache 数据区容量为 32KB，每个 Cache 块大小为 64B，则 Cache 总块数 = 32KB/64B = 2^9，由于采用 8 路组相联映射，即每 8 个 Cache 块为一个分组，因此总共被分为 $2^9/8 = 2^6$ 组，因此，组号占 6 位。除了块内地址和组号，剩余的位为 Tag 标记，占 32 – 6 – 6 = 20 位。地址结构如下所示。

Tag 标记	组号	块内地址
20 位	6 位	6 位

Cache 采用 8 路组相联映射，因此在访问一个物理地址时，要先根据组号定位到某一分组，然后用物理地址的高 20 位（Tag 标记）与分组中 8 个 Cache 行的 Tag 标记做并行比较（用 8 个 20 位“比较器”实现），若某个 Cache 行的 Tag 标记与物理地址的高 20 位完全一致，则选中该 Cache 行。综上所述，在组相联映射的 Cache 中，“比较器”用于并行地比较分组中所有 Cache 行的 Tag 标记位与欲访问物理地址的 Tag 标记位，因此比较器的个数就是分组中的 Cache 行数 8，比较器的位数就是 Tag 标记位数 20。

二、综合应用题

01．【解答】

回写法（Write Back）减少了访存次数，但存在不一致的隐患。因此若题目中出现了“较高的安全要求”，则尽量要使用写直通法（Write Through）。

1）采用 Write Back 策略较好，可减少访存次数。

2）采用 Write Through 策略较好，能保证数据的一致性。

02.【解答】

块大小为 64B，因此块内地址字段占 6 位；Cache 中有 128 个主存块，采用四路组相联，故 Cache 分为 32 组（128/4 = 32），因此组号字段占 5 位；标记字段为剩余的 32 − 5 − 6 = 21 位。

数据 Cache 的总位数应包括标记项的总位数和数据块的位数。每个 Cache 块对应一个标记项，标记项中应包括标记字段、有效位和“脏”位（仅适用于回写法）。

1）主存地址中 Tag 为 21 位，位于主存地址前部；组号 Index 为 5 位，位于主存地址中部；块内地址 Offset 为 6 位，位于主存地址后部。

2）标记项的总位数 = 128×(21 + 1 + 1) = 128×23 = 2944 位，数据块位数 = 128×64×8 = 65536 位，所以数据 Cache 的总位数 = 2944 + 65536 = 68480 位。

03.【解答】

1）主存字地址 = 8 + 4 = 12 位，Cache 字地址 = 3 + 4 = 7 位，如下图所示。

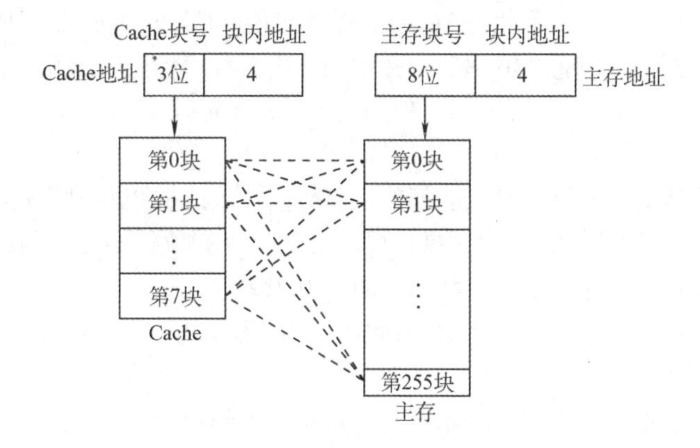

2）如下图所示，由于每块 16 字，所以该主存字所在的主存块号为 33H。由于是全相联映射，原先已装入 Cache 的 5 个块依次在 0～4 号块，因此主存的第 33H 块将装入 Cache 的 5 号块。对应 Cache 的字地址为 1011000_B，其中 101 为块号，1000 为块内地址。

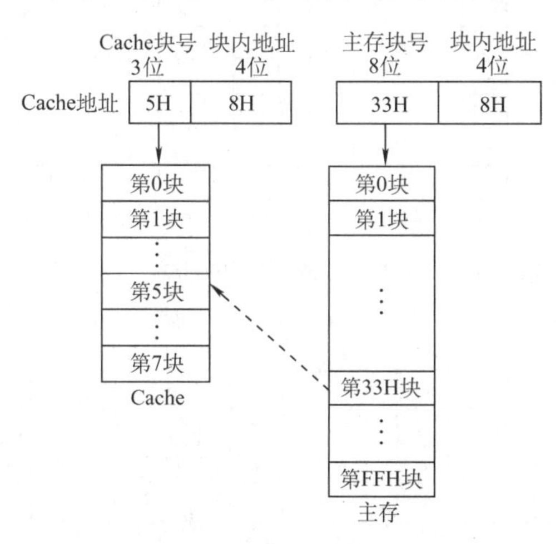

3）如下图所示，由于表中地址为 1 的行中标记着 36H 的主存块号标志，则当 CPU 送来主存的字地址为 368H 时，其主存块号为 36H，所以命中。此时的 Cache 字地址为 58H。

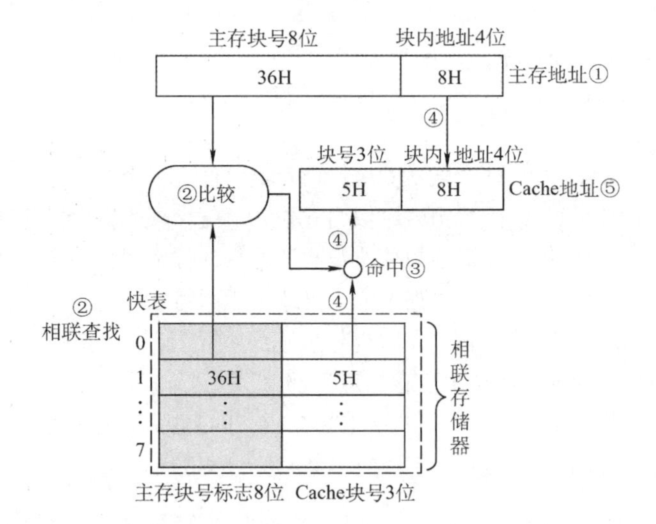

04.【解答】

1）由于 64KB/128B = 512，因此有 512 行。而该 Cache 是四路组相联，所以 512/4 = 128 组。

2）每行有一个标记项，因此有 512 个标记项。主存字块标记长度就是标记位的长度，由于该 Cache 有 128 组（$=2^7$），所以 7 位为组地址。而行长 128B（$=2^7$），7 位为字块内地址，因此该标记项中的标记位长度为 32 − 7 − 7 = 18 位。

3）LRU 替换策略要记录每个 Cache 行的生存时间，因此每个标记项有两位替换控制位。而全写法没有“脏”位（一致性控制位），再加一个有效位即可。因此每个标记项位数是 18 + 2 + 1 = 21 位，因此总大小为 512×21 = 10752 位。

回写式则是每个标记项加一个一致性控制位，因此为 512×22 = 11264 位。

05.【解答】

1）依据 Cache 的块容量和访问的块地址流序列，Cache 的地址分配如下图所示。

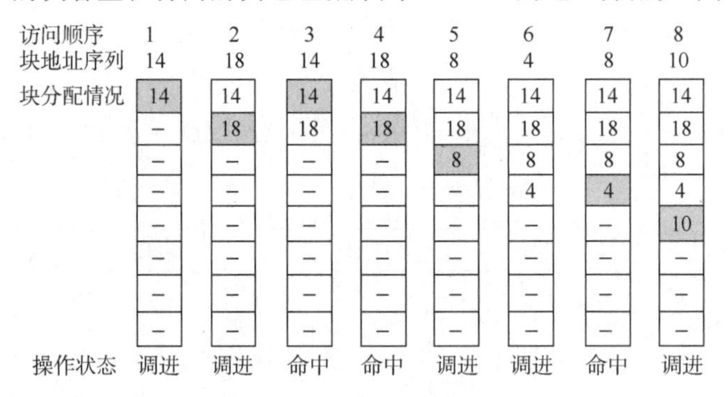

2）采用先进先出替换算法的相应地址分配如下图所示。

访问顺序	1	2	3	4	5	6	7	8
块地址序列	6	15	6	13	11	10	8	7
块分配情况	6	6	6	6	6	10	10	10
	–	15	15	15	15	15	8	8
	–	–	–	13	13	13	13	7
	–	–	–	–	11	11	11	11
操作状态	调进	调进	命中	调进	调进	替换	替换	替换

由于是全相联映射，且访问从第 6 个地址开始时，Cache 已装不下，因此按照先进先出的原则依次替换出第 0 块、第 1 块和第 2 块。

06.【解答】

1）每个 Cache 行对应一个标记项，如下图所示。

有效位	脏位	替换控制位	标记位

不考虑用于 Cache 一致性维护和替换算法的控制位。地址总长度为 28 位（$2^{28}=256M$），块内地址 6 位（$2^6=64$），Cache 块号 3 位（$2^3=8$），因此 Tag 的位数为 $28-6-3=19$ 位，还需使用一个有效位，因此题中数据 Cache 行的结构如下图所示。

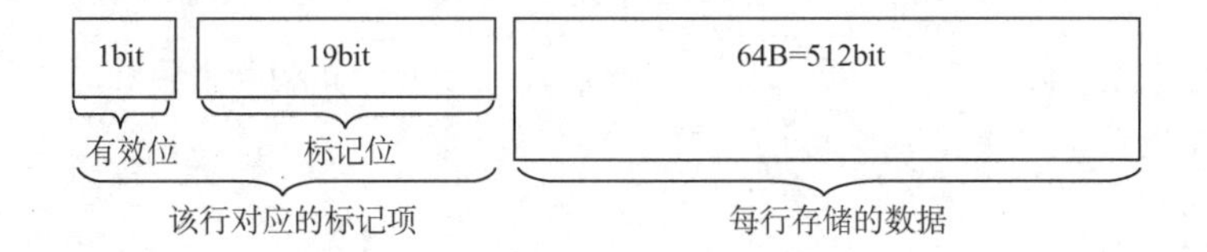

数据 Cache 共有 8 行，因此数据 Cache 的总容量为 $8\times(64+20/8)B=532B$。

2）数组 a 在主存的存放位置及其与 Cache 之间的映射关系如下图所示。

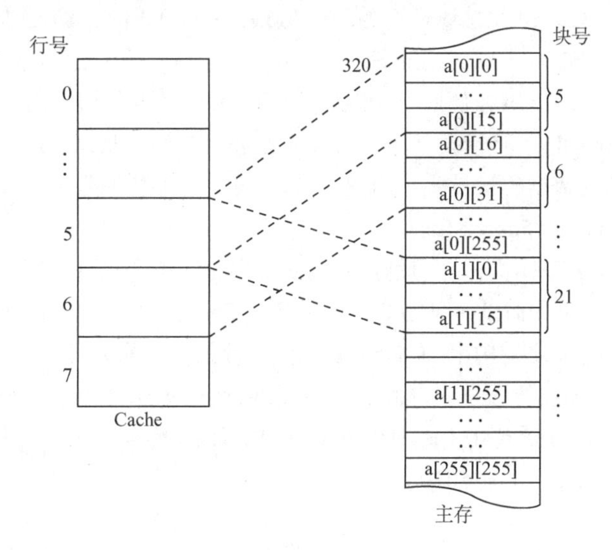

数组按行优先方式存放，首地址为 320，数组元素占 4B。a[0][31]所在的主存块对应的 Cache 行号为$[(320+(0\times256+31)\times4)\text{div}2^6]\ \text{mod}2^3=6$；a[1][1]所在的主存块对应的 Cache 行号为$[(320+(1\times256+1)\times4)\text{div}2^6]\ \text{mod}2^3=5$。

【另解】由 1）可知主存和 Cache 的地址格式如下图所示。

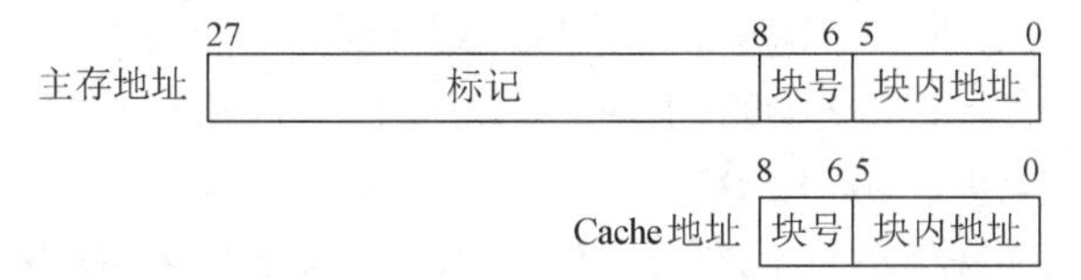

数组按行优先方式存放，首地址为 320，数组元素占 4B。a[0][31]的地址为 $320+31\times4=1\ 1011\ 1100_B$，因此其对应的 Cache 行号为 $110_B=6$；a[1][1]的地址为 $320+256\times4+1\times4=1348=101\ 0100\ 0100_B$，因此其对应的 Cache 行号为 $101_B=5$。

3）数组 a 的大小为 $256\times256\times4B=2^{18}B$，占用 $2^{18}/64=2^{12}$ 个主存块，按行优先存放，程序 A 逐行访问数组 a，共需访问的次数为 2^{16} 次，未命中次数为 2^{12} 次（即每个字块的第一个数未命中），因此程序A的命中率为$(2^{16}-2^{12})/2^{16}\times100\%=93.75\%$。

【另解】数组a按行存放，程序A按行存取。每个字块中存放16个int型数据，除访问的第一个不命中外，随后的15个全都命中，访问全部字块都符合这一规律，且数组大小为字块大小的整数倍，因此程序A的命中率为15/16 = 93.75%。

程序B逐列访问数组a，Cache总数据容量为64B×8 =512B，数组a一行的大小为1KB，正好是Cache容量的2倍，可知不同行的同一列数组元素使用的是同一个Cache单元，因此逐列访问每个数据时，都会将之前的字块置换出，即每次访问都不会命中，命中率为0。

由于从Cache读数据比从主存读数据快很多，所以程序A的执行比程序B快得多。

注意：本题考查Cache容量计算、直接映射方式的地址计算及命中率计算（行优先遍历与列优先遍历命中率差别很大）。

07.【解答】

1）CPU的时钟周期是主频的倒数，即1/800MHz = 1.25ns。

总线的时钟周期是总线频率的倒数，即1/200MHz = 5ns。

总线宽度为32位，因此总线带宽为4B×200MHz = 800MB/s或4B/5ns = 800MB/s。

2）Cache块大小是32B，因此Cache缺失时需要一个读突发传送总线事务读取一个主存块。

3）一次读突发传送总线事务包括一次地址传送和32B数据传送：用1个总线时钟周期传输地址；每隔40ns/8 = 5ns启动一个体工作（各进行1次存取），第一个体读数据花费40ns，之后数据存取与数据传输重叠；用8个总线时钟周期传输数据。读突发传送总线事务时间为5ns + 40ns + 8×5ns = 85ns。

4）一条指令的平均CPU执行时间包括Cache命中时的指令执行时间和Cache缺失时带来的额外开销。Cache命中时的一条指令执行时间 = Cache命中时的CPI×时钟周期 = 4×1.25ns = 5ns。一条指令执行过程中因Cache缺失而导致的平均额外开销 = 平均访存次数×Cache缺失率×一次读突发传送总线事务时间 = 1.2×5%×85ns = 5.1ns。一条指令的平均CPU执行时间 = 5ns + 5.1ns = 10.1ns。BP的CPU执行时间 = 一条指令的平均CPU执行时间×指令条数 = 10.1ns×100 = 1010ns。

08.【解答】

1）页大小为8KB，页内偏移地址为13位，因此A = B = 32 − 13 = 19；D = 13；C = 24 − 13 = 11；主存块大小为64B，因此G = 6。二路组相联，每组数据区容量有64B×2 = 128B，共有64KB/128B = 512组，因此F = 9；E = 24 − G − F = 24 − 6 − 9 = 9。

因而A = 19，B = 19，C = 11，D = 13，E = 9，F = 9，G = 6。

TLB中标记字段B的内容是虚页号，表示该TLB项对应哪个虚页的页表项。

2）块号4099 = 00 0001 0000 0000 0011B，因此所映射的Cache组号为0 0000 0011B = 3，对应的H字段内容为0 0000 1000B。

3）Cache缺失带来的开销小，而处理缺页的开销大。因为缺页处理需要访问磁盘，而Cache缺失只要访问主存。

4）因为采用直写策略时需要同时写快速存储器和慢速存储器，而写磁盘比写主存慢很多，所以在Cache-主存层次，Cache可以采用直写策略，而在主存-外存（磁盘）层次，修改页面内容时总是采用回写策略。

09.【解答】

1）主存块大小为 64B = 2^6 字节，故主存地址低 6 位为块内地址，Cache 组数为 32KB/(64B×8) = 64 = 2^6，故主存地址中间 6 位为 Cache 组号，主存地址中高 32 − 6 − 6 = 20 位为标记，采用 8 路组相联映射，故每行中的 LRU 位占 3 位，采用直写方式，故没有修改位。

2）0080 00C0H = 0000 0000 1000 0000 0000 0000 1100 0000B，主存地址的低 6 位为块内地址，为全 0，故 s 位于一个主存块的开始处，占 1024 × 4B/64B = 64 个主存块；在执行程序段的过程中，每个主存块中的 64B/4B = 16 个数组元素依次读、写 1 次，因而对每个主存块，总是第一次访问缺失，此时会将整个主存块调入 Cache，之后每次都命中。综上，数组 s 的数据 Cache 访问缺失次数为 64 次。

3）0001 0003H = 0000 0000 0000 0001 0000 000000 000011B，根据主存地址划分可知，组索引为 0，故该地址所在主存块被映射到指令 Cache 的第 0 组；因为 Cache 初始为空，所有 Cache 行的有效位均为 0，所以 Cache 访问缺失。此时，将该主存块取出后存入指令 Cache 的第 0 组的任意一行，并将主存地址高 20 位（00010H）填入该行标记字段，设置有效位，修改 LRU 位，最后根据块内地址 000011B 从该行中取出相应的内容。

3.6　虚拟存储器

主存和辅存共同构成了虚拟存储器，二者在硬件和系统软件的共同管理下工作。对于应用程序员而言，虚拟存储器是透明的。虚拟存储器具有主存的速度和辅存的容量。

3.6.1　虚拟存储器的基本概念

虚拟存储器将主存或辅存的地址空间统一编址，形成一个庞大的地址空间，在这个空间内，用户可以自由编程，而不必在乎实际的主存容量和程序在主存中实际的存放位置。

用户编程允许涉及的地址称为虚地址或逻辑地址，虚地址对应的存储空间称为虚拟空间或程序空间。实际的主存单元地址称为实地址或物理地址，实地址对应的是主存地址空间，也称实地址空间。虚地址比实地址要大很多。虚拟存储器的地址空间如图 3.24 所示。

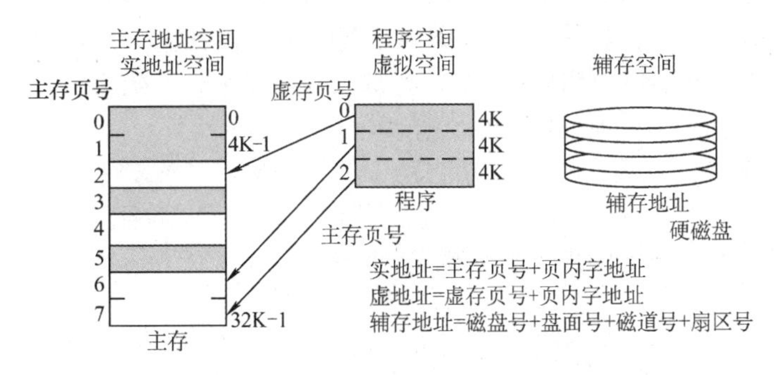

图 3.24　虚拟存储器的 3 个地址空间

CPU 使用虚地址时，由辅助硬件找出虚地址和实地址之间的对应关系，并判断这个虚地址对应的存储单元内容是否已装入主存。若已在主存中，则通过地址变换，CPU 可直接访问主存指示的实际单元；若不在主存中，则把包含这个字的一页或一段调入主存后再由 CPU 访问。若主存已满，则采用替换算法置换主存中的交换块（即页面）。

虚拟存储器也采用和 Cache 类似的技术，将辅存中经常访问的数据副本存放到主存中。但是缺页（或段）而访问辅存的代价很大，提高命中率是关键，因此虚拟存储机制采用全相联映射，每个虚页面可以存放到对应主存区域的任何一个空闲页位置。此外，当进行写操作时，不能每次写操作都同时写回磁盘，因而，在处理一致性问题时，采用回写法。

3.6.2　页式虚拟存储器①

页式虚拟存储器以页为基本单位。虚拟空间与主存空间都被划分成同样大小的页，主存的页称为实页、页框，虚存的页称为虚页。把虚拟地址分为两个字段：虚页号和页内地址。虚拟地址到物理地址的转换是由页表实现的。页表是一张存放在主存中的虚页号和实页号的对照表，它记录程序的虚页调入主存时被安排在主存中的位置。页表一般长久地保存在内存中。

1．页表

图 3.25 是一个页表示例。有效位也称装入位，用来表示对应页面是否在主存，若为 1，则表示该虚拟页已从外存调入主存，此时页表项存放该页的物理页号；若为 0，则表示没有调入主存，此时页表项可以存放该页的磁盘地址。脏位也称修改位，用来表示页面是否被修改过，虚存机制中采用回写策略，利用脏位可判断替换时是否需要写回磁盘。引用位也称使用位，用来配合替换策略进行设置，例如是否实现最先调入（FIFO 位）或最近最少用（LRU 位）策略等。

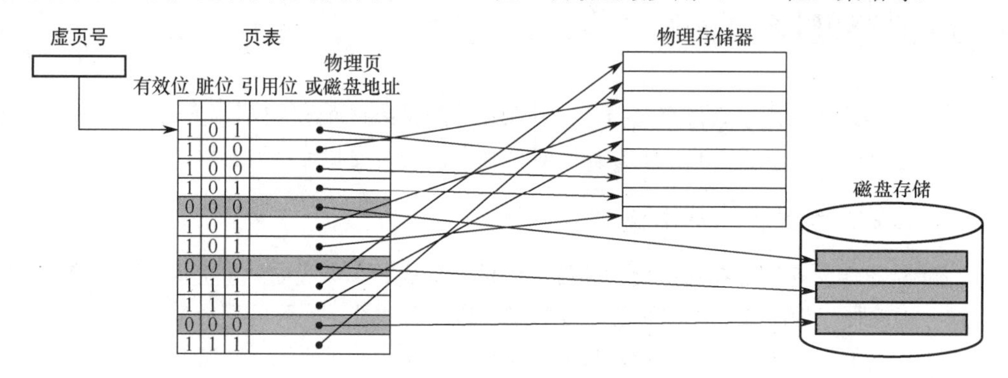

图 3.25　主存中的页表示例

CPU 执行指令时，需要先将虚拟地址转换为主存物理地址。页表基址寄存器存放进程的页表首地址，然后根据虚拟地址高位部分的虚拟页号找到对应的页表项，若装入位为 1，则取出物理页号，和虚拟地址低位部分的页内地址拼接，形成实际物理地址；若装入位为 0，则说明缺页，需要操作系统进行缺页处理。地址变换的过程如图 3.26 所示。

页式虚拟存储器的优点是，页面的长度固定，页表简单，调入方便。缺点是，由于程序不可能正好是页面的整数倍，最后一页的零头将无法利用而造成浪费，并且页不是逻辑上独立的实体，所以处理、保护和共享都不及段式虚拟存储器方便。

2．快表（TLB）

由地址转换过程可知，访存时先访问一次主存去查页表，再访问主存才能取得数据。如果缺页，那么还要进行页面替换、页面修改等，因此采用虚拟存储机制后，访问主存的次数更多了。

依据程序执行的局部性原理，在一段时间内总是经常访问某些页时，若把这些页对应的页表项存放在高速缓冲器组成的快表（TLB）中，则可以明显提高效率。相应地把放在主存中的页表称为慢表（Page）。在地址转换时，首先查找快表，若命中，则无须访问主存中的页表。

---

① 本节内容建议结合《操作系统考研复习指导》进行学习。

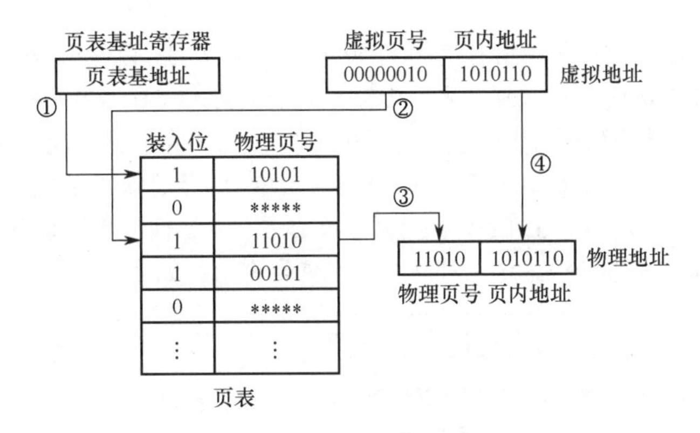

图 3.26　页式虚拟存储器的地址变换过程

快表通常采用全相联或组相联方式。每个 TLB 项由页表表项内容加上一个 TLB 标记字段组成，TLB 标记用来表示该表项取自页表中哪个虚页号对应的页表项，因此，TLB 标记的内容在全相联方式下就是该页表项对应的虚页号；组相联方式下则是对应虚页号的高位部分，而虚页号的低位部分用于选择 TLB 组的组索引（详细介绍见《操作系统考研复习指导》一书的 3.2.7 节）。

3．具有 TLB 和 Cache 的多级存储系统

图 3.27 是一个具有 TLB 和 Cache 的多级存储系统，其中 Cache 采用二路组相联方式。CPU 给出一个 32 位的虚拟地址，TLB 采用全相联方式，每一项都有一个比较器，查找时将虚页号与每个 TLB 标记字段同时进行比较，若有某一项相等且对应有效位为 1，则 TLB 命中，此时可直接通过 TLB 进行地址转换；若未命中，则 TLB 缺失，需要访问主存去查页表。图中所示的是两级页表方式，虚页号被分成页目录索引和页表索引两部分，由这两部分得到对应的页表项，从而进行地址转换，并将相应表项调入 TLB，若 TLB 已满，则还需要采用替换策略。完成由虚拟地址到物理地址的转换后，Cache 机构根据映射方式将物理地址划分成多个字段，然后根据映射规则找到对应的 Cache 行或组，将对应 Cache 行中的标记与物理地址中的高位部分进行比较，若相等且对应有效位为 1，则 Cache 命中，此时根据块内地址取出对应的字送 CPU。

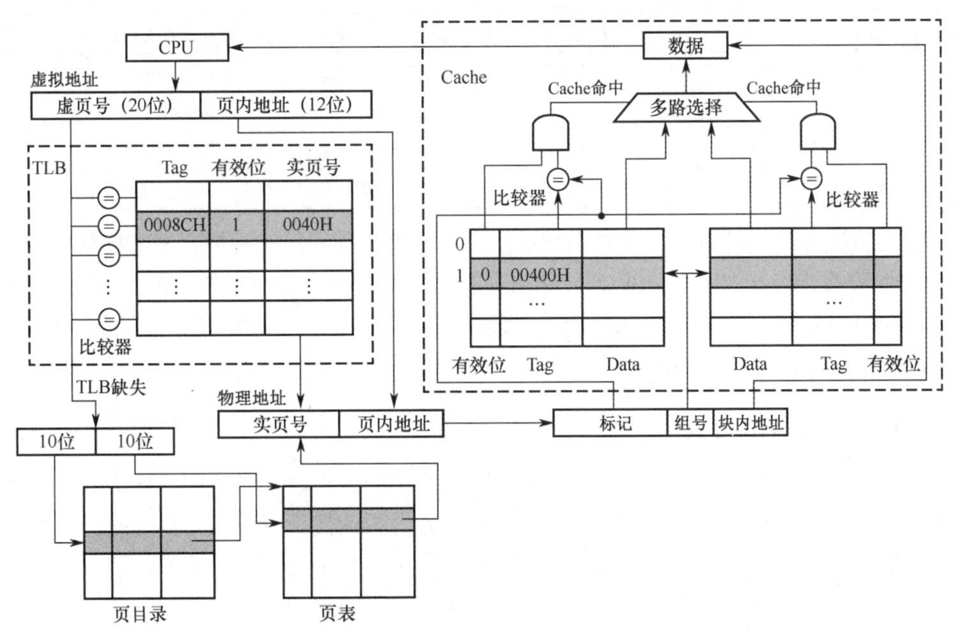

图 3.27　TLB 和 Cache 的访问过程

查找时，快表和慢表也可以同步进行，若快表中有此虚页号，则能很快地找到对应的实页号，并使慢表的查找作废，从而就能做到虽采用虚拟存储器但访问主存速度几乎没有下降。

在一个具有 Cache 和 TLB 的虚拟存储系统中，CPU 一次访存操作可能涉及 TLB、页表、Cache、主存和磁盘的访问，访问过程如图 3.28 所示。可见，CPU 访存过程中存在三种缺失情况：①TLB 缺失：要访问的页面的页表项不在 TLB 中；②Cache 缺失：要访问的主存块不在 Cache 中；③Page 缺失：要访问的页面不在主存中。这三种缺失的可能组合情况如表 3.3 所示。

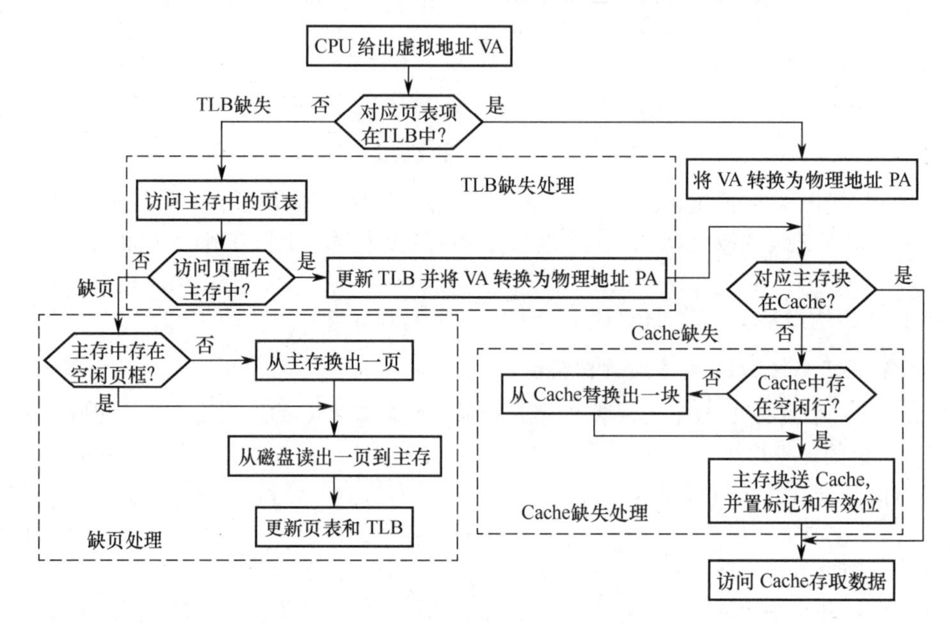

图 3.28　带 TLB 虚拟存储器的 CPU 访存过程

表 3.3　TLB、Page、Cache 三种缺失的可能组合情况

序号	TLB	Page	Cache	说　明
1	命中	命中	命中	TLB 命中则 Page 一定命中，信息在主存，就可能在 Cache 中
2	命中	命中	缺失	TLB 命中则 Page 一定命中，信息在主存，也可能不在 Cache 中
3	缺失	命中	命中	TLB 缺失但 Page 可能命中，信息在主存，就可能在 Cache 中
4	缺失	命中	缺失	TLB 缺失但 Page 可能命中，信息在主存，也可能不在 Cache 中
5	缺失	缺失	缺失	TLB 缺失则 Page 也可能缺失，信息不在主存，也一定不在 Cache

最好的情况是第 1 种组合，此时无须访问主存；第 2 种和第 3 种组合都需要访问一次主存；第 4 种组合需要访问两次主存；第 5 种组合发生“缺页异常”，需要访问磁盘，并且至少访问两次主存。Cache 缺失处理由硬件完成；缺页处理由软件完成，操作系统通过“缺页异常处理程序”来实现；而 TLB 缺失既可以用硬件又可以用软件来处理。

3.6.3　段式虚拟存储器

段式虚拟存储器中的段是按程序的逻辑结构划分的，各个段的长度因程序而异。把虚拟地址分为两部分：段号和段内地址。虚拟地址到实地址之间的变换是由段表来实现的。段表是程序的逻辑段和在主存中存放位置的对照表。段表的每行记录与某个段对应的段号、装入位、段起点和段长等信息。由于段的长度可变，所以段表中要给出各段的起始地址与段的长度。

CPU 根据虚拟地址访存时，首先根据段号与段表基地址拼接成对应的段表行，然后根据该段表行的装入位判断该段是否已调入主存（装入位为“1”，表示该段已调入主存；装入位为“0”，表示该段不在主存中）。已调入主存时，从段表读出该段在主存中的起始地址，与段内地址（偏移量）相加，得到对应的主存实地址。段式虚拟存储器的地址变换过程如图 3.29 所示。

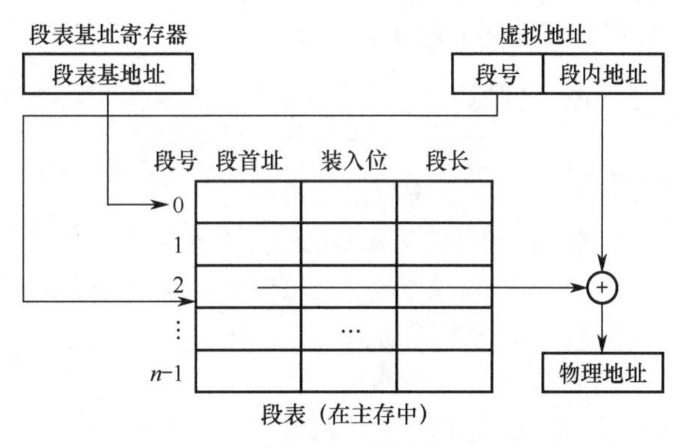

图 3.29　段式虚拟存储器的地址变换过程

段式虚拟存储器的优点是，段的分界与程序的自然分界相对应，因而具有逻辑独立性，使得它易于编译、管理、修改和保护，也便于多道程序的共享；缺点是因为段长度可变，分配空间不便，容易在段间留下碎片，不好利用，造成浪费。

3.6.4　段页式虚拟存储器

把程序按逻辑结构分段，每段再划分为固定大小的页，主存空间也划分为大小相等的页，程序对主存的调入、调出仍以页为基本传送单位，这样的虚拟存储器称为段页式虚拟存储器。在段页式虚拟存储器中，每个程序对应一个段表，每段对应一个页表，段的长度必须是页长的整数倍，段的起点必须是某一页的起点。

虚地址分为段号、段内页号、页内地址三部分。CPU 根据虚地址访存时，首先根据段号得到段表地址；然后从段表中取出该段的页表起始地址，与虚地址段内页号合成，得到页表地址；最后从页表中取出实页号，与页内地址拼接形成主存实地址。

段页式虚拟存储器的优点是，兼具页式和段式虚拟存储器的优点，可以按段实现共享和保护。缺点是在地址变换过程中需要两次查表，系统开销较大。

3.6.5　虚拟存储器与 Cache 的比较

虚拟存储器与 Cache 既有很多相同之处，又有很多不同之处。

1．相同之处

1）最终目标都是为了提高系统性能，两者都有容量、速度、价格的梯度。

2）都把数据划分为小信息块，并作为基本的传递单位，虚存系统的信息块更大。

3）都有地址的映射、替换算法、更新策略等问题。

4）依据程序的局部性原理应用“快速缓存的思想”，将活跃的数据放在相对高速的部件中。

2．不同之处

1）Cache 主要解决系统速度，而虚拟存储器却是为了解决主存容量。

2）Cache 全由硬件实现，是硬件存储器，对所有程序员透明；而虚拟存储器由 OS 和硬件共同实现，是逻辑上的存储器，对系统程序员不透明，但对应用程序员透明。

3）对于不命中性能影响，因为 CPU 的速度约为 Cache 的 10 倍，主存的速度为硬盘的 100 倍以上，因此虚拟存储器系统不命中时对系统性能影响更大。

4）CPU 与 Cache 和主存都建立了直接访问的通路，而辅存与 CPU 没有直接通路。也就是说在 Cache 不命中时主存能和 CPU 直接通信，同时将数据调入 Cache；而虚拟存储器系统不命中时，只能先由硬盘调入主存，而不能直接和 CPU 通信。

3.6.6 本节习题精选

一、单项选择题

01. 为使虚拟存储系统有效地发挥其预期的作用，所运行程序应具有的特性是（ ）。
A. 不应含有过多的I/O操作
B. 大小不应小于实际的内存容量
C. 应具有较好的局部性
D. 顺序执行的指令不应过多

02. 虚拟存储管理系统的基础是程序访问的局部性原理，此理论的基本含义是（ ）。
A. 在程序的执行过程中，程序对主存的访问是不均匀的
B. 空间局部性
C. 时间局部性
D. 代码的顺序执行

03. 虚拟存储器的常用管理方式有段式、页式、段页式，对于它们在与主存交换信息时的单位，以下表述正确的是（ ）。
A. 段式采用"页"
B. 页式采用"块"
C. 段页式采用"段"和"页"
D. 页式和段页式均仅采用"页"

04. 下列关于虚存的叙述中，正确的是（ ）。
A. 对应用程序员透明，对系统程序员不透明
B. 对应用程序员不透明，对系统程序员透明
C. 对应用程序员、系统程序员都不透明
D. 对应用程序员、系统程序员都透明

05. 在虚拟存储器中，当程序正在执行时，由（ ）完成地址映射。
A. 程序员
B. 编译器
C. 装入程序
D. 操作系统

06. 采用虚拟存储器的主要目的是（ ）。
A. 提高主存储器的存取速度
B. 扩大主存储器的存储空间
C. 提高外存储器的存取速度
D. 扩大外存储器的存储空间

07. 关于虚拟存储器，下列说法中正确的是（ ）。
I. 虚拟存储器利用了局部性原理
II. 页式虚拟存储器的页面若很小，主存中存放的页面数较多，导致缺页频率较低，换页次数减少，最终可以提升操作速度
III. 页式虚拟存储器的页面若很大，主存中存放的页面数较少，导致页面调度频率较高，换页次数增加，降低操作速度
IV. 段式虚拟存储器中，段具有逻辑独立性，易于实现程序的编译、管理和保护，也便于多道程序共享
A. I、III、IV
B. I、II、III
C. I、II、IV
D. II、III、IV

08. 虚拟存储器中的页表有快表和慢表之分，下面关于页表的叙述中正确的是（ ）。
A. 快表与慢表都存储在主存中，但快表比慢表容量小
B. 快表采用了优化的搜索算法，因此查找速度快
C. 快表比慢表的命中率高，因此快表可以得到更多的搜索结果
D. 快表采用相联存储器件组成，按照查找内容访问，因此比慢表查找速度快

09. 【2010统考真题】下列命令组合的一次访存过程中，不可能发生的是（ ）。
A. TLB未命中，Cache未命中，Page未命中

B. TLB 未命中，Cache 命中，Page 命中

C. TLB 命中，Cache 未命中，Page 命中

D. TLB 命中，Cache 命中，Page 未命中

10.【2013 统考真题】某计算机主存地址空间大小为 256 MB，按字节编址。虚拟地址空间大小为 4GB，采用页式存储管理，页面大小为 4KB，TLB（快表）采用全相联映射，有 4 个页表项，内容如下表所示。

有效位	标记	页框号	…
0	FF180H	0002H	…
1	3FFF1H	0035H	…
0	02FF3H	0351H	…
1	03FFFH	0153H	…

则对虚拟地址 03FF F180H 进行虚实地址变换的结果是（　）。

A. 015 3180H　　B. 003 5180H　　C. TLB 缺失　　D. 缺页

11.【2015 统考真题】假定编译器将赋值语句“x=x+3;”转换为指令“add xaddr, 3”，其中 xaddr 是 x 对应的存储单元地址。若执行该指令的计算机采用页式虚拟存储管理方式，并配有相应的 TLB，且 Cache 使用直写方式，则完成该指令功能需要访问主存的次数至少是（　）。

A. 0　　B. 1　　C. 2　　D. 3

12.【2015 统考真题】假定主存地址为 32 位，按字节编址，主存和 Cache 之间采用直接映射方式，主存块大小为 4 个字，每字 32 位，采用回写方式，则能存放 4K 字数据的 Cache 的总容量的位数至少是（　）。

A. 146K　　B. 147K　　C. 148K　　D. 158K

13.【2019 统考真题】下列关于缺页处理的叙述中，错误的是（　）。

A. 缺页是在地址转换时 CPU 检测到的一种异常

B. 缺页处理由操作系统提供的缺页处理程序来完成

C. 缺页处理程序根据页故障地址从外存读入所缺失的页

D. 缺页处理完成后回到发生缺页的指令的下一条指令执行

14.【2020 统考真题】下列关于 TLB 和 Cache 的叙述中，错误的是（　）。

A. 命中率都与程序局部性有关　　B. 缺失后都需要去访问主存

C. 缺失处理都可以由硬件实现　　D. 都由 DRAM 存储器组成

15.【2022 统考真题】某计算机主存地址为 24 位，采用分页虚拟存储管理方式，虚拟地址空间大小为 4 GB，页大小为 4 KB，按字节编址。某进程的页表部分内容如下表所示。

虚页号	实页号（页框号）	存在位
82	024H	0
…	…	…
129	180H	1
130	018H	1

当 CPU 访问虚拟地址 0008 2840H 时，虚-实地址转换的结果是（　）。

A. 得到主存地址 02 4840H　　B. 得到主存地址 18 0840H

C. 得到主存地址 01 8840H　　D. 检测到缺页异常

二、综合应用题

01. 某计算机系统采用虚拟页式存储管理，某个进程的页表见下表，每项的起始编号是 0，所有的地址均按字节编址，每页大小为 1024B。分别将逻辑地址 0793, 1197, 2099, 3320, 4188, 5332，转换为物理地址，写出计算过程，对不能计算的说明为什么。

逻辑页号	存在位	引用位	修改位	页框号
0	1	1	0	4
1	1	1	1	3
2	0	0	0	—
3	1	0	0	1
4	0	0	0	—
5	1	0	1	5

02. 下图表示使用快表（页表）的虚实地址转换条件，快表存放在相联存储器中，其容量为 8 个存储单元。

页号	该页在主存中的起始位置
32	42000
25	38000
7	96000
6	60000
4	40000
15	80000
5	50000
34	70000

虚拟地址	页号	页内地址
1	15	0324
2	7	0128
3	48	0516

1）当 CPU 按虚拟地址 1 去访问主存时，主存的实地址码是多少？

2）当 CPU 按虚拟地址 2 去访问主存时，主存的实地址码是多少？

3）当 CPU 按虚拟地址 3 去访问主存时，主存的实地址码是多少？

03. 一个两级存储器系统有 8 个磁盘上的虚拟页面需要映像到主存中的 4 个页中。某程序生成以下访存页面序列：1, 0, 2, 2, 1, 7, 6, 7, 0, 1, 2, 0, 3, 0, 4, 5, 1, 5, 2, 4, 5, 6, 7, 6, 7, 2, 4, 2, 7, 3。采用 LRU 替换策略，设初始时主存为空。

1）画出每个页号访问请求之后存放在主存中的位置。

2）计算主存的命中率。

04.【2011 统考真题】某计算机存储器按字节编址，虚拟（逻辑）地址空间大小为 16MB，主存（物理）地址空间大小为 1MB，页面大小为 4KB；Cache 采用直接映射方式，共 8 行；主存与 Cache 之间交换的块大小为 32B。系统运行到某一时刻时，页表的部分内容和 Cache 的部分内容分别如下的左图和右图所示，图中页框号及标记字段的内容为十六进制形式。

回答下列问题：

1）虚拟地址共有几位，哪几位表示虚页号？物理地址共有几位，哪几位表示页框号（物理页号）？

2）使用物理地址访问 Cache 时，物理地址应划分成哪几个字段？要求说明每个字段的位数及在物理地址中的位置。

虚页号	有效位	页框号	…
0	1	06	…
1	1	04	…
2	1	15	…
3	1	02	…
4	0	—	…
5	1	2B	…
6	0	—	…
7	1	32	…

行号	有效位	标记	…
0	1	020	…
1	0	—	…
2	1	01D	…
3	1	105	…
4	1	064	…
5	1	14D	…
6	0	—	…
7	1	27A	…

3）虚拟地址001C60H所在的页面是否在主存中？若在主存中，则该虚拟地址对应的物理地址是什么？访问该地址时是否Cache命中？要求说明理由。

4）假定为该机配置一个四路组相联的TLB，共可存放8个页表项，若其当前内容（十六进制）如下图所示，则此时虚拟地址024BACH所在的页面是否存在主存中？要求说明理由。

组号	有效位	标记	页框号	有效位	标记	页框号	有效位	标记	页框号	有效位	标记	页框号
0	0	—	—	1	001	15	0	—	—	1	012	1F
1	1	013	2D	0	—	—	1	008	7E	0	—	—

05.【2018统考真题】某计算机采用页式虚拟存储管理方式，按字节编址。CPU进行存储访问的过程如下图所示。根据该图回答下列问题。

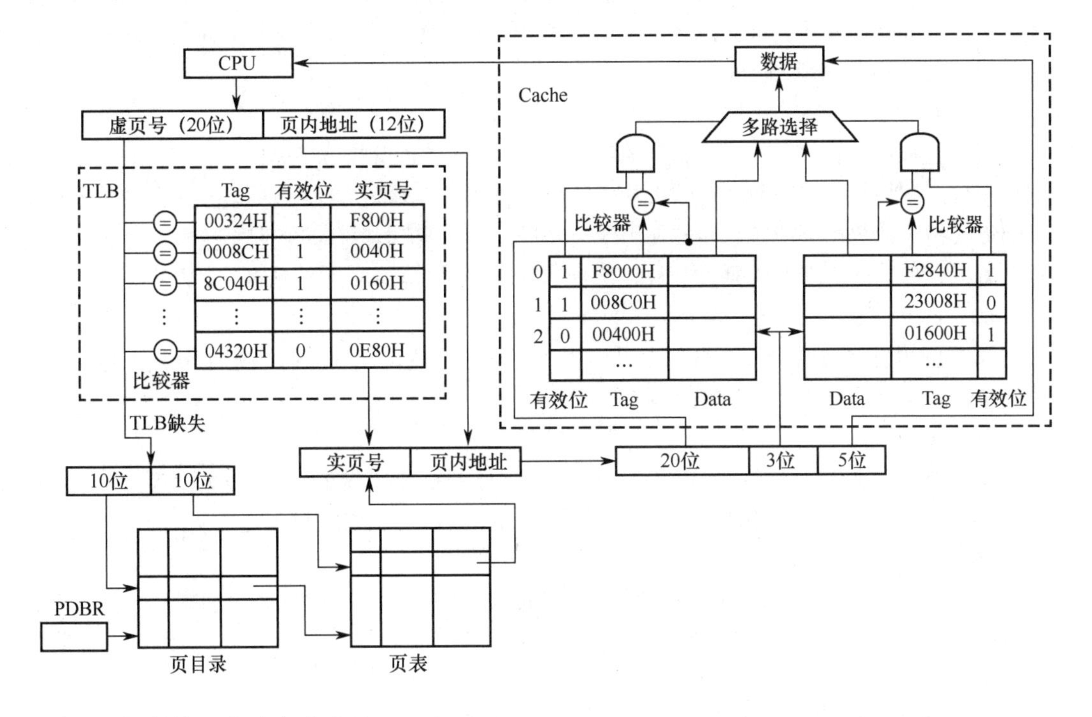

1）主存物理地址占多少位？

2）TLB采用什么映射方式？TLB是用SRAM还是用DRAM实现？

3）Cache采用什么映射方式？若Cache采用LRU替换算法和回写策略，则Cache每行中除数据（Data）、Tag和有效位外，还应有哪些附加位？Cache总容量是多少？

Cache 中有效位的作用是什么？

4）若 CPU 给出的虚拟地址为 0008 C040H，则对应的物理地址是多少？是否在 Cache 中命中？说明理由。若 CPU 给出的虚拟地址为 0007 C260H，则该地址所在主存块映射到的 Cache 组号是多少？

06.【2021 统考真题】假设计算机 M 的主存地址为 24 位，按字节编址；采用分页存储管理方式，虚拟地址为 30 位，页大小为 4KB；TLB 采用二路组相联方式和 LRU 替换策略，共 8 组。请回答下列问题。

1）虚拟地址中哪几位表示虚页号？哪几位表示页内地址？

2）已知访问 TLB 时虚页号高位部分用作 TLB 标记，低位部分用作 TLB 组号，M 的虚拟地址中哪几位是 TLB 标记？哪几位是 TLB 组号？

3）假设 TLB 初始时为空，访问的虚页号依次为 10, 12, 16, 7, 26, 4, 12 和 20，在此过程中，哪一个虚页号对应的 TLB 表项被替换？说明理由。

4）若将 M 中的虚拟地址位数增加到 32 位，则 TLB 表项的位数增加几位？

3.6.7　答案与解析

一、单项选择题

01． C

虚拟存储系统利用的是局部性原理，程序应当具有较好的局部性，因此选项 C 正确。而含有输入、输出操作产生中断，与虚存无关，因此选项 A 错误；大小较小但可以多个程序并发执行，也可以发挥虚存的作用，因此选项 B 错误；顺序执行的指令应当占较大比重为宜，这样可增强程序的局部性，因此选项 D 错误。

02． A

局部性原理的含义是在一个程序的执行过程中，其大部分情况下是顺序执行的，某条指令或数据使用后，在最近一段时间内有较大的可能再次被访问（时间局部性）；某条指令或数据使用后，其邻近的指令或数据可能在近期被使用（空间局部性）。在虚拟存储管理系统中，程序只能访问主存获得指令和数据，所以选项 A 正确，选项 B、C、D 均是局部性原理的一个方面而已。

03． D

页式虚拟存储方式对程序分页，采用页进行交互；段页式则先按照逻辑分段，然后分页，以页为单位和主存交互，因此选项 D 正确。

04． A

虚存需要通过对操作系统实现地址映射，因此对操作系统的设计者即系统程序员是不透明的。而应用程序员写的程序所使用的是逻辑地址（虚地址），因此对其是透明的。

05． D

虚拟存储器中，地址映射由操作系统来完成，但需要一部分硬件基础的支持，如快表、地址映射系统等。

06． B

引入虚拟存储器的目的是为了解决内存容量不够大的问题。

07． A

CPU 访问存储器时，无论是存取指令还是存取数据，所访问的存储单元都趋于聚集在一个较小的连续区域中，虚拟存储器正是依据这一原理来设计的，因此 I 正确。

页式虚拟存储器中，页面若很小，虚拟存储器中包含的页面数就会过多，使得页表的体积过大，导致页表本身占据的存储空间过大，使操作速度变慢，因此 II 错误。

当页面很大时，虚拟存储器中的页面数会变少，由于主存的容量比虚拟存储器的容量小，主存中的页面数会更少，每次页面装入的时间会变长，每当需要装入新的页面时，速度会变慢，因此 III 正确。

段式虚拟存储器是按照程序的逻辑性来设计的，具有易于实现程序的编译、管理和保护，也便于多道程序共享的优点，因此 IV 正确。

08．D

快表采用高速相联存储器，它的速度快来源于硬件本身，而不是依赖搜索算法来查找的；慢表存储在内存中，通常是依赖于查找算法，故选项 A 和 B 错误。快表与慢表的命中率没有必然联系，快表仅是慢表的一个部分拷贝，不能够得到比慢表更多的结果，因此选项 C 错误。

09．D

Cache 中存放的是主存的一部分副本，TLB（快表）中存放的是 Page（页表）的一部分副本。在同时具有虚拟页式存储器（有 TLB）和 Cache 的系统中，CPU 发出访存命令，先查找对应的 Cache 块。

1）若 Cache 命中，则说明所需内容在 Cache 内，其所在页面必然已调入主存，因此 Page 必然命中，但 TLB 不一定命中。

2）若 Cache 未命中，则并不能说明所需内容未调入主存，和 TLB、Page 命中与否没有联系。但若 TLB 命中，Page 也必然命中；而当 Page 命中，TLB 则未必命中，因此选项 D 不可能发生。

10．A

按字节编址，页面大小为 4KB，页内地址共 12 位。地址空间大小为 4GB，虚拟地址共 32 位，前 20 位为页号。虚拟地址为 03FF F180H，因此页号为 03 FFFH，页内地址为 180H。查找页标记 03FFFH 所对应的页表项，页框号为 0153H，页框号与页内地址拼接即为物理地址 015 3180H。

11．B

上述指令的执行过程可划分为取数、运算和写回过程，取数时读取 xaddr 可能不需要访问主存而直接访问 Cache，而写直通方式需要把数据同时写入 Cache 和主存，因此至少访问 1 次。

12．C

直接映射的地址结构为

主存字块标记	Cache 字块标记	字块内地址

按字节编址，块大小为 4×32 位 = 16B = 2^4B，则“字块内地址”占 4 位；“能存放 4K 字数据的 Cache”即 Cache 的存储容量为 4K 字（注意单位），则 Cache 共有 1K = 2^{10} 个 Cache 行，Cache 字块标记占 10 位；主存字块标记占 32 − 10 − 4 = 18 位。

Cache 的总容量包括：存储容量和标记阵列容量（有效位、标记位、一致性维护位和替换算法控制位）。标记阵列中的有效位和标记位一定存在，而一致性维护位（脏位）和替换算法控制位的取舍标准是看词眼，题目中明确说明了采用回写法，则一定包含一致性维护位，而关于替换算法的词眼题目中未提及，所以不予考虑。因此，每个 Cache 行标记项包含 18 + 1 + 1 = 20 位，标记阵列容量为 2^{10}×20 位 = 20K 位，存储容量为 4K×32 位 = 128K 位，总容量为 128K + 20K = 148K 位。

13．D

在请求分页系统中，每当要访问的页面不在内存中时，CPU 检测到异常，便会产生缺页中断，请求操作系统将所缺的页调入内存。缺页处理由缺页中断处理程序完成，根据发生缺页故障的地址从外存读入所缺失的页，缺页处理完成后回到发生缺页的指令继续执行。选项D中描述回到发生缺页的指令的下一条指令执行，明显错误，所以选择选项D。

14. D

Cache由SRAM组成；TLB通常由相联存储器组成，也可由SRAM组成。DRAM需要不断刷新，性能偏低，不适合组成TLB和Cache。选项A、B和C都是TLB和Cache的特点。

15. C

页大小为4KB = 2^{12}B，按字节编址，故页内地址为12位。虚拟地址空间大小为4GB = 2^{32}B，故虚拟地址共32位，其中低12位为页内地址，高20位为虚页号。题中给出的虚拟地址为0008 2840H，虚页号为高20位即00082H（页内地址为低12位即840H），82H对应的十进制数为130（注意题中页表的虚页号部分末尾未写H，所以是十进制数，故查找时要先将虚页号转换为十进制数），查页表命中，且存在位为1，对应页框号为018H。将查找到的页框号018H和页内地址840H拼接，得到主存地址为01 8840H。

二、综合应用题

01.【解答】

所有地址均可转换为页号和页内偏移量。地址转换时，先取出逻辑页号，然后查找页表，得到页框号，再将页框号与页内偏移量拼接，即可获得物理地址。根据题意，计算逻辑地址的页号和页内偏移量，拼接的物理地址如下表所示。

逻辑地址	逻辑页号	页内偏移量	页框号	物理地址
0793	0	793	4	4889
1197	1	173	3	3245
2099	2	51	—	缺页中断
3320	3	248	1	1272
4188	4	92	—	缺页中断
5332	5	212	5	5332

注：在本题中，物理地址 = 页框号×1024B + 页内偏移量，页内偏移量 = 逻辑地址−逻辑页号×1024B，逻辑页号 = 逻辑地址/1024B（结果向下取整）。

02.【解答】

1）虚拟地址1的页号为15，页内地址为0324，在左表中页号15对应的主存起始位置为80000，则主存的实地址码为0324 + 80000 = 80324。

2）按1）中的方法易知，主存的实地址码为0128 + 96000 = 96128。

3）虚拟地址3的页号为48，在左表中无对应项，因此该页面在快表（页表）中无记录。

03.【解答】

1）LRU替换策略是换出最近最久未使用的页面，因此每个页号访问请求之后存放在主存中的位置如下图所示。

页框号	虚拟页号																													
4						7	7	7	7	7	7	7	3	3	3	3	1	1	1	1	1	6	6	6	6	6	6	6	6	3
3			2	2	2	2	2	2	0	0	0	0	0	0	0	0	0	0	2	2	2	2	7	7	7	7	7	7	7	7
2		0	0	0	0	0	6	6	6	6	2	2	2	2	2	5	5	5	5	5	5	5	5	5	5	5	4	4	4	4
1	1	1	1	1	1	1	1	1	1	1	1	1	1	1	4	4	4	4	4	4	4	4	4	4	4	2	2	2	2	2
命中				*	*			*		*		*		*				*		*	*			*	*			*	*	

2）共 30 次访存，有 13 次命中，因此主存的命中率为 13/30 = 43%。

04.【解答】

这里要明确虚地址和实地址、虚页号和页框号、标记位的作用等概念。

1）存储器按字节编址，虚拟地址空间大小为 16MB = 2^{24}B，因此虚拟地址为 24 位；页面大小为 4KB = 2^{12}B，因此高 12 位为虚页号。主存地址空间大小为 1MB = 2^{20}B，因此物理地址为 20 位；由于页内地址为 12 位，因此高 8 位为页框号。

2）由于 Cache 采用直接映射方式，所以物理地址各字段的划分如下：

主存字块标记	Cache 字块标记	字块内地址

由于块大小为 32B，因此字块内地址占 5 位；Cache 共 8 行，因此 Cache 字块标记占 3 位；主存字块标记占 20 − 5 − 3 = 12 位。

3）虚拟地址 001C60H 的前 12 位为虚页号，即 001H，查看 001H 处的页表项，其对应的有效位为 1，因此虚拟地址 001C60H 所在的页面在主存中。页表 001H 处的页框号为 04H，与页内偏移（虚拟地址后 12 位）拼接成物理地址 04C60H。物理地址 04C60H = 0000 0100 1100 0110 0000B，主存块只能映射到 Cache 的第 3 行（即第 011B 行），由于该行的有效位 = 1，标记（值为 105H）≠ 04CH（物理地址高 12 位），因此未命中。

4）由于 TLB 采用四路组相联，因此 TLB 被分为 8/4 = 2 个组，因此虚页号中高 11 位为 TLB 标记、最低 1 位为 TLB 组号。虚拟地址 024BACH = 0000 0010 0100 1011 1010 1100B，虚页号为 0000 0010 0100B，TLB 标记为 0000 0010 010B（即 012H），TLB 组号为 0B，因此该虚拟地址所对应的物理页面只能映射到 TLB 的第 0 组。组 0 中存在有效位 = 1、标记 = 012H 的项，因此访问 TLB 命中，即虚拟地址 024BACH 所在的页面在主存中。

总结：①在页式虚拟存储系统中，虚拟地址分为虚页号和页内地址两部分，物理地址分为页框号和页内地址两部分。②分清主存-Cache 和虚拟存储系统。

05.【解答】

1）物理地址由实页号和页内地址拼接，因此其位数为 16 + 12 = 28；或直接得 20 + 3 + 5 = 28。

2）TLB 采用全相联映射，可把页表内容调入任意一块空 TLB 项中，TLB 中的每项都有一个比较器，没有映射规则，只要空闲就行。TLB 采用静态存储器（SRAM），读写速度快，但成本高，多用于容量较小的高速缓冲存储器。

3）图中可看到，Cache 中每组有两行，因此采用二路组相联映射方式。因为是二路组相联并采用 LRU 替换算法，所以每行需要 1 位 LRU 位；因为采用回写策略，所以每行有 1 位修改位（脏位），根据脏位判断数据是否被更新，若脏位为 1 则需要写回内存。28 位物理地址中 Tag 字段占 20 位，组索引字段占 3 位，块内偏移地址占 5 位，因此 Cache 共有 2^3 = 8 组，每组 2 行，每行有 2^5 = 32B；Cache 的总容量为 $8×2×(20 + 1 + 1 + 1 + 32×8)$ = 4464b = 558B。

Cache 中有效位用来指出所在 Cache 行中的信息是否有效。

4）虚拟地址分为两部分：虚页号、页内地址；物理地址分为两部分：实页号、页内地址。利用虚拟地址的虚页号部分去查找 TLB 表（缺失时从页表调入），将实页号取出后和虚拟地址的页内地址拼接，形成物理地址。虚页号 0008CH 恰好在 TLB 表中对应实页号 0040H（有效位为 1，说明存在），虚拟地址的后 3 位为页内地址 040H，对应的物理地址是 0040040H。

物理地址为0040040H，其中高20位00400H为标志字段，低5位00000B为块内偏移量，中间3位010B为组号2，因此将00400H与Cache中的第2组两行中的标志字段同时比较，可以看出，虽然有一个Cache行中的标志字段与00400H相等，但对应的有效位为0，而另一Cache行的标志字段与00400H不相等，因此访问Cache不命中。

因为物理地址的低12位与虚拟地址的低12位相同，即为0010 0110 0000B。根据物理地址的结构，物理地址的后八位01100000B的前三位011B是组号，因此该地址所在的主存映射到Cache组号为3。

06.【解答】

注意：对于本题的TLB，需要采用处理Cache的方式求解。

1）按字节编址，页面大小为4 KB = 2^{12}B，页内地址为12位。虚拟地址中高30 – 12 = 18位表示虚页号，虚拟地址中低12位表示页内地址。

2）TLB采用二路组相联方式，共8 = 2^3组，用3位来标记组号。虚拟地址（或虚页号）中高18 – 3 = 15位为TLB标记，虚拟地址中随后3位（或虚页号中低3位）为TLB组号。

3）虚页号4对应的TLB表项被替换。因为虚页号与TLB组号的映射关系为TLB组号 = 虚页号 mod TLB组数 = 虚页号 mod 8，因此，虚页号10, 12, 16, 7, 26, 4, 12, 20映射到的TLB组号依次为2, 4, 0, 7, 2, 4, 4, 4。TLB采用二路组相联方式，从上述映射到的TLB组号序列可以看出，只有映射到4号组的虚页号数量大于2，相应虚页号依次是12, 4, 12和20。根据LRU替换策略，当访问第20页时，虚页号4对应的TLB表项被替换出来。

4）虚拟地址位数增加到32位时，虚页号增加了32 – 30 = 2位，使得每个TLB表项中的标记字段增加2位，因此，每个TLB 表项的位数增加2位。

3.7　本章小结

本章开头提出的问题的参考答案如下。

1）存储器的层次结构主要体现在何处？为何要分这些层次？计算机如何管理这些层次？

存储器的层次结构主要体现在Cache-主存和主存-辅存这两个存储层次上。

Cache-主存层次在存储系统中主要对CPU访存起加速作用，即从整体运行的效果分析，CPU访存速度加快，接近于Cache的速度，而寻址空间和位价却接近于主存。

主存-辅存层次在存储系统中主要起扩容作用，即从程序员的角度看，他所使用的存储器的容量和位价接近于辅存，而速度接近于主存。

综合上述两个存储层次的作用，从整个存储系统来看，就达到了速度快、容量大、位价低的优化效果。

主存与Cache之间的信息调度功能全部由硬件自动完成。而主存与辅存层次的调度目前广泛采用虚拟存储技术实现，即将主存与辅存的一部分通过软/硬结合的技术组成虚拟存储器，程序员可用这个比主存实际空间（物理地址空间）大得多的虚拟地址空间（逻辑地址空间）编程，当程序运行时，再由软/硬件自动配合完成虚拟地址空间与主存实际物理空间的转换。因此，这两个层次上的调度或转换操作对于程序员来说都是透明的。

2）存取周期和存取时间有何区别？

存取周期和存取时间的主要区别是：存取时间仅为完成一次操作的时间；而存取周期不仅包

含操作时间，而且包含操作后线路的恢复时间，即存取周期 = 存取时间 + 恢复时间。

3）*在虚拟存储器中，页面是设置得大一些好还是设置得小一些好？*

页面不能设置得过大，也不能设置得过小。因为页面太小时，平均页内剩余空间较少，可节省存储空间，但会使得页表增大，而且页面太小时不能充分利用访存的空间局部性来提高命中率；页面太大时，可减少页表空间，但平均页内剩余空间较大，会浪费较多存储空间，页面太大还会使页面调入/调出的时间较长。

3.8　常见问题和易混淆知识点

1. *存取时间 T_a 就是存储周期 T_m 吗？*

不是。存取时间 T_a 是执行一次读操作或写操作的时间，分为读出时间和写入时间。读出时间是从主存接收到有效地址开始到数据稳定为止的时间；写入时间是从主存接收到有效地址开始到数据写入被写单元为止的时间。

存储周期 T_m 是指存储器进行连续两次独立地读或写操作所需的最小时间间隔。所以存取时间 T_a 不等于存储周期 T_m。通常存储周期 T_m 大于存取时间 T_a。

2. *Cache 行的大小和命中率之间有什么关系？*

行的长度较大，可以充分利用程序访问的空间局部性，使一个较大的局部空间被一起调到 Cache 中，因而可以增加命中机会。但是，行长也不能太大，主要原因有两个：

1）行长大使失效损失变大。也就是说，若未命中，则需花更多时间从主存读块。

2）行长太大，Cache 项数变少，因而命中的可能性变小。

3. *发生取指令 Cache 缺失的处理过程是什么？*

1）程序计数器恢复当前指令的值。

2）对主存进行读的操作。

3）将读入的指令写入 Cache 中，更改有效位和标记位。

4）重新执行当前指令。

第 4 章　指令系统

【考纲内容】

（一）指令格式的基本概念

（二）指令格式

（三）寻址方式

（四）数据的对齐和大/小端存放方式[①]

（五）CISC 和 RISC 的基本概念

（六）高级语言程序与机器级代码之间的对应

编译器、汇编器与链接器的基本概念[②]；选择结构语句的机器级表示

循环结构语句的机器级表示；过程（函数）调用对应的机器级表示

【复习提示】

指令系统是表征一台计算机性能的重要因素。应掌握各种寻址方式的特点及有效地址的计算，相对寻址的计算，CISC 与 RISC 的特点与区别。2022 年大纲新增的机器级表示，在 2017 年和 2019 年的真题中考查过。本章知识点既可能出选择题，也可能结合其他章节出有关指令的综合题。指令格式、机器指令和指令寻址方式与 CPU 指令执行过程部分紧密相关，需引起重视。

在学习本章时，请读者思考以下问题：

1）什么是指令？什么是指令系统？为什么要引入指令系统？

2）一般来说，指令分为哪些部分？每部分有什么用处？

3）对于一个指令系统来说，寻址方式多和少有什么影响？

请读者在本章的学习过程中寻找答案，本章末尾会给出参考答案。

4.1　指令系统

指令（机器指令）是指示计算机执行某种操作的命令。一台计算机的所有指令的集合构成该机的指令系统，也称指令集。指令系统是指令集体系结构（ISA）中最核心的部分，ISA 完整定义了软件和硬件之间的接口，是机器语言或汇编语言程序员所应熟悉的。ISA 规定的内容主要包括：指令格式，数据类型及格式，操作数的存放方式，程序可访问的寄存器个数、位数和编号，存储空间的大小和编址方式，寻址方式，指令执行过程的控制方式等。

---

① 本考点在第 2 章的 2.2 节中介绍。

② 本考点在第 1 章的 1.2 节中介绍。

4.1.1　指令的基本格式

一条指令就是机器语言的一个语句，它是一组有意义的二进制代码。一条指令通常包括操作码字段和地址码字段两部分：

操作码字段	地址码字段

其中，操作码指出指令中该指令应该执行什么性质的操作以及具有何种功能。操作码是识别指令、了解指令功能及区分操作数地址内容的组成和使用方法等的关键信息。例如，指出是算术加运算还是算术减运算，是程序转移还是返回操作。

地址码给出被操作的信息（指令或数据）的地址，包括参加运算的一个或多个操作数所在的地址、运算结果的保存地址、程序的转移地址、被调用的子程序的入口地址等。

指令的长度是指一条指令中所包含的二进制代码的位数。指令字长取决于操作码的长度、操作数地址码的长度和操作数地址的个数。指令长度与机器字长没有固定的关系，它可以等于机器字长，也可以大于或小于机器字长。通常，把指令长度等于机器字长的指令称为单字长指令，指令长度等于半个机器字长的指令称为半字长指令，指令长度等于两个机器字长的指令称为双字长指令。

在一个指令系统中，若所有指令的长度都是相等的，则称为定长指令字结构。定字长指令的执行速度快，控制简单。若各种指令的长度随指令功能而异，则称为变长指令字结构。然而，因为主存一般是按字节编址的，所以指令字长多为字节的整数倍。

根据指令中操作数地址码的数目的不同，可将指令分成以下几种格式。

1．零地址指令

零地址：

OP

只给出操作码 OP，没有显式地址。这种指令有两种可能：

1）不需要操作数的指令，如空操作指令、停机指令、关中断指令等。

2）零地址的运算类指令仅用在堆栈计算机中。通常参与运算的两个操作数隐含地从栈顶和次栈顶弹出，送到运算器进行运算，运算结果再隐含地压入堆栈。

2．一地址指令

一地址：

OP	A_1

这种指令也有两种常见的形态，要根据操作码的含义确定究竟是哪一种。

1）只有目的操作数的单操作数指令，按 A_1 地址读取操作数，进行 OP 操作后，结果存回原地址。

指令含义：$OP(A_1) \to A_1$

如操作码含义是加 1、减 1、求反、求补等。

2）隐含约定目的地址的双操作数指令，按指令地址 A_1 可读取源操作数，指令可隐含约定另一个操作数由 ACC（累加器）提供，运算结果也将存放在 ACC 中。

指令含义：$(ACC)OP(A_1) \to ACC$

若指令字长为 32 位，操作码占 8 位，1 个地址码字段占 24 位，则指令操作数的直接寻址范围为 $2^{24} = 16M$。

3．二地址指令

二地址：

OP	A_1	A_2

指令含义：$(A_1)OP(A_2)\rightarrow A_1$

对于常用的算术和逻辑运算指令，往往要求使用两个操作数，需分别给出目的操作数和源操作数的地址，其中目的操作数地址还用于保存本次的运算结果。

若指令字长为32位，操作码占8位，两个地址码字段各占12位，则指令操作数的直接寻址范围为$2^{12}=4K$。

4．三地址指令

三地址：

OP	A_1	A_2	A_3（结果）

指令含义：$(A_1)OP(A_2)\rightarrow A_3$

若指令字长为32位，操作码占8位，3个地址码字段各占8位，则指令操作数的直接寻址范围为$2^8=256$。若地址字段均为主存地址，则完成一条三地址需要4次访问存储器（取指令1次，取两个操作数2次，存放结果1次）。

5．四地址指令

四地址：

OP	A_1	A_2	A_3（结果）	A_4（下址）

指令含义：$(A_1)OP(A_2)\rightarrow A_3$，$A_4=$ 下一条将要执行指令的地址。

若指令字长为32位，操作码占8位，4个地址码字段各占6位，则指令操作数的直接寻址范围为$2^6=64$。

4.1.2 定长操作码指令格式

定长操作码指令在指令字的最高位部分分配固定的若干位（定长）表示操作码。一般n位操作码字段的指令系统最大能够表示2^n条指令。定长操作码对于简化计算机硬件设计，提高指令译码和识别速度很有利。当计算机字长为32位或更长时，这是常规用法。

4.1.3 扩展操作码指令格式

为了在指令字长有限的前提下仍保持比较丰富的指令种类，可采取可变长度操作码，即全部指令的操作码字段的位数不固定，且分散地放在指令字的不同位置上。显然，这将增加指令译码和分析的难度，使控制器的设计复杂化。

最常见的变长操作码方法是扩展操作码，它使操作码的长度随地址码的减少而增加，不同地址数的指令可具有不同长度的操作码，从而在满足需要的前提下，有效地缩短指令字长。图4.1所示即为一种扩展操作码的安排方式。

在图4.1中，指令字长为16位，其中4位为基本操作码字段OP，另有3个4位长的地址字段A_1、A_2和A_3。4位基本操作码若全部用于三地址指令，则有16条。图4.1中所示的三地址指令为15条，1111留作扩展操作码之用；二地址指令为15条，1111 1111留作扩展操作码之用；一地址指令为15条，1111 1111 1111留作扩展操作码之用；零地址指令为16条。

除这种安排外，还有其他多种扩展方法，如形成15条三地址指令、12条二地址指令、63条一地址指令和16条零地址指令，共106条指令，请读者自行分析。

在设计扩展操作码指令格式时，必须注意以下两点：

1）不允许短码是长码的前缀，即短操作码不能与长操作码的前面部分的代码相同。

2）各指令的操作码一定不能重复。

通常情况下，对使用频率较高的指令分配较短的操作码，对使用频率较低的指令分配较长的操作码，从而尽可能减少指令译码和分析的时间。

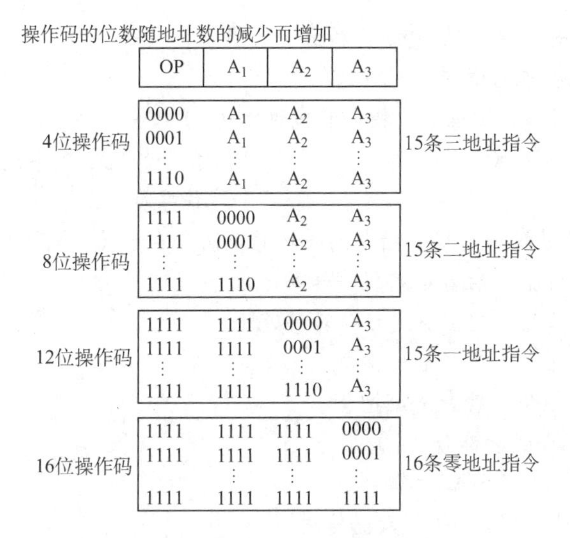

图 4.1　扩展操作码技术

4.1.4　指令的操作类型

设计指令系统时必须考虑应提供哪些操作类型，指令操作类型按功能可分为以下几种。

1．数据传送

传送指令通常有寄存器之间的传送（MOV）、从内存单元读取数据到 CPU 寄存器（LOAD）、从 CPU 寄存器写数据到内存单元（STORE）等。

2．算术和逻辑运算

这类指令主要有加（ADD）、减（SUB）、比较（CMP）、乘（MUL）、除（DIV）、加 1（INC）、减 1（DEC）、与（AND）、或（OR）、取反（NOT）、异或（XOR）等。

3．移位操作

移位指令主要有算术移位、逻辑移位、循环移位等。

4．转移操作

转移指令主要有无条件转移（JMP）、条件转移（BRANCH）、调用（CALL）、返回（RET）、陷阱（TRAP）等。无条件转移指令在任何情况下都执行转移操作，而条件转移指令仅在特定条件满足时才执行转移操作，转移条件一般是某个标志位的值，或几个标志位的组合。

调用指令和转移指令的区别：执行调用指令时必须保存下一条指令的地址（返回地址），当子程序执行结束时，根据返回地址返回到主程序继续执行；而转移指令则不返回执行。

5．输入输出操作

这类指令用于完成 CPU 与外部设备交换数据或传送控制命令及状态信息。

4.1.5　本节习题精选

一、单项选择题

01. 以下有关指令系统的说法中，错误的是（　）。

A．指令系统是一台机器硬件能执行的指令全体

B．任何程序运行前都要先转换为机器语言程序

C. 指令系统是计算机软/硬件的界面

D. 指令系统和机器语言是无关的

02. 在CPU执行指令的过程中，指令的地址由（ ）给出。

A. 程序计数器（PC） B. 指令的地址码字段

C. 操作系统 D. 程序员

03. 运算型指令的寻址与转移型指令的寻址的不同点在于（ ）。

A. 前者取操作数，后者决定程序转移地址

B. 后者取操作数，前者决定程序转移地址

C. 前者是短指令，后者是长指令

D. 前者是长指令，后者是短指令

04. 程序控制类指令的功能是（ ）。

A. 进行算术运算和逻辑运算

B. 进行主存与CPU之间的数据传送

C. 进行CPU和I/O设备之间的数据传送

D. 改变程序执行的顺序

05. 下列指令中不属于程序控制指令的是（ ）。

A. 无条件转移指令 B. 条件转移指令

C. 中断隐指令 D. 循环指令

06. 下列指令中应用程序不准使用的指令是（ ）。

A. 循环指令 B. 转换指令 C. 特权指令 D. 条件转移指令

07. 堆栈计算机中，有些堆栈零地址的运算类指令在指令格式中不给出操作数的地址，参加的两个操作数来自（ ）。

A. 累加器和寄存器 B. 累加器和暂存器

C. 堆栈的栈顶和次栈顶单元 D. 堆栈的栈顶单元和暂存器

08. 以下叙述错误的是（ ）。

A. 为了便于取指，指令的长度通常为存储字长的整数倍

B. 单地址指令是固定长度的指令

C. 单字长指令可加快取指令的速度

D. 单地址指令可能有一个操作数，也可能有两个操作数

09. 能够完成两个数的算术运算的单地址指令，地址码指明一个操作数，另一个操作数来自（ ）方式。

A. 立即寻址 B. 隐含寻址 C. 间接寻址 D. 基址寻址

10. 设机器字长为32位，一个容量为16MB的存储器，CPU按半字寻址，其寻址单元数是（ ）。

A. 2^{24} B. 2^{23} C. 2^{22} D. 2^{21}

11. 某指令系统有200条指令，对操作码采用固定长度二进制编码，最少需要用（ ）位。

A. 4 B. 8 C. 16 D. 32

12. 在指令格式中，采用扩展操作码设计方案的目的是（ ）。

A. 减少指令字长度

B. 增加指令字长度

C. 保持指令字长度不变而增加指令的数量

D. 保持指令字长度不变而增加寻址空间

13. 一个计算机系统采用 32 位单字长指令，地址码为 12 位，若定义了 250 条二地址指令，则还可以有（　）条单地址指令。

A. 4K　　B. 8K　　C. 16K　　D. 24K

14.【2017 统考真题】某计算机按字节编址，指令字长固定且只有两种指令格式，其中三地址指令 29 条、二地址指令 107 条，每个地址字段为 6 位，则指令字长至少应该是（　）。

A. 24 位　　B. 26 位　　C. 28 位　　D. 32 位

15.【2022 统考真题】下列选项中，属于指令集体系结构（ISA）规定的内容是（　）。

I. 指令字格式和指令类型　　II. CPU 的时钟周期

III. 通用寄存器个数和位数　　IV. 加法器的进位方式

A. 仅 I、II　　B. 仅 I、III　　C. 仅 II、IV　　D. 仅 I、III、IV

16.【2022 统考真题】设计某指令系统时，假设采用 16 位定长指令字格式，操作码使用扩展编码方式，地址码为 6 位，包含零地址、一地址和二地址 3 种格式的指令。若二地址指令有 12 条，一地址指令有 254 条，则零地址指令的条数最多为（　）。

A. 0　　B. 2　　C. 64　　D. 128

二、综合应用题

01. 一个处理器中共有 32 个寄存器，使用 16 位立即数，其指令系统结构中共有 142 条指令。在某个给定的程序中，20%的指令带有一个输入寄存器和一个输出寄存器；30%的指令带有两个输入寄存器和一个输出寄存器；25%的指令带有一个输入寄存器、一个输出寄存器、一个立即数寄存器；其余 25%的指令带有一个立即数输入寄存器和一个输出寄存器。

1）对于以上 4 种指令类型中的任意一种指令类型来说，共需要多少位？假定指令系统结构要求所有指令长度必须是 8 的整数倍。

2）与使用定长指令集编码相比，当采用变长指令集编码时，该程序能够少占用多少存储器空间？

02. 假设指令字长为 16 位，操作数的地址码为 6 位，指令有零地址、一地址、二地址 3 种格式。

1）设操作码固定，若零地址指令有 M 种，一地址指令有 N 种，则二地址指令最多有几种？

2）采用扩展操作码技术，二地址指令最多有几种？

3）采用扩展操作码技术，若二地址指令有 P 条，零地址指令有 Q 条，则一地址指令最多有几种？

03. 在一个 36 位长的指令系统中，设计一个扩展操作码，使之能表示下列指令：

1）7 条具有两个 15 位地址和一个 3 位地址的指令。

2）500 条具有一个 15 位地址和一个 3 位地址的指令。

3）50 条无地址指令。

04. 某模型机共有 64 种操作码，位数固定，且具有以下特点：

1）采用一地址或二地址格式。

2）有寄存器寻址、直接寻址和相对寻址（位移量为−128～+127）3 种寻址方式。

3）有 16 个通用寄存器，算术运算和逻辑运算的操作数均在寄存器中，结果也在寄存器中。

4）取数/存数指令在通用寄存器和存储器之间传送数据。

5）存储器容量为1MB，按字节编址。

要求设计算术逻辑指令、取数/存数指令和相对转移指令的格式，并简述理由。

4.1.6 答案与解析

一、单项选择题

01. D

指令系统是计算机硬件的语言系统，这显然和机器语言有关。

02. A

PC存放当前欲执行指令的地址，而指令的地址码字段则保存操作数地址。

03. A

运算型指令寻址的是操作数，而转移型指令寻址的是下次欲执行的指令的地址。

04. D

程序控制类指令用于改变程序执行的顺序，并使程序具有测试、分析、判断和循环执行的能力。

05. C

程序控制类指令主要包括无条件转移、有条件转移、子程序调用和返回指令、循环指令等。中断隐指令是由硬件实现的，并不是指令系统中存在的指令，更不可能属于程序控制类指令。

06. C

特权指令是指仅用于操作系统或其他系统软件的指令。为确保系统与数据安全起见，这类指令不提供给用户使用。

07. C

零地址的运算类指令又称堆栈运算指令，参与的两个操作数来自栈顶和次栈顶单元。

注意：堆栈指令的访存次数，取决于采用的是软堆栈还是硬堆栈。若是软堆栈（堆栈区由内存实现），则对于双目运算需要访问4次内存：取指、取源数1、取源数2、存结果。若是硬堆栈（堆栈区由寄存器实现），则只需在取指令时访问一次内存。

08. B

指令的地址个数与指令的长度是否固定没有必然联系，即使是单地址指令也可能由于单地址的寻址方式不同而导致指令长度不同。

09. B

单地址指令中只有一个地址码，在完成两个操作数的算术运算时，一个操作数由地址码指出，另一个操作数通常存放在累加寄存器（ACC）中，属于隐含寻址。

10. B

$16M = 2^{24}$，由于字长为32位，现在按半字（16位）寻址，相当于有8M（$= 2^{23}$）个存储单元，每个存储单元中存放16位。

11. B

因 $128 = 2^7 < 200 < 2^8 = 256$，因此采用定长操作码时，至少需要8位。

12. C

扩展操作码并未改变指令的长度，而是使操作码长度随地址码的减少而增加。

13. D

地址码为12位，二地址指令的操作码长度为 $32 - 12 - 12 = 8$ 位，已定义了250条二地址指令，$2^8 - 250 = 6$，即可以设计出单地址指令 $6\times 2^{12} = 24K$ 条。

14． A

三地址指令有 29 条，所以其操作码至少为 5 位。以 5 位进行计算，它剩余 32 − 29 = 3 种操作码给二地址。而二地址另外多了 6 位给操作码，因此其数量最大达 3×64 = 192。所以指令字长最少为 23 位，因为计算机按字节编址，需要是 8 的倍数，所以指令字长至少应该是 24 位，选 A。

15． B

指令集体系结构处于软硬件的交界面上。指令字和指令格式、通用寄存器个数和位数都与机器指令有关，由 ISA 规定。两个 CPU 可以有不同的时钟周期，但指令集可以相同；加法器的进位方式涉及电路设计，这两项都属于计算机的硬件部分，不由 ISA 规定。

16． D

地址码为 6 位，一条二地址指令会占用 2^6 条一地址指令的空间，一条一地址指令会占用 2^6 条零地址指令的空间。如果全都是零地址指令，则最多有 2^{16} 条，减去一地址指令和二地址指令所占用的零地址指令空间，即 $2^{16}-254\times2^6-12\times2^6\times2^6=(2^{10}-254-12\times2^6)\times2^6=2\times2^6=128$。

二、综合应用题

01.【解答】

1）由于有 142 条指令，因此至少需要 8 位才能确定各条指令的操作码（$2^8=256$）。由于该处理器有 32 个寄存器，也就是说要用 5 位对寄存器 ID 编码，而每个立即数需要 16 位。因此有：

20%的一个输入寄存器和一个输出寄存器指令需要 8 + 5 + 5 = 18 位，长度对齐到 8 的倍数，便是 24 位。

30%的两个输入寄存器和一个输出寄存器指令需要 8 + 5 + 5 + 5 = 23 位，对齐到 24 位。

25%的一个输入寄存器、一个输出寄存器、一个立即数寄存器指令需要 8 + 5 + 5 + 16 = 34 位，对齐到 40 位。

25%的一个立即数输入寄存器和一个输出寄存器指令需要 8 + 16 + 5 = 29 位，对齐到 32 位。

2）由于变长指令最长的长度为 40 位，所以定长指令编码每条指令的长度均为 40 位。而采用变长编码，将各个指令长度和其概率相乘，得出平均长度为 30 位。所以该程序中，变长编码能比定长编码少占用 25%的存储空间。

02.【解答】

1）根据操作数地址码为 6 位，得到二地址指令中操作码的位数为 16 − 6 − 6 = 4，这 4 位操作码可有 16 种操作。由于操作码固定，因此除了零地址指令有 M 种，一地址指令有 N 种，剩下的二地址指令最多有 $16-M-N$ 种。

2）采用扩展操作码技术，操作码位数可随地址数的减少而增加。对于二地址指令，指令字长 16 位，减去两个地址码共 12 位，剩下 4 位操作码，共 16 种编码，去掉一种编码（如 1111）用于一地址指令扩展，二地址指令最多可有 15 种操作。

3）采用扩展操作码技术，操作码位数可变，二地址、一地址和零地址的操作码长度分别为 4 位、10 位和 16 位。这样，二地址指令操作码每减少一个，就可以多构成 2^6 条一地址指令操作码；一地址指令操作码每减少一个，就可以多构成 2^6 条零地址指令操作码。设一地址指令有 R 条，则一地址指令最多有 $(2^4-P)\times2^6$ 条，零地址指令最多有 $[(2^4-P)\times2^6-R]\times2^6$ 条。

根据题中给出零地址指令为 Q 条，即 $Q=[(2^4-P)\times2^6-R]\times2^6$，得 $R=(2^4-P)\times2^6-\lceil Q\times2^{-6}\rceil$。

03.【解答】

1）

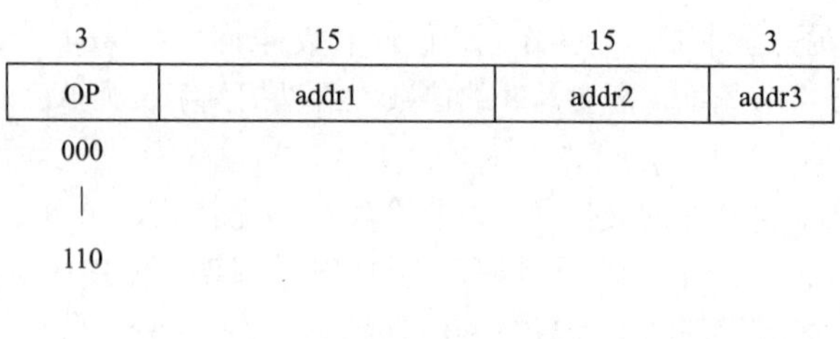

2）

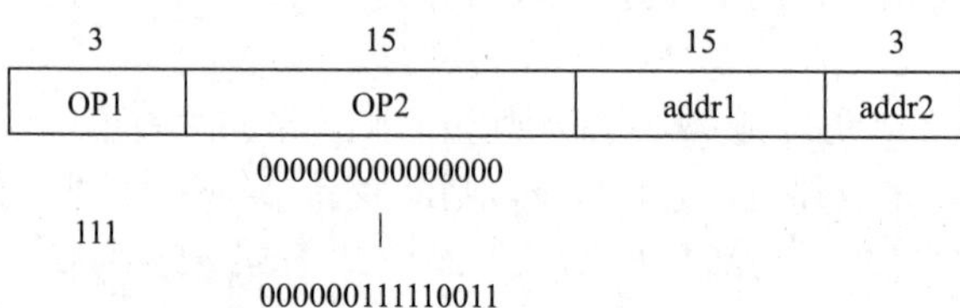

3）

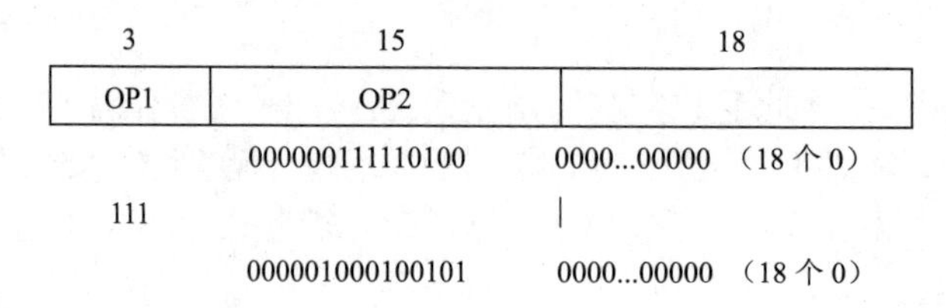

04.【解答】

1）算术逻辑指令格式为“寄存器-寄存器”型，取单字长为 16 位，格式如下：

6	2	4	4
OP	M	R_i	R_j

其中，OP 为操作码，6 位，可实现 64 种操作；M 为寻址特征，2 位，可反映寄存器寻址、直接寻址、相对寻址；R_i 和 R_j 各取 4 位，指出源操作数和目的操作数的寄存器编号。

2）取数/存数指令格式为“寄存器-存储器”型，取双字长为 32 位，格式如下：

6	2	4	4
OP	M	R_i	A_1
A_2			

其中，OP 为操作码，6 位不变；M 为寻址特征，2 位不变；R_i 为 4 位，为源操作数地址（存数指令）或目的操作数地址（取数指令）；A_1 和 A_2 共 20 位，为存储器地址，可直接访问按字节编址的 1MB 存储器。

3）相对转移指令为一个地址格式，取单字长为 16 位，格式如下：

6	2	8
OP	M	A

其中，OP 为操作码，6 位不变；M 为寻址特征，2 位不变；A 为位移量，8 位，采用补码表示，对应偏移量为−128～+127。

4.2　指令的寻址方式

寻址方式是指寻找指令或操作数有效地址的方式，即确定本条指令的数据地址及下一条待执行指令的地址的方法。寻址方式分为指令寻址和数据寻址两大类。

指令中的地址码字段并不代表操作数的真实地址，这种地址称为形式地址（A）。形式地址结合寻址方式，可以计算出操作数在存储器中的真实地址，这种地址称为有效地址（EA）。

注意，(A)表示地址为 A 的数值，A 既可以是寄存器编号，也可以是内存地址。对应的(A)就是寄存器中的数值，或相应内存单元的数值。例如，EA = (A)意思是有效地址是地址 A 中的数值。

4.2.1　指令寻址和数据寻址

寻址方式分为指令寻址和数据寻址两大类。寻找下一条将要执行的指令地址称为指令寻址；寻找本条指令的数据地址称为数据寻址。

1．指令寻址

指令寻址方式有两种：一种是顺序寻址方式，另一种是跳跃寻址方式。

（1）顺序寻址

通过程序计数器 PC 加 1（1 个指令字长），自动形成下一条指令的地址。

（2）跳跃寻址

通过转移类指令实现。所谓跳跃，是指下条指令的地址不由程序计数器 PC 自动给出，而由本条指令给出下条指令地址的计算方式。而是否跳跃可能受到状态寄存器和操作数的控制，跳跃的地址分为绝对地址（由标记符直接得到）和相对地址（相对于当前指令地址的偏移量），跳跃的结果是当前指令修改 PC 值，所以下一条指令仍然通过 PC 给出。

2．数据寻址

数据寻址是指如何在指令中表示一个操作数的地址，如何用这种表示得到操作数或怎样计算出操作数的地址。

数据寻址的方式较多，为区别各种方式，通常在指令字中设一个字段，用来指明属于哪种寻址方式，由此可得指令的格式如下所示：

操作码	寻址特征	形式地址 A

4.2.2　常见的数据寻址方式

1．隐含寻址

这种类型的指令不明显地给出操作数的地址，而在指令中隐含操作数的地址。例如，单地址的指令格式就不明显地在地址字段中指出第二操作数的地址，而规定累加器（ACC）作为第二操作数地址，指令格式明显指出的仅是第一操作数的地址。因此，累加器（ACC）对单地址指令格式来说是隐含寻址，如图 4.2 所示。

隐含寻址的优点是有利于缩短指令字长；缺点是需增加存储操作数或隐含地址的硬件。

2．立即（数）寻址

这种类型的指令的地址字段指出的不是操作数的地址，而是操作数本身，又称立即数，采用补码表示。图 4.3 所示为立即寻址示意图，图中#表示立即寻址特征，A 就是操作数。

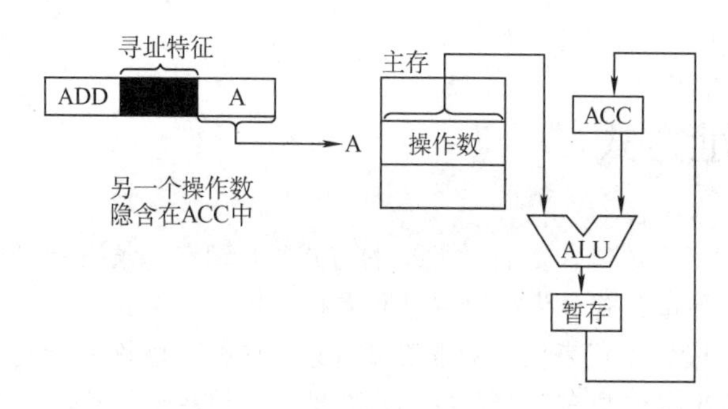

图 4.2　隐含寻址

立即寻址的优点是指令在执行阶段不访问主存，指令执行时间最短；缺点是 A 的位数限制了立即数的范围。

3．直接寻址

指令字中的形式地址 A 是操作数的真实地址 EA，即 EA＝A，如图 4.4 所示。

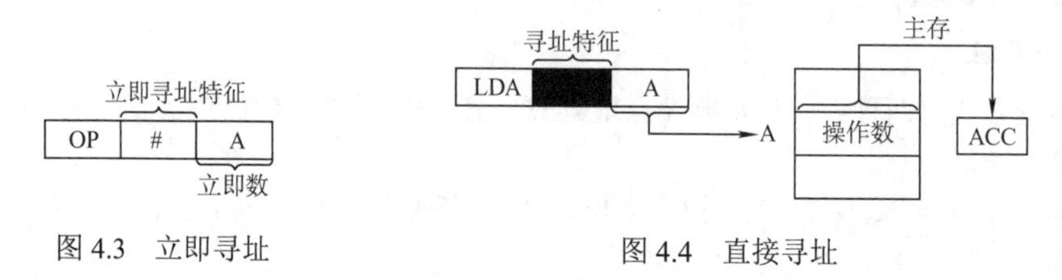

图 4.3　立即寻址　　图 4.4　直接寻址

直接寻址的优点是简单，指令在执行阶段仅访问一次主存，不需要专门计算操作数的地址；缺点是 A 的位数决定了该指令操作数的寻址范围，操作数的地址不易修改。

4．间接寻址

间接寻址是相对于直接寻址而言的，指令的地址字段给出的形式地址不是操作数的真正地址，而是操作数有效地址所在的存储单元的地址，也就是操作数地址的地址，即 EA＝(A)，如图 4.5 所示。间接寻址可以是一次间接寻址，还可以是多次间接寻址。

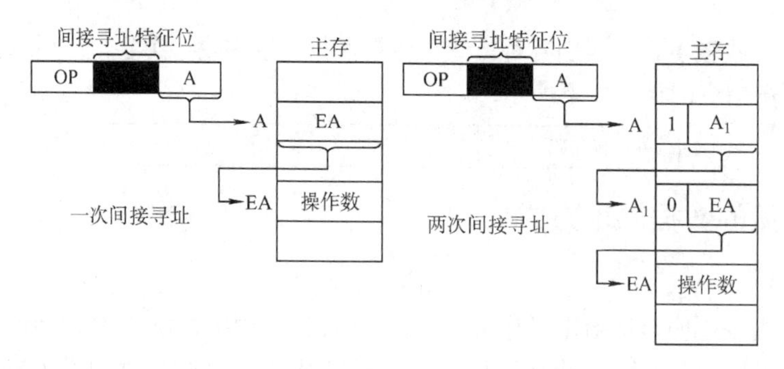

图 4.5　间接寻址

在图 4.5 中，主存字第一位为 1 时，表示取出的仍不是操作数的地址，即多次间址；主存字第一位为 0 时，表示取得的是操作数的地址。

间接寻址的优点是可扩大寻址范围（有效地址 EA 的位数大于形式地址 A 的位数），便于编制程序（用间接寻址可方便地完成子程序返回）；缺点是指令在执行阶段要多次访存（一次间接寻址需两次访存，多次间接寻址需根据存储字的最高位确定访存次数）。由于访问速度过慢，这种寻址方式并不常用。一般问到扩大寻址范围时，通常指的是寄存器间接寻址。

5．寄存器寻址

寄存器寻址是指在指令字中直接给出操作数所在的寄存器编号，即 EA = R_i，其操作数在由 R_i 所指的寄存器内，如图 4.6 所示。

寄存器寻址的优点是指令在执行阶段不访问主存，只访问寄存器，因寄存器数量较少，对应地址码长度较小，使得指令字短且因不用访存，所以执行速度快，支持向量/矩阵运算；缺点是寄存器价格昂贵，计算机中的寄存器个数有限。

6．寄存器间接寻址

寄存器间接寻址是指在寄存器 R_i 中给出的不是一个操作数，而是操作数所在主存单元的地址，即 EA = (R_i)，如图 4.7 所示。

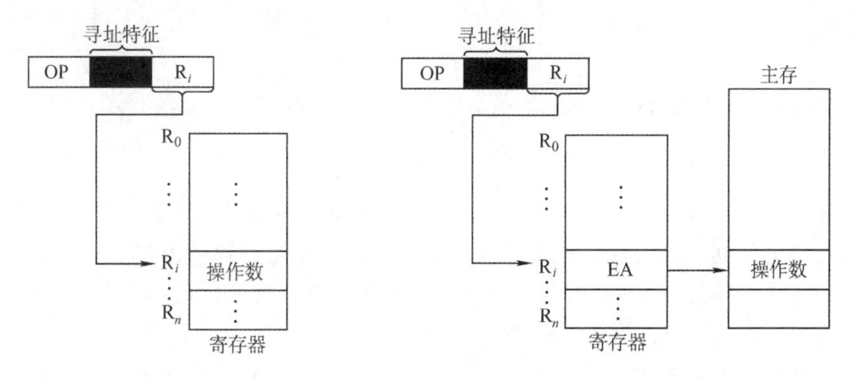

图 4.6 寄存器寻址　　　图 4.7 寄存器间接寻址

寄存器间接寻址的特点是，与一般间接寻址相比速度更快，但指令的执行阶段需要访问主存（因为操作数在主存中）。

7．相对寻址

相对寻址是把 PC 的内容加上指令格式中的形式地址 A 而形成操作数的有效地址，即 EA = (PC) + A，其中 A 是相对于当前 PC 值的位移量，可正可负，补码表示，如图 4.8 所示。

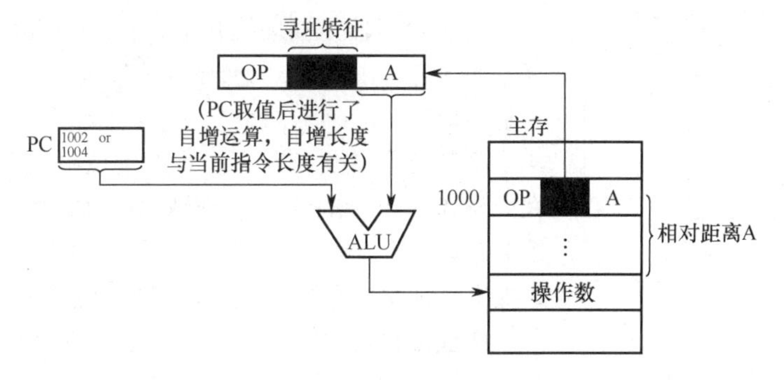

图 4.8 相对寻址

在图 4.8 中，A 的位数决定操作数的寻址范围。

相对寻址的优点是操作数的地址不是固定的，它随 PC 值的变化而变化，且与指令地址之间总是相差一个固定值，因此便于程序浮动。相对寻址广泛应用于转移指令。

注意，对于转移指令 JMP A，当 CPU 从存储器中取出一字节时，会自动执行(PC) + 1→PC。

若转移指令的地址为 X，且占 2B，在取出该指令后，PC 的值会增 2，即(PC) = X + 2，这样在执行完该指令后，会自动跳转到 X + 2 + A 的地址继续执行。

8．基址寻址

基址寻址是指将 CPU 中基址寄存器（BR）的内容加上指令格式中的形式地址 A 而形成操作数的有效地址，即 EA = (BR) + A。其中基址寄存器既可采用专用寄存器，又可采用通用寄存器，如图 4.9 所示。

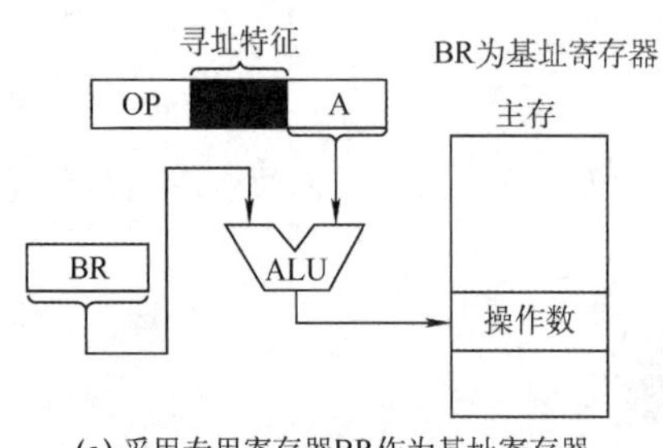

(a) 采用专用寄存器BR作为基址寄存器

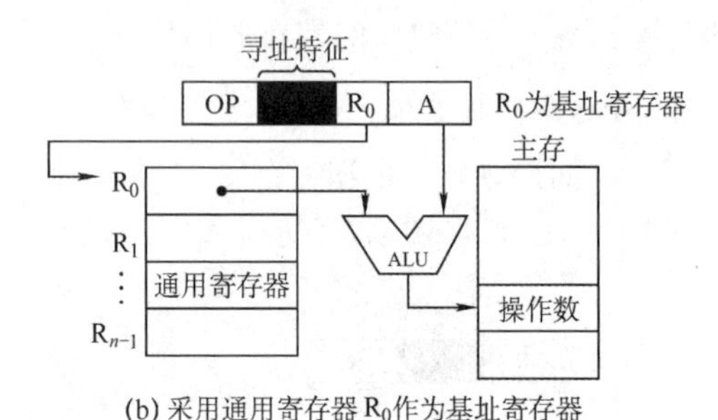

(b) 采用通用寄存器 R_0 作为基址寄存器

图 4.9　基址寻址

基址寄存器是面向操作系统的，其内容由操作系统或管理程序确定，主要用于解决程序逻辑空间与存储器物理空间的无关性。在程序执行过程中，基址寄存器的内容不变（作为基地址），形式地址可变（作为偏移量）。采用通用寄存器作为基址寄存器时，可由用户决定哪个寄存器作为基址寄存器，但其内容仍由操作系统确定。

基址寻址的优点是可扩大寻址范围（基址寄存器的位数大于形式地址 A 的位数）；用户不必考虑自己的程序存于主存的哪个空间区域，因此有利于多道程序设计，并可用于编制浮动程序，但偏移量（形式地址 A）的位数较短。

9．变址寻址

变址寻址是指有效地址 EA 等于指令字中的形式地址 A 与变址寄存器 IX 的内容之和，即 EA = (IX) + A，其中 IX 为变址寄存器（专用），也可用通用寄存器作为变址寄存器。图 4.10 所示为采用专用寄存器 IX 的变址寻址示意图。

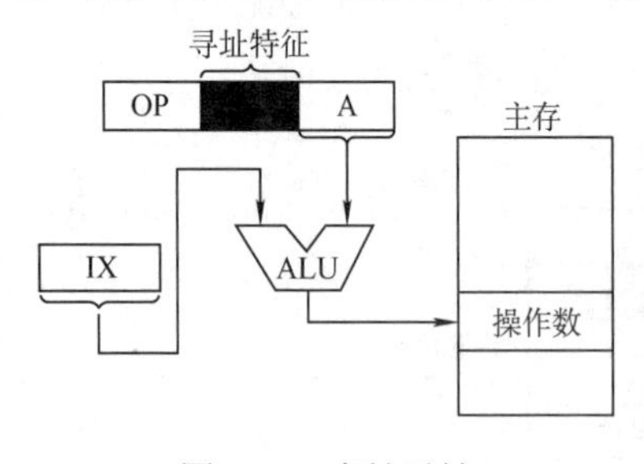

图 4.10　变址寻址

变址寄存器是面向用户的，在程序执行过程中，变址寄存器的内容可由用户改变（作为偏移量），形式地址 A 不变（作为基地址）。

变址寻址的优点是可扩大寻址范围（变址寄存器的位数大于形式地址 A 的位数）；在数组处理过程中，可设定 A 为数组的首地址，不断改变变址寄存器 IX 的内容，便可很容易形成数组中任意一个数据的地址，特别适合编制循环程序。偏移量（变址寄存器 IX）的位数足以表示整个存储空间。

显然，变址寻址与基址寻址的有效地址形成过程极为相似。但从本质上讲，两者有较大区别。基址寻址面向系统，主要用于为多道程序或数据分配存储空间，因此基址寄存器的内容通常由操作系统或管理程序确定，在程序的执行过程中其值不可变，而指令字中的 A 是可变的；变址寻址立足于用户，主要用于处理数组问题，在变址寻址中，变址寄存器的内容由用户设定，在程序执行过程中其值可变，而指令字中的 A 是不可变的。

10．堆栈寻址

堆栈是存储器（或专用寄存器组）中一块特定的、按后进先出（LIFO）原则管理的存储区，该存储区中读/写单元的地址是用一个特定的寄存器给出的，该寄存器称为堆栈指针（SP）。堆栈可分为硬堆栈与软堆栈两种。

寄存器堆栈又称硬堆栈。寄存器堆栈的成本较高，不适合做大容量的堆栈；而从主存中划出一段区域来做堆栈是最合算且最常用的方法，这种堆栈称为软堆栈。

在采用堆栈结构的计算机系统中，大部分指令表面上都表现为无操作数指令的形式，因为操作数地址都隐含使用了 SP。通常情况下，在读/写堆栈中的一个单元的前后都伴有自动完成对 SP 内容的增量或减量操作。

下面简单总结寻址方式、有效地址及访存次数（不含取本条指令的访存），见表 4.1。

表 4.1　寻址方式、有效地址及访存次数

寻 址 方 式	有 效 地 址	访 存 次 数
隐含寻址	程序指定	0
立即寻址	A 即是操作数	0
直接寻址	EA = A	1
一次间接寻址	EA = (A)	2
寄存器寻址	$EA = R_i$	0
寄存器间接一次寻址	$EA = (R_i)$	1
相对寻址	EA = (PC) + A	1
基址寻址	EA = (BR) + A	1
变址寻址	EA = (IX) + A	1

4.2.3　本节习题精选

一、单项选择题

01. 指令系统中采用不同寻址方式的目的是（　）。
A. 提供扩展操作码的可能并降低指令译码难度
B. 可缩短指令字长，扩大寻址空间，提高编程的灵活性
C. 实现程序控制
D. 三者都正确

02. 直接寻址的无条件转移指令的功能是将指令中的地址码送入（　）。
A. 程序计数器（PC）　　B. 累加器（ACC）
C. 指令寄存器（IR）　　D. 地址寄存器（MAR）

03. 为了缩短指令中某个地址段的位数，有效的方法是采取（　）。
A. 立即寻址　　B. 变址寻址　　C. 基址寻址　　D. 寄存器寻址

04. 简化地址结构的基本方法是尽量采用（　）。
A. 寄存器寻址　　B. 隐地址　　C. 直接寻址　　D. 间接寻址

05. 在指令寻址的各种方式中，获取操作数最快的方式是（　）。
A. 直接寻址　　B. 立即寻址　　C. 寄存器寻址　　D. 间接寻址

06. 假定指令中地址码所给出的是操作数的有效地址，则该指令采用（　）。
A. 直接寻址　　B. 立即寻址　　C. 寄存器寻址　　D. 间接寻址

07. 设指令中的地址码为 A，变址寄存器为 X，程序计数器为 PC，则变址间址寻址方式的

操作数的有效地址 EA 是（　）。

A. ((PC) + A)　　B. ((X) + A)　　C. (X) + (A)　　D. (X) + A

08.（　）便于处理数组问题。

A. 间接寻址　　B. 变址寻址　　C. 相对寻址　　D. 基址寻址

09. 堆栈寻址方式中，设 A 为累加器，SP 为堆栈指示器，M_{sp} 为 SP 指示的栈顶单元。若进栈操作的动作是(A)→M_{sp}, (SP)−1→SP，则出栈操作的动作应为（　）。

A. (M_{sp}) →A, (SP) + 1→SP　　B. (SP) + 1→SP, (M_{SP}) →A

C. (SP)−1→SP, (M_{SP}) →A　　D. (M_{SP})→A, (SP)−1→SP

10. 相对寻址方式中，指令所提供的相对地址实质上是一种（　）。

A. 立即数

B. 内存地址

C. 以本条指令在内存中首地址为基准位置的偏移量

D. 以下条指令在内存中首地址为基准位置的偏移量

11. 在多道程序设计中，最重要的寻址方式是（　）。

A. 相对寻址　　B. 间接寻址　　C. 立即寻址　　D. 按内容寻址

12. 指令寻址方式有顺序和跳跃两种，采用跳跃寻址方式可以实现（　）。

A. 程序浮动　　B. 程序的无条件浮动和条件浮动

C. 程序的无条件转移和条件转移　　D. 程序的调用

13. 某机器指令字长为 16 位，主存按字节编址，取指令时，每取一字节，PC 自动加 1。当前指令地址为 2000H，指令内容为相对寻址的无条件转移指令，指令中的形式地址为 40H。则取指令后及指令执行后 PC 的内容为（　）。

A. 2000H，2042H　　B. 2002H，2040H

C. 2002H，2042H　　D. 2000H，2040H

14. 对按字寻址的机器，程序计数器和指令寄存器的位数各取决于（　）。

A. 机器字长，存储器的字数　　B. 存储器的字数，指令字长

C. 指令字长，机器字长　　D. 地址总线宽度，存储器的字数

15. 假设寄存器 R 中的数值为 200，主存地址为 200 和 300 的地址单元中存放的内容分别是 300 和 400，则（　）方式下访问到的操作数为 200。

A. 直接寻址 200　　B. 寄存器间接寻址（R）

C. 存储器间接寻址（200）　　D. 寄存器寻址 R

16. 假设某条指令的第一个操作数采用寄存器间接寻址方式，指令中给出的寄存器编号为 8，8 号寄存器的内容为 1200H，地址为 1200H 的单元中的内容为 12FCH，地址为 12FCH 的单元中的内容为 38D8H，而地址为 38D8H 的单元中的内容为 88F9H，则该操作数的有效地址为（　）。

A. 1200H　　B. 12FCH　　C. 38D8H　　D. 88F9H

17. 设相对寻址的转移指令占 3B，第一字节为操作码，第二、三字节为相对位移量（补码表示），而且数据在存储器中采用以低字节为字地址的存放方式。每当 CPU 从存储器取出一字节时，即自动完成(PC) + 1→PC。若 PC 的当前值为 240（十进制），要求转移到 290（十进制），则转移指令的第二、三字节的机器代码是（　）；若 PC 的当前值为 240（十进制），要求转移到 200（十进制），则转移指令的第二、三字节的机器代码是（　）。

A. 2FH、FFH　　B. D5H、00H　　C. D5H、FFH　　D. 2FH、00H

18. 关于指令的功能及分类，下列叙述中正确的是（　）。

A. 算术与逻辑运算指令，通常完成算术运算或逻辑运算，都需要两个数据

B. 移位操作指令，通常用于把指定的两个操作数左移或右移一位

C. 转移指令、子程序调用与返回指令，用于解决数据调用次序的需求

D. 特权指令，通常仅用于实现系统软件，这类指令一般不提供给用户

19.【2009 统考真题】某机器字长为 16 位，主存按字节编址，转移指令采用相对寻址，由 2 字节组成，第一字节为操作码字段，第二字节为相对位移量字段。假定取指令时，每取一字节 PC 自动加 1。若某转移指令所在主存地址为 2000H，相对位移量字段的内容为 06H，则该转移指令成功转移后的目标地址是（　）。

A. 2006H　　B. 2007H　　C. 2008H　　D. 2009H

20.【2011 统考真题】偏移寻址通过将某个寄存器的内容与一个形式地址相加来生成有效地址。下列寻址方式中，不属于偏移寻址方式的是（　）。

A. 间接寻址　　B. 基址寻址　　C. 相对寻址　　D. 变址寻址

21.【2011 统考真题】某机器有一个标志寄存器，其中有进位/借位标志 CF、零标志 ZF、符号标志 SF 和溢出标志 OF，条件转移指令 bgt（无符号整数比较大于时转移）的转移条件是（　）。

A. $CF + OF = 1$　　B. $\overline{SF} + ZF = 1$　　C. $\overline{CF+ZF} = 1$　　D. $\overline{CF+SF} = 1$

22.【2013 统考真题】假设变址寄存器 R 的内容为 1000H，指令中的形式地址为 2000H；地址 1000H 中的内容为 2000H，地址 2000H 中的内容为 3000H，地址 3000H 中的内容为 4000H，则变址寻址方式下访问到的操作数是（　）。

A. 1000H　　B. 2000H　　C. 3000H　　D. 4000H

23.【2014 统考真题】某计算机有 16 个通用寄存器，采用 32 位定长指令字，操作码字段（含寻址方式位）为 8 位，Store 指令的源操作数和目的操作数分别采用寄存器直接寻址和基址寻址方式。若基址寄存器可使用任意一个通用寄存器，且偏移量用补码表示，则 Store 指令中偏移量的取值范围是（　）。

A. −32768～+32767　　B. −32767～+32768

C. −65536～+65535　　D. −65535～+65536

24.【2016 统考真题】某指令格式如下所示。

OP	M	I	D

其中 M 为寻址方式，I 为变址寄存器编号，D 为形式地址。若采用先变址后间址的寻址方式，则操作数的有效地址是（　）。

A. I + D　　B. (I) + D　　C. ((I) + D)　　D. ((I)) + D

25.【2017 统考真题】下列寻址方式中，最适合按下标顺序访问一维数组元素的是（　）。

A. 相对寻址　　B. 寄存器寻址　　C. 直接寻址　　D. 变址寻址

26.【2018 统考真题】按字节编址的计算机中，某 double 型数组 A 的首地址为 2000H，使用变址寻址和循环结构访问数组 A，保存数组下标的变址寄存器的初值为 0，每次循环取一个数组元素，其偏移地址为变址值乘以 sizeof (double)，取完后变址寄存器的内容自动加 1。若某次循环所取元素的地址为 2100H，则进入该次循环时变址寄存器的内容是（　）。

A. 25　　B. 32　　C. 64　　D. 100

27.【2019 统考真题】某计算机采用大端方式，按字节编址。某指令中操作数的机器数为 1234 FF00H，该操作数采用基址寻址方式，形式地址（用补码表示）为 FF12H，基址寄存器的

内容为 F000 0000H，则该操作数的 LSB（最低有效字节）所在的地址是（　）。

A. F000 FF12H　　B. F000 FF15H　　C. EFFF FF12H　　D. EFFF FF15H

28.【2020 统考真题】某计算机采用 16 位定长指令字格式，操作码位数和寻址方式位数固定，指令系统有 48 条指令，支持直接、间接、立即、相对 4 种寻址方式。在单地址指令中，直接寻址方式的可寻址范围是（　）。

A. 0 ~ 255　　B. 0 ~ 1023　　C. –128 ~ 127　　D. –512 ~ 511

二、综合应用题

01. 某计算机指令系统采用定长操作码（单字和双字两种）。回答以下问题：

1）采用什么寻址方式时指令码长度最短？采用什么寻址方式时指令码长度最长？

2）采用什么寻址方式时执行速度最快？采用什么寻址方式时执行速度最慢？

3）若指令系统采用定长指令码格式，则采用什么寻址方式时执行速度最快？

02. 某机字长为 16 位，存储器按字编址，访问内存指令格式如下：

15　　11	10　　8	7　　0
OP	M	A

其中，OP 为操作码，M 为寻址特征，A 为形式地址。设 PC 和 Rx 分别为程序计数器和变址寄存器，字长为 16 位，问：

1）该指令能定义多少种指令？

2）下表中各种寻址方式的寻址范围为多少？

3）写出下表中各种寻址方式的有效地址 EA 的计算公式。

寻 址 方 式	有效地址 EA 的计算公式	寻 址 范 围
直接寻址		
间接寻址		
变址寻址		
相对寻址		

03. 一条双字长的 Load 指令存储在地址为 200 和 201 的存储位置，该指令将指定的内容装入累加器（ACC）中。指令的第一个字指定操作码和寻址方式，第二个字是地址部分。主存内容示意图如右图所示。PC 值为 200，R1 值为 400，XR 值为 100。

指令的寻址方式字段可指定任何一种寻址方式。请在下列寻址方式中，装入 ACC 的值。

1）直接寻址。

2）立即寻址。

3）间接寻址。

4）相对寻址。

5）变址寻址。

6）寄存器 R1 寻址。

7）寄存器 R1 间接寻址。

地址	主存	
200	LOAD	MOD
201	500	
202		
300	450	
400	700	
500	800	
600	900	
702	325	
800	300	

04. 某机的机器字长为 16 位，主存按字编址，指令格式如下：

15　　　　　10	9　　8	7　　　0
操作码	X	D

其中，D 为位移量；X 为寻址特征位。

X = 00：直接寻址。

X = 01：用变址寄存器 X1 进行变址。

X = 10：用变址寄存器 X2 进行变址。

X = 11：相对寻址。

设(PC) = 1234H，(X1) = 0037H，(X2) = 1122H（H 代表十六位进制数），请确定下列指令的有效地址：

① 4420H　　② 2244H　　③ 1322H　　④ 3521H　　⑤ 6723H

05. 某计算机字长 16 位，标志寄存器 FLAGS 中的 ZF、SF 和 OF 分别是零标志、符号标志和溢出标志，采用双字节字长指令字。假定 bgt（大于零转移）指令的第一个字节指明操作码和寻址方式，第二个字节为偏移地址 Imm8，用补码表示。指令功能是：

若（$ZF + (SF \oplus OF) = 0$），则 $PC = PC + 2 + Imm8 \times 2$；否则，$PC = PC + 2$。

请回答下列问题：

1）该计算机的编址单位是多少？

2）bgt 指令执行的是带符号整数比较，还是无符号整数比较？

3）偏移地址 Imm8 的含义是什么？转移目标地址的范围是什么？

06.【2010 统考真题】某计算机字长为 16 位，主存地址空间大小为 128KB，按字编址，采用单字长指令格式，指令各字段定义如下：

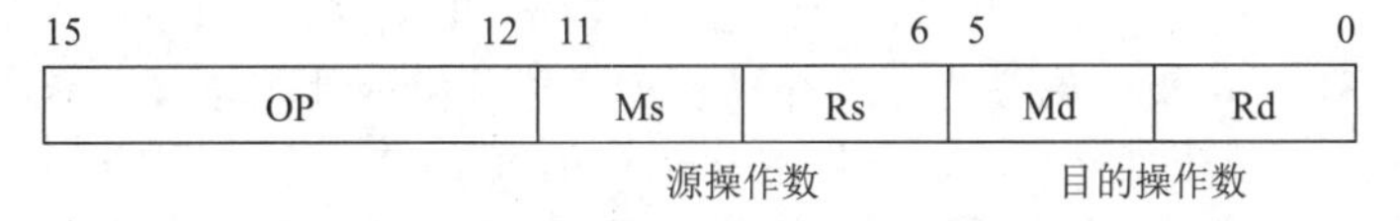

转移指令采用相对寻址方式，相对偏移量用补码表示，寻址方式定义见下表。

Ms/Md	寻址方式	助记符	含　义
000B	寄存器直接	Rn	操作数 = (Rn)
001B	寄存器间接	(Rn)	操作数 = ((Rn))
010B	寄存器间接、自增	(Rn) +	操作数 = ((Rn))，(Rn) + 1→Rn
011B	相对	D(Rn)	转移目标地址 = (PC) + (Rn)

注：(X)表示存储器地址 X 或寄存器 X 的内容。

回答下列问题：

1）该指令系统最多可有多少条指令？该计算机最多有多少个通用寄存器？存储器地址寄存器（MAR）和存储器数据寄存器（MDR）至少各需要多少位？

2）转移指令的目标地址范围是多少？

3）若操作码 0010B 表示加法操作（助记符为 add），寄存器 R4 和 R5 的编号分别为 100B 和 101B，R4 的内容为 1234H，R5 的内容为 5678H，地址 1234H 中的内容为 5678H，5678H 中的内容为 1234H，则汇编语句“add (R4), (R5)+”（逗号前为源操作数，逗号后为目的操作数）对应的机器码是什么（用十六进制表示）？该指令执行后，哪些寄存器和存储单元的内容会改变？改变后的内容是什么？

07. 一条双字长的取数指令（LDA）存于存储器的 200 和 201 单元，其中第一个字为操作码

OP 和寻址特征 M，第二个字为形式地址 A。假设 PC 的当前值为 200，变址寄存器 IX 的内容为 100，基址寄存器的内容为 200，存储器相关单元的内容如下表所示：

地址	201	300	400	401	500	501	502	700
内容	300	400	700	501	600	700	900	401

下表的各列分别为寻址方式、该寻址方式下的有效地址及取数指令执行结束后累加器（AC）的内容，试补全下表：

寻 址 方 式	有效地址（EA）	累加器（AC）的内容
立即寻址		
直接寻址		
间接寻址		
相对寻址		
变址寻址		
基址寻址		
先变址后间址		
先间址后变址		

08.【2013 统考真题】某计算机采用 16 位定长指令字格式，其 CPU 中有一个标志寄存器，其中包含进位/借位标志 CF、零标志 ZF 和符号标志 NF。假定为该机设计了条件转移指令，其格式如下：

15–11	10	9	8	7–0
00000	C	Z	N	OFFSET

其中，00000 为操作码 OP；C、Z 和 N 分别为 CF、ZF 和 NF 的对应检测位，某检测位为 1 时表示需检测对应标志，需检测的标志位中只要有一个为 1 就转移，否则不转移。例如，若 C = 1，Z = 0，N = 1，则需检测 CF 和 NF 的值，当 CF = 1 或 NF = 1 时发生转移；OFFSET 是相对偏移量，用补码表示。转移执行时，转移目标地址为(PC) + 2 + 2×OFFSET；顺序执行时，下一条指令地址为(PC) + 2。请回答下列问题：

1）该计算机存储器是按字节编址还是按字编址？该条件转移指令向后（反向）最多可跳转多少条指令？

2）某条件转移指令的地址为 200CH，指令内容如下图所示，若该指令执行时 CF = 0，ZF = 0，NF = 1，则该指令执行后 PC 的值是多少？若该指令执行时 CF = 1，ZF = 0，NF = 0，则该指令执行后 PC 的值又是多少？请给出计算过程。

15–11	10	9	8	7–0
00000	0	1	1	11100011

3）实现“无符号数比较小于或等于时转移”功能的指令中，C、Z 和 N 应各是什么？

4）以下是该指令对应的数据通路示意图，要求给出图中部件①～③的名称或功能说明。

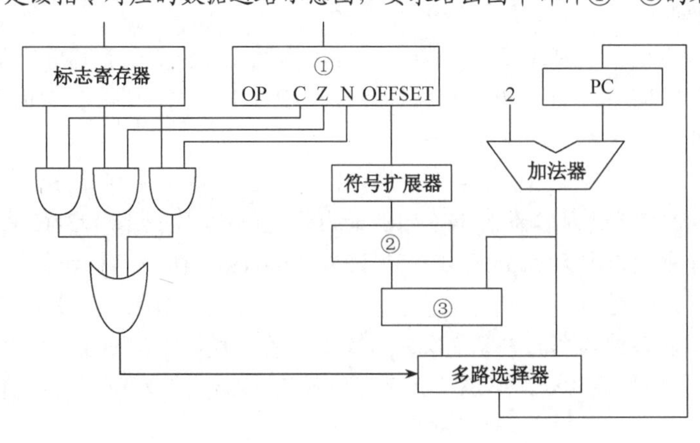

09.【2015 统考真题】题（2015 年真题第 43 题，5.3 节综合题 8）中描述的计算机，某部分指令执行过程的控制信号如下所示。

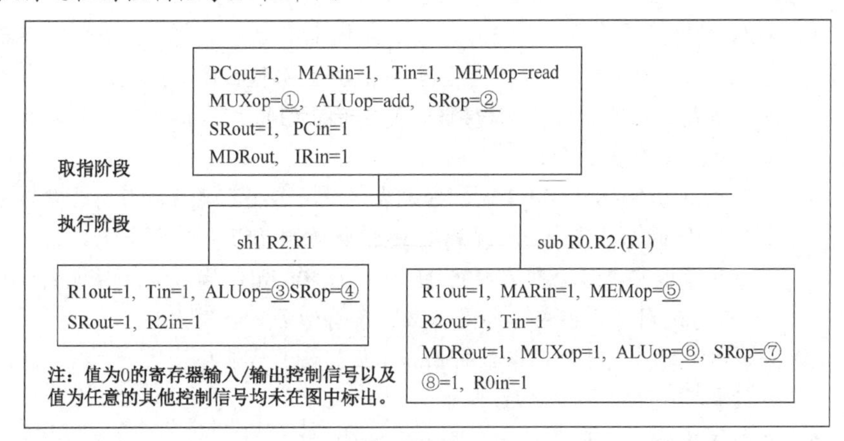

该机指令格式如下图所示，支持寄存器直接和寄存器间接两种寻址方式，寻址方式位分别为 0 和 1，通用寄存器 R0 ~ R3 的编号分别为 0, 1, 2 和 3。

指令操作码	目的操作数		源操作数1		源操作数2	
OP	Md	Rd	Ms1	Rs1	Ms2	Rs2

其中：Md、Ms1、Ms2为寻址方式位，Rd、Rs1、Rs2为寄存器编号。

三地址指令：　源操作数1　OP　源操作数2 ⟶ 目的操作数地址

二地址指令（末3位均为0）：　OP　源操作数1 ⟶ 目的操作数地址

单地址指令（末6位均为0）：　OP　目的操作数 ⟶ 目的操作数地址

回答下列问题：

1）该机的指令系统最多可定义多少条指令？

2）假定 inc、shl 和 sub 指令的操作码分别为 01H、02H 和 03H，则以下指令对应的机器代码各是什么？

① inc　R1　　　　　　; (R1) + 1→R1

② shl　R2, R1　　　　; (R1) << 1→R2

③ sub　R3, (R1), R2　; ((R1)) – (R2) → R3

3）假设寄存器 X 的输入和输出控制信号分别为 Xin 和 Xout，其值为 1 表示有效，为 0 表示无效（如 PCout = 1 表示 PC 内容送总线）；存储器控制信号为 MEMop，用于控制存储器的读（read）和写（write）操作。写出本题第一幅图中标号① ~ ⑧处的控制信号或控制信号的取值。

4）指令“sub R1, R3, (R2)”和“inc R1”的执行阶段至少各需要多少个时钟周期？

10.【2021 统考真题】假定计算机 M 字长为 16 位，按字节编址，连接 CPU 和主存的系统总线中地址线为 20 位、数据线为 8 位，采用 16 位定长指令字，指令格式及说明如下：

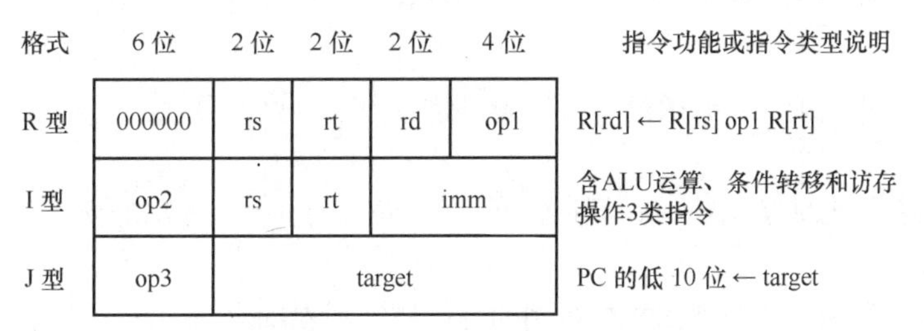

格式	6 位	2 位	2 位	2 位	4 位	指令功能或指令类型说明
R 型	000000	rs	rt	rd	op1	R[rd] ← R[rs] op1 R[rt]
I 型	op2	rs	rt	imm		含ALU运算、条件转移和访存操作3类指令
J 型	op3	target				PC 的低 10 位 ← target

其中，op1 ~ op3 为操作码，rs, rt 和 rd 为通用寄存器编号，R[r]表示寄存器 r 的内容，imm 为立即数，target 为转移目标的形式地址。请回答下列问题。

1）ALU 的宽度是多少位？可寻址主存空间大小为多少字节？指令寄存器、主存地址寄存器（MAR）和主存数据寄存器（MDR）分别应有多少位？

2）R 型格式最多可定义多少种操作？I 型和 J 型格式总共最多可定义多少种操作？通用寄存器最多有多少个？

3）假定 op1 为 0010 和 0011 时，分别表示带符号整数减法和带符号整数乘法指令，则指令 01B2H 的功能是什么（参考上述指令功能说明的格式进行描述）？若 1, 2, 3 号通用寄存器当前内容分别为 B052H, 0008H, 0020H，则分别执行指令 01B2H 和 01B3H 后，3 号通用寄存器内容各是什么？各自结果是否溢出？

4）若采用 I 型格式的访存指令中 imm（偏移量）为带符号整数，则地址计算时应对 imm 进行零扩展还是符号扩展？

5）无条件转移指令可以采用上述哪种指令格式？

4.2.4 答案与解析

一、单项选择题

01． B

采用不同寻址方式的目的是为了缩短指令字长，扩大寻址空间，提高编程的灵活性，但这也提高了指令译码的复杂度。程序控制是靠转移指令而非寻址方式实现的。

02． A

无条件转移指令是指程序转移到新的地址后继续执行，因此必须给出下一条指令的执行地址，并送入程序计数器（PC）。

03． D

CPU 中寄存器的数量都不会太多，用很短的编码就可以指定寄存器，寄存器寻址需要的地址段位数为 $\log_2$（通用寄存器个数），因此能有效地缩短地址段的位数。立即寻址，操作数直接保存在指令中，若地址段位数太小，则操作数表示的范围会很小；变址寻址，EA = 变址寄存器 IX 的内容 + 形式地址 A，A 与主存寻址空间有关；间接寻址中存放的仍然是主存地址。

04． B

隐地址不给出明显的操作数地址，而在指令中隐含操作数的地址，因此可以简化地址结构，如零地址指令。

05． B

立即寻址最快，指令直接给出操作数；寄存器寻址次之，只需访问一次寄存器；直接寻址再次之，访问一次内存；间接寻址最慢，要访问内存两次或以上。

注意：寄存器间接寻址取操作数的速度接近直接寻址。

06． A

指令字中的形式地址为操作数的有效地址，这种方式为直接寻址。

07． B

变址寻址的有效地址是(X) + A，再进行间址，即把(X) + A 中取出的内容作为真实地址 EA，即 EA = ((X) + A)。

寄存器中的内容和指令地址码相加得到的是操作数的地址码。

08. B

变址寻址便于处理数组问题。基址寻址与变址寻址的区别见下表。

	基 址 寻 址	变 址 寻 址
有效地址	EA = (BR) + A	EA = (IX) + A
访存次数	1	1
寄存器内容	由操作系统或管理程序确定	由用户设定
程序执行过程中值可变否	不可变	可变
特点	有利于多道程序设计和编制浮动程序	有利于处理数组问题和编制循环程序

09. B

进、出堆栈时对栈顶指针的操作顺序是不同的，进栈时是先压入数据(A)→M_{SP}，后修改指针(SP) − 1→SP，说明栈指针是指向栈顶的空单元的，所以出栈时要先修改指针(SP) + 1→SP，然后才能弹出数据(M_{SP})→A。

10. D

相对寻址中，有效地址 EA = (PC) + A（A 为形式地址），执行本条指令时，PC 已完成加 1 操作，PC 中保存的是下一条指令的地址，因此以下一条指令的地址为基准位置的偏移量。

11. A

相对寻址编制程序时，无须指定绝对地址，只需确定程序内部的相对距离，从而可以使用浮动地址，给程序的重定位带来了方便。便于实现多道程序，因此选择选项 A。

12. C

跳跃寻址通过转移类指令（如相对寻址）来实现，可用来实现程序的条件或无条件转移。

13. C

指令字长为 16 位，2 字节，因此取指令后 PC 的内容为(PC) + 2 = 2002H；无条件转移指令将下一条指令的地址送至 PC，形式地址为 40H，指令执行后 PC = 2002H + 0040H = 2042H。

14. B

机器按字寻址，程序计数器（PC）给出下一条指令字的访存地址（指令在内存中的地址），因此取决于存储器的字数；指令寄存器（IR）用于接收取得的指令，因此取决于指令字长。

15. D

直接寻址 200 访问的操作数是 300，A 错误。寄存器间接寻址（R）的访问结果与 I 一样，B 错误。存储器间接寻址（200）表示主存地址 200 中的内容为有效地址，有效地址为 300，访问的操作数是 400，C 错误。寄存器寻址 R 表示寄存器 R 的内容为操作数，只有 D 正确。

16. A

寄存器间接寻址中操作数的有效地址 EA = (R_i)，8 号寄存器内容为 1200H，因此 EA = 1200H。

17. D、C

首先需要讲解一下补码扩充的问题。补码的扩充只需使用符号位补足即可，也就是说正数补码的扩充只要补 0，负数补码的扩充只需补 1（这是由补码的性质决定的）。理解了该性质，这道题就变成了十进制转换为十六进制的简单问题。

1）PC 的当前值为 240，该指令取出后 PC 的值为 243，要求转移到 290，即相对位移量为 290 − 243 = 47，转换成补码为 2FH。由于数据在存储器中采用以低字节地址为字地址的存放方式，因此该转移指令的第二字节为 2FH，由于 47 是正数，因此只需在高位补 0，所以第三字节为 00H。

2）PC 的当前值为 240，该指令取出后 PC 的值为 243，要求转移到 200，即相对位移量为 200 − 243 = −43，转换成补码为 D5H。由于数据在存储器中采用以低字节地址为字地址的存放方式，因此该转移指令的第二字节为 D5H，由于−43 是负数，因此只需在高位补 1，所以第三字节为 FFH。

18．D

算术与逻辑运算指令用于完成对一个（如自增、取反等）或两个数据的算术运算或逻辑运算，因此 A 错误。移位操作用于把一个操作数左移或右移一位或多位，因此 B 错误。转移指令、子程序调用与返回指令用于解决变动程序中指令执行次序的需求，而不是数据调用次序的需求，因此 C 错误。

19．C

相对寻址 EA = (PC) + A，先计算取指后的 PC 值。转移指令由 2 字节组成，每取一字节 PC 加 1，在取指后 PC 值为 2002H，因此 EA = (PC) + A = 2002H + 06H = 2008H。本题易误选 A 或 B，选项 A 未考虑 PC 值的自动更新，选项 B 虽然考虑了 PC 值的自动更新，但未注意到该转移指令是一条 2 字节指令，PC 值应是“+2”而不是“+1”。

20．A

间接寻址不需要寄存器，EA = (A)。基址寻址：EA = A + (BR)；相对寻址：EA = A + (PC)；变址寻址：EA = A + (IX)（BR 表示基址寄存器，PC 表示程序计数器，IX 表示变址寄存器）。

21．C

假设两个无符号整数 A 和 B，bgt 指令会将 A 和 B 进行比较，也就是将 A 和 B 相减。若 $A > B$，则 $A - B$ 肯定无进位/借位，也不为 0（为 0 时表示两数相等），因此 CF 和 ZF 均为 0，选 C。其余选项中用到了符号标志 SF 和溢出标志 OF，显然应当排除。

22．D

根据变址寻址的方法，变址寄存器的内容（1000H）与形式地址的内容（2000H）相加，得到操作数的实际地址（3000H），根据实际地址访问内存，获取操作数 4000H，如下图所示。

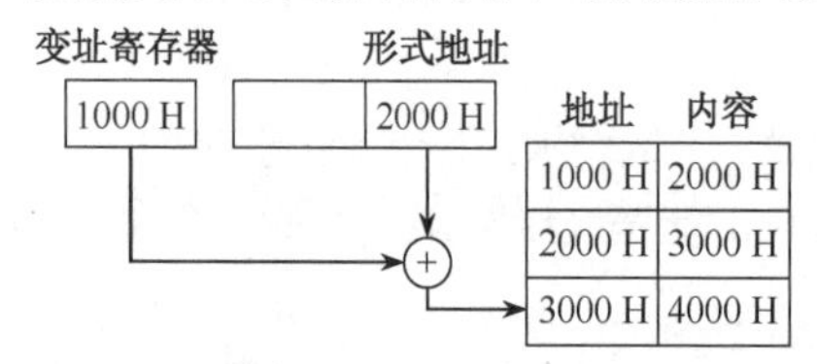

23．A

采用 32 位定长指令字，其中操作码为 8 位，两个地址码共占用 32 − 8 = 24 位，而 Store 指令的源操作数和目的操作数分别采用寄存器直接寻址和基址寻址，机器中共有 16 个通用寄存器，因此寻址一个寄存器需要 $\log_2 16 = 4$ 位，源操作数中的寄存器直接寻址用掉 4 位，而目的操作数采用基址寻址也要指定一个寄存器，同样用掉 4 位，则留给偏移量的位数为 24 − 4 − 4 = 16 位，而偏移量用补码表示，因此 16 位补码的表示范围为−32768～+32767。

24．C

变址寻址中，有效地址（EA）等于指令字中的形式地址 D 与变址寄存器 I 的内容之和，即 EA = (I) + D。间接寻址是相对于直接寻址而言的，指令的地址字段给出的形式地址不是操作数的真正地址，而是操作数地址的地址，即 EA = (D)。从而该操作数的有效地址是((I) + D)。

25．D

在变址操作时，将计算机指令中的地址与变址寄存器中的地址相加，得到有效地址，指令提供数组首地址，由变址寄存器来定位数据中的各元素。所以它最适合按下标顺序访问一维数组元素，选 D。相对寻址以 PC 为基地址，以指令中的地址为偏移量确定有效地址。寄存器寻址则在指令中指出需要使用的寄存器。直接寻址在指令的地址字段直接指出操作数的有效地址。

26. B

根据变址寻址的公式 EA = (IX) + A，有(IX) = 2100H − 2000H = 100H = 256，sizeof(double) = 8（双精度浮点数用 8 位字节表示），因此数组的下标为 256/8 = 32，答案选 B。

27. D

注意，内存地址是无符号数。

操作数采用基址寻址方式，EA = (BR) + A，基址寄存器 BR 的内容为 F000 0000H，形式地址用补码表示为 FF12H 即 1111 1111 0001 0010B，因此有效地址为 F000 0000H + (−00EEH) = EFFF FF12H。计算机采用大端方式编址，所以低位字节存放在字的高地址处，机器数一共占 4 字节，该操作数的 LSB 所在的地址是 EFFF FF12H + 3 = EFFF FF15H，所以选 D。

28. A

48 条指令需要 6 位操作码字段（$2^5 < 48 < 2^6$），4 种寻址方式需要 2 位寻址特征位（$4 = 2^2$），还剩 $16 - 6 - 2 = 8$ 位作为地址码，故直接寻址范围为 0～255。注意，主存地址不能为负。

二、综合应用题

01.【解答】

1）由于通用寄存器的数量有限，可以用较少的二进制位来编码，所以采用寄存器寻址方式和寄存器间接寻址方式的指令码长度最短。因为需要在指令中表示数据和地址，所以立即寻址方式、直接寻址方式和间接寻址方式的指令码长度最长。若指令码长度太短，则无法表示范围较大的立即数和寻址到较大的内存地址空间。

2）由于通用寄存器位于 CPU 内部，无须到内存读取操作数，所以寄存器寻址方式执行速度最快。立即寻址虽然无须取操作数，但因指令码长度最长，取指令访存花费的时间较多。而间接寻址方式需要读内存两次，第一次由操作数的间接地址读到操作数的地址，第二次再由操作数的地址读到操作数，所以间接寻址方式的执行速度最慢。

3）若指令系统采用定长指令码格式，所有指令（包括采用立即寻址方式的指令）所包含的二进制位数均相同，则立即寻址方式执行速度最快，因为读到指令的同时，便立即取得操作数。若采用变长指令码格式，由于要表示一定范围内的立即数，包含立即数的指令通常需要较多的二进制位，取指令时，可能需要不止一次地读内存来完成取指令。因此，采用变长指令码格式时，寄存器寻址方式执行速度最快。

02.【解答】

1）因为 OP 字段长为 5 位，所以指令能定义 $2^5 = 32$ 种指令。

2）、3）各种寻址方式的有效地址 EA 的计算公式、寻址范围见下表。

寻 址 方 式	有效地址 EA 的计算公式	寻 址 范 围
直接寻址	EA = A	$2^8 = 256$
间接寻址	EA = (A)	$2^{16} = 64K$
变址寻址	EA = (Rx) + A	$2^{16} = 64K$
相对寻址	EA = (PC) + A	$2^8 = 256$（PC 附近 256）

03.【解答】

1）直接寻址时，有效地址是指令中的地址码部分 500，装入 ACC 的是 800。

2）立即寻址时，指令的地址码部分是操作数而不是地址，所以将 500 装入 ACC。

3）间接寻址时，操作数的有效地址存储在地址为500的单元中，由此得到有效地址为800，操作数是300。

4）相对寻址时，有效地址EA = (PC) + A = 202 + 500 = 702，所以装入ACC的操作数是325。这是因为指令是双字长，在该指令的执行阶段，PC的内容已经加2，更新为下一条指令的地址202。

5）变址寻址时，有效地址EA = (XR) + A = 100 + 500 = 600，所以装入ACC的操作数是900。

6）寄存器寻址时，R1的内容400装入ACC。

7）寄存器间接寻址时，有效地址是R1的内容400，装入ACC的操作数是700。

04.【解答】

取指后，PC = 1235H（注意，不是1236H，因主存按字编址）。

① X = 00，D = 20H，有效地址EA = 20H。

② X = 10，D = 44H，有效地址EA = 1122H + 44H = 1166H。

③ X = 11，D = 22H，有效地址EA = 1235H + 22H = 1257H。

④ X = 01，D = 21H，有效地址EA = 0037H + 21H = 0058H。

⑤ X = 11，D = 23H，有效地址EA = 1235H + 23H = 1258H。

05.【解答】

1）因为PC的增量是2，且每条指令占2个字节，所以编址单位是字节。

2）根据"大于"条件判断表达式，可以看出该bgt指令实现的是带符号整数比较。因为无符号数比较时，其判断表达式中没有溢出标志OF。

3）偏移地址Imm8为补码表示，说明转移目标地址可能在bgt指令之后。计算转移目标地址时，偏移量为Imm8×2，说明Imm8不是相对地址，而是相对指令数。Imm8的范围为−128～127，故转移目地址的范围是PC + 2 + (−128×2)～PC + 2 + 127×2，也即转移目标地址的范围是相对于bgt指令的前127条指令到后128条指令之间。

06.【解答】

1）操作码占4位，则该指令系统最多可有$2^4 = 16$条指令。操作数占6位，其中寻址方式占3位、寄存器编号占3位，因此该机最多有$2^3 = 8$个通用寄存器。主存地址空间大小为128KB，按字编址，字长为16位，共有128KB/2B = 2^{16}个存储单元，因此MAR至少为16位；因为字长为16位，因此MDR至少为16位。

2）寄存器字长为16位，PC可表示的地址范围为0～$2^{16}-1$，Rn可表示的相对偏移量为-2^{15}～$2^{15}-1$，而主存地址空间为2^{16}，因此转移指令的目标地址范围为0000H～FFFFH（0～$2^{16}-1$）。

3）汇编语句"add (R4), (R5)+"对应的机器码为

字段	OP	Ms	Rs	Md	Rd
内容	0010	001	100	010	101
说明	add	寄存器间接	R4	寄存器间接、自增	R5

将对应的机器码写成十六进制形式为0010 0011 0001 0101B = 2315H。

该指令的功能是将R4的内容所指的存储单元的数据与R5的内容所指的存储单元的数据相加，并将结果送入R5的内容所指的存储单元中。(R4) = 1234H，(1234H) = 5678H；(R5) = 5678H，(5678H) = 1234H；执行加法操作5678H + 1234H = 68ACH。之后R5自增。

该指令执行后，R5和存储单元5678H的内容会改变，R5的内容从5678H变为5679H，存储单元5678H中的内容变为该指令的计算结果68ACH。

07.【解答】

直接寻址：寄存器的内容是有效地址 EA，所以直接寻址的有效地址为 300，根据题给出的表格可知，地址 300 对应的内容为 400。

间接寻址：根据寄存器的内容寻找到的内容才是真正的有效地址，所以根据寄存器内容 300 找到的 400 才是间接寻址的有效地址，因此有效地址为 400，地址 400 对应的内容为 700。

相对寻址：寄存器的内容加上 PC 的内容为有效地址，PC 的当前值为 200，所以当取出一条指令后，变为 202，因此有效地址为 202 + 300 = 502，地址 502 对应的内容为 900。

变址寻址：变址寻址的有效地址为变址寄存器的内容加上累加器的内容，所以有效地址为 100 + 300 = 400，地址 400 对应的内容为 700。

基址寻址：基址寻址的有效地址为基址寄存器的内容加上累加器的内容，所以有效地址为 200 + 300 = 500，地址 500 对应的内容为 600。

先变址后间址：先变址，即先让变址寄存器的内容加上累加器的内容，即 400；再间址，意思就是根据地址 400 找到的内容才是有效地址，所以先变址后间址的有效地址为 700。地址 700 对应的内容为 401。

先间址后变址：先间址，即先根据累加器的内容 300 找到间址的有效地址 400；再变址，即 400 再加上变址寄存器的内容，也就是 400 + 100 = 500，地址 500 对应的内容为 600。

综上，得到下表：

寻 址 方 式	有效地址（EA）	累加器（AC）的内容
立即寻址	—	300
直接寻址	300	400
间接寻址	400	700
相对寻址	502	900
变址寻址	400	700
基址寻址	500	600
先变址后间址	700	401
先间址后变址	500	600

08.【解答】

1）因为指令长度为 16 位，且下一条指令地址为(PC) + 2，因此编址单位是字节。

偏移量 OFFSET 为 8 位补码，范围为−128～127，因此相对于当前条件转移指令，向后最多可跳转 127 条指令。

2）指令中 C = 0，Z = 1，N = 1，因此应根据 ZF 和 NF 的值来判断是否转移。CF = 0，ZF = 0，NF = 1 时，需转移。已知指令中的偏移量为 1110 0011B = E3H，符号扩展后为 FFE3 H，左移一位（乘 2）后为 FFC6H，因此 PC 的值（即转移目标地址）为 200CH + 2 + FFC6H = 1FD4H。CF = 1，ZF = 0，NF = 0 时不转移。PC 的值为 200CH + 2 = 200EH。

3）指令中的 C、Z 和 N 应分别设置为 C = Z = 1，N = 0。

4）部件①用于存放当前指令，不难得出为指令寄存器；多路选择器根据符号标志 C/Z/N 来决定下一条指令的地址是 PC + 2 还是 PC + 2 + 2×OFFSET，因此多路选择器左边线上的结果应是 PC + 2 + 2×OFFSET。根据运算的先后顺序及与 PC + 2 的连接，部件②用于左移一位实现乘 2，为移位寄存器。部件③用于 PC + 2 和 2×OFFSET 相加，为加法器。

部件②：移位寄存器（用于左移一位）；部件③：加法器（地址相加）。

09.【解答】

1）指令操作码有 7 位，因此最多可定义 $2^7 = 128$ 条指令。

2）各条指令的机器代码如下：

①“inc R1”的机器码为 0000001 0 01 0 00 0 00，即 0240H。

②“shl R2, R1”的机器码为 0000010 0 10 0 01 0 00，即 0488H。

③“sub R3, (R1), R2”的机器码为 0000011 0 11 1 01 0 10，即 06EAH。

3）各标号处的控制信号或控制信号取值如下：

①0；②mov；③mova；④left；⑤read；⑥sub；⑦mov；⑧SRout。

4）指令“sub R1, R3, (R2)”的执行阶段至少包含 4 个时钟周期；指令“inc R1”的执行阶段至少包含 2 个时钟周期。

10.【解答】

1）ALU 的宽度为 16 位，ALU 的宽度即 ALU 运算对象的宽度，通常与字长相同。地址线为 20 位，按字节编址，可寻址主存空间大小为 2^{20} 字节（或 1MB）。指令寄存器有 16 位，和单条指令长度相同。MAR 有 20 位，和地址线位数相同。MDR 有 8 位，和数据线宽度相同。

2）R 型格式的操作码有 4 位，最多有 2^4（或 16）种操作。I 型和 J 型格式的操作码有 6 位，因为它们的操作码部分重叠，所以共享这 6 位的操作码空间，且前 6 位全 0 的编码已被 R 型格式占用，因此 I 和 J 型格式最多有 $2^6 - 1 = 63$ 种操作。从 R 型和 I 型格式的寄存器编号部分可知，只用 2 位对寄存器编码，因此通用寄存器最多有 4 个。

3）指令 01B2H = 000000 01 10 11 0010B 为一条 R 型指令，操作码 0010 表示带符号整数减法指令，其功能为 R[3]←R[1] – R[2]。执行指令 01B2H 后，R[3] = B052H – 0008H = B04AH，结果未溢出。指令 01B3H = 000000 01 10 11 0011B，操作码 0011 表示带符号整数乘法指令，执行指令 01B3H 后，R[3] = R[1]×R[2] = B052H×0008H = 8290H，结果溢出。

4）在进行指令的跳转时，可能向前跳转，也可能向后跳转，偏移量是一个带符号整数，因此在地址计算时，应对 imm 进行符号扩展。

5）无条件转移指令可以采用 J 型格式，将 target 部分写入 PC 的低 10 位，完成跳转。

4.3 程序的机器级代码表示

本节的内容是 2022 年大纲新增考点，其实在 2017 年和 2019 年就以综合题的形式考查过，在当时看来属于超纲范畴，很多跨考生当时对此几乎无从下手，相信通过本节的学习后，应能从容应对。

4.3.1 常用汇编指令介绍

1. 相关寄存器

x86 处理器中有 8 个 32 位的通用寄存器，各寄存器及说明如图 4.11 所示。为了向后兼容，EAX、EBX、ECX 和 EDX 的高两位字节和低两位字节可以独立使用，E 为 Extended，表示 32 位的寄存器。例如，EAX 的低两位字节称为 AX，而 AX 的高低字节又可分别作为两个 8 位寄存器，分别称为 AH 和 AL。

除 EBP 和 ESP 外，其他几个寄存器的用途是比较任意的。

2. 汇编指令格式

使用不同的编程工具开发程序时，用到的汇编程序也不同，一般有两种不同的汇编格式：

AT&T 格式和 Intel 格式。它们的区别主要体现如下：

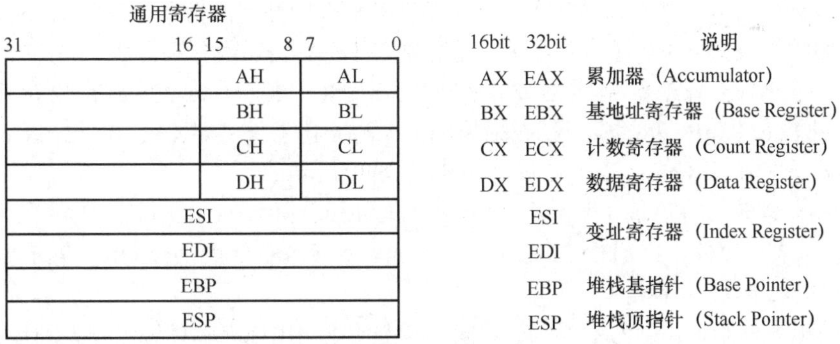

通用寄存器

31　　16	15　　8	7　　0	16bit	32bit	说明
	AH	AL	AX	EAX	累加器（Accumulator）
	BH	BL	BX	EBX	基地址寄存器（Base Register）
	CH	CL	CX	ECX	计数寄存器（Count Register）
	DH	DL	DX	EDX	数据寄存器（Data Register）
ESI				ESI	变址寄存器（Index Register）
EDI				EDI	
EBP				EBP	堆栈基指针（Base Pointer）
ESP				ESP	堆栈顶指针（Stack Pointer）

图 4.11　x86 处理器中的主要寄存器及说明

① AT&T 格式的指令只能用小写字母，而 Intel 格式的指令对大小写不敏感。

② 在 AT&T 格式中，第一个为源操作数，第二个为目的操作数，方向从左到右，合乎自然；在 Intel 格式中，第一个为目的操作数，第二个为源操作数，方向从右向左。

③ 在 AT&T 格式中，寄存器需要加前缀“%”，立即数需要加前缀“$”；在 Intel 格式中，寄存器和立即数都不需要加前缀。

④ 在内存寻址方面，AT&T 格式使用“(”和“)”，而 Intel 格式使用“[”和“]”。

⑤ 在处理复杂寻址方式时，例如 AT&T 格式的内存操作数“disp(base, index, scale)”分别表示偏移量、基址寄存器、变址寄存器和比例因子，如“8(%edx, %eax, 2)”表示操作数为 M[R[edx] + R[eax]*2 + 8]，其对应的 Intel 格式的操作数为“[edx + eax*2 + 8]”。

⑥ 在指定数据长度方面，AT&T 格式指令操作码的后面紧跟一个字符，表明操作数大小，“b”表示 byte（字节）、“w”表示 word（字）或“l”表示 long（双字）。Intel 格式也有类似的语法，它在操作码后面显式地注明 byte ptr、word ptr 或 dword ptr。

注意：由于 32 或 64 位体系结构都是由 16 位扩展而来的，因此用 word（字）表示 16 位。

表 4.2 展示了两种格式的几条不同指令。其中，mov 指令用于在内存和寄存器之间或者寄存器之间移动数据；lea 指令用于将一个内存地址（而不是其所指的内容）加载到目的寄存器。

表 4.2　AT&T 格式指令和 Intel 格式指令的对比

AT&T 格式	Intel 格式	含义
`mov $100, %eax`	`mov eax, 100`	100→R[eax]
`mov %eax, %ebx`	`mov ebx, eax`	R[eax]→R[ebx]
`mov %eax, (%ebx)`	`mov [ebx], eax`	R[eax]→M[R[ebx]]
`mov %eax, -8(%ebp)`	`mov [ebp-8], eax`	R[eax]→M[R[ebp]-8]
`lea 8(%edx,%eax,2), %eax`	`lea eax, [edx+eax*2+8]`	R[edx]+R[eax]*2+8→R[eax]
`movl %eax, %ebx`	`mov dword ptr ebx, eax`	长度为 4 字节的 R[eax]→R[ebx]

注：R[r]表示寄存器 r 的内容，M[addr]表示主存单元 addr 的内容，→表示信息传送方向。

两种汇编指令的相互转换并不复杂。考虑到本书参考教材之一［袁春风所著《计算机系统基础（第二版）》］使用的是 AT&T 格式，但 2017 年和 2019 年统考综合题使用的是 Intel 格式，因此本书将混用两种格式，两种格式的汇编指令都需要理解。在本节介绍常用指令时，使用 Intel 格式；在后面介绍具体结构的机器级表示时，使用 AT&T 格式。读者在学习时可以尝试转换。

3．常用指令

汇编指令通常可以分为数据传送指令、逻辑计算指令和控制流指令，下面以Intel格式为例，介绍一些重要的指令。以下用于操作数的标记分别表示寄存器、内存和常数。

- <reg>: 表示任意寄存器，若其后带有数字，则指定其位数，如<reg32>表示32位寄存器(eax、ebx、ecx、edx、esi、edi、esp或ebp); <reg16>表示16位寄存器(ax、bx、cx或dx); <reg8>表示8位寄存器（ah、al、bh、bl、ch、cl、dh、dl)。
- <mem>: 表示内存地址(如[eax]、[var + 4]或dword ptr [eax + ebx])。
- <con>: 表示8位、16位或32位常数。<con8>表示8位常数; <con16 >表示16位常数; <con32>表示32位常数。

x86中的指令机器码长度为1 字节，对同一指令的不同用途有多种编码方式，比如mov指令就有28种机内编码，用于不同操作数类型或用于特定寄存器，例如，

```
mov ax, <con16>                     #机器码为B8H
mov al, <con8>                      #机器码为B0H
mov <reg16>, <reg16>/<mem16>        #机器码为89H
mov <reg8>/<mem8>, <reg8>           #机器码为8AH
mov <reg16>/<mem16>, <reg16>        #机器码为8BH
```

（1）数据传送指令

1）**mov 指令**。将第二个操作数（寄存器的内容、内存中的内容或常数值）复制到第一个操作数（寄存器或内存)。但不能用于直接从内存复制到内存。

其语法如下：

```
mov <reg>,<reg>
mov <reg>,<mem>
mov <mem>,<reg>
mov <reg>,<con>
mov <mem>,<con>
```

举例：

```
mov eax, ebx                #将ebx值复制到eax
mov byte ptr [var], 5       #将5保存到var值指示的内存地址的一字节中
```

2）**push 指令**。将操作数压入内存的栈，常用于函数调用。ESP是栈顶，压栈前先将ESP值减4（栈增长方向与内存地址增长方向相反)，然后将操作数压入ESP指示的地址。

其语法如下：

```
push <reg32>
push <mem>
push <con32>
```

举例（注意，栈中元素固定为32位)：

```
push eax                    #将eax值压栈
push [var]                  #将var值指示的内存地址的4字节值压栈
```

3）**pop 指令**。与push指令相反，pop指令执行的是出栈工作，出栈前先将ESP指示的地址中的内容出栈，然后将ESP值加4。

其语法如下：

```
pop edi                     #弹出栈顶元素送到edi
pop [ebx]                   #弹出栈顶元素送到ebx值指示的内存地址的4字节中
```

（2）算术和逻辑运算指令

1）**add/sub 指令**。add指令将两个操作数相加，相加的结果保存到第一个操作数中。sub指令用于两个操作数相减，相减的结果保存到第一个操作数中。

它们的语法如下：

```
add <reg>,<reg> / sub <reg>,<reg>
add <reg>,<mem> / sub <reg>,<mem>
add <mem>,<reg> / sub <mem>,<reg>
add <reg>,<con> / sub <reg>,<con>
add <mem>,<con> / sub <mem>,<con>
```

举例：

```
sub eax, 10                    #eax ← eax-10
add byte ptr [var], 10         #10 与 var 值指示的内存地址的一字节值相加，并将结果
                               保存在 var 值指示的内存地址的字节中
```

2）**inc/dec 指令**。inc、dec 指令分别表示将操作数自加 1、自减 1。

它们的语法如下：

```
inc <reg> / dec <reg>
inc <mem> / dec <mem>
举例：
dec eax                        #eax 值自减 1
inc dword ptr [var]            #var 值指示的内存地址的 4 字节值自加 1
```

3）**imul 指令**。带符号整数乘法指令，有两种格式：①两个操作数，将两个操作数相乘，将结果保存在第一个操作数中，第一个操作数必须为寄存器；②三个操作数，将第二个和第三个操作数相乘，将结果保存在第一个操作数中，第一个操作数必须为寄存器。

其语法如下：

```
imul <reg32>,<reg32>
imul <reg32>,<mem>
imul <reg32>,<reg32>,<con>
imul <reg32>,<mem>,<con>
```

举例：

```
imul eax, [var]                #eax ← eax * [var]
imul esi, edi, 25              #esi ← edi * 25
```

乘法操作结果可能溢出，则编译器置溢出标志 OF = 1，以使 CPU 调出溢出异常处理程序。

4）**idiv 指令**。带符号整数除法指令，它只有一个操作数，即除数，而被除数则为 edx:eax 中的内容（64 位整数），操作结果有两部分：商和余数，商送到 eax，余数则送到 edx。

其语法如下：

```
idiv <reg32>
idiv <mem>
```

举例：

```
idiv ebx
idiv dword ptr [var]
```

5）**and/or/xor 指令**。and、or、xor 指令分别是逻辑与、逻辑或、逻辑异或操作指令，用于操作数的位操作，操作结果放在第一个操作数中。

它们的语法如下：

```
and <reg>,<reg> / or <reg>,<reg> / xor <reg>,<reg>
and <reg>,<mem> / or <reg>,<mem> / xor <reg>,<mem>
and <mem>,<reg> / or <mem>,<reg> / xor <mem>,<reg>
and <reg>,<con> / or <reg>,<con> / xor <reg>,<con>
and <mem>,<con> / or <mem>,<con> / xor <mem>,<con>
```

举例：

```
and eax, 0fH              #将 eax 中的前 28 位全部置为 0，最后 4 位保持不变
```

```
xor edx, edx            #置 edx 中的内容为 0
```

6）**not 指令**。位翻转指令，将操作数中的每一位翻转，即 0→1、1→0。

其语法如下：

```
not <reg>
not <mem>
```

举例：

```
not byte ptr [var]      #将 var 值指示的内存地址的一字节的所有位翻转
```

7）**neg 指令**。取负指令。

其语法如下：

```
neg <reg>
neg <mem>
```

举例：

```
neg eax                         #eax ← -eax
```

8）**shl/shr 指令**。逻辑移位指令，shl 为逻辑左移，shr 为逻辑右移，第一个操作数表示被操作数，第二个操作数指示移位的位数。

它们的语法如下：

```
shl <reg>,<con8> / shr <reg>,<con8>
shl <mem>,<con8> / shr <mem>,<con8>
shl <reg>,<cl> / shr <reg>,<cl>
shl <mem>,<cl> / shr <mem>,<cl>
```

举例：

```
shl eax, 1              #将 eax 值左移 1 位
shr ebx, cl             #将 ebx 值右移 n 位（n 为 cl 中的值）
```

（3）控制流指令

x86 处理器维持着一个指示当前执行指令的指令指针（IP），当一条指令执行后，此指针自动指向下一条指令。IP 寄存器不能直接操作，但可以用控制流指令更新。通常用标签（label）指示程序中的指令地址，在 x86 汇编代码中，可在任何指令前加入标签。例如，

```
       mov esi, [ebp+8]
begin: xor ecx, ecx
       mov eax, [esi]
```

这样就用 begin 指示了第二条指令，控制流指令通过标签就可以实现程序指令的跳转。

1）**jmp 指令**。jmp 指令控制 IP 转移到 label 所指示的地址（从 label 中取出指令执行）。

其语法如下：

```
jmp <label>
```

举例：

```
jmp begin           #转跳到 begin 标记的指令执行
```

2）***jcondition* 指令**。条件转移指令，依据 CPU 状态字中的一系列条件状态转移。CPU 状态字中包括指示最后一个算术运算结果是否为 0，运算结果是否为负数等。

其语法如下：

```
je <label> (jump when equal)
jne <label> (jump when not equal)
jz <label> (jump when last result was zero)
jg <label> (jump when greater than)
jge <label> (jump when greater than or equal to)
jl <label> (jump when less than)
jle <label> (jump when less than or equal to)
```

举例：

```
    cmp eax, ebx
    jle done   #如果 eax 的值小于或等于 ebx 值,跳转到 done 指示的指令执行,否则执行下 一
条指令。
```

3）**cmp/test 指令**。cmp 指令用于比较两个操作数的值，test 指令对两个操作数进行逐位与运算，这两类指令都不保存操作结果，仅根据运算结果设置 CPU 状态字中的条件码。

其语法如下：

```
    cmp <reg>,<reg> / test <reg>,<reg>
    cmp <reg>,<mem> / test <reg>,<mem>
    cmp <mem>,<reg> / test <mem>,<reg>
    cmp <reg>,<con> / test <reg>,<con>
```

cmp 和 test 指令通常和 j*condition* 指令搭配使用，举例：

```
    cmp dword ptr [var], 10    #将 var 指示的主存地址的 4 字节内容，与 10 比较
    jne loop                   #如果相等则继续顺序执行；否则跳转到 loop 处执行
    test eax, eax              #测试 eax 是否为零
    jz xxxx                    #为零则置标志 ZF 为 1，转跳到 xxxx 处执行
```

4）**call/ret 指令**。分别用于实现子程序（过程、函数等）的调用及返回。

其语法如下：

```
    call <label>
    ret
```

call 指令首先将当前执行指令地址入栈，然后无条件转移到由标签指示的指令。与其他简单的跳转指令不同，call 指令保存调用之前的地址信息（当 call 指令结束后，返回调用之前的地址）。ret 指令实现子程序的返回机制，ret 指令弹出栈中保存的指令地址，然后无条件转移到保存的指令地址执行。call 和 ret 是程序（函数）调用中最关键的两条指令。

理解上述指令的语法和用途，可以更好地帮助读者解答相关题型。读者在上机调试 C 程序代码时，也可以尝试用编译器调试，以便更好地帮助理解机器指令的执行。

4.3.2 过程调用的机器级表示

上面提到的 call/ret 指令主要用于过程调用，它们都属于一种无条件转移指令。

假定过程 P（调用者）调用过程 Q（被调用者），过程调用的执行步骤如下：

1）P 将入口参数（实参）放在 Q 能访问到的地方。

2）P 将返回地址存到特定的地方，然后将控制转移到 Q。

3）Q 保存 P 的现场（通用寄存器的内容），并为自己的非静态局部变量分配空间。

4）执行过程 Q。

5）Q 恢复 P 的现场，将返回结果放到 P 能访问到的地方，并释放局部变量所占空间。

6）Q 取出返回地址，将控制转移到 P。

步骤 2）是由 call 指令实现的，步骤 6）通过 ret 指令返回到过程 P。在上述步骤中，需要为入口参数、返回地址、过程 P 的现场、过程 Q 的局部变量、返回结果找到存放空间。但用户可见寄存器数量有限，为此需要设置一个专门的存储区域来保存这些数据，这个存储区域就是栈。寄存器 EAX、ECX 和 EDX 是*调用者保存寄存器*，其保存和恢复的任务由过程 P 负责，当 P 调用 Q 时，Q 就可以直接使用这三个寄存器。寄存器 EBX、ESI、EDI 是*被调用者保存寄存器*，Q 必须先将它们的值保存在栈中才能使用它们，并在返回 P 之前先恢复它们的值。

每个过程都有自己的栈区，称为栈帧，因此，一个栈由若干栈帧组成。帧指针寄存器 EBP 指示栈帧的起始位置（栈底），栈指针寄存器 ESP 指示栈顶，栈从高地址向低地址增长，因此，

当前栈帧的范围在帧指针 EBP 和 ESP 指向的区域之间。

下面用一个简单的 C 语言程序来说明过程调用的机器级实现。

```
int add(int x, int y){
    return x+y;
}
int caller(){
    int templ=125;
    int temp2=80;
    int sum=add(templ,temp2);
    return sum;
}
```

经 GCC 编译后，caller 过程对应的代码如下（#后面的文字是注释）：

```
caller:
    pushl   %ebp
    movl    %esp,%ebp
    subl    $24,%esp
    movl    $125,-12(%ebp)        #M[R[ebp]-12]←125，即 temp1=125
    movl    $80,-8(%ebp)          #M[R[ebp]-8]←80，即 temp2=80
    movl    -8(%ebp),%eax         #R[eax]←M[R[ebp]-8]，即 R[eax]=temp2
    mov     %eax,4(%esp)          #M[R[esp]+4]←R[eax]，即 temp2 入栈
    movl    -12(%ebp),%eax        #R[eax]←M[R[ebp]-12]，即 R[eax]=temp1
    movl    %eax,(%esp)           #M[R[esp]]←R[eax]，即 temp1 入栈
    call    add                   #调用 add，将返回值保存在 EAX 中
    movl    %eax,-4(%ebp)         #M[R[ebp]-4]←R[eax]，即 add 返回值送 sum
    movl    -4(%ebp),%eax         #R[eax]←M[R[ebp]-4]，即 sum 作为 caller 返回值
    leave
    ret
```

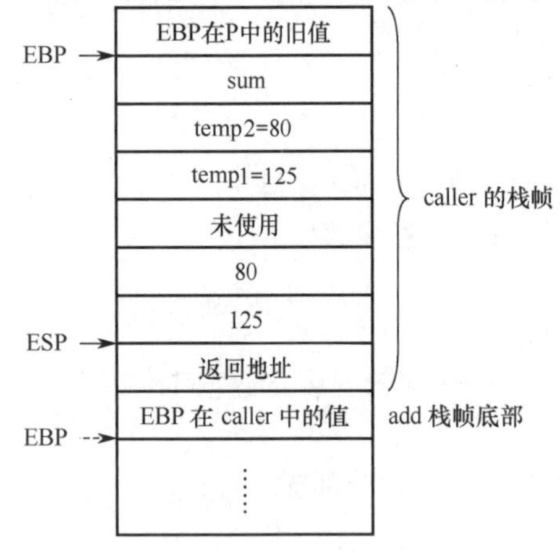

图 4.12　caller 和 add 的栈帧

图 4.12 给出了 caller 栈帧的状态，假定 caller 被过程 P 调用。执行了第 4 行指令后 ESP 所指的位置如图中所示，可以看出 GCC 为 caller 的参数分配了 24 字节的空间。从汇编代码中可以看出，caller 中只使用了调用者保存寄存器 EAX，没有使用任何被调用者保存寄存器，因而在 caller 栈帧中无须保存除 EBP 外的任何寄存器的值；caller 有三个局部变量 temp1、temp2 和 sum，皆被分配在栈帧中；在用 call 指令调用 add 函数之前，caller 先将入口参数从右向左依次将 temp2 和 temp1 的值（即 80 和 125）保存到栈中。在执行 call 指令时再把返回地址压入栈中。此外，在最初进入 caller 时，还将 EBP 的值压入了栈，因此 caller 的栈帧中用到的空间占 4 + 12 + 8 + 4 = 28 字节。但是，caller 的栈帧共有 4 + 24 + 4 = 32 字节，其中浪费了 4 字节的空间（未使用）。这是因为 GCC 为保证数据的严格对齐而规定每个函数的栈帧大小必须是 16 字节的倍数。

call 指令执行后，add 函数的返回参数存放到 EAX 中，因而在 call 指令后面的两条指令中，指令“movl %eax, -4(%ebp)”将 add 的结果存入 sum 变量的存储空间，该变量的地址为 R[ebp]-4；指令“movl -4(%ebp), %eax”将 sum 变量的值作为返回值送到寄存器 EAX 中。

在执行 ret 指令之前，应将当前栈帧释放，并恢复旧 EBP 的值，上述第 14 行 leave 指令实现

了这个功能，leave 指令功能相当于以下两条指令的功能：

```
movl    %ebp, %esp
popl    %ebp
```

其中，第一条指令使 ESP 指向当前 EBP 的位置，第二条指令执行后，EBP 恢复为 P 中的旧值，并使 ESP 指向返回地址。

执行完 leave 指令后，ret 指令就可从 ESP 所指处取返回地址，以返回 P 执行。当然，编译器也可通过 pop 指令和对 ESP 的内容做加法来进行退栈操作，而不一定要使用 leave 指令。

add 过程经 GCC 编译并进行链接后，对应的代码如下所示：

```
8048469:55                push    %ebp
804846a:89 e5             mov     %esp,%ebp
804846c:8b 45 0c          mov     0xc(%ebp),%eax
804846f:8b 55 08          mov     0x8(%ebp),%edx
8048472:8d 04 02          lea     (%edx,%eax,1),%eax
8048475:5d                pop     %ebp
8048476:c3                ret
```

通常，一个过程对应的机器级代码都有三个部分：准备阶段、过程体和结束阶段。

上述第 1、2 行指令构成准备阶段的代码段，这是最简单的准备阶段代码段，它通过将当前栈指针 ESP 传送到 EBP 来完成将 EBP 指向当前栈帧底部的任务，如图 4.12 所示，EBP 指向 add 栈帧底部，从而可以方便地通过 EBP 获取入口参数。这里 add 的入口参数 x 和 y 对应的值（125 和 80）分别在地址为 R[ebp] + 8、R[ebp] + 12 的存储单元中。

上述第 3、4、5 行指令序列是过程体的代码段，过程体结束时将返回值放到 EAX 中。这里好像没有加法指令，实际上第 5 行 lea 指令执行的是加法运算 R[edx] + R[eax]*1 = x + y。

上述第 6、7 行指令序列是结束阶段的代码段，通过将 EBP 弹出栈帧来恢复 EBP 在 caller 过程中的值，并在栈中退出 add 过程的栈帧，使得执行到 ret 指令时栈顶中已经是返回地址。这里的返回地址应该是 caller 代码中第 12 行指令“movl %eax, -4(%ebp)”的地址。

add 过程中没有用到任何被调用者保存寄存器，没有局部变量，此外，add 是一个被调用过程，并且不再调用其他过程，因而也没有入口参数和返回地址要保存，因此，在 add 的栈帧中除了需要保存 EBP，无须保留其他任何信息。

4.3.3　选择语句的机器级表示

常见的选择结构语句有 if-then、if-then-else、case（或 switch）等。编译器通过条件码（标志位）设置指令和各类转移指令来实现程序中的选择结构语句。

（1）条件码（标志位）

除了整数寄存器，CPU 还维护一组条件码（标志位）寄存器，它们描述了最近的算术或逻辑运算操作的属性。可以检测这些寄存器来执行条件分支指令，最常用的条件码如下：

- **CF**：进（借）位标志。最近无符号整数加（减）运算后的进（借）位情况。有进（借）位时，CF = 1；否则 CF = 0。
- **ZF**：零标志。最近的操作的运算结果是否为 0。若结果为 0，ZF = 1；否则 ZF = 0。
- **SF**：符号标志。最近的带符号数运算结果的符号。若为负，SF = 1；否则 SF = 0。
- **OF**：溢出标志。最近的带符号数运算结果是否溢出。若溢出，OF = 1；否则 OF = 0。

可见，OF 和 SF 对无符号数运算来说没有意义，而 CF 对带符号数运算来说没有意义。

常见的算术逻辑运算指令（add、sub、imul、or、and、shl、inc、dec、not、sal 等）会设置条件码。但有两类指令只设置条件码而不改变任何其他寄存器：cmp 指令和 sub 指令的行为一样，

test 指令与 and 指令的行为一样，但是它们只设置条件码，而不更新目的寄存器。

之前介绍的 ***jcondition*** 条件转跳指令，就是根据条件码 ZF 和 SF 来实现转跳的。

（2）if 语句

if-else 语句的通用形式如下：

```
if(test_expr)
    then_statement
else
    else_statement
```

这里的 test_expr 是一个整数表达式，它的取值为 0（假），或为非 0（真）。两个分支语句（then_statement 或 else_statement）中只会执行一个。

这种通用形式可以被翻译成如下所示的 goto 语句形式：

```
t=test_expr;
if(!t)
    goto false;
then_statement
goto done;
    false:
else_statement
    done:
```

对于下面的 C 语言函数：

```
int get_cont(int *p1,int *p2){
    if(p1>p2)
        return *p2;
    else
        return *p1;
}
```

已知 p1 和 p2 对应的实参已被压入调用函数的栈帧，它们对应的存储地址分别为 R[ebp] + 8、R[ebp] + 12（EBP 指向当前栈帧底部），返回结果存放在 EAX 中。对应的汇编代码为

```
movl    8(%ebp),%eax          #R[eax]←M[R[ebp]+8]，即 R[eax]=p1
movl    12(%ebp),%edx         #R[edx]←M[R[ebp]+12]，即 R[edx]=p2
cmpl    %edx,%eax             #比较 p1 和 p2，即根据 p1-p2 的结果置标志
jbe .L1                       #若 p1<=p2，则转标记 L1 处执行
movl    (%edx), %eax          #R[eax]←M[R[edx]]，即 R[eax]=M[p2]
jmp  .L2                      #无条件跳转到标记 L2 执行
.L1:
movl    (%eax), %eax          #R[eax]←M[R[eax]]，即 R[eax]=M[p1]
.L2:
```

p1 和 p2 是指针型参数，故在 32 位机中的长度后缀是 l，比较指令 cmpl 的两个操作数都应来自寄存器，故应先将 p1 和 p2 对应的实参从栈中取到通用寄存器，比较指令执行后得到各个条件标志位，然后根据各条件标志值的组合选择执行不同的指令，因此需要用到条件转移指令。

4.3.4　循环语句的机器级表示

常见的循环结构语句有 while、for 和 do-while。汇编中没有相应的指令存在，可以用条件测试和转跳组合起来实现循环的效果，大多数编译器将这三种循环结构都转换为 do-while 形式来产生机器代码。在循环结构中，通常使用条件转移指令来判断循环条件的结束。

（1）do-while 循环

do-while 语句的通用形式如下：

```
    do
        body_statement
        while(test_expr);
```

这种通用形式可以被翻译成如下所示的条件和 goto 语句：

```
    loop:
    body_statement
    t=test_expr;
    if(t)
        goto loop;
```

也就是说，每次循环，程序会执行循环体内的语句，body_statement 至少会执行一次，然后执行测试表达式。如果测试为真，就继续执行循环。

（2）while 循环

while 语句的通用形式如下：

```
    while(test_expr)
        body_statement
```

与 do-while 的不同之处在于，第一次执行 body_statement 之前，就会测试 test_expr 的值，循环有可能中止。GCC 通常会将其翻译成条件分支加 do-while 循环的方式。

用如下模板来表达这种方法，将通用的 while 循环格式翻译成 do-while 循环：

```
    t=test_expr;
    if(!t)
        goto done;
    do
        body_statement
        while(test_expr);
    done:
```

相应地，进一步将它翻译成 goto 语句：

```
    t=test_expr;
    if(!t)
        goto done;
    loop:
    body_statement
    t=test_expr;
    if(t)
        goto loop;
    done:
```

（3）for 循环

for 循环的通用形式如下：

```
    for(init_expr; test_expr; update_expr)
        body_statement
```

这个 for 循环的行为与下面这段 while 循环代码的行为一样：

```
    init_expr;
    while(test_expr){
        body_statement
        update_expr;
    }
```

进一步把它翻译成 goto 语句：

```
    init_expr;
    t=test_expr;
```

```
if(!t)
    goto done;
loop:
body_statement
update_expr;
t=test_expr;
if(t)
    goto loop;
done:
```

下面是一个用 for 循环写的自然数求和的函数：

```
int nsum_for(int n){
    int i;
    int result = 0;
    for(i=1;i<=n;i++)
        result +=i;
    return result;
}
```

这段代码中的 for 循环的不同组成部分如下：

```
init_expr          i=1
test_expr          i<=n
update_expr        i++
body_statement     result +=i
```

通过替换前面给出的模板中的相应位置，很容易将 for 循环转换为 while 或 do-while 循环。将这个函数翻译为 goto 语句代码后，不难得出其过程体的汇编代码：

```
movl    8(%ebp),%ecx        #R[ecx]←M[R[ebp]+8]，即 R[ecx]=n
movl    $0,%eax             #R[eax]←0，即 result=0
movl    $1,%edx             #R[edx]←1，即 i=1
cmp     %ecx,%edx           #Compare R[ecx]:R[edx]，即比较 i:n
jg  .L2                     #If greater，转跳到 L2 执行
.L1:                        #loop:
addl    %edx,%eax           #R[eax]←R[eax]+R[edx]，即 result +=i
addl    $1,%edx             #R[edx]←R[edx]+1，即 i++
cmpl    %ecx,%edx           #比较%ecx 和%edx，即比较 i:n
jle .L1                     #If less or equal，转跳到 L1 执行
.L2:
```

已知 n 对应的实参已被压入调用函数的栈帧，其对应的存储地址为 R[ebp]+8，过程 nsum_for 中的局部变量 i 和 result 被分别分配到寄存器 EDX 和 EAX 中，返回参数在 EAX 中。

4.3.5 本节习题精选

一、单项选择题

01. 假设 R[ax] = FFE8H，R[bx] = 7FE6H，执行指令“addw %bx, %ax”后，寄存器的内容和各标志的变化为（ ）。

A. R[ax] = 7FCEH，OF = 1，SF = 0，CF = 0，ZF = 0

B. R[bx] = 7FCEH，OF = 1，SF = 0，CF = 0，ZF = 0

C. R[ax] = 7FCEH，OF = 0，SF = 0，CF = 1，ZF = 0

D. R[bx] = 7FCEH，OF = 0，SF = 0，CF = 1，ZF = 0

02. 假设 R[ax] = 7FE6H，R[bx] = FFE8H，执行指令“sub bx, ax”后，寄存器的内存和各标

志的变化为（　）。

A. R[ax] = 8002H，OF = 0，SF = 1，CF = 1，ZF = 0

B. R[bx] = 8002H，OF = 0，SF = 1，CF = 1，ZF = 0

C. R[ax] = 8002H，OF = 1，SF = 1，CF = 0，ZF = 0

D. R[bx] = 8002H，OF = 1，SF = 1，CF = 0，ZF = 0

03. 假设 P 为调用过程，Q 为被调用过程，程序在 32 位 x86 处理器上执行，以下是 C 语言程序中过程调用所涉及的操作：

① 过程 Q 保存 P 的现场，并为非静态局部变量分配空间

② 过程 P 将实参存放到 Q 能访问到的地方

③ 过程 P 将返回地址存放到特定处，并转跳到 Q 执行

④ 过程 Q 取出返回地址，并转跳回到过程 P 执行

⑤ 过程 Q 恢复 P 的现场，并释放局部变量所占空间

⑥ 执行过程 Q 的函数体

过程调用的正确执行步骤是（　）。

A. ②→③→④→①→⑤→⑥

B. ②→③→①→④→⑥→⑤

C. ②→③→①→⑥→⑤→④

D. ②→③→①→⑤→⑥→④

二、综合应用题

01.【2017 统考真题】在按字节编址的计算机 M 上，f1 的部分源程序（阴影部分）如下。将 f1 中的 int 都改成 float，可得到计算 f(n)的另一个函数 f2。

```
int f1(unsigned n){
int sum=1, power=1;
for(unsignedi=0;i<=n-1;i++){
power *=2;
sum += power;
    }
return sum;
}
```

对应的机器级代码（包括指令的虚拟地址）如下：

```
        int f1( unsigned n)
1       00401020    55          push ebp
        …           …           …
            for( unsigned i = 0; i <= n -1; i++)
        …           …           …
20      0040105E    39 4D F4    cmp dword ptr [ebp-0Ch],ecx
        …           …           …
            {       power * = 2;
        …           …           …
23      00401066    D1 E2       shl  edx,1
        …           …           …
            return sum;
        …           …           …
35      0040107F    C3          ret
```

其中，机器级代码行包括行号、虚拟地址、机器指令和汇编指令。

1）计算机 M 是 RISC 还是 CISC？为什么？

2）f1 的机器指令代码共占多少字节？要求给出计算过程。

3）第 20 条指令 cmp 通过 i 减 n−1 实现对 i 和 n−1 的比较。执行 f1(0)的过程中，当 i = 0 时，cmp 指令执行后，进位/借位标志 CF 的内容是什么？要求给出计算过程。

4）第 23 条指令 shl 通过左移操作实现了 power *2 运算，在 f2 中能否用 shl 指令实现 power *2？为什么？

02.【2019 统考真题】已知 $f(n)=n!=n\times(n-1)\times(n-2)\times\cdots\times2\times1$，计算 $f(n)$的 C 语言函数 f1 的源程序（阴影部分）及其在 32 位计算机 M 上的部分机器级代码如下：

```
int  f1(int n){
  1    00401000   55                push  ebp
       …          …                 …
     if(n>1)
  11   00401018   83 7D 08 01       cmp  dword ptr [ebp+8],1
  12   0040101C   7E 17             jle  f1+35h (00401035)
     return n*f1(n-1);
  13   0040101E   8B 45 08          mov  eax, dword ptr [ebp+8]
  14   00401021   83 E8 01          sub  eax, 1
  15   00401024   50                push  eax
  16   00401025   E8 D6 FF FF FF    call  f1 ( 00401000)
       …          …                 …
  19   00401030   0F AF C1          imul  eax, ecx
  20   00401033   EB 05             jmp  f1+3Ah (0040103a)
     else return 1;
  21   00401035   B8 01 00 00 00    mov  eax,1
}
       …          …                 …
  26   00401040   3B EC             cmp  ebp, esp
       …          …                 …
  30   0040104A   C3                ret
```

其中，机器级代码行包括行号、虚拟地址、机器指令和汇编指令，计算机 M 按字节编址，int 型数据占 32 位。请回答下列问题：

1）计算 $f(10)$需要调用函数 f1 多少次？执行哪条指令会递归调用 f1？

2）上述代码中，哪条指令是条件转移指令？哪几条指令一定会使程序跳转执行？

3）根据第 16 行的 call 指令，第 17 行指令的虚拟地址应是多少？已知第 16 行的 call 指令采用相对寻址方式，该指令中的偏移量应是多少（给出计算过程）？已知第 16 行的 call 指令的后 4 字节为偏移量，M 是采用大端方式还是采用小端方式？

4）$f(13)$ = 6227020800，但 f1(13)的返回值为 1932053504，为什么两者不相等？要使 f1(13)能返回正确的结果，应如何修改 f1 的源程序？

5）第 19 行的 imul 指令（带符号整数乘）的功能是 R[eax]←R[eax]×R[ecx]，当乘法器输出的高、低 32 位乘积之间满足什么条件时，溢出标志 OF = 1？要使 CPU 在发生溢出时转异常处理，编译器应在 imul 指令后加一条什么指令？

03.【2019 统考真题】对于题 2，若计算机 M 的主存地址为 32 位，采用分页存储管理方式，页大小为 4KB，则第 1 行的 push 指令和第 30 行的 ret 指令是否在同一页中(说明理由)？若指令 Cache 有 64 行，采用 4 路组相联映射方式，主存块大小为 64B，则 32 位主存地址中，哪几位表示块内地址？哪几位表示Cache组号？哪几位表示标记（tag）信息？读取第16行的call指令时，只可能在指令Cache的哪一组中命中（说明理由）？

4.3.6　答案与解析

一、单项选择题

01． C

该指令是AT&T格式，add指令的目的寄存器为ax。add指令的补码加法过程为1111 1111 1110 1000 + 0111 1111 1110 0110 = (1)0111 1111 1100 1110（7FCEH），两个操作数的符号不同，必然不会溢出，OF = 0；结果的符号位为0，SF = 0；有进位，CF = C ⊕ Sub = 1 ⊕ 0 = 1；非0，ZF = 0。

注意： 不论是无符号数还是带符号数，都以二进制代码形式无差别地存放在机内，计算机并不知道哪些数是无符号数，哪些数是带符号数。即便是两个带符号数相加，也会导致CF的变动，只是CF的结果对带符号数是没有意义的。同理，两个无符号数相加，也会导致OF和SF的变动，只是OF和SF的结果仅对带符号数有意义。

02． B

该指令是Intel格式，sub指令的目的寄存器为bx。sub减法运算用补码加法实现，被减数 + 减数逐位取反 + 1 = 1111 1111 1110 1000 + 1000 0000 0001 1001 + 1 = (1)1000 0000 0000 0010（8002H），两个操作数的符号位都是1，结果的符号位也是1，无溢出，OF = 0；结果为负数，SF = 1；进位输出 C_{out} = 1，低位进位Sub = 1，CF = C_{out} ⊕ Sub = 1 ⊕ 1 = 1；非0，ZF = 0。

03． C

过程调用的具体过程已在4.3.2节中介绍。

二、综合应用题

01．【解答】

1）M为CISC。M的指令长短不一，不符合RISC指令系统的特点。

2）f1的机器代码占96B。因为f1的第一条指令“push ebp”所在的虚拟地址为0040 1020H，最后一条指令“ret”所在的虚拟地址为0040 107FH，所以f1的机器指令代码长度为0040 107FH − 0040 1020H + 1 = 60H = 96B。

3）CF = 1。cmp指令实现i与n − 1的比较功能，进行的是减法运算。在执行f1(0)的过程中，n = 0，当i = 0时，i = 0000 0000H，并且n − 1 = FFFF FFFFH。因此，执行第20条指令时，在补码加/减运算器中执行“0减FFFF FFFFH”操作，即0000 0000H + 00000000H + 1 = 0000 0001H，此时进位输出 C_{out} = 0，低位进位Sub = 1，CF = C_{out} ⊕ Sub = 0 ⊕ 1 = 1。

4）f2中不能用shl指令实现power *2。因为shl指令把一个整数的所有有效数位整体左移，而f2中的变量power是float型，其机器数中不包含最高有效数位，但包含了阶码部分，将其作为一个整体左移时并不能实现“乘2”的功能，因而f2中不能用shl指令实现power *2。浮点数运算比整型运算要复杂，耗时也较长。

02．【解答】

1）计算 $f(10)$需要调用函数f1共10次，执行第16行的call指令会递归调用f1。

2）第12行的jle指令是条件转移指令，其含义为小于或等于时转移，本行代码的意义为：当 $n \leqslant 1$ 时，跳转至地址0040 1035H。第16行的call指令为函数调用指令，第20行的jmp指令为无条件转移指令，第30行的ret指令为子程序的返回指令，这三条指令一定会使程序跳转执行。

3）在计算机 M 上按字节编址，第 16 行的 call 指令的虚拟地址为 0040 1025H，长度为 5 字节，因此第 17 行的指令的虚拟地址为 0040 1025H + 5 = 0040 102AH。第 16 行的 call 指令采用相对寻址方式，即目标地址 = (PC) + 偏移量，call 指令的目标地址为 0040 1000H，所以偏移量 =目标地址 − (PC) = 0040 1000H − 0040 102AH = FFFF FFD6H。根据第 16 行的 call 指令的偏移量字段为 D6 FF FF FF，可以确定 M 采用小端方式。

4）因为 $f(13)$ = 6227020800，其结果超出了 32 位 int 型数据可表示的最大范围，因此 $f(13)$ 的返回值是一个发生了溢出的错误结果。为使 f1(13)能返回正确结果，可将函数 f1 的返回值类型改为 double（或 long long，或 long double，或 float）类型。

5）若乘积的高 33 位为非全 0 或非全 1，则 OF = 1。编译器应在 imul 指令后加一条“溢出自陷指令”，使得 CPU 自动查询溢出标志 OF，当 OF = 1 时调出“溢出异常处理程序”。

03.【解答】

因为页大小为 4KB，所以虚拟地址的高 20 位为虚拟页号。第 1 行的 push 指令和第 30 行的 ret 指令的虚拟地址的高 20 位都是 00401H，因此两条指令在同一页中。

指令 Cache 有 64 块，采用 4 路组相联映射方式，因此指令 Cache 共有 64/4 =16 组，Cache 组号共 4 位。主存块大小为 64B，因此块内地址为低 6 位。综上所述，在 32 位主存地址中，低 6 位为块内地址，中间 4 位为组号，高 22 位为标记。

因为页大小为 4KB，所以虚拟地址和物理地址的最低 12 位完全相同，因而 call 指令虚拟地址 0040 1025H 中的 025H = 0000 0010 0101B 为物理地址的低 12 位，对应的 7～10 位为组号，因此对应的 Cache 组号为 0。

4.4 CISC 和 RISC 的基本概念

指令系统朝两个截然不同的方向的发展：一是增强原有指令的功能，设置更为复杂的新指令实现软件功能的硬化，这类机器称为复杂指令系统计算机（CISC），典型的有采用 x86 架构的计算机；二是减少指令种类和简化指令功能，提高指令的执行速度，这类机器称为精简指令系统计算机（RISC），典型的有 ARM、MIPS 架构的计算机。

4.4.1 复杂指令系统计算机（CISC）

随着 VLSI 技术的发展，硬件成本不断下降，软件成本不断上升，促使人们在指令系统中增加更多、更复杂的指令，以适应不同的应用领域，这样就构成了复杂指令系统计算机（CISC）。

CISC 的主要特点如下：

1）指令系统复杂庞大，指令数目一般为 200 条以上。

2）指令的长度不固定，指令格式多，寻址方式多。

3）可以访存的指令不受限制。

4）各种指令使用频度相差很大。

5）各种指令执行时间相差很大，大多数指令需多个时钟周期才能完成。

6）控制器大多数采用微程序控制。有些指令非常复杂，以至于无法采用硬连线控制。

7）难以用优化编译生成高效的目标代码程序。

如此庞大的指令系统，对指令的设计提出了极高的要求，研制周期变得很长。后来人们发现，一味地追求指令系统的复杂和完备程度不是提高计算机性能的唯一途径。对传统 CISC 指令系统的测试表明，各种指令的使用频率相差悬殊，大概只有 20%的比较简单的指令被反复使用，约占整个程序的 80%；而 80%左右的指令则很少使用，约占整个程序的 20%。从这一事实出发，人们开始了对指令系统合理性的研究，于是 RISC 随之诞生。

4.4.2　精简指令系统计算机（RISC）

精简指令系统计算机（RISC）的中心思想是要求指令系统简化，尽量使用寄存器-寄存器操作指令，指令格式力求一致。RISC 的主要特点如下：

1）选取使用频率最高的一些简单指令，复杂指令的功能由简单指令的组合来实现。

2）指令长度固定，指令格式种类少，寻址方式种类少。

3）只有 Load/Store（取数/存数）指令访存，其余指令的操作都在寄存器之间进行。

4）CPU 中通用寄存器的数量相当多。

5）RISC 一定采用指令流水线技术，大部分指令在一个时钟周期内完成。

6）以硬布线控制为主，不用或少用微程序控制。

7）特别重视编译优化工作，以减少程序执行时间。

值得注意的是，从指令系统兼容性看，CISC 大多能实现软件兼容，即高档机包含了低档机的全部指令，并可加以扩充。但 RISC 简化了指令系统，指令条数少，格式也不同于老机器，因此大多数 RISC 机不能与老机器兼容。由于 RISC 具有更强的实用性，因此应该是未来处理器的发展方向。但事实上，当今时代 Intel 几乎一统江湖，且早期很多软件都是根据 CISC 设计的，单纯的 RISC 将无法兼容。此外，现代 CISC 结构的 CPU 已经融合了很多 RISC 的成分，其性能差距已经越来越小。CISC 可以提供更多的功能，这是程序设计所需要的。

4.4.3　CISC 和 RISC 的比较

和 CISC 相比，RISC 的优点主要体现在以下几点：

1）RISC 更能充分利用 VLSI 芯片的面积。CISC 的控制器大多采用微程序控制，其控制存储器在 CPU 芯片内所占的面积达 50%以上，而 RISC 控制器采用组合逻辑控制，其硬布线逻辑只占 CPU 芯片面积的 10%左右。

2）RISC 更能提高运算速度。RISC 的指令数、寻址方式和指令格式种类少，又设有多个通用寄存器，采用流水线技术，所以运算速度更快，大多数指令在一个时钟周期内完成。

3）RISC 便于设计，可降低成本，提高可靠性。RISC 指令系统简单，因此机器设计周期短；其逻辑简单，因此可靠性高。

4）RISC 有利于编译程序代码优化。RISC 指令类型少，寻址方式少，使编译程序容易选择更有效的指令和寻址方式，并适当地调整指令顺序，使得代码执行更高效化。

CISC 和 RISC 的对比见表 4.3。

表 4.3　CISC 与 RISC 的对比

对比项目＼类别	CISC	RISC
指令系统	复杂，庞大	简单，精简
指令数目	一般大于 200 条	一般小于 100 条
指令字长	不固定	定长
可访存指令	不加限制	只有 Load/Store 指令
各种指令执行时间	相差较大	绝大多数在一个周期内完成

（续表）

对比项目 \ 类别	CISC	RISC
各种指令使用频度	相差很大	都比较常用
通用寄存器数量	较少	多
目标代码	难以用优化编译生成高效的目标代码程序	采用优化的编译程序，生成代码较为高效
控制方式	绝大多数为微程序控制	绝大多数为组合逻辑控制
指令流水线	可以通过一定方式实现	必须实现

4.4.4　本节习题精选

单项选择题

01. 以下叙述中（　）是正确的。

A. RISC 机一定采用流水技术　　B. 采用流水技术的机器一定是 RISC 机
C. RISC 机的兼容性优于 CISC 机　　D. CPU 配备很少的通用寄存器

02. 下列描述中，不符合 RISC 指令系统特点的是（　）。

A. 指令长度固定，指令种类少
B. 寻址方式种类尽量减少，指令功能尽可能强
C. 增加寄存器的数目，以尽量减少访存次数
D. 选取使用频率最高的一些简单指令，以及很有用但不复杂的指令

03. 以下有关 RISC 的描述中，正确的是（　）。

A. 为了实现兼容，新设计的 RISC 是从原来 CISC 系统的指令系统中挑选一部分实现的
B. 采用 RISC 技术后，计算机的体系结构又恢复到了早期的情况
C. RISC 的主要目标是减少指令数，因此允许以增加每条指令的功能的方法来减少指令系统所包含的指令数
D. 以上说法都不对

04. 【2009 统考真题】下列关于 RISC 的说法中，错误的是（　）。

A. RISC 普遍采用微程序控制器
B. RISC 大多数指令在一个时钟周期内完成
C. RISC 的内部通用寄存器数量相对 CISC 多
D. RISC 的指令数、寻址方式和指令格式种类相对 CISC 少

05. 【2011 统考真题】下列指令系统的特点中，有利于实现指令流水线的是（　）。

I. 指令格式规整且长度一致　　II. 指令和数据按边界对齐存放
III. 只有 Load/Store 指令才能对操作数进行存储访问

A. 仅 I、II　　B. 仅 II、III　　C. 仅 I、III　　D. I、II、III

4.4.5　答案与解析

单项选择题

01. A

RISC 必然采用流水线技术，这也是由其指令的特点决定的。而 CISC 则无此强制要求，但为了提高指令执行速度，CISC 也往往采用流水线技术，因此流水线技术并非 RISC 的专利。

02. B

A、C、D 选项都是 RISC 的特点。B 选项中，寻址方式种类尽量减少是正确的，但 RISC 是

尽量简化单条指令的功能，复杂指令的功能由简单指令的组合来实现，而增强指令的功能则是 CISC 的特点。

03. D

RISC 选择一些常用的寄存器型指令，并不是为了兼容 CISC，RISC 也不可能兼容 CISC，A 错误。RISC 只是 CPU 的结构发生变化，基本不影响整个计算机的结构，并且即使是采用 RISC 技术的 CPU，其架构也不可能像早期一样简单，B 错误。RISC 的指令功能简单，通过简单指令的组合来实现复杂指令的功能，C 错误，但 RISC 的主要目标是减少指令数是正确的。

04. A

相对于 CISC，RISC 的特点是：指令条数少；指令长度固定，指令格式和寻址种类少；只有取数/存数指令访问存储器，其余指令的操作均在寄存器之间进行；CPU 中通用寄存器多；大部分指令在一个时钟周期内完成；以硬布线逻辑为主，不用或少用微程序控制。B、C 和 D 都是 RISC 的特点。由于 RISC 的速度快，因此普遍采用硬布线控制器，A 错误。

05. D

指令长度一致、按边界对齐存放、仅 Load/Store 指令访存，这些都是 RISC 的特征，它们使取指令、取操作数的操作简化且时间长度固定，能够有效地简化流水线的复杂度。

4.5　本章小结

本章开头提出的问题的参考答案如下。

1）什么是指令？什么是指令系统？为什么要引入指令系统？

指令就是要计算机执行某种操作的命令。一台计算机中所有机器指令的集合，称为这台计算机的指令系统。引入指令系统后，避免了用户与二进制代码直接接触，使得用户编写程序更为方便。另外，指令系统是表征一台计算机性能的重要因素，它的格式与功能不仅直接影响到机器的硬件结构，而且也直接影响到系统软件，影响到机器的适用范围。

2）一般来说，指令分为哪些部分？每部分有什么用处？

一条指令通常包括操作码字段和地址码字段两部分。其中，操作码指出指令中该指令应该执行什么性质的操作和具有何种功能，它是识别指令、了解指令功能与区分操作数地址内容的组成和使用方法等的关键信息。地址码用于给出被操作的信息（指令或数据）的地址，包括参加运算的一个或多个操作数所在的地址、运算结果的保存地址、程序的转移地址、被调用子程序的入口地址等。

3）对于一个指令系统来说，寻址方式多和少有什么影响？

寻址方式的多样化能让用户编程更为方便，但多重寻址方式会造成 CPU 结构的复杂化（详见下章），也不利于指令流水线的运行。而寻址方式太少虽然能够提高 CPU 的效率，但对于用户而言，少数几种寻址方式会使编程变得复杂，很难满足用户的需求。

4.6　常见问题和易混淆知识点

1. 简述各常见指令寻址方式的特点和适用情况。

立即寻址操作数获取便捷，通常用于给寄存器赋初值。

直接寻址相对于立即寻址，缩短了指令长度。

间接寻址扩大了寻址范围，便于编制程序，易于完成子程序返回。

寄存器寻址的指令字较短，指令执行速度较快。

寄存器间接寻址扩大了寻址范围。

基址寻址扩大了操作数寻址范围，适用于多道程序设计，常用于为程序或数据分配存储空间。

变址寻址主要用于处理数组问题，适合编制循环程序。

相对寻址用于控制程序的执行顺序、转移等。

基址寻址和变址寻址的区别：两种方式有效地址的形成都是寄存器内容 + 偏移地址，但是在基址寻址中，程序员操作的是偏移地址，基址寄存器的内容由操作系统控制，在执行过程中是动态调整的；而在变址寻址中，程序员操作的是变址寄存器，偏移地址是固定不变的。

2. 一个操作数在内存可能占多个单元，怎样在指令中给出操作数的地址？

现代计算机都采用字节编址方式，即一个内存单元只能存放一字节的信息。一个操作数（如char、int、float、double）可能是 8 位、16 位、32 位或 64 位等，因此可能占用 1 个、2 个、4 个或 8 个内存单元。也就是说，一个操作数可能有多个内存地址对应。

有两种不同的地址指定方式：大端方式和小端方式。

大端方式：指令中给出的地址是操作数最高有效字节（MSB）所在的地址。

小端方式：指令中给出的地址是操作数最低有效字节（LSB）所在的地址。

3. 装入/存储（Load/Store）型指令有什么特点？

装入/存储型指令是用在规整型指令系统中的一种通用寄存器型指令风格。这种指令风格在 RISC 指令系统中较为常见。为了规整指令格式，使指令具有相同的长度，规定只有 Load/Store 指令才能访问内存。而运算指令不能直接访问内存，只能从寄存器取数进行运算，运算的结果也只能送到寄存器。因为寄存器编号较短，而主存地址位数较长，通过某种方式可使运算指令和访存指令的长度一致。

这种装入/存储型风格的指令系统的最大特点是，指令格式规整，指令长度一致，一般为 32 位。由于只有 Load/Store 指令才能访问内存，程序中可能会包含许多装入指令和存储指令，与一般通用寄存器型指令风格相比，其程序长度会更长。

第 5 章 中央处理器

【考纲内容】

（一）CPU 的功能和基本结构
（二）指令执行过程
（三）数据通路的功能和基本结构
（四）控制器的功能和工作原理
（五）异常和中断机制
　　异常和中断的基本概念；异常和中断的分类；异常和中断的检测与响应
（六）指令流水线
　　指令流水线的基本概念；指令流水线的基本实现
　　结构冒险、数据冒险和控制冒险的处理；超标量和动态流水线的基本概念
（七）多处理器基本概念
　　SISD、SIMD、MIMD、向量处理器的基本概念；硬件多线程的基本概念
　　多核（multi-core）处理器的基本概念；共享内存多处理器（SMP）的基本概念

【复习提示】

中央处理器是计算机的中心，也是本书的难点。其中，数据通路的分析、指令执行阶段的节拍与控制信号的安排、流水线技术与性能分析易出综合题。而关于各种寄存器的特点、指令执行的各种周期与特点、控制器的相关概念、流水线的相关概念也极易出选择题。

在学习本章时，请读者思考以下问题：

1）指令和数据均存放在内存中，计算机如何从时间和空间上区分它们是指令还是数据？

2）什么是指令周期、机器周期和时钟周期？它们之间有何关系？

3）什么是微指令？它和第 4 章谈到的指令有什么关系？

4）什么是指令流水线？指令流水线相对于传统体系结构的优势是什么？

请读者在本章的学习过程中寻找答案，本章末尾会给出参考答案。

5.1 CPU 的功能和基本结构

5.1.1 CPU 的功能

中央处理器（CPU）由运算器和控制器组成。其中，控制器的功能是负责协调并控制计算机各部件执行程序的指令序列，包括取指令、分析指令和执行指令；运算器的功能是对数据进行加工。CPU 的具体功能包括：

1）指令控制。完成取指令、分析指令和执行指令的操作，即程序的顺序控制。

2）操作控制。一条指令的功能往往由若干操作信号的组合来实现。CPU 管理并产生由内存取出的每条指令的操作信号，把各种操作信号送往相应的部件，从而控制这些部件按指令的要求进行动作。

3）时间控制。对各种操作加以时间上的控制。时间控制要为每条指令按时间顺序提供应有的控制信号。

4）数据加工。对数据进行算术和逻辑运算。

5）中断处理。对计算机运行过程中出现的异常情况和特殊请求进行处理。

5.1.2 CPU 的基本结构

在计算机系统中，中央处理器主要由运算器和控制器两大部分组成，如图 5.1 所示。

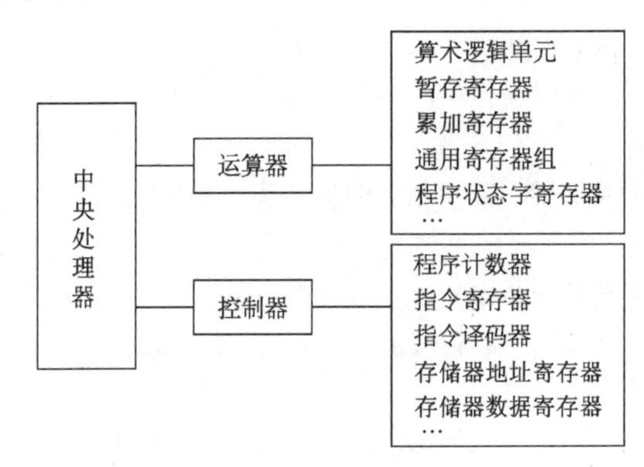

图 5.1 中央处理器的组成

1．运算器

运算器接收从控制器送来的命令并执行相应的动作，对数据进行加工和处理。运算器是计算机对数据进行加工处理的中心，它主要由算术逻辑单元（ALU）、暂存寄存器、累加寄存器（ACC）、通用寄存器组、程序状态字寄存器（PSW）、移位器、计数器（CT）等组成。

1）算术逻辑单元。主要功能是进行算术/逻辑运算。

2）暂存寄存器。用于暂存从主存读来的数据，该数据不能存放在通用寄存器中，否则会破坏其原有内容。暂存寄存器对应用程序员是透明的。

3）累加寄存器。它是一个通用寄存器，用于暂时存放 ALU 运算的结果信息，可以作为加法运算的一个输入端。

4）通用寄存器组。如 AX、BX、CX、DX、SP 等，用于存放操作数（包括源操作数、目的操作数及中间结果）和各种地址信息等。SP 是堆栈指针，用于指示栈顶的地址。

5）程序状态字寄存器。保留由算术逻辑运算指令或测试指令的结果而建立的各种状态信息，如溢出标志（OF）、符号标志（SF）、零标志（ZF）、进位标志（CF）等。PSW 中的这些位参与并决定微操作的形成。

6）移位器。对操作数或运算结果进行移位运算。

7）计数器。控制乘除运算的操作步数。

2．控制器

控制器是整个系统的指挥中枢，在控制器的控制下，运算器、存储器和输入/输出设备等功能部件构成一个有机的整体，根据指令的要求指挥全机协调工作。控制器的基本功能是执行指令，每条指令的执行是由控制器发出的一组微操作实现的。

控制器有硬布线控制器和微程序控制器两种类型（见 5.4 节）。

控制器由程序计数器（PC）、指令寄存器（IR）、指令译码器、存储器地址寄存器（MAR）、存储器数据寄存器（MDR）、时序系统和微操作信号发生器等组成。

1）程序计数器。用于指出欲执行指令在主存中的存放地址。CPU 根据 PC 的内容去主存中取指令。因程序中指令（通常）是顺序执行的，所以 PC 有自增功能。

2）指令寄存器。用于保存当前正在执行的那条指令。

3）指令译码器。仅对操作码字段进行译码，向控制器提供特定的操作信号。

4）存储器地址寄存器。用于存放要访问的主存单元的地址。

5）存储器数据寄存器。用于存放向主存写入的信息或从主存读出的信息。

6）时序系统。用于产生各种时序信号，它们都由统一时钟（CLOCK）分频得到。

7）微操作信号发生器。根据 IR 的内容（指令）、PSW 的内容（状态信息）及时序信号，产生控制整个计算机系统所需的各种控制信号，其结构有组合逻辑型和存储逻辑型两种。

控制器的工作原理是，根据指令操作码、指令的执行步骤（微命令序列）和条件信号来形成当前计算机各部件要用到的控制信号。计算机整机各硬件系统在这些控制信号的控制下协同运行，产生预期的执行结果。

注意：CPU 内部寄存器大致可分为两类：一类是用户可见的寄存器，可对这类寄存器编程，如通用寄存器组、程序状态字寄存器；另一类是用户不可见的寄存器，对用户是透明的，不可对这类寄存器编程，如存储器地址寄存器、存储器数据寄存器、指令寄存器。

5.1.3 本节习题精选

一、单项选择题

01. 下列部件不属于控制器的是（ ）。
A. 指令寄存器 B. 程序计数器 C. 程序状态字寄存器 D. 时序电路

02. 通用寄存器是（ ）。
A. 可存放指令的寄存器
B. 可存放程序状态字的寄存器
C. 本身具有计数逻辑与移位逻辑的寄存器
D. 可编程指定多种功能的寄存器

03. CPU 中保存当前正在执行指令的寄存器是（ ）。
A. 指令寄存器 B. 指令译码器 C. 数据寄存器 D. 地址寄存器

04. 在 CPU 中，跟踪后继指令地址的寄存器是（ ）。
A. 指令寄存器 B. 程序计数器 C. 地址寄存器 D. 状态寄存器

05. 条件转移指令执行时所依据的条件来自（ ）。
A. 指令寄存器 B. 标志寄存器 C. 程序计数器 D. 地址寄存器

06. 在所谓的 n 位 CPU 中，n 是指（ ）。
A. 地址总线线数 B. 数据总线线数 C. 控制总线线数 D. I/O 线数

07. 在 CPU 的寄存器中，（ ）对用户是透明的。
A. 程序计数器 B. 状态寄存器 C. 指令寄存器 D. 通用寄存器

08. 程序计数器（PC）属于（ ）。

A. 运算器 B. 控制器 C. 存储器 D. ALU

09. 下面有关程序计数器（PC）的叙述中，错误的是（ ）。

A. PC 中总是存放指令地址

B. PC 的值由 CPU 在执行指令过程中进行修改

C. 转移指令时，PC 的值总是修改为转移指令的目标地址

D. PC 的位数一般和存储器地址寄存器（MAR）的位数一样

10. 在一条无条件跳转指令的指令周期内，PC 的值被修改（ ）次。

A. 1 B. 2 C. 3 D. 无法确定

11. 程序计数器的位数取决于（ ）。

A. 存储器的容量 B. 机器字长 C. 指令字长 D. 都不对

12. 指令寄存器的位数取决于（ ）。

A. 存储器的容量 B. 机器字长 C. 指令字长 D. 存储字长

13. CPU 中通用寄存器的位数取决于（ ）。

A. 存储器的容量 B. 指令的长度 C. 机器字长 D. 都不对

14. CPU 中的通用寄存器，（ ）。

A. 只能存放数据，不能存放地址

B. 可以存放数据和地址

C. 既不能存放数据，又不能存放地址

D. 可以存放数据和地址，还可以替代指令寄存器

15. 在计算机系统中表征程序和机器运行状态的部件是（ ）。

A. 程序计数器 B. 累加寄存器 C. 中断寄存器 D. 程序状态字寄存器

16. 状态寄存器用来存放（ ）。

A. 算术运算结果 B. 逻辑运算结果

C. 运算类型 D. 算术、逻辑运算及测试指令的结果状态

17. 控制器的全部功能是（ ）。

A. 产生时序信号

B. 从主存中取出指令并完成指令操作码译码

C. 从主存中取出指令、分析指令并产生有关的操作控制信号

D. 都不对

18. 指令译码是指对（ ）进行译码。

A. 整条指令 B. 指令的操作码字段

C. 指令的地址码字段 D. 指令的地址

19. CPU 中不包括（ ）。

A. 存储器地址寄存器 B. 指令寄存器

C. 地址译码器 D. 程序计数器

20. 以下关于计算机系统的概念中，正确的是（ ）。

I. CPU 不包括地址译码器

II. CPU 的程序计数器中存放的是操作数地址

III. CPU 中决定指令执行顺序的是程序计数器

IV. CPU 的状态寄存器对用户是完全透明的

A. I、III B. III、IV C. II、III、IV D. I、III、IV

21. 间址周期结束时，CPU 内寄存器 MDR 中的内容为（　）。

A. 指令　　B. 操作数地址　　C. 操作数　　D. 无法确定

22.【2010 统考真题】下列寄存器中，汇编语言程序员可见的是（　）。

A. 存储器地址寄存器（MAR）　　B. 程序计数器（PC）

C. 存储器数据寄存器（MDR）　　D. 指令寄存器（IR）

23.【2016 统考真题】某计算机的主存空间为 4GB，字长为 32 位，按字节编址，采用 32 位字长指令字格式。若指令按字边界对齐存放，则程序计数器（PC）和指令寄存器（IR）的位数至少分别是（　）。

A. 30, 30　　B. 30, 32　　C. 32, 30　　D. 32, 32

二、综合应用题

01. CPU 中有哪些专用寄存器？

5.1.4　答案与解析

一、单项选择题

01. C

控制器由程序计数器 PC、指令寄存器 IR、存储器地址寄存器 MAR、存储器数据寄存器 MDR、指令译码器、时序电路和微操作信号发生器组成。程序状态字（PSW）寄存器属于运算器的组成部分，PSW 包括两个部分：一是状态标志，如进位标志 C、结果为零标志 Z 等，大多数指令的执行将会影响到这些标志位；二是控制标志，如中断标志、陷阱标志等。

02. D

存放指令的寄存器是指令寄存器，因此选项 A 错。存放程序状态字的寄存器是程序状态字寄存器，因此选项 B 错。通用寄存器本身并不一定具有计数和移位逻辑功能，因此选项 C 错。

03. A

指令寄存器用于存放当前正在执行的指令。

04. B

程序计数器用于存放下一条指令在主存中的地址，具有自增功能。

05. B

指令寄存器用于存放当前正在执行的指令；程序计数器用于存放下一条指令的地址；地址寄存器用于暂存指令或数据的地址；程序状态字寄存器用于保存系统的运行状态。条件转移指令执行时，需对标志寄存器的内容进行测试，判断是否满足转移条件。

06. B

数据总线的位数与处理器的位数相同，它表示 CPU 一次能处理的数据的位数，即 CPU 的位数。

07. C

指令寄存器中存放当前执行的指令，不需要用户的任何干预，所以对用户是透明的。其他三种寄存器的内容可由程序员指定。

08. B

控制器是计算机中处理指令的部件，包含程序计数器。

09. C

PC 中存放下一条要执行的指令的地址，选项 A 正确。PC 的值会根据 CPU 在执行指令的过程中修改（确切地说是在取指周期），或自增，或转移到程序的某处，选项 B 正确。转移指令时，需要判别转移是否成功，若成功则 PC 修改为转移指令的目标地址，否则下一条指令的地址仍然为 PC

自增后的地址，选项 C 错误。PC 与 MAR 的位数一样，选项 D 正确。

10．B

取指周期结束后，PC 值自动加 1；执行周期中，PC 值修改为要跳转到的地址，因此在这个指令周期内，PC 值被修改两次。

11．A

程序计数器的内容为指令在主存中的地址，所以程序计数器的位数与存储器地址的位数相等，而存储器地址取决于存储器的容量，可知选项 A 正确。

12．C

指令寄存器中保存当前正在执行的指令，所以其位数取决于指令字长。

13．C

通用寄存器用于存放操作数和各种地址信息等，其位数与机器字长相等，因此便于操作控制。

14．B

通用寄存器供用户自由编程，可以存放数据和地址。而指令寄存器是专门用于存放指令的专用寄存器，不能由通用寄存器代替。

15．D

程序状态字寄存器用于存放程序状态字，而程序状态字的各位表征程序和机器的运行状态，如含有进位标志 C、结果为零标志 Z 等。

16．D

程序状态字寄存器用于保留算术、逻辑运算及测试指令的结果状态。

17．C

控制器的功能是取指令、分析指令和执行指令，执行指令就是发出有关操作控制信号。

18．B

指令包括操作码字段和地址码字段，但指令译码器仅对操作码字段进行译码，借以确定指令的操作功能。

19．C

地址译码器是主存等存储器的组成部分，其作用是根据输入的地址码唯一选定一个存储单元，它不是 CPU 的组成部分。而 MAR、IR、PC 都是 CPU 的组成部分。

20．A

地址译码器位于存储器，I 正确；程序计数器中存放的是欲执行指令的地址，II 错误；程序计数器决定程序的执行顺序，III 正确；程序状态字寄存器对用户不透明，IV 错误。

21．B

间址周期的作用是取操作数的有效地址，因此间址周期结束后，MDR 中的内容为操作数地址。

22．B

汇编语言程序员可见的是程序计数器（PC），即汇编语言程序员通过汇编程序可以对某个寄存器进行访问。汇编程序员可以通过指定待执行指令的地址来设置 PC 的值，如转移指令、子程序调用指令等。而 IR、MAR、MDR 是 CPU 的内部工作寄存器，对程序员不可见。

23．B

程序计数器（PC）给出下一条指令字的访存地址（指令在内存中的地址），它取决于存储器的字数（4GB/32 位 = 2^{30}），因此程序计数器（PC）的位数至少是 30 位；指令寄存器（IR）用于接收取得的指令，它取决于指令字长（32 位），因此指令寄存器（IR）的位数至少为 32 位。

二、综合应用题

01.【解答】

CPU 中的专用寄存器有程序计数器（PC）、指令寄存器（IR）、存储器数据寄存器（MDR）、存储器地址寄存器（MAR）和程序状态字寄存器（PSW）。

5.2　指令执行过程

5.2.1　指令周期

CPU 从主存中取出并执行一条指令的时间称为指令周期，不同指令的指令周期可能不同。指令周期常用若干机器周期来表示，一个机器周期又包含若干时钟周期（也称节拍或 T 周期，它是 CPU 操作的最基本单位）。每个指令周期内的机器周期数可以不等，每个机器周期内的节拍数也可以不等。图 5.2 反映了上述关系。图 5.2(a)为定长的机器周期，每个机器周期包含 4 个节拍（T）；图 5.2(b)所示为不定长的机器周期，每个机器周期包含的节拍数可以为 4 个，也可以为 3 个。

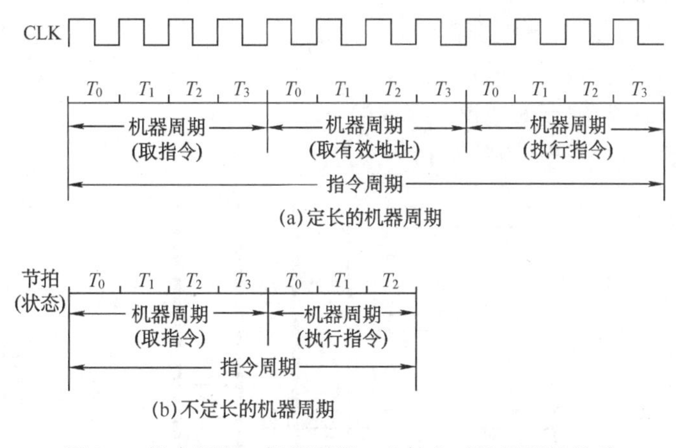

图 5.2　指令周期、机器周期、节拍和时钟周期的关系

对于无条件转移指令 JMP X，在执行时不需要访问主存，只包含取指阶段（包括取指和分析）和执行阶段，所以其指令周期仅包含取指周期和执行周期。

对于间接寻址的指令，为了取操作数，需要先访问一次主存，取出有效地址，然后访问主存，取出操作数，所以还需包括间址周期。间址周期介于取指周期和执行周期之间。

当 CPU 采用中断方式实现主机和 I/O 设备的信息交换时，CPU 在每条指令执行结束前，都要发中断查询信号，若有中断请求，则 CPU 进入中断响应阶段，又称中断周期。这样，一个完整的指令周期应包括取指、间址、执行和中断 4 个周期，如图 5.3 所示。

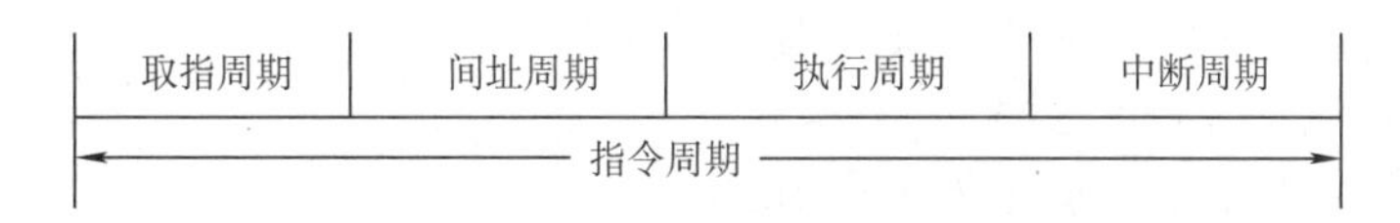

图 5.3　带有间址周期、中断周期的指令周期

上述 4 个工作周期都有 CPU 访存操作，只是访存的目的不同。取指周期是为了取指令，间址周期是为了取有效地址，执行周期是为了取操作数，中断周期是为了保存程序断点。

为了区别不同的工作周期，在 CPU 内设置 4 个标志触发器 FE、IND、EX 和 INT，它们分别对应取指、间址、执行和中断周期，并以“1”状态表示有效，分别由 1→FE、1→IND、1→EX 和 1→INT 这 4 个信号控制。

注意：中断周期中的进栈操作是将 SP 减 1，这和传统意义上的进栈操作相反，原因是计算机的堆栈中都是向低地址增加，所以进栈操作是减 1 而不是加 1。

5.2.2 指令周期的数据流

数据流是根据指令要求依次访问的数据序列。在指令执行的不同阶段，要求依次访问的数据序列是不同的。而且对于不同的指令，它们的数据流往往也是不同的。

1．取指周期

取指周期的任务是根据 PC 中的内容从主存中取出指令代码并存放在 IR 中。

取指周期的数据流如图 5.4 所示。PC 中存放的是指令的地址，根据此地址从内存单元中取出的是指令，并放在指令寄存器 IR 中，取指令的同时，PC 加 1。

取指周期的数据流向如下：

1）PC①MAR②地址总线③主存。

2）CU 发出读命令④控制总线⑤主存。

3）主存⑥数据总线⑦MDR⑧IR（存放指令）。

4）CU 发出控制信号⑨PC 内容加 1。

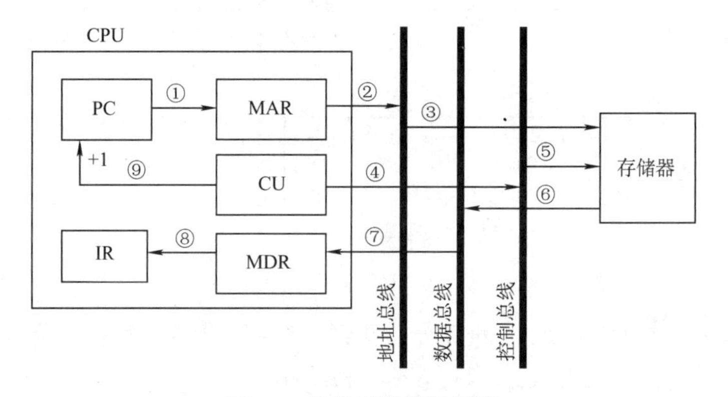

图 5.4 取指周期的数据流

2．间址周期

间址周期的任务是取操作数有效地址。以一次间址为例（见图 5.5），将指令中的地址码送到 MAR 并送至地址总线，此后 CU 向存储器发读命令，以获取有效地址并存至 MDR。

间址周期的数据流向如下：

1）Ad(IR)（或 MDR）①MAR②地址总线③主存。

2）CU 发出读命令④控制总线⑤主存。

3）主存⑥数据总线⑦MDR（存放有效地址）。

其中，Ad(IR)表示取出 IR 中存放的指令字的地址字段。

3．执行周期

执行周期的任务是取操作数，并根据 IR 中的指令字的操作码通过 ALU 操作产生执行结果。不同指令的执行周期操作不同，因此没有统一的数据流向。

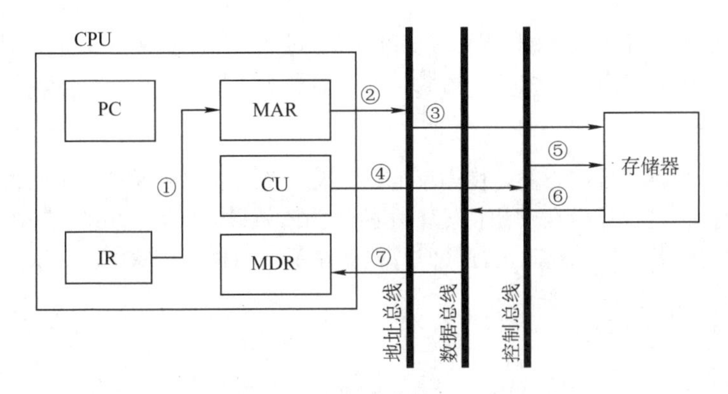

图 5.5　一次间址周期的数据流

4．中断周期

中断周期的任务是处理中断请求。假设程序断点存入堆栈中，并用 SP 指示栈顶地址，而且进栈操作是先修改栈顶指针，后存入数据，数据流如图 5.6 所示。

中断周期的数据流向如下：

1）CU 控制将 SP 减 1，SP①MAR②地址总线③主存。

2）CU 发出写命令④控制总线⑤主存。

3）PC⑥MDR⑦数据总线⑧主存（程序断点存入主存）。

4）CU（中断服务程序的入口地址）⑨PC。

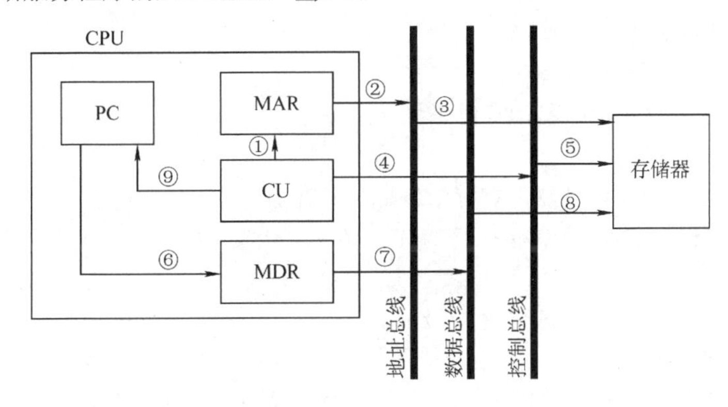

图 5.6　中断周期的数据流

5.2.3　指令执行方案

一个指令周期通常要包括几个时间段（执行步骤），每个步骤完成指令的一部分功能，几个依次执行的步骤完成这条指令的全部功能。出于性能和硬件成本等考虑，可以选用 3 种不同的方案来安排指令的执行步骤。

1．单指令周期

对所有指令都选用相同的执行时间来完成，称为单指令周期方案。此时每条指令都在一个时钟周期内完成，指令之间串行执行，即下一条指令只能在前一条指令执行结束后才能启动。因此，时钟周期取决于执行时间最长的指令的执行时间。对于那些本来可以在更短时间内完成的指令，要使用这个较长的周期来完成，会降低整个系统的运行速度。

2．多指令周期

对不同类型的指令选用不同的执行步骤，称为多指令周期方案。指令之间串行执行，即下条指令只能在前一指令执行完后才能启动。但可选用不同个数的时钟周期来完成不同指令的执行过程，指令需要几个周期就为其分配几个周期，不再要求所有指令占用相同的执行时间。

3．流水线方案

指令之间可以并行执行的方案，称为流水线方案，其追求的目标是力争在每个时钟脉冲周期完成一条指令的执行过程（只在理想情况下才能达到该效果）。这种方案通过在每个时钟周期启动一条指令，尽量让多条指令同时运行，但各自处在不同的执行步骤中。

5.2.4　本节习题精选

一、单项选择题

01. 计算机工作的最小时间周期是（　）。

A．时钟周期　B．指令周期　C．CPU 周期　D．工作脉冲

02. 采用 DMA 方式传递数据时，每传送一个数据就要占用（　）。

A．指令周期　B．时钟周期　C．机器周期　D．存取周期

03. 指令周期是指（　）。

A．CPU 从主存取出一条指令的时间

B．CPU 执行一条指令的时间

C．CPU 从主存取出一条指令加上执行这条指令的时间

D．时钟周期时间

04. 指令（　）从主存中读出。

A．总是根据程序计数器

B．有时根据程序计数器，有时根据转移指令

C．根据地址寄存器

D．有时根据程序计数器，有时根据地址寄存器

05. 在一条无条件跳转指令的指令周期内，程序计数器（PC）的值被修改了（　）次。

A．1　B．2　C．3　D．不能确定

06. 在取指操作后，程序计数器中存放的是（　）。

A．当前指令的地址　B．程序中指令的数量

C．已执行的指令数量　D．下一条指令的地址

07. 以下叙述中，错误的是（　）。

A．指令周期的第一个操作是取指令

B．为了进行取指操作，控制器需要得到相应的指令

C．取指操作是控制器自动进行的

D．指令执行时有些操作是相同或相似的

08. 指令周期由一个到几个机器周期组成，第一个机器周期是（　）。

A．从主存中取出指令字　B．从主存中取出指令操作码

C．从主存中取出指令地址码　D．从主存中取出指令的地址

09. 由于 CPU 内部操作的速度较快，而 CPU 访问一次存储器的时间较长，因此机器周期通常由（　）来确定。

A．指令周期　B．存取周期　C．间址周期　D．中断周期

10. 以下有关机器周期的叙述中，错误的是（　）。

A．通常把通过一次总线事务访问一次主存或 I/O 的时间定为一个机器周期

B. 一个指令周期通常包含多个机器周期
C. 不同的指令周期所包含的机器周期数可能不同
D. 每个指令周期都包含一个中断响应机器周期

11. 下列说法中，合理的是（　）。
A. 执行各条指令的机器周期数相同，各机器周期的长度均匀
B. 执行各条指令的机器周期数相同，各机器周期的长度可变
C. 执行各条指令的机器周期数可变，各机器周期的长度均匀
D. 执行各条指令的机器周期数可变，各机器周期的长度可变

12. 以下关于间址周期的描述中，正确的是（　）。
A. 所有指令的间址操作都是相同的
B. 凡是存储器间接寻址的指令，它们的操作都是相同的
C. 对于存储器间接寻址和寄存器间接寻址，它们的操作是不同的
D. 都不对

13. CPU 响应中断的时间是（　）。
A. 一条指令执行结束　　B. I/O 设备提出中断
C. 取指周期结束　　D. 指令周期结束

14. 以下叙述中，错误的是（　）。
A. 取指操作是控制器固有的功能，不需要在操作码控制下完成
B. 所有指令的取指操作是相同的
C. 在指令长度相同的情况下，所有指令的取指操作是相同的
D. 中断周期是在指令执行完成后出现的

15.（　）可区分存储单元中存放的是指令还是数据。
A. 控制器　　B. 运算器　　C. 存储器　　D. 数据通路

16. 下列说法中，正确的是（　）。
I. 指令字长等于机器字长的前提下，取指周期等于机器周期
II. 指令字长等于存储字长的前提下，取指周期等于机器周期
III. 指令字长和机器字长的长度没有任何关系
IV. 为了硬件设计方便，指令字长都和存储字长一样大
A. II、III　　B. II、III、IV　　C. I、III、IV　　D. I、IV

17.【2009 统考真题】冯·诺依曼计算机中指令和数据均以二进制形式存放在存储器中，CPU 区分它们的依据是（　）。
A. 指令操作码的译码结果　　B. 指令和数据的寻址方式
C. 指令周期的不同阶段　　D. 指令和数据所在的存储单元

18.【2011 统考真题】假定不采用 Cache 和指令预取技术，且机器处于“开中断”状态，则在下列有关指令执行的叙述中，错误的是（　）。
A. 每个指令周期中 CPU 都至少访问内存一次
B. 每个指令周期一定大于或等于一个 CPU 时钟周期
C. 空操作指令的指令周期中任何寄存器的内容都不会被改变
D. 当前程序在每条指令执行结束时都可能被外部中断打断

二、综合应用题

01. 指令和数据都存于存储器中，CPU 如何区分它们？

02. 中断周期的前后各是CPU的什么工作周期？

5.2.5 答案与解析

一、单项选择题

01. A

时钟周期是计算机操作的最小单位时间，由计算机的主频确定，是主频的倒数。工作脉冲是控制器的最小时间单位，起定时触发作用，一个时钟周期有一个工作脉冲。指令周期则可由多个CPU周期组成。CPU周期，即机器周期，包含若干时钟周期。

02. D

CPU从主存中每取出并执行一条指令所需的全部时间称为指令周期；时钟周期通常称为节拍或T周期，它是CPU操作的最基本单位；CPU周期也称机器周期，一个机器周期包含若干时钟周期；存取周期是指存储器进行两次独立的存储器操作（连续两次读或写操作）所需的最小间隔时间。

03. C

指令周期是指CPU从主存取出一条指令加上执行这条指令的时间，而间址周期不是必需的。

04. A

CPU根据程序计数器PC中的内容从主存取指令。读者可能会想到无条件转移指令或中断返回指令，认为不一定总是根据PC读出。实际上，当前指令正在执行时，PC已经是下一条指令的地址。若遇到无条件转移指令，则只需简单地用跳转地址覆盖原PC的内容即可，最终的结果还是根据PC从主存读出。地址寄存器用来指出所取数据在主存中的地址。

05. B

首先在取指周期结束后，PC值自动加1；在执行周期中，PC值修改为要跳转到的地址。综上，在一条无条件跳转指令的指令周期内，程序计数器（PC）的值被修改了2次。

06. D

在取指操作后，程序计数器中的内容将被修改为下一条指令的地址，而不是当前指令的地址。

07. B

取指操作是自动进行的，控制器不需要得到相应的指令。

08. A

指令周期的第一个机器周期是取指周期，即从主存中取出指令字。

09. B

存储器进行一次读或写操作所需的时间称为存储器的访问时间（或读/写时间），而连续启动两次独立的读或写操作（如连续的两次读操作）所需的最短时间称为存取周期。机器周期通常由存取周期确定。

10. D

在指令的执行周期完成后，处理器会判断是否出现中断请求，只有在出现中断请求时才会进入中断周期。

11. D

机器周期是指令执行中每步操作（如取指令、存储器读、存储器写等）所需要的时间，每个机器周期内的节拍数可以不等，因此其长度可变。因为各种指令的功能不同，所以各指令执行时所需的机器周期数是可变的。

12. C

指令的间址分为一次间址、两次间址和多次间址，因此它们的操作是不同的，A、B错误。存储器间址通过形式地址访存，寄存器间址通过寄存器内容访存，C正确。

13．A

中断周期用于响应中断，若有中断，则在指令的执行周期后进入中断周期。

14．B

不同长度的指令，其取指操作可能是不同的。例如，双字指令、三字指令与单字指令的取指操作是不同的。

15．A

存储器本身无法区分存储单元中存放的是指令还是数据。而在控制器的控制下，计算机在不同的阶段对存储器进行读/写操作时，取出的代码也就有不同的用处。而在取指阶段读出的二进制代码为指令，在执行阶段读出的二进制代码则可能为数据；运算器和数据通路显然不能区分。

16．A

指令字长一般都取存储字长的整数倍，若指令字长等于存储字长的 2 倍，则需要两次访存，取指周期等于机器周期的 2 倍；若指令字长等于存储字长，则取指周期等于机器周期，因此 I 错。根据 I 的分析可知，II 正确。指令字长取决于操作码的长度、操作数地址的长度和操作数地址的个数，与机器字长没有必然的联系。但为了硬件设计方便，指令字长一般取字节或存储字长的整数倍，因此 III 正确。根据 III 的分析可知，指令字长一般取字节或存储字长的整数倍，而不一定都和存储字长一样大，因此 IV 错误。综上所述，II、III 正确。

17．C

冯•诺依曼计算机根据指令周期的不同阶段来区分从存储器取出的是指令还是数据，取指周期取出的是指令，执行周期取出的是数据。

18．C

由于不采用指令预取技术，每个指令周期都需要取指令，而不采用 Cache 技术，因此每次取指令都至少要访问内存一次（当指令字长与存储字长相等且按边界对齐时），选项 A 正确。时钟周期是 CPU 的最小时间单位，每个指令周期一定大于或等于一个 CPU 时钟周期，选项 B 正确。即使是空操作指令，在取指操作后，PC 也会自动加 1，选项 C 错误。由于机器处于“开中断”状态，在每条指令执行结束时都可能被外部中断打断。

二、综合应用题

01．【解答】

通常完成一条指令可分为取指阶段和执行阶段。在取指阶段通过访问存储器可将指令取出；在执行阶段通过访问存储器可以将操作数取出。因此，虽然指令和数据都以二进制代码形式存放在存储器中，但 CPU 可根据指令周期的不同阶段判断从存储器取出的二进制代码是指令还是数据。

02．【解答】

中断周期之前是执行周期，之后是下一条指令的取指周期。

5.3　数据通路的功能和基本结构

5.3.1　数据通路的功能

数据在功能部件之间传送的路径称为数据通路，包括数据通路上流经的部件，如 ALU、通用寄存器、状态寄存器、异常和中断处理逻辑等。数据通路描述了信息从什么地方开始，中间经过哪个寄存器或多路开关，最后传送到哪个寄存器，这些都需要加以控制。

数据通路由控制部件控制，控制部件根据每条指令功能的不同生成对数据通路的控制信号。数据通路的功能是实现 CPU 内部的运算器与寄存器及寄存器之间的数据交换。

5.3.2 数据通路的基本结构

数据通路的基本结构主要有以下几种：

1）CPU 内部单总线方式。将所有寄存器的输入端和输出端都连接到一条公共通路上，这种结构比较简单，但数据传输存在较多的冲突现象，性能较低。连接各部件的总线只有一条时，称为单总线结构；CPU 中有两条或更多的总线时，构成双总线结构或多总线结构。图 5.7 所示为 CPU 内部总线的数据通路和控制信号。

2）CPU 内部多总线方式。将所有寄存器的输入端和输出端都连接到多条公共通路上，相比之下单总线中一个时钟内只允许传一个数据，因而指令执行效率很低，因此采用多总线方式，同时在多个总线上传送不同的数据，提高效率。

3）专用数据通路方式。根据指令执行过程中的数据和地址的流动方向安排连接线路，避免使用共享的总线，性能较高，但硬件量大。

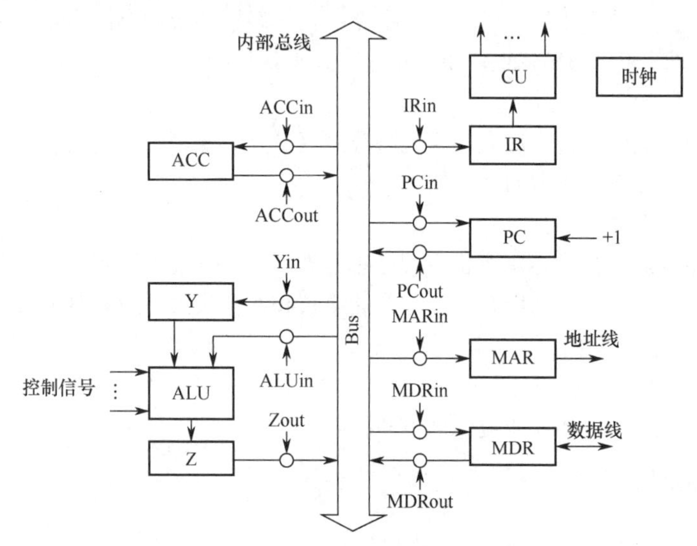

图 5.7 CPU 内部总线的数据通路和控制信号

在图 5.7 中，规定各部件用大写字母表示，字母加“in”表示该部件的允许输入控制信号；字母加“out”表示该部件的允许输出控制信号。

注意： 内部总线是指同一部件，如 CPU 内部连接各寄存器及运算部件之间的总线；系统总线是指同一台计算机系统的各部件，如 CPU、内存和各类 I/O 接口间互相连接的总线。

1. 寄存器之间的数据传送

寄存器之间的数据传送可通过 CPU 内部总线完成。在图 5.7 中，某寄存器 AX 的输出和输入分别由 AXout 和 AXin 控制。现以 PC 寄存器为例，把 PC 内容送至 MAR，实现传送操作的流程及控制信号为

```
(PC)→MAR                    PCout 和 MARin 有效，PC 内容→MAR
```

2. 主存与 CPU 之间的数据传送

主存与 CPU 之间的数据传送也要借助 CPU 内部总线完成。现以 CPU 从主存读取指令为例

说明数据在数据通路中的传送过程。实现传送操作的流程及控制信号为

```
(PC)→MAR              PCout 和 MARin 有效，现行指令地址→MAR
1→R                   CU 发读命令
MEM(MAR)→MDR          MDRin 有效
(MDR)→IR              MDRout 和 IRin 有效，现行指令→IR
```

3．执行算术或逻辑运算

执行算术或逻辑操作时，由于 ALU 本身是没有内部存储功能的组合电路，因此如要执行加法运算，相加的两个数必须在 ALU 的两个输入端同时有效。图 5.7 中的暂存器 Y 即用于该目的。先将一个操作数经 CPU 内部总线送入暂存器 Y 保存，Y 的内容在 ALU 的左输入端始终有效，再将另一个操作数经总线直接送到 ALU 的右输入端。这样两个操作数都送入了 ALU，运算结果暂存在暂存器 Z 中。

```
(MDR)→MAR             MDRout 和 MARin 有效，操作数有效地址→MAR
1→R                   CU 发读命令
MEM(MAR)→MDR          操作数从存储器→MDR
(MDR)→Y               MDRout 和 Yin 有效，操作数→Y
(ACC) + (Y)→Z         ACCout 和 ALUin 有效，CU 向 ALU 发加命令，结果→Z
(Z)→ACC               Zout 和 ACCin 有效，结果→ACC
```

数据通路结构直接影响 CPU 内各种信息的传送路径，数据通路不同，指令执行过程的微操作序列的安排也不同，它关系着微操作信号形成部件的设计。

5.3.3　本节习题精选

一、单项选择题

01. 下列不属于 CPU 数据通路结构的是（　）。

A. 单总线结构　　B. 多总线结构
C. 部件内总线结构　　D. 专用数据通路结构

02. 在单总线的 CPU 中，（　）。

A. ALU 的两个输入端及输出端都可与总线相连
B. ALU 的两个输入端可与总线相连，但输出端需通过暂存器与总线相连
C. ALU 的一个输入端可与总线相连，其输出端也可与总线相连
D. ALU 只能有一个输入端可与总线相连，另一输入端需通过暂存器与总线相连

03. 采用 CPU 内部总线的数据通路与不采用 CPU 内部总线的数据通路相比，（　）。

A. 前者性能较高　　B. 后者的数据冲突问题较严重
C. 前者的硬件量大，实现难度高　　D. 以上说法都不对

04. CPU 的读/写控制信号的作用是（　）。

A. 决定数据总线上的数据流方向　　B. 控制存储器操作的读/写类型
C. 控制流入、流出存储器信息的方向　　D. 以上都是

05. 【2016 统考真题】单周期处理器中所有指令的指令周期为一个时钟周期。下列关于单周期处理器的叙述中，错误的是（　）。

A. 可以采用单总线结构数据通路　　B. 处理器时钟频率较低
C. 在指令执行过程中控制信号不变　　D. 每条指令的 CPI 为 1

06. 【2021 统考真题】下列关于数据通路的叙述中，错误的是（　）。

A. 数据通路包含 ALU 等组合逻辑（操作）元件
B. 数据通路包含寄存器等时序逻辑（状态）元件

C. 数据通路不包含用于异常事件检测及响应的电路

D. 数据通路中的数据流动路径由控制信号进行控制

二、综合应用题

01. 某计算机的数据通路结构如下图所示，写出实现 ADD R1, (R2)的微操作序列（取指令及确定后继指令地址）。

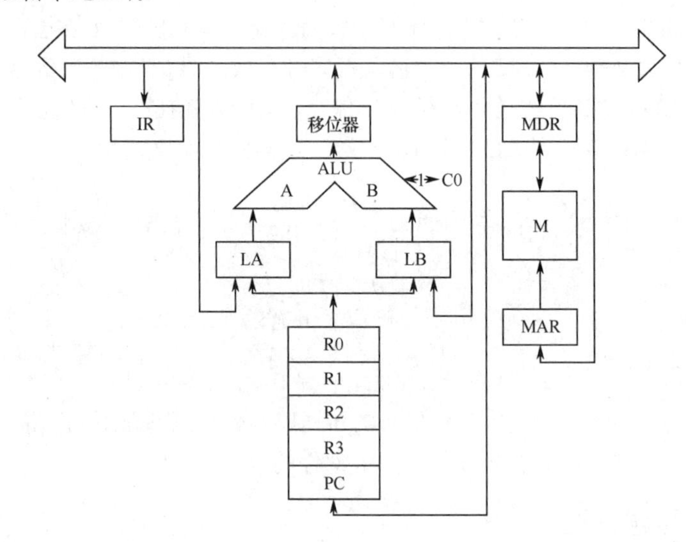

02. 设 CPU 内部结构如下图所示，此外还设有 B、C、D、E、H、L 六个寄存器（图中未画出），它们各自的输入端和输出端都与内部总线相通，并分别受控制信号控制（如 Bin 受寄存器 B 的输入控制；Bout 受寄存器 B 的输出控制），假设 ALU 的结果直接送入 Z 寄存器。要求从取指令开始，写出完成下列指令的微操作序列及所需的控制信号。

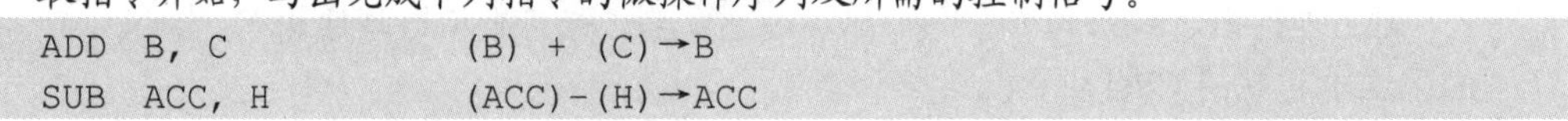

```
ADD  B, C              (B) + (C)→B
SUB  ACC, H            (ACC)-(H)→ACC
```

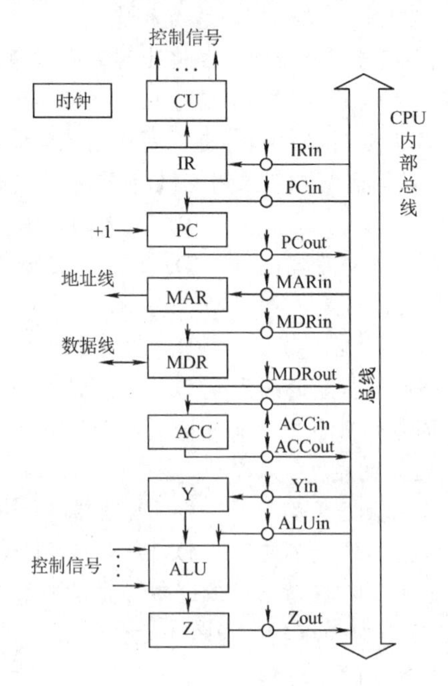

03. 设有如下图所示的单总线结构，分析指令 ADD (R0), R1 的指令流程和控制信号。

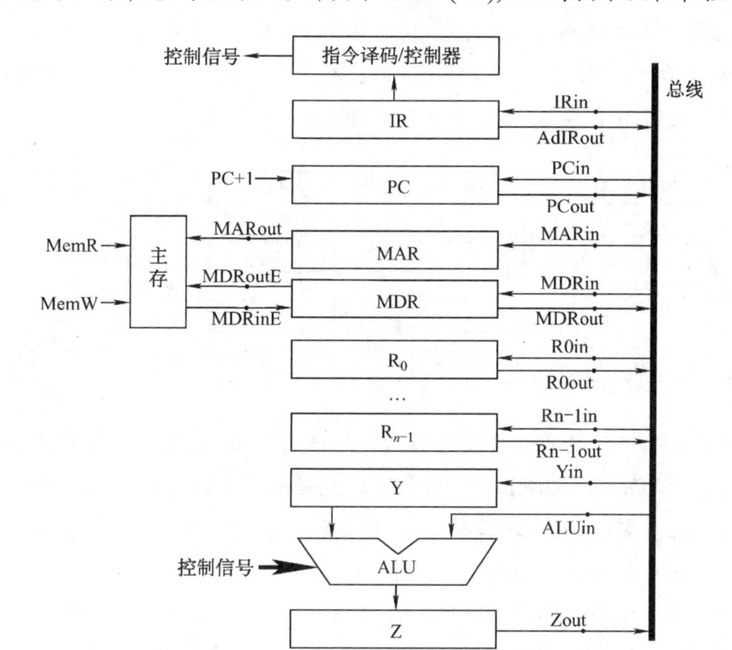

04. 下图是一个简化的 CPU 与主存连接结构示意图（图中省略了所有的多路选择器）。其中有一个累加寄存器（ACC）、一个状态数据寄存器和其他 4 个寄存器：主存地址寄存器（MAR）、主存数据寄存器（MDR）、程序寄存器（PC）和指令寄存器（IR），各部件及其之间的连线表示数据通路，箭头表示信息传递方向。

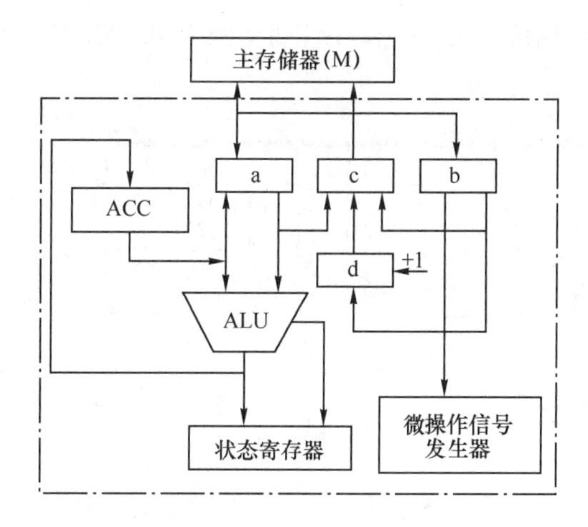

要求：

1）请写出图中 a、b、c、d 四个寄存器的名称。

2）简述图中取指令的数据通路。

3）简述数据在运算器和主存之间进行存/取访问的数据通路（假设地址已在 MAR 中）。

4）简述完成指令 LDA X 的数据通路（X 为主存地址，LDA 的功能为(X)→ACC）。

5）简述完成指令 ADD Y 的数据通路（Y 为主存地址，ADD 的功能为(ACC) + (Y)→ACC）。

6）简述完成指令 STA Z 的数据通路（Z 为主存地址，STA 的功能为(ACC)→Z）。

05. 某机主要功能部件如下图所示，其中 M 为主存，MDR 为主存数据寄存器，MAR 为主存地址寄存器，IR 为指令寄存器，PC 为程序计数器（并假设当前指令地址在 PC 中），R0 ~ R3 为通用寄存器，C、D 为暂存器。

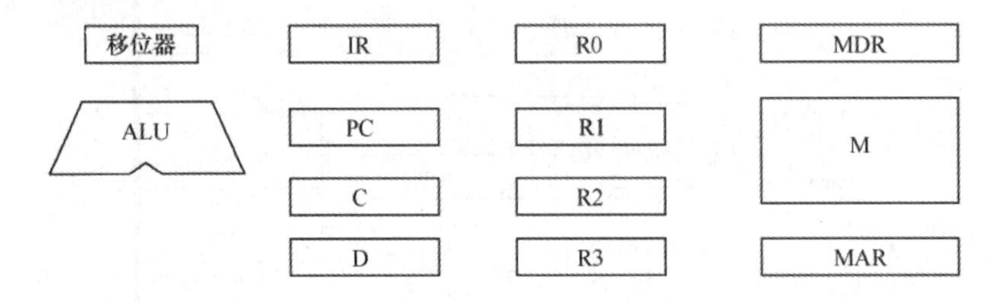

1）请补充各部件之间的主要连接线（总线自己画），并注明数据流动方向。

2）画出“ADD (R1), (R2) +”指令周期流程图“该指令的含义是进行求和运算，源操作数地址在 R1 中，目标操作数寻址方式为自增型寄存器间接寻址方式（先取地址后加 1），并将相加结果写回 R2 寄存器。

06. 已知单总线计算机结构如下图所示，其中 M 为主存，XR 为变址寄存器，EAR 为有效地址寄存器，LATCH 为暂存器。假设指令地址已存在于 PC 中，请给出 ADD X, D 指令周期信息流程和相应的控制信号。说明：

1）ADD X, D 指令字中，X 为变址寄存器 XR，D 为形式地址。

2）寄存器的输入/输出均采用控制信号控制，如 PC_i 表示 PC 的输入控制信号，MDR_o 表示 MDR 的输出控制信号。

3）凡需要经过总线的传送，都需要注明，如(PC)→MAR，相应的控制信号为 PC_o 和 MAR_i。

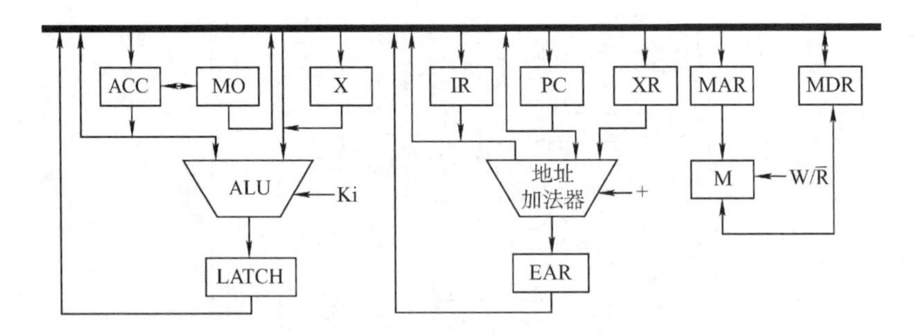

07.【2009 统考真题】某计算机字长 16 位，采用 16 位定长指令字结构，部分数据通路结构如下图所示。图中所有控制信号为 1 时表示有效，为 0 时表示无效。例如，控制信号 MDRinE 为 1 表示允许数据从 DB 打入 MDR，MDRin 为 1 表示允许数据从总线打入 MDR。假设 MAR 的输出一直处于使能状态。加法指令“ADD (R1), R0”的功能为(R0) + ((R1))→(R1)，即将 R0 中的数据与 R1 的内容所指主存单元的数据相加，并将结果送入 R1 的内容所指主存单元中保存。

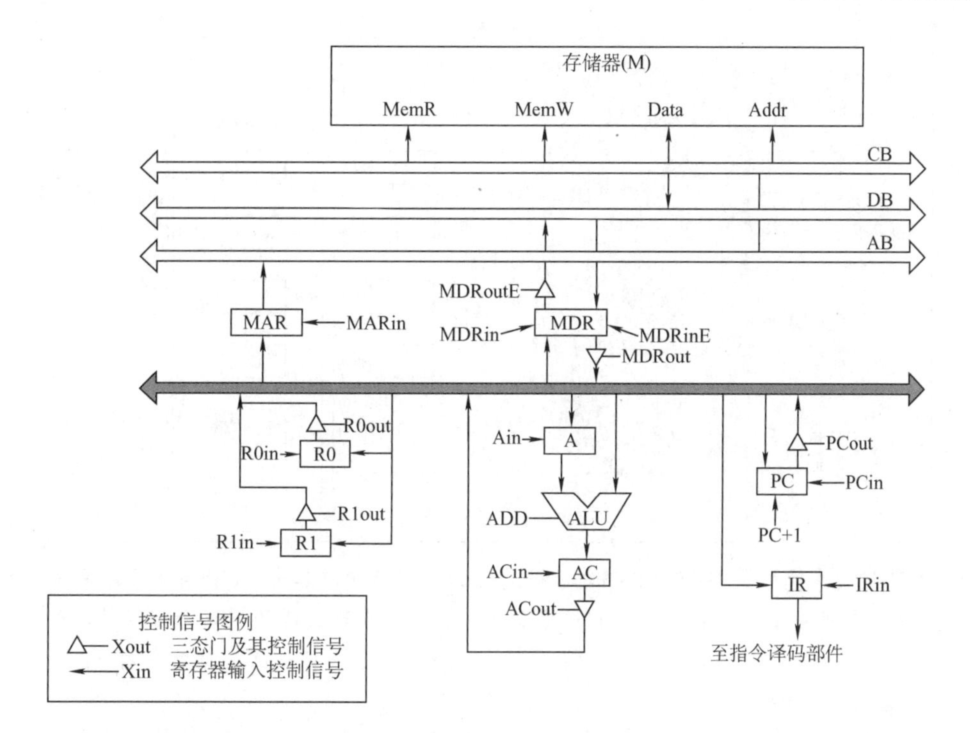

下表给出了上述指令取指和译码阶段每个节拍（时钟周期）的功能和有效控制信号，请按表中描述方式用表格列出指令执行阶段每个节拍的功能和有效控制信号。

时　钟	功　能	有效控制信号
C1	MAR←(PC)	PCout, MARin
C2	MDR←M(MAR) PC←(PC) + 1	MemR, MDRinE, PC + 1
C3	IR←(MDR)	MDRout, IRin
C4	指令译码	无

08.【2015统考真题】某16位计算机的主存按字节编码，存取单位为16位；采用16位定长指令字格式；CPU采用单总线结构，主要部分如下图所示。图中R0～R3为通用寄存器；T为暂存器；SR为移位寄存器，可实现直送（mov）、左移一位（left）和右移一位（right）三种操作，控制信号为SRop，SR的输出由信号SRout控制；ALU可实现直送A（mova）、A加B（add）、A减B（sub）、A与B（and）、A或B（or）、非A（not）、A加1（inc）七种操作，控制信号为ALUop。

回答下列问题：

1）图中哪些寄存器是程序员可见的？为何要设置暂存器 T？

2）控制信号 ALUop 和 SRop 的位数至少各是多少？

3）控制信号 SRout 所控制部件的名称或作用是什么？

4）端点①～⑨中，哪些端点须连接到控制部件的输出端？

5）为完善单总线数据通路，需要在端点①～⑨中相应的端点之间添加必要的连线。写出连线的起点和终点，以正确表示数据的流动方向。

6）为什么二路选择器 MUX 的一个输入端是 2？

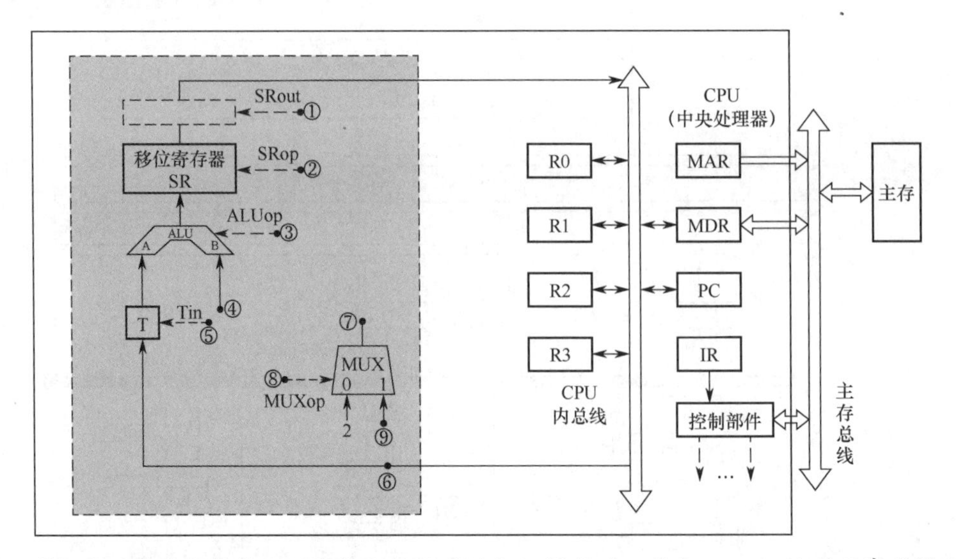

09.【2022统考真题】某CPU中部分数据通路如下图所示，其中，GPRs为通用寄存器组；FR为标志寄存器，用于存放ALU产生的标志信息；带箭头虚线表示控制信号，如控制信号Read、Write分别表示主存读、主存写，MDRin表示内部总线上数据写入MDR，MDRout表示MDR的内容送内部总线。

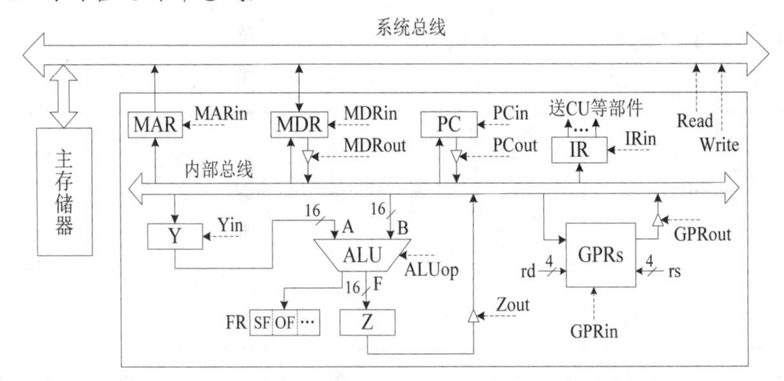

请回答下列问题。

1）设ALU的输入端A、B及输出端F的最高位分别为A_{15}、B_{15}及F_{15}，FR中的符号标志和溢出标志分别为SF和OF，则SF的逻辑表达式是什么？A加B、A减B时OF的逻辑表达式分别是什么？要求逻辑表达式的输入变量为A_{15}、B_{15}及F_{15}。

2）为什么要设置暂存器Y和Z？

3）若GPRs的输入端rs、rd分别为所读、写的通用寄存器的编号，则GPRs中最多有多少个通用寄存器？rs和rd来自图中的哪个寄存器？已知GPRs内部有一个地址译码器和一个多路选择器，rd应连接地址译码器还是多路选择器？

4）取指令阶段（不考虑PC增量操作）的控制信号序列是什么？若从发出主存读命令到主存读出数据并传送到MDR共需5个时钟周期，则取指令阶段至少需要几个时钟周期？

5）图中控制信号由什么部件产生？图中哪些寄存器的输出信号会连到该部件的输入端？

5.3.4　答案与解析

一、单项选择题

01. C

对 CPU 而言，数据通路的基本结构分为总线结构和专用数据通路结构，其中总线结构又分为单总线结构、双总线结构、多总线结构。

02. D

由于 ALU 是一个组合逻辑电路，因此其运算过程中必须保持两个输入端的内容不变。又由于 CPU 内部采用单总线结构，因此为了得到两个不同的操作数，ALU 的一个输入端与总线相连，另一个输入端需通过一个寄存器与总线相连。此外，ALU 的输出端也不能直接与内部总线相连，否则其输出又会通过总线反馈到输入端，影响运算结果，因此输出端需通过一个暂存器（用来暂存结果的寄存器）与总线相连。

03. D

采用 CPU 内部总线方式的数据通路的特点：结构简单，实现容易，性能较低，存在较多的冲突现象；不采用 CPU 内部总线方式的数据通路的特点：结构复杂，硬件量大，不易实现，性能高，基本不存在数据冲突现象。

04. D

读/写控制信号线决定了是从存储器读还是向存储器写，显然 A、B、C 选项都正确。

05. A

单周期处理器是指所有指令的指令周期为一个时钟周期的处理器，选项 D 正确。因为每条指令的 CPI 为 1，要考虑比较慢的指令，所以处理器的时钟频率较低，选项 B 正确。单总线数据通路将所有寄存器的输入输出端都连接在一条公共通路上，一个时钟内只允许一次操作，无法完成指令的所有操作，选项 A 错误。控制信号是 CU 根据指令操作码发出的信号，对于单周期处理器来说，每条指令的执行只有一个时钟周期，而在一个时钟周期内控制信号并不会变化；若是多周期处理器，则指令的执行需要多个时钟周期，在每个时钟周期控制器会发出不同信号，选项 C 正确。

06. C

指令执行过程中数据所经过的路径，包括路径上的部件，称为数据通路。ALU、通用寄存器、状态寄存器、Cache、MMU、浮点运算逻辑、异常和中断处理逻辑等，都是指令执行过程中数据流经的部件，都属于数据通路的一部分。数据通路中的数据流动路径由控制部件控制，控制部件根据每条指令功能的不同，生成对数据通路的控制信号。选项 C 错误。

二、综合应用题

01.【解答】

实现 ADD R1, (R2)的微操作序列如下：

微操作	控制信号
(PC)→MAR	PC→BUS，BUS→MAR
M→MDR	READ
(PC) + 1→PC	+1
(MDR)→IR	MDR→BUS，BUS→IR
(R1)→LA	R1→LA
(R2)→MAR	R2→BUS，BUS→MAR
M→MDR	READ
(MDR)→LB	MDR→BUS，BUS→LB
(LA) + (LB)→R1	+，移位器→BUS，BUS→R1

02.【解答】

两条指令的微操作序列如下。

（1）ADD B, C 指令。

```
微操作                              控制信号
(PC)→MAR                            PCout, MARin
(PC) + 1→PC                         +1
M(MAR)→MDR→IR                       MDRout, IRin
(B)→Y                               Bout, Yin
(Y) + (C)→Z                         Cout, ALUin, "+"
(Z)→B                               Zout, Bin
```

（2）SUB ACC, H 指令。

```
微操作                              控制信号
(PC)→MAR                            PCout, MARin
(PC) + 1→PC                         +1
M(MAR)→MDR→IR                       MDRout, IRin
(ACC)→Y                             ACCout, Yin
(Y) - (H)→Z                         Hout, ALUin, "-"
(Z)→ACC                             Zout, ACCin
```

注：Y 是与 ALU 的一个输入端相连接的暂存器。

03.【解答】

指令 ADD (R0), R1 的功能是把 R0 的内容作为地址送到主存中取得一个操作数，再与 R1 中的内容相加，最后将结果送回主存，即实现((R0)) + (R1)→(R0)。其流程和控制信号如下。

1）取指周期：公共操作。

时　序	微 操 作	有效控制信号	具 体 功 能
1	(PC)→MAR	PCout, MARin	将 PC 经内部总线送至 MAR
2	M(MAR)→MDR, Read	MemR, MARout, MDRinE	主存通过数据总线将 MAR 所指单元的内容送至 MDR
3	(MDR)→IR	MDRout, IRin	将 MDR 的内容送至 IR
4	指令译码	–	操作字开始控制 CU
5	(PC) + 1→PC	–	当 PC + 1 有效时，使 PC 内容加 1

2）间址周期：完成取数操作，被加数在主存中，加数已经放在寄存器 R1 中。

时　序	微 操 作	有效控制信号	具 体 功 能
1	(R0)→MAR	R0out, MARin	将 R0 中的地址（形式地址）送至存储器地址寄存器
2	M(MAR)→MDR	MemR, MARout, MDRinE	主存通过数据总线将 MAR 所指单元的内容（有效地址）送至 MDR 中
3	(MDR)→Y	MDRout, Yin	将 MDR 中数据通过数据总线送至 Y

3）执行周期：完成加法运算，并将结果返回主存。

时　序	微 操 作	有效控制信号	具 体 功 能
1	(R1) + (Y)→Z	R1out, ALUin，CU 向 ALU 发 ADD 控制信号	R1 的内容和 Y 的内容相加，结果送至寄存器 Z
2	(Z)→MDR	Zout, MDRin	将运算结果送至 MDR
3	(MDR)→M(MAR)	MemW, MDRoutE, MARout	向主存写入数据

04.【解答】

1）b 单向连接微控制器，由微控制器的作用可以推出 b 是 IR；a 和 c 直接连接主存，只可能是 MDR 和 MAR，c 到主存是单向连接，a 和主存双向连接，根据指令执行的特点，MAR 只单向给主存传送地址，而 MDR 既存放从主存中取出的数据，又存放将要写入主存的数据，因此 c 为 MAR，a 为 MDR。d 具有自动加 1 的功能，且单向连接 MAR，为 PC。因此，a 为 MDR，b 为 IR，c 为 MAR，d 为 PC。

2）将指令地址从 PC 送入 MAR，在相关的控制下从主存中取出指令送至 MDR，然后将 MDR 中的指令送至 IR，最后流向微控制器。取指令的数据通路为

PC→MAR→主存→MDR→IR

3）根据 MAR 中的地址去主存取数据，将取出的数据送至 MDR，然后将 MDR 中的数据送至 ALU 进行运算，运算的结果送至 ACC。存储器读的数据通路为

MAR（先置数据地址），主存 M→MDR→ALU→ACC

将 ACC 中的结果送至 MDR，再将 MDR 中的数据写入主存。存储器写的数据通路为

MAR（先置数据地址），ACC→MDR→主存 M

4）指令 LDA X 的数据通路为

X→MAR→主存→MDR→ALU→ACC

5）指令 ADD Y 的数据通路为

Y→MAR→主存→MDR ↘
　　　　　　　　　　ALU→ACC
ACC ↗

6）指令 STA Z 的数据通路为（ACC 中的数据需放在主存中）

Z→MAR，ACC→MDR→主存

05.【解答】

1）各功能部件的连接关系，以及数据通路如下图所示。

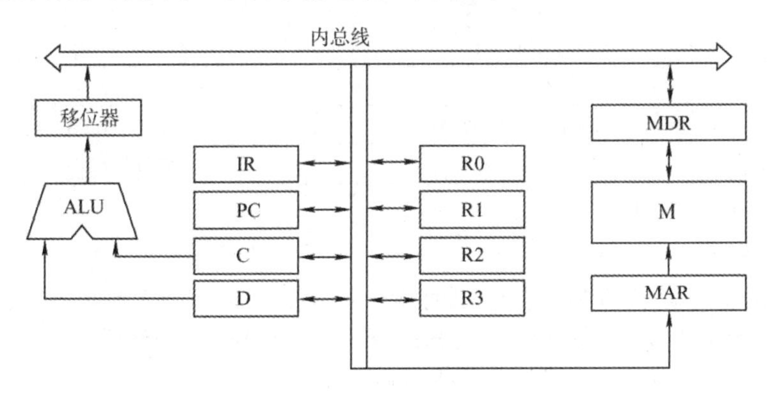

2）分析过程如下：

- 取指令地址送到 IR 并译码。
- 取源操作数和目的操作数。
- 将源操作数和目的操作数相加送到 MAR，随之送到以前目的操作数所在内存的地址。
- 将寄存器 R2 的内容加 1。

取指周期流程如下图所示。

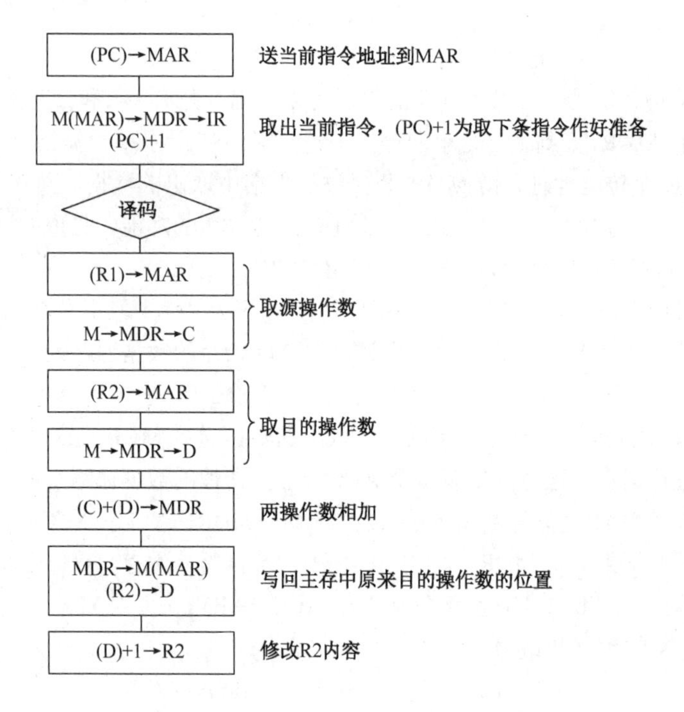

06.【解答】

ADD X, D 指令周期信息流程和相应的控制信号见下表。

周　期	微　操　作	有效控制信号
取指周期	(PC)→MAR	PC_o, MAR_i
	M(MAR)→MDR (PC) + 1→PC	MAR_o, R/W, MDR_i +1
	(MDR)→IR	MDR_o, IR_i
执行周期	(XR) + Ad(IR)→EAR	XR_o, IR_o, +, EAR_i
	(EAR)→MAR	EAR_o, MAR_i
	M(MAR)→MDR	MAR_o, R/W, MDR_i
	(MDR)→X	MDR_o, X_i
	(ACC) + (X)→LATCH	ACC_o, X_o, K_i = +, $LATCH_i$
	(LATCH)→ACC	$LATCH_o$, ACC_i

注：题目中的 D 即为 Ad(IR)。

07.【解答】

题干已给出取值和译码阶段每个节拍的功能和有效控制信号，我们应以弄清楚取指阶段中数据通路的信息流动为突破口，读懂每个节拍的功能和有效控制信号，然后应用到解题思路中，包括划分执行步骤、确定完成的功能、需要的控制信号。

先分析题干中提供的示例（本部分解题时不做要求）：

取指令的功能是根据 PC 的内容所指的主存地址，取出指令代码，经过 MDR，最终送至 IR。这部分和后面的指令执行阶段的取操作数、存运算结果的方法是相通的。

C1：(PC)→MAR

在读写存储器前，必须先将地址（这里为(PC)）送至 MAR。

C2：M(MAR)→MDR, (PC) + 1→PC

读写的数据必须经过 MDR，指令取出后 PC 自增 1。

C3：(MDR)→IR

然后将读到的 MDR 中的指令代码送至 IR 进行后续操作。

指令“ADD (R1), R0”的操作数一个在主存中，一个在寄存器中，运算结果在主存中。根据指令功能，要读出 R1 的内容所指的主存单元，必须先将 R1 的内容送至 MAR，即(R1)→MAR。而读出的数据必须经过 MDR，即 M(MAR)→MDR。

因此，将 R1 的内容所指的主存单元的数据读出到 MDR 的节拍安排如下：

C5：(R1)→MAR

C6：M(MAR)→MDR

ALU 一端是寄存器 A，MDR 或 R0 中必须有一个先写入 A 中，如 MDR。

C7：(MDR)→A

然后执行加法操作，并将结果送入寄存器 AC。

C8：(A) + (R0)→AC

之后将加法结果写回到 R1 的内容所指的主存单元，注意 MAR 中的内容没有改变。

C9：(AC)→MDR

C10：(MDR)→M(MAR)

有效控制信号的安排并不难，只需看数据是流入还是流出，如流入寄存器 X 就是 Xin，流出寄存器 X 就是 Xout。还需注意其他特殊控制信号，如 PC + 1、Add 等。

于是得到参考答案如下表所示。

时　钟	功　能	有效控制信号
C5	MAR←(R1)	R1out, MARin
C6	MDR←M(MAR)	MemR, MDRinE
C7	A←(MDR)	MDRout, Ain
C8	AC←(A) + (R0)	R0out, Add, ACin
C9	MDR←(AC)	ACout, MDRin
C10	M(MAR)←(MDR)	MDRoutE, MemW

本题答案不唯一，若在 C6 执行 M(MAR)→MDR 的同时，完成(R0)→A（即选择将(R0)写入A），并不会发生总线冲突，这种方案可节省 1 个节拍，见下表。

时　钟	功　能	有效控制信号
C5	MAR←(R1)	R1out, MARin
C6	MDR←M(MAR)，A←(R0)	MemR, MDRinE, R0out, Ain
C7	AC←(MDR) + (A)	MDRout, Add, ACin
C8	MDR←(AC)	ACout, MDRin
C9	M(MAR)←(MDR)	MDRoutE, MemW

08.【解答】

1）程序员可见寄存器为通用寄存器（R0～R3）和 PC。因为采用了单总线结构，因此若无暂存器 T，则 ALU 的 A、B 端口会同时获得两个相同的数据，使数据通路不能正常工作。

2）ALU 共有 7 种操作，其操作控制信号 ALUop 至少需要 3 位；移位寄存器有 3 种操作，其操作控制信号 SRop 至少需要 2 位。

3）信号 SRout 所控制的部件是一个三态门，用于控制移位器与总线之间数据通路的连接与断开。

4）端口①、②、③、⑤、⑧须连接到控制部件输出端。

5）连线 1，⑥→⑨；连线 2，⑦→④。

6）因为每条指令的长度为 16 位，按字节编址，所以每条指令占用 2 个内存单元，顺序执行时，下条指令地址为(PC) + 2。MUX 的一个输入端为 2，可便于执行(PC) + 2 操作。

09.【解析】

1）符号标志 SF 表示运算结果的正负性，因此 $SF = F_{15}$。

对于加法运算 A + B→F，若 A、B 为负，且 F 为正，则说明发生溢出；或者，若 A、B 为正，且 F 为负，也说明发生溢出。因此，加运算时，溢出标志 $OF = \overline{A_{15}} \cdot \overline{B_{15}} \cdot F_{15} + A_{15} \cdot B_{15} \cdot \overline{F_{15}}$。

对于减法运算 A – B→F，若 A 为负、B 为正，且 F 为正，则说明发生溢出；或者，若 A 为正、B 为负，且 F 为负，也说明发生溢出。因此，减运算时，溢出标志 $OF = \overline{A_{15}} \cdot B_{15} \cdot F_{15} + A_{15} \cdot \overline{B_{15}} \cdot \overline{F_{15}}$。

2）因为在单总线结构中，每一时刻总线上只有一个数据有效，而 ALU 有两个输入端和一个输出端。因此，当 ALU 运算时，需要先用暂存器 Y 缓存其中一个输入端的数据，再通过总线传送另一个输入端的数据。与此同时，ALU 的输出端产生运算结果，但由于总线正被占用，因此需要暂存器 Z，以缓存 ALU 的输出端数据。

3）由图可知，rs 和 rd 都是 4bit，因此 GPRs 中最多有 $2^4 = 16$ 个通用寄存器；rs 和 rd 来自指令寄存器 IR；rd 表示寄存器编号，应连接地址译码器。

4）取指阶段需要根据程序计数器 PC 取出主存中的指令，并将指令写入指令寄存器 IR 中。控制信号序列如下：

```
①PCout, MARin        //将指令的地址写入 MAR
②Read                //读主存，并将读出的数据写入 MDR
③MDRout, IRin        //将 MDR 的内容写入指令寄存器 IR
```

步骤①需要 1 个时钟周期，步骤②需要 5 个时钟周期，步骤③需要 1 个时钟周期，因此取指令阶段至少需要 7 个时钟周期。

5）图中控制信号由控制部件（CU）产生。指令寄存器 IR 和标志寄存器 FR 的输出信号会连到控制部件的输入端。

5.4　控制器的功能和工作原理

5.4.1　控制器的结构和功能

从图 5.8 可以看到计算机硬件系统的五大功能部件及其连接关系。它们通过数据总线、地址总线和控制总线连接在一起，其中点画线框内的是控制器部件。

现对其主要连接关系简单说明如下：

1）运算器部件通过数据总线与内存储器、输入设备和输出设备传送数据。

2）输入设备和输出设备通过接口电路与总线相连接。

3）内存储器、输入设备和输出设备从地址总线接收地址信息，从控制总线得到控制信号，通过数据总线与其他部件传送数据。

4）控制器部件从数据总线接收指令信息，从运算器部件接收指令转移地址，送出指令地址到地址总线，还要向系统中的部件提供它们运行所需要的控制信号。

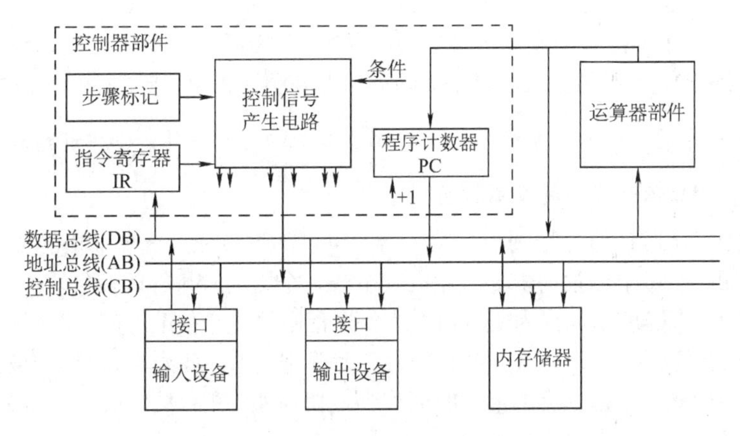

图 5.8　计算机硬件系统和控制器部件的组成

控制器是计算机系统的指挥中心，控制器的主要功能有：

1）从主存中取出一条指令，并指出下一条指令在主存中的位置。

2）对指令进行译码或测试，产生相应的操作控制信号，以便启动规定的动作。

3）指挥并控制 CPU、主存、输入和输出设备之间的数据流动方向。

根据控制器产生微操作控制信号的方式的不同，控制器可分为硬布线控制器和微程序控制器，两类控制器中的 PC 和 IR 是相同的，但确定和表示指令执行步骤的办法以及给出控制各部件运行所需要的控制信号的方案是不同的。

5.4.2　硬布线控制器

硬布线控制器的基本原理是根据指令的要求、当前的时序及外部和内部的状态，按时间的顺序发送一系列微操作控制信号。它由复杂的组合逻辑门电路和一些触发器构成，因此又称组合逻辑控制器。

1．硬布线控制单元图

指令的操作码是决定控制单元发出不同操作命令（控制信号）的关键。为了简化控制单元（CU）的逻辑，将指令的操作码译码和节拍发生器从 CU 分离出来，便可得到简化的控制单元图，如图 5.9 所示。

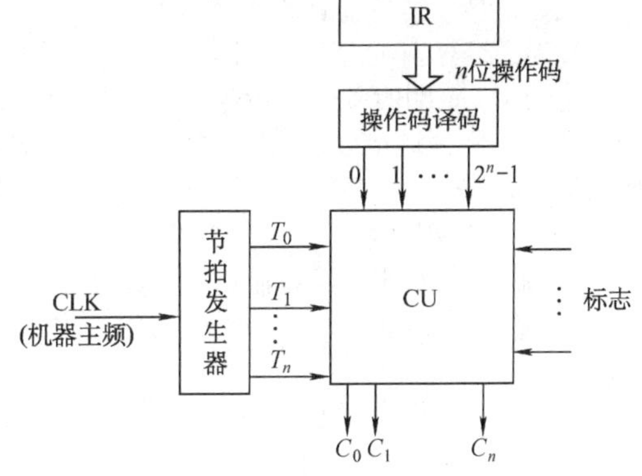

图 5.9　带指令译码器和节拍输入的控制单元图

CU 的输入信号来源如下：

1）经指令译码器译码产生的指令信息。现行指令的操作码决定了不同指令在执行周期所需完成的不同操作，因此指令的操作码字段是控制单元的输入信号，它与时钟配合产生不同的控制信号。

2）时序系统产生的机器周期信号和节拍信号。为了使控制单元按一定的先后顺序、一定的节奏发出各个控制信号，控制单元必须受时钟控制，即一个时钟脉冲使控制单元发送一个操作命令，或发送一组需要同时执行的操作命令。

3）来自执行单元的反馈信息即标志。控制单元有时需依赖 CPU 当前所处的状态产生控制信号，如 BAN 指令，控制单元要根据上条指令的结果是否为负来产生不同的控制信号。

图 5.9 中，节拍发生器产生各机器周期中的节拍信号，使不同的微操作命令 C_i（控制信号）

按时间的先后发出。个别指令的操作不仅受操作码控制，还受状态标志控制，因此CU的输入来自操作码译码电路ID、节拍发生器及状态标志，其输出到CPU内部或外部控制总线上。

注意：控制单元还接收来自系统总线（控制总线）的控制信号，如中断请求、DMA请求。

2．硬布线控制器的时序系统及微操作

1）时钟周期。用时钟信号控制节拍发生器，可以产生节拍，每个节拍的宽度正好对应一个时钟周期。在每个节拍内机器可完成一个或几个需同时执行的操作。

2）机器周期。机器周期可视为所有指令执行过程中的一个基准时间。不同指令的操作不同，指令周期也不同。访问一次存储器的时间是固定的，因此通常以存取周期作为基准时间，即内存中读取一个指令字的最短时间作为机器周期。在存储字长等于指令字长的前提下，取指周期也可视为机器周期。

在一个机器周期里可完成若干微操作，每个微操作都需一定的时间，可用时钟信号来控制产生每个微操作命令。

3）指令周期。指令周期详见5.2.1节。

4）微操作命令分析。控制单元具有发出各种操作命令（控制信号）序列的功能。这些命令与指令有关，而且必须按一定次序发出，才能使机器有序地工作。

执行程序的过程中，对于不同的指令，控制单元需发出各种不同的微操作命令。一条指令分为3个工作周期：取指周期、间址周期和执行周期。下面分析各个子周期的微操作命令。

① 取指周期的微操作命令。无论是什么指令，取指周期都需有下列微操作命令：

(PC)→MAR	现行指令地址→MAR
1→R	命令存储器读
M(MAR)→MDR	现行指令从存储器中读至MDR
(MDR)→IR	现行指令→IR
OP(IR)→CU	指令的操作码→CU译码
(PC) + 1→PC	形成下一条指令的地址

② 间址周期的微操作命令。间址周期完成取操作数地址的任务，具体微操作命令如下：

Ad(IR)→MAR	将指令字中的地址码（形式地址）→MAR
1→R	命令存储器读
M(MAR)→MDR	将有效地址从存储器读至MDR

③ 执行周期的微操作命令。执行周期的微操作命令视不同指令而定。

a. 非访存指令。

CLA	清ACC	0→ACC
COM	取反	$\overline{ACC}$→ACC
SHR	算术右移	L(ACC)→R(ACC)，ACC_0→ACC_0
CSL	循环左移	R(ACC)→L(ACC)，ACC_0→ACC_n
STP	停机指令	0→G

b. 访存指令。

```
ADD X        加法指令
Ad(IR)→MAR，1→R
M(MAR)→MDR
(ACC) + (MDR)→ACC
STA X        存数指令
Ad(IR)→MAR，1→W
(ACC)→MDR
```

```
(MDR)→M(MAR)
LDA X        取数指令
Ad(IR)→MAR，1→R
M(MAR)→MDR
(MDR)→ACC
```

c. 转移指令。

```
JMP X        无条件转移          Ad(IR)→PC
BAN X        条件转移（负则转）  A0·Ad(IR) +Ā0·(PC)→PC
```

3. CPU 的控制方式

控制单元控制一条指令执行的过程，实质上是依次执行一个确定的微操作序列的过程。由于不同指令所对应的微操作数及复杂程度不同，因此每条指令和每个微操作所需的执行时间也不同。主要有以下 3 种控制方式。

1）同步控制方式。所谓同步控制方式，是指系统有一个统一的时钟，所有的控制信号均来自这个统一的时钟信号。通常以最长的微操作序列和最烦琐的微操作作为标准，采取完全统一的、具有相同时间间隔和相同数目的节拍作为机器周期来运行不同的指令。
同步控制方式的优点是控制电路简单，缺点是运行速度慢。

2）异步控制方式。异步控制方式不存在基准时标信号，各部件按自身固有的速度工作，通过应答方式进行联络。
异步控制方式的优点是运行速度快，缺点是控制电路比较复杂。

3）联合控制方式。联合控制方式是介于同步、异步之间的一种折中。这种方式对各种不同的指令的微操作实行大部分采用同步控制、小部分采用异步控制的办法。

4. 硬布线控制单元设计步骤

硬布线控制单元设计步骤包括：

1）列出微操作命令的操作时间表。先根据微操作节拍安排，列出微操作命令的操作时间表。操作时间表中包括各个机器周期、节拍下的每条指令完成的微操作控制信号。
表 5.1 列出了 CLA、COM、SHR 等 10 条机器指令微操作命令的操作时间表。表中 FE、IND 和 EX 为 CPU 工作周期标志，T_0～T_2为节拍，I 为间址标志，在取指周期的 T_2时刻，若测得 I = 1，则 IND 触发器置“1”，标志进入间址周期；若 I = 0，则 EX 触发器置“1”，标志进入执行周期。同理，在间址周期的 T_2时刻，若测得 IND = 0（表示一次间接寻址），则 EX 触发器置“1”，进入执行周期；若测得 IND = 1（表示多次间接寻址），则继续间接寻址。在执行周期的 T_2时刻，CPU 要向所有中断源发中断查询信号，若检测到有中断请求并满足响应条件，则 INT 触发器置“1”，标志进入中断周期。表中未列出 INT 触发器置“1”的操作和中断周期的微操作。表中第一行对应 10 条指令的操作码，代表不同的指令。若某指令有表中所列出的微操作命令，其对应的单元格内为 1。

2）进行微操作信号综合。在列出微操作时间表后，即可对它们进行综合分析、归类，根据微操作时间表可写出各微操作控制信号的逻辑表达式并进行适当的简化。表达式一般包括下列因素：

微操作控制信号 = 机器周期∧节拍∧脉冲∧操作码∧机器状态条件

根据表 5.1 便可列出每个微操作命令的初始逻辑表达式，经化简、整理可获得能用现有门电路实现的微操作命令逻辑表达式。

表 5.1　操作时间表

工作周期标记	节拍	状态条件	微操作命令信号	CLA	COM	SHR	CSL	STP	ADD	STA	LDA	JMP	BAN
FE 取指	T_0		(PC)→MAR	1	1	1	1	1	1	1	1	1	1
			1→R	1	1	1	1	1	1	1	1	1	1
	T_1		M(MAR)→MDR	1	1	1	1	1	1	1	1	1	1
			(PC) + 1→PC	1	1	1	1	1	1	1	1	1	1
FE 取指	T_2		(MDR)→IR	1	1	1	1	1	1	1	1	1	1
			OP(IR)→ID	1	1	1	1	1	1	1	1	1	1
		I	1→IND						1	1	1	1	1
		$\bar{I}$	1→EX	1	1	1	1	1	1	1	1	1	1
IND 间接寻址	T_0		Ad(IR)→MAR						1	1	1	1	1
			1→R						1	1	1	1	1
IND 间接寻址	T_1		M(MAR)→MDR						1	1	1	1	1
	T_2		(MDR)→Ad(IR)						1	1	1	1	1
		$\overline{IND}$	1→EX						1	1	1	1	1
EX 执行	T_0		Ad(IR)→MAR						1	1	1		
			1→R						1		1		
			1→W							1			
	T_1		M(MAR)→MDR						1		1		
			(AC)→MDR							1			
	T_2		(AC) + (MDR)→AC						1				
			(MDR)→M(MAR)							1			
EX 执行	T_2		(MDR)→AC								1		
			0→AC	1									
			$\overline{AC}$→AC		1								
			L(AC)→R(AC), AC_0不变			1							
			ρ^{-1}(AC)				1						
			Ad(IR)→PC									1	
		A_0	Ad(IR)→PC										1
			0→G					1					

例如，根据表 5.1 可写出 M(MAR)→MDR 微操作命令的逻辑表达式：

M(MAR)→MDR

$$= FE\cdot T_1 + IND\cdot T_1(ADD + STA + LDA + JMP + BAN) + EX\cdot T_1(ADD + LDA)$$

$$= T_1\{FE + IND(ADD + STA + LDA + JMP + BAN) + EX(ADD + LDA)\}$$

式中，ADD、STA、LDA、JMP、BAN 均来自操作码译码器的输出。

3）画出微操作命令的逻辑图。根据逻辑表达式可画出对应每个微操作信号的逻辑电路图，并用逻辑门电路实现。

例如，M(MAR)→MDR 的逻辑表达式所对应的逻辑图如图 5.10 所示，图中未考虑门的扇入系数。

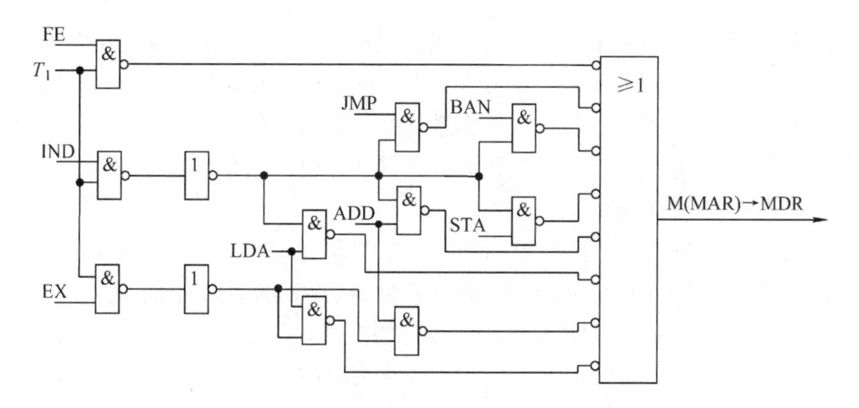

图 5.10　产生 M(MAR)→MDR 命令的逻辑图

5.4.3　微程序控制器

微程序控制器采用存储逻辑实现，也就是把微操作信号代码化，使每条机器指令转化成为一段微程序并存入一个专门的存储器（控制存储器）中，微操作控制信号由微指令产生。

1．微程序控制的基本概念

微程序设计思想就是将每条机器指令编写成一个微程序，每个微程序包含若干微指令，每条微指令对应一个或几个微操作命令。这些微程序可以存到一个控制存储器中，用寻址用户程序机器指令的办法来寻址每个微程序中的微指令。目前，大多数计算机都采用微程序设计技术。

微程序设计技术涉及的基本术语如下：

1）微命令与微操作。一条机器指令可以分解成一个微操作序列，这些微操作是计算机中最基本的、不可再分解的操作。在微程序控制的计算机中，将控制部件向执行部件发出的各种控制命令称为微命令，它是构成控制序列的最小单位。例如，打开或关闭某个控制门的电位信号、某个寄存器的打入脉冲等。微命令和微操作是一一对应的。微命令是微操作的控制信号，微操作是微命令的执行过程。

微命令有相容性和互斥性之分。相容性微命令是指那些可以同时产生、共同完成某一些微操作的微命令；而互斥性微命令是指在机器中不允许同时出现的微命令。相容和互斥都是相对的，一个微命令可以和一些微命令相容，和另一些微命令互斥。

注意： 在组合逻辑控制器中也存在微命令与微操作这两个概念，它们并非只是微程序控制器的专有概念。

2）微指令与微周期。微指令是若干微命令的集合。存放微指令的控制存储器的单元地址称为微地址。一条微指令通常至少包含两大部分信息：

① 操作控制字段，又称微操作码字段，用于产生某一步操作所需的各种操作控制信号。

② 顺序控制字段，又称微地址码字段，用于控制产生下一条要执行的微指令地址。

微周期是指执行一条微指令所需的时间，通常为一个时钟周期。

3）主存储器与控制存储器。主存储器用于存放程序和数据，在 CPU 外部，用 RAM 实现；控制存储器（CM）用于存放微程序，在 CPU 内部，用 ROM 实现。

4）程序与微程序。程序是指令的有序集合，用于完成特定的功能；微程序是微指令的有序集合，一条指令的功能由一段微程序来实现。

微程序和程序是两个不同的概念。微程序是由微指令组成的，用于描述机器指令。微程序实际上是机器指令的实时解释器，是由计算机设计者事先编制好并存放在控制存储器中的，一般不提供给用户。对于程序员来说，计算机系统中微程序的结构和功能是透明的，无须知道。而程序最终由机器指令组成，是由软件设计人员事先编制好并存放在主存或辅存中的。

读者应注意区分以下寄存器：

① 地址寄存器（MAR）。用于存放主存的读/写地址。

② 微地址寄存器（CMAR）。用于存放控制存储器的读/写微指令的地址。

③ 指令寄存器（IR）。用于存放从主存中读出的指令。

④ 微指令寄存器（CMDR 或μIR）。用于存放从控制存储器中读出的微指令。

2．微程序控制器组成和工作过程

（1）微程序控制器的基本组成

图 5.11 所示为一个微程序控制器的基本结构，主要画出了微程序控制器比组合逻辑控制器多出的部件，包括：

① 控制存储器。它是微程序控制器的核心部件，用于存放各指令对应的微程序，控制存储器可用只读存储器 ROM 构成。

② 微指令寄存器。用于存放从 CM 中取出的微指令，它的位数同微指令字长相等。

③ 微地址形成部件。用于产生初始微地址和后继微地址，以保证微指令的连续执行。

④ 微地址寄存器。接收微地址形成部件送来的微地址，为在 CM 中读取微指令作准备。

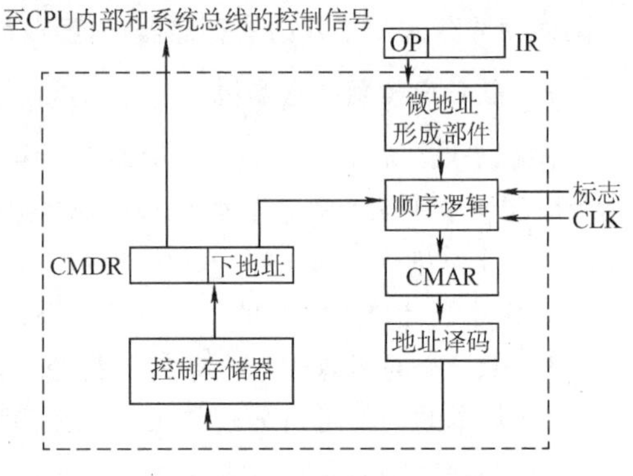

图 5.11　微程序控制器的基本结构

（2）微程序控制器的工作过程

微程序控制器的工作过程实际上就是在微程序控制器的控制下计算机执行机器指令的过程，这个过程可以描述如下：

① 执行取微指令公共操作。具体的执行是：在机器开始运行时，自动将取指微程序的入口地址送入 CMAR，并从 CM 中读出相应的微指令送入 CMDR。取指微程序的入口地址一般为 CM 的 0 号单元，当取指微程序执行完后，从主存中取出的机器指令就已存入指令寄存器中。

② 由机器指令的操作码字段通过微地址形成部件产生该机器指令所对应的微程序的入口地址，并送入 CMAR。

③ 从 CM 中逐条取出对应的微指令并执行。

④ 执行完对应于一条机器指令的一个微程序后，又回到取指微程序的入口地址，继续第①步，以完成取下一条机器指令的公共操作。

以上是一条机器指令的执行过程，如此周而复始，直到整个程序执行完毕。

（3）微程序和机器指令

通常，一条机器指令对应一个微程序。由于任何机器指令的取指令操作都是相同的，因此可将取指令操作的微命令统一编成一个微程序，这个微程序只负责将指令从主存单元中取出并送至指令寄存器。此外，也可编出对应间址周期的微程序和中断周期的微程序。这样，控制存储器中的微程序个数应为机器指令数再加上对应取指、间址和中断周期等公共的微程序数。

3．微指令的编码方式

微指令的编码方式又称微指令的控制方式，是指如何对微指令的控制字段进行编码，以形成控制信号。编码的目标是在保证速度的情况下，尽量缩短微指令字长。

（1）直接编码（直接控制）方式

微指令的直接编码方式如图 5.12 所示。直接编码法无须进行译码，微指令的微命令字段中每位都代表一个微命令。设计微指令时，选用或不选用某个微命令，只要将表示该微命令的对应位设置成 1 或 0 即可。每个微命令对应并控制数据通路中的一个微操作。

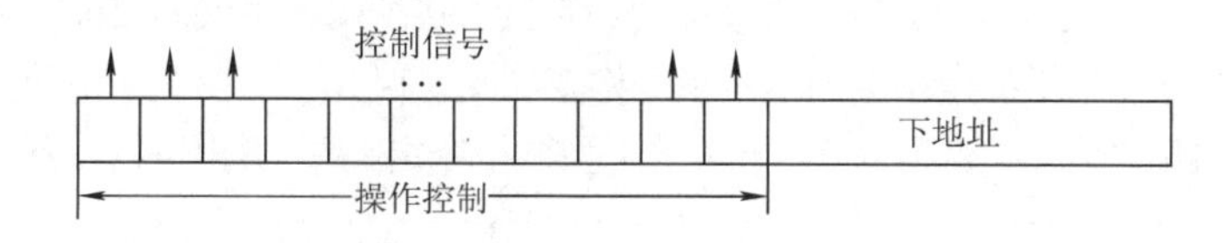

图 5.12　微指令的直接编码方式

这种编码的优点是简单、直观，执行速度快，操作并行性好；缺点是微指令字长过长，n 个微命令就要求微指令的操作字段有 n 位，造成控制存储器容量极大。

（2）字段直接编码方式

将微指令的微命令字段分成若干小字段，把互斥性微命令组合在同一字段中，把相容性微命令组合在不同字段中，每个字段独立编码，每种编码代表一个微命令且各字段编码含义单独定义，与其他字段无关，这就是字段直接编码方式，如图 5.13 所示。

这种方式可以缩短微指令字长，但因为要通过译码电路后再发出微命令，因此比直接编码方式慢。

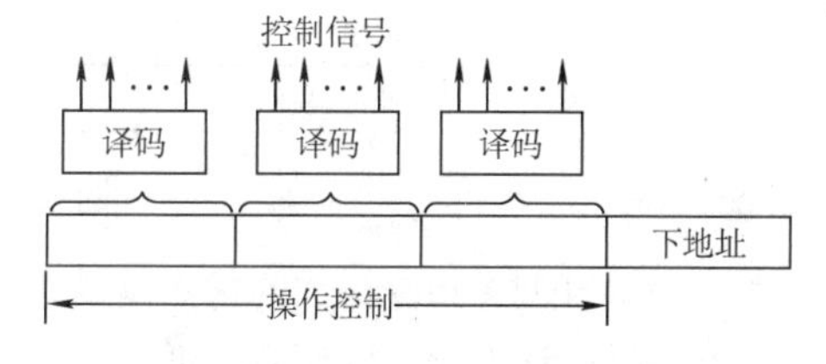

图 5.13　微指令的字段直接编码方式

微命令字段分段的原则：

① 互斥性微命令分在同一段内，相容性微命令分在不同段内。

② 每个小段中包含的信息位不能太多，否则将增加译码线路的复杂性和译码时间。

③ 一般每个小段还要留出一个状态，表示本字段不发出任何微命令。因此，当某字段的长度为 3 位时，最多只能表示 7 个互斥的微命令，通常用 000 表示不操作。

（3）字段间接编码方式

一个字段的某些微命令需由另一个字段中的某些微命令来解释，由于不是靠字段直接译码发出的微命令，因此称为字段间接编码，又称隐式编码。这种方式可进一步缩短微指令字长，但因削弱了微指令的并行控制能力，因此通常作为字段直接编码方式的一种辅助手段。

4．微指令的地址形成方式

后继微地址的形成主要有以下两大基本类型：

1）直接由微指令的下地址字段指出。微指令格式中设置一个下地址字段，由微指令的下地址字段直接指出后继微指令的地址，这种方式又称断定方式。

2）根据机器指令的操作码形成。机器指令取至指令寄存器后，微指令的地址由操作码经微地址形成部件形成。

实际上，微指令序列地址的形成方式还有以下几种：

① 增量计数器法，即(CMAR) + 1→CMAR，适用于后继微指令的地址连续的情况。

② 根据各种标志决定微指令分支转移的地址。

③ 通过测试网络形成。

④ 由硬件直接产生微程序入口地址。

电源加电后，第一条微指令的地址可由专门的硬件电路产生，也可由外部直接向 CMAR 输入微指令的地址，这个地址即为取指周期微程序的入口地址。

5．微指令的格式

微指令格式与微指令的编码方式有关，通常分水平型微指令和垂直型微指令两种。

1）水平型微指令。从编码方式看，直接编码、字段直接编码、字段间接编码和混合编码都属于水平型微指令。水平型微指令的基本指令格式如图 5.14 所示，指令字中的一位对应一个控制信号，有输出时为 1，否则为 0。一条水平型微指令定义并执行几种并行的基本操作。

A_1	A_2	…	A_{n-1}	A_n	判断测试字段	后继地址字段
操作控制					顺序控制	

图 5.14　水平型微指令格式

水平型微指令的优点是微程序短，执行速度快；缺点是微指令长，编写微程序较麻烦。

2）垂直型微指令。垂直型微指令的特点是采用类似机器指令操作码的方式，在微指令中设置微操作码字段，采用微操作码编译法，由微操作码规定微指令的功能，其基本的指令格式如图 5.15 所示。一条垂直型微指令只能定义并执行一种基本操作。

μOP	Rd	Rs
微操作码	目的地址	源地址

图 5.15　垂直型微指令格式

垂直型微指令格式的优点是微指令短、简单、规整，便于编写微程序；缺点是微程序长，执行速度慢，工作效率低。

3）混合型微指令。在垂直型的基础上增加一些不太复杂的并行操作。微指令较短，仍便于编写；微程序也不长，执行速度加快。

4）水平型微指令和垂直型微指令的比较如下：

① 水平型微指令并行操作能力强、效率高、灵活性强；垂直型微指令则较差。

② 水平型微指令执行一条指令的时间短；垂直型微指令执行的时间长。

③ 由水平型微指令解释指令的微程序，具有微指令字较长但微程序短的特点；垂直型微指令则与之相反，其微指令字较短而微程序长。

④ 水平型微指令用户难以掌握，而垂直型微指令与指令比较相似，相对容易掌握。

6．微程序控制单元的设计步骤

微程序控制单元设计的主要任务是编写各条机器指令所对应的微程序。具体的设计步骤如下：

1）写出对应机器指令的微操作命令及节拍安排。无论是组合逻辑设计还是微程序设计，对应相同的 CPU 结构，两种控制单元的微操作命令和节拍安排都是极相似的。如微程序控制单元在取指阶段发出的微操作命令及节拍安排如下：

```
T0    (PC)→MAR, 1→R
T1    M(MAR)→MDR, (PC) + 1→PC
```

```
T2      (MDR)→IR，OP(IR)→微地址形成部件
```

与硬布线控制单元相比，只在 T_2 节拍内的微操作命令不同。微程序控制单元在 T_2 节拍内要将指令的操作码送至微地址形成部件，即 OP(IR)→微地址形成部件，以形成该条机器指令的微程序首地址。而硬布线控制单元在 T_2 节拍内要将指令的操作码送至指令译码器，以控制 CU 发出相应的微命令，即 OP(IR)→ID。

若把一个节拍 T 内的微操作安排在一条微指令中完成，上述微操作对应 3 条微指令。但由于微程序控制的所有控制信号都来自微指令，而微指令又存在控制存储器中，因此欲完成上述这些微操作，必须先将微指令从控制存储器中读出，即必须先给出这些微指令的地址。在取指微程序中，除第一条微指令外，其余微指令的地址均由上一条微指令的下地址字段直接给出，因此上述每条微指令都需增加一个将微指令下地址字段送至 CMAR 的微操作，记为 Ad(CMDR)→CMAR。取指微程序的最后一条微指令，其后继微指令的地址是由微地址形成部件形成的，即微地址形成部件→CMAR。为了反映该地址与操作码有关，因此记为 OP(IR)→微地址形成部件→CMAR。

综上所述，考虑到需要形成后继微指令地址，上述分析的取指操作共需 6 条微指令完成：

```
T0      (PC)→MAR，1→R
T1      Ad(CMDR)→CMAR
T2      M(MAR)→MDR，(PC) + 1→PC
T3      Ad(CMDR)→CMAR
T4      (MDR)→IR
T5      OP(IR)→微地址形成部件→CMAR
```

执行阶段的微操作命令及节拍安排，分配原则类似。与硬布线控制单元微操作命令的节拍安排相比，多了将下一条微指令地址送至 CMAR 的微操作命令，即 Ad(CMDR)→CMAR。其余的微操作命令与硬布线控制单元相同。

注意： 这里为了理解，应将微指令和机器指令相联系，因为每执行完一条微指令后要得到下一条微指令的地址。

2）确定微指令格式。微指令格式包括微指令的编码方式、后继微指令地址的形成方式和微指令字长等。

根据微操作个数决定采用何种编码方式，以确定微指令的操作控制字段的位数。由微指令数确定微指令的顺序控制字段的位数。最后按操作控制字段位数和顺序控制字段位数就可确定微指令字长。

3）编写微指令码点。根据操作控制字段每位代表的微操作命令，编写每条微指令的码点。

7．动态微程序设计和毫微程序设计

1）动态微程序设计。在一台微程序控制的计算机中，假如能根据用户的要求改变微程序，则这台机器就具有动态微程序设计功能。

动态微程序的设计需要可写控制寄存器的支持，否则难以改变微程序的内容。实现动态微程序设计可采用可擦除可编程只读存储器（EPROM）。

2）毫微程序设计。在普通的微程序计算机中，从主存取出的每条指令是由放在控制存储器中的微程序来解释执行的，通过控制线对硬件进行直接控制。

若硬件不由微程序直接控制，而是通过存放在第二级控制存储器中的毫微程序来解释的，这个第二级控制存储器就称为毫微存储器，直接控制硬件的是毫微微指令。

8．硬布线和微程序控制器的特点

1）硬布线控制器的特点。硬布线控制器的优点是由于控制器的速度取决于电路延迟，所以速度快；缺点是由于将控制部件视为专门产生固定时序控制信号的逻辑电路，所以把用最少元件和取得最高速度作为设计目标，一旦设计完成，就不可能通过其他额外修改添加新功能。

2）微程序控制器的特点。微程序控制器的优点是同组合逻辑控制器相比，微程序控制器具有规整性、灵活性、可维护性等一系列优点；缺点是由于微程序控制器采用了存储程序原理，所以每条指令都要从控制存储器中取一次，影响速度。

为便于比较，下面以表格的形式对比二者的不同，见表 5.2。

表 5.2　微程序控制器与硬布线控制器的对比

类别 / 对比项目	微程序控制器	硬布线控制器
工作原理	微操作控制信号以微程序的形式存放在控制存储器中，执行指令时读出即可	微操作控制信号由组合逻辑电路根据当前的指令码、状态和时序，即时产生
执行速度	慢	快
规整性	较规整	烦琐、不规整
应用场合	CISC CPU	RISC CPU
易扩充性	易扩充修改	困难

5.4.4　本节习题精选

一、单项选择题

01. 取指令操作（　）。

A. 受到上一条指令的操作码控制

B. 受到当前指令的操作码控制

C. 受到下一条指令的操作码控制

D. 是控制器固有的功能，不需要在操作码控制下进行

02. 在组合逻辑控制器中，微操作控制信号的形成主要与（　）信号有关。

A. 指令操作码和地址码　　B. 指令译码信号和时钟

C. 操作码和条件码　　D. 状态信息和条件

03. 在微程序控制器中，形成微程序入口地址的是（　）。

A. 机器指令的地址码字段　　B. 微指令的微地址码字段

C. 机器指令的操作码字段　　D. 微指令的微操作码字段

04. 下列不属于微指令结构设计所追求目标的是（　）。

A. 提高微程序的执行速度　　B. 提供微程序设计的灵活性

C. 缩短微指令的长度　　D. 增大控制存储器的容量

05. 微程序控制器的速度比硬布线控制器慢，主要是因为（　）。

A. 增加了从磁盘存储器读取微指令的时间

B. 增加了从主存读取微指令的时间

C. 增加了从指令寄存器读取微指令的时间

D. 增加了从控制存储器读取微指令的时间

06. 微程序控制存储器属于（ ）的一部分。

A. 主存 B. 外存 C. CPU D. 缓存

07. 以下说法中，正确的是（ ）。

A. 采用微程序控制器是为了提高速度

B. 控制存储器由高速 RAM 电路组成

C. 微指令计数器决定指令执行顺序

D. 一条微指令存放在控制器的一个控制存储器单元中

08. 硬布线控制器与微程序控制器相比，（ ）。

A. 硬布线控制器的时序系统比较简单

B. 微程序控制器的时序系统比较简单

C. 两者的时序系统复杂程度相同

D. 可能是硬布线控制器的时序系统比较简单，也可能是微程序控制器的时序系统比较简单

09. 在微程序控制器中，控制部件向执行部件发出的某个控制信号称为（ ）。

A. 微程序 B. 微指令 C. 微操作 D. 微命令

10. 在微程序控制器中，机器指令与微指令的关系是（ ）。

A. 每条机器指令由一条微指令来执行

B. 每条机器指令由若干微指令组成的微程序来解释执行

C. 若干机器指令组成的程序可由一个微程序来执行

D. 每条机器指令由若干微程序执行

11. 水平型微指令与垂直型微指令相比，（ ）。

A. 前者一次只能完成一个基本操作

B. 后者一次只能完成一个基本操作

C. 两者都是一次只能完成一个基本操作

D. 两者都能一次完成多个基本操作

12. 兼容性微命令指几个微命令（ ）。

A. 可以同时出现 B. 可以相继出现 C. 可以相互代替 D. 可以相处容错

13. 在微程序控制方式中，以下说法正确的是（ ）。

I. 采用微程序控制器的处理器称为微处理器

II. 每条机器指令由一段微程序来解释执行

III. 在微指令的编码中，效率最低的是直接编码方式

IV. 水平型微指令能充分利用数据通路的并行结构

A. I、II B. II、IV C. I、III D. III、IV

14. 下列说法中，正确的是（ ）。

I. 微程序控制方式和硬布线方式相比较，前者可以使指令的执行速度更快

II. 若采用微程序控制方式，则可用μPC 取代 PC

III. 控制存储器可以用 ROM 实现

IV. 指令周期也称 CPU 周期

A. I、III B. II、III C. 只有 III D. I、III、IV

15. 通常情况下，一个微程序的周期对应一个（ ）。

A. 指令周期 B. 主频周期 C. 机器周期 D. 工作周期

16. 下列部件中属于控制部件的是（ ）。

I. 指令寄存器 II. 操作控制器 III. 程序计数器 IV. 状态条件寄存器

A. I、III、IV B. I、II、III C. I、II、IV D. I、II、III、IV

17. 下列部件中属于执行部件的是（ ）。

I. 控制器 II. 存储器 III. 运算器 IV. 外围设备

A. I、III、IV B. II、III、IV C. II、IV D. I、II、III、IV

18.【2009 统考真题】相对于微程序控制器，硬布线控制器的特点是（ ）。

A. 指令执行速度慢，指令功能的修改和扩展容易

B. 指令执行速度慢，指令功能的修改和扩展难

C. 指令执行速度快，指令功能的修改和扩展容易

D. 指令执行速度快，指令功能的修改和扩展难

19.【2012 统考真题】某计算机的控制器采用微程序控制方式，微指令中的操作控制字段采用字段直接编码法，共有 33 个微命令，构成 5 个互斥类，分别包含 7、3、12、5 和 6 个微命令，则操作控制字段至少有（ ）。

A. 5 位 B. 6 位 C. 15 位 D. 33 位

20.【2014 统考真题】某计算机采用微程序控制器，共有 32 条指令，公共的取指令微程序包含 2 条微指令，各指令对应的微程序平均由 4 条微指令组成，采用断定法（下地址字段法）确定下条微指令地址，则微指令中下地址字段的位数至少是（ ）。

A. 5 B. 6 C. 8 D. 9

21.【2017 统考真题】下列关于主存储器（MM）和控制存储器（CS）的叙述，错误的是（ ）。

A. MM 在 CPU 外，CS 在 CPU 内

B. MM 按地址访问，CS 按内容访问

C. MM 存储指令和数据，CS 存储微指令

D. MM 用 RAM 和 ROM 实现，CS 用 ROM 实现

22.【2019 统考真题】下列有关处理器时钟脉冲信号的叙述中，错误的是（ ）。

A. 时钟脉冲信号由机器脉冲源发出的脉冲信号经整形和分频后形成

B. 时钟脉冲信号的宽度称为时钟周期，时钟周期的倒数为机器主频

C. 时钟周期以相邻状态单元间组合逻辑电路的最大延迟为基准确定

D. 处理器总是在每来一个时钟脉冲信号时就开始执行一条新的指令

23.【2019 统考真题】某指令功能为 R[r2]←R[r1] + M[R[r0]]，其两个源操作数分别采用寄存器、寄存器间接寻址方式。对于下列给定部件，该指令在取数及执行过程中需要用到的是（ ）。

I. 通用寄存器组（GPRs） II. 算术逻辑单元（ALU）

III. 存储器（Memory） IV. 指令译码器（ID）

A. 仅 I、II B. 仅 I、II、III C. 仅 II、III、IV D. 仅 I、III、IV

24.【2021 统考真题】下列寄存器中，汇编语言程序员可见的是（ ）。

I. 指令寄存器 II. 微指令寄存器

III. 基址寄存器 IV. 标志/状态寄存器

A. 仅 I、II B. 仅 I、IV C. 仅 II、IV D. 仅 III、IV

二、综合应用题

01. 若某机主频为 200MHz，每个指令周期平均为 2.5 个 CPU 周期，每个 CPU 周期平均包

括 2 个主频周期，问：

1）该机平均指令执行速度为多少 MIPS?

2）若主频不变，但每条指令平均包括 5 个 CPU 周期，每个 CPU 周期又包含 4 个主频周期，平均指令执行速度又为多少 MIPS?

3）由此可得出什么结论？

02. 1）若存储器容量为 64K×32 位，指出主机中各寄存器的位数。

2）写出硬布线控制器完成 STA X（X 为主存地址）指令发出的全部微操作命令及节拍安排。

3）若采用微程序控制，还需增加哪些微操作？

03. 假设某机器有 80 条指令，平均每条指令由 4 条微指令组成，其中有一条取指微指令是所有指令公用的。已知微指令长度为 32 位，请估算控制存储器 CM 容量。

04. 某微程序控制器中，采用水平型直接控制（编码）方式的微指令格式，后续微指令地址由微指令的下地址字段给出。已知机器共有 28 个微命令，6 个互斥的可判定的外部条件，控制存储器的容量为 512×40 位。试设计其微指令的格式，并说明理由。

05. 某机共有 52 个微操作控制信号，构成 5 个相斥类的微命令组，各组分别包含 5、8、2、15、22 个微命令。已知可判定的外部条件有两个，微指令字长 28 位。

1）按水平型微指令格式设计微指令，要求微指令的下地址字段直接给出后继微指令地址。

2）指出控制存储器的容量。

06. 设 CPU 中各部件及其相互连接关系如下图所示，其中 W 是写控制标志；R 是读控制标志；R1、R2 是暂存器。

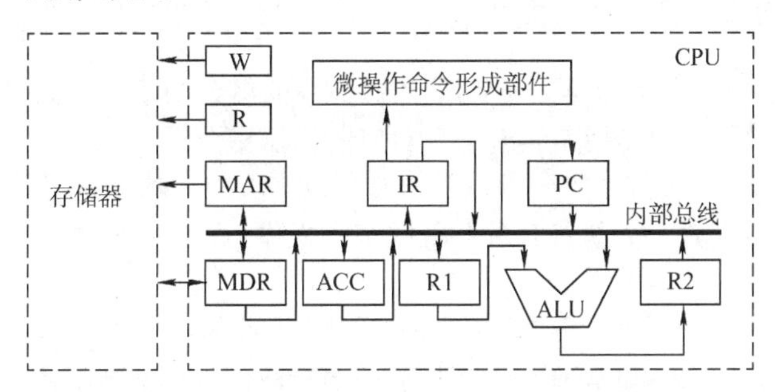

1）写出指令 ADD #a（#为立即寻址特征，隐含的操作数在 ACC 寄存器中）在执行阶段所完成的微操作命令及节拍安排。

2）假设要求在取指周期实现(PC)+1→PC，且由 ALU 完成此操作（ALU 能对它的一个源操作数完成加 1 运算）。以最少的节拍写出取指周期全部微操作命令及节拍安排。

5.4.5 答案与解析

一、单项选择题

01. D

取指令阶段完成的任务是将现行指令从主存中取出并送至指令寄存器，这个操作是公共的操作，是每条指令都要进行的，与具体的指令无关，所以不需要操作码的控制。

02. B

CU 的输入信号来源如下：①经指令译码器译码产生的指令信息；②时序系统产生的机器周

期信号和节拍信号；③来自执行单元的反馈信息即标志。前两者是主要因素。

03. C

执行公用的取指微程序从主存中取出机器指令后，由机器指令的操作码字段指出各个微程序的入口地址（初始微地址）。

04. D

微指令的设计目标和指令结构的设计目标类似，都是基于执行速度、灵活性和指令长度这三个主要方面考虑的。而控制存储器容量的大小与微指令的设计目标无关。

05. D

在微程序控制中，控制存储器中存放有微指令，在执行时需要从中读出相应的微指令，从而增加了时间消耗。

06. C

微程序控制存储器用来存放微程序，是微程序控制器的核心部件，属于 CPU 的一部分，而不属于主存。

07. D

硬布线控制器采用硬件电路，速度较快，但设计难度大、成本高。微程序控制器的速度较慢，但灵活性高。通常控制存储器采用 ROM 组成。微指令计数器决定的是微指令执行顺序。

08. B

硬布线控制器需要结合各微操作的节拍安排，综合分析，写出逻辑表达式，再设计成逻辑电路图，因此时序系统比较复杂；而微程序只需按照节拍的安排，顺序执行微指令，因此比较简单。

09. D

在微程序控制器中，控制部件向执行部件发出的控制信号称为微命令，微命令执行的操作称为微操作。微指令则是若干微命令的集合，若干微指令的有序集合称为微程序。

10. B

在一个 CPU 周期中，一组实现一定功能的微命令的组合构成一条微指令，有序的微指令序列构成一段微程序，微程序的作用是实现一条对应的机器指令。

11. B

一条水平型微指令能定义并执行几种并行的基本操作；一条垂直型微指令只能定义并执行一种基本操作。

12. A

兼容性微命令是指那些可以同时产生、共同完成某些微操作的微命令。

13. B

微处理器是相对于一些大型处理器而言的，与微程序控制器没有必然联系。不管是采用微程序控制器，还是采用硬布线控制器，微机的 CPU 都是微处理器，I 错误。微程序的设计思想就是将每条机器指令编写成一个微程序，每个微程序包含若干条微指令，每条微指令对应一个或几个微操作命令，II 正确。直接编码方式中每位代表一个微命令，不需要译码，因此执行效率最高，只是这种方式会使得微指令的位数大大增加，III 错误。一条水平型微指令能定义并执行几种并行的基本操作，因此能够更充分利用数据通路的并行结构，IV 正确。

14. C

微程序控制方式采用编程方式来执行指令，而硬布线方式则采用硬件方式来执行指令，因此硬布线方式速度较快，I 错误。μPC 无法取代 PC，因为它只在微程序中指向下一条微指令地址的寄存器。因此它也必然不可能知道这段微程序执行完毕后下一条是什么指令，II 错误。由于每条微指令执行时所发出的控制信号是事先设计好的，不需要改变，因此存放所有控制信号的存储器应为 ROM，III 正确。指令周期是从一条指令启动到下一条指令启动的间隔时间，而 CPU 周期是机器周期，是指令执行中每步操作所需的时间，IV 错误。

15．A

一条微指令包含一组实现一定操作功能的微命令。许多条微指令组成的序列构成微程序，微程序则完成对应指令的解释执行。在采用微程序控制器的 CPU 中，一条指令对应一个微程序，一个微程序由许多微指令构成，一条微指令会发出很多不同的微命令。

16．B

CPU 控制器主要由三个部件组成：指令寄存器、程序计数器和操作控制器。状态条件寄存器通常属于运算器的部件，保存由算术指令和逻辑指令运行或测试的结果建立的各种条件码内容，如运算结果进位标志（C）、运算结果溢出标志（V）等。

17．B

一台数字计算机基本上可以划分为两大部分：控制部件和执行部件。控制器就是控制部件，而运算器、存储器、外围设备相对控制器来说就是执行部件。

18．D

微程序控制器采用了“存储程序”的原理，每条机器指令对应一个微程序，因此修改和扩充容易，灵活性好，但每条指令的执行都要访问控制存储器，所以速度慢。硬布线控制器采用专门的逻辑电路实现，其速度主要取决于逻辑电路的延迟，因此速度快，但修改和扩展困难，灵活性差。

19．C

字段直接编码法将微命令字段分成若干小字段，互斥性微命令组合在同一字段中，相容性微命令分在不同字段中，每个字段还要留出一个状态，表示本字段不发出任何微命令。5 个互斥类，分别包含 7、3、12、5 和 6 个微命令，需要 3、2、4、3 和 3 位，共 15 位。

20．C

计算机共有 32 条指令，各个指令对应的微程序平均为 4 条，则指令对应的微指令为 $32\times4=128$ 条，而公共微指令还有 2 条，整个系统中微指令的条数共为 $128+2=130$ 条，所以需要 $\lceil\log_2 130\rceil=8$ 位才能寻址到 130 条微指令，答案选 C。

21．B

主存储器就是我们通常所说的主存，它在 CPU 外，用于存储指令和数据，由 RAM 和 ROM 实现。控制存储器用来存放实现指令系统的所有微指令，是一种只读型存储器，机器运行时只读不写，在 CPU 的控制器内。CS 按照微指令的地址访问，所以 B 错误。

22．D

时钟脉冲信号的宽度称为时钟周期，时钟周期是 CPU 工作的最小时间单位，时钟周期的倒数为机器主频。时钟脉冲信号是由机器脉冲源发出的脉冲信号经整形和分频后形成的，时钟周期以相邻状态单元间组合逻辑电路的最大延迟为基准确定。指令周期由若干机器周期来表示，一个机器周期又包含若干时钟周期，只有在理想情况下的流水线 CPU 中，才可能实现每个时钟周期开始执行一条新指令，但“总是”显然描述有误。

23．B

该指令的两个源操作数分别采用寄存器、寄存器间接寻址方式，因此在取数阶段需要用到通用寄存器组（GPRs）和存储器（Memory）；在执行阶段，两个源操作数相加需要用到算术逻辑单元（ALU）。而指令译码器（ID）用于对操作码字段进行译码，向控制器提供特定的操作信号，在取数及执行阶段用不到，所以选 B。

24. D

汇编程序员可见的寄存器有基址寄存器（用于实现多道程序设计或者编制浮动程序）和状态/标志寄存器、程序计数器 PC 及通用寄存器组；而 MAR、MDR、IR 是 CPU 的内部工作寄存器，对汇编程序员不可见。微指令寄存器属于微程序控制器的组成部分，它是硬件设计者的任务，对汇编程序员是透明的（不可见的）。

二、综合应用题

01.【解答】

1）主频为 200MHz，所以主频周期 = 1/200MHz = 0.005μs。

每个指令周期平均为 2.5 个 CPU 周期，每个 CPU 周期平均包括 2 个主频周期，所以一条指令的执行时间 = 2×2.5×0.005μs = 0.025μs。

该机平均指令执行速度 = 1/0.025 = 40MIPS。

2）每条指令平均包括 5 个 CPU 周期，每个 CPU 周期又包含 4 个主频周期，所以一条指令的执行时间 = 4×5×0.005μs = 0.1μs。

该机平均指令执行速度 = 1/0.1 = 10MIPS

3）由此可见，指令的复杂程度会影响指令的平均执行速度。

02.【解答】

1）主机中各寄存器的位数如下图所示。

ACC	MQ	ALU	X	IR	MDR	PC	MAR
32	32	32	32	32	32	16	16

存储容量 = 存储单元个数×存储字长，64K = 2^{16}，因此 PC 和 MAR 为 16 位，而 MDR 为 32 位，其他寄存器的位数与 MDR 的相等。

2）微操作命令及节拍安排如下：

```
T0    (PC)→MAR，1→R
T1    M(MAR)→MDR，(PC) + 1→PC
T2    (MDR)→IR，OP(IR)→ID
T0    Ad(IR)→MAR，1→W
T1    (ACC)→MDR
T2    (MDR)→M(MAR)
```

3）若采用微程序控制，还需增加下列微操作：

取指周期：

```
Ad(CMDR)→CMAR
OP(IR)→CMAR
```

执行周期：

```
Ad(CMDR)→CMAR
```

03.【解答】

总的微指令条数 = (4−1)×80 + 1 = 241 条，每条微指令占一个控制存储器单元，控制存储器 CM 的容量为 2 的 n 次幂，而 241 刚好小于 256，所以 CM 的容量 = 256×32 位 = 1KB。

04.【解答】

水平型微指令由操作控制字段、判别测试字段和下地址字段三部分构成。因为微指令采用直接控制（编码）方式，所以其操作控制字段的位数等于微命令数，为 28 位。又由于后继微指令地址由下地址字段给出，因此其下地址字段的位数可根据控制存储器的容量（512×40 位）确定为

9 位（$512 = 2^9$）。当微程序出现分支时，后续微指令地址的形成取决于状态条件—6 个互斥的可判定外部条件，因此状态位应编码成 3 位。非分支时的后续微指令地址由微指令的下地址字段直接给出。微指令的格式如下图所示。

操作控制字段	判别测试字段	后继地址字段
28 位	3 位	9 位

05.【解答】

1）根据 5 个互斥类的微命令组，各组分别包含 5、8、2、15、22 个微命令，考虑到每组必须增加一种不发命令的情况，条件测试字段应包含一种不转移的情况，则 5 个控制字段分别需给出 6、9、3、16、23 种状态，对应 3、4、2、4、5 位（共 18 位），条件测试字段取 2 位。根据微指令字长为 28 位，下地址字段取 28 − 18 − 2 = 8 位，则其微指令格式如下图所示。

5 个微命令	8 个微命令	2 个微命令	15 个微命令	22 个微命令	2 个判断条件	后继地址
					条件测试	后继地址
3 位	4 位	2 位	4 位	5 位	2 位	8 位

2）根据后继地址字段为 8 位，微指令字长为 28 位，得出控制存储器的容量为 $2^8 \times 28$ 位。

06.【解答】

1）含有 ACC 的立即寻址，一个操作数隐藏在 ACC 中，立即寻址的加法指令执行周期的微操作命令及节拍安排如下：

T_0	Ad(IR)→R1	立即数→R1
T_1	(R1) + (ACC)→R2	ACC 通过总线送 ALU
T_2	(R2)→ACC	结果→ACC

2）由于(PC) + 1→PC 需由 ALU 完成，因此 PC 的值可作为 ALU 的一个源操作数，在 ALU 做加 1 运算得到(PC) + 1 后，结果送至与 ALU 输出端相连的 R2，然后送至 PC。

此题的关键是要考虑总线冲突的问题，因此取指周期的微操作命令及节拍安排如下：

T_0	(PC)→MAR，1→R	PC 通过总线送 MAR
T_1	M(MAR)→MDR，(PC) + 1→R2	PC 通过总线送 ALU 完成加 1
T_2	(MDR)→IR，OP(IR)→微操作命令形成部件	MDR 通过总线送 IR
T_3	(R2)→PC	R2 通过总线送 PC

5.5　异常和中断机制

现代计算机中都配有完善的异常和中断处理系统，CPU 的数据通路中有相应的异常检测和响应逻辑，外设接口中有相应的中断请求和控制逻辑，操作系统中有相应的中断服务程序。这些中断硬件线路和中断服务程序有机结合，共同完成异常和中断的处理过程。

5.5.1　异常和中断的基本概念

由 CPU 内部产生的意外事件被称为异常，有些教材中也称内中断。由来自 CPU 外部的设备向 CPU 发出的中断请求被称为中断，通常用于信息的输入和输出，有些教材中也称外中断。异常是 CPU 执行一条指令时，由 CPU 在其内部检测到的、与正在执行的指令相关的同步事件；中断是一种典型的由外部设备触发的、与当前正在执行的指令无关的异步事件。

异常和中断处理过程的大致描述如下：当 CPU 在执行用户程序的第 i 条指令时检测到一个异常事件，或者在执行第 i 条指令后发现一个中断请求信号，则 CPU 打断当前用户程序，然后转到相应的异常或中断处理程序去执行。若异常或中断处理程序能够解决相应的问题，则在异常或中断处理程序的最后，CPU 通过执行异常或中断返回指令，回到被打断的用户程序的第 i 条指令或第 $i+1$ 条指令继续执行；若异常或中断处理程序发现是不可恢复的致命错误，则终止用户程序。通常情况下，对异常和中断的具体处理过程由操作系统（和驱动程序）完成。

异常和中断的处理过程基本是相同的，这也是有些教材将两者统称为中断的原因。

5.5.2　异常和中断的分类

1．异常的分类

异常是由 CPU 内部产生的意外事件，分为硬故障中断和程序性异常。硬故障中断是由硬连线出现异常引起的，如存储器校验错、总线错误等。程序性异常也称软件中断，是指在 CPU 内部因执行指令而引起的异常事件。如整除 0、溢出、断点、单步跟踪、非法指令、栈溢出、地址越界、缺页等。按异常发生原因和返回方式的不同，可分为故障、自陷和终止。

（1）故障（Fault）

指在引起故障的指令启动后、执行结束前被检测到的异常事件。例如，指令译码时，出现“非法操作码”；取数据时，发生“缺段”或“缺页”；执行整数除法指令时，发现“除数为 0”等。对于“缺段”“缺页”等异常事件，经处理后，可将所需的段或页面从磁盘调入主存，回到发生故障的指令继续执行，断点为当前发生故障的指令；对于“非法操作码”“除数为 0”等，因为无法通过异常处理程序恢复故障，因此不能回到原断点执行，必须终止进程的执行。

（2）自陷（Trap）

自陷也称陷阱或陷入，它是预先安排的一种“异常”事件，就像预先设定的“陷阱”一样。通常的做法是：事先在程序中用一条特殊指令或通过某种方式设定特殊控制标志来人为设置一个“陷阱”，当执行到被设置了“陷阱”的指令时，CPU 在执行完自陷指令后，自动根据不同“陷阱”类型进行相应的处理，然后返回到自陷指令的下一条指令执行。注意，当自陷指令是转移指令时，并不是返回到下一条指令执行，而是返回到转移目标指令执行。

在 x86 机器中，用于程序调试“断点设置”和单步跟踪的功能就是通过陷阱机制实现的。此外，系统调用指令、条件自陷指令（如 MIPS 中的 teq、teqi、tne、tnei 等）等都属于陷阱指令，执行到这些指令时，无条件或有条件地自动调出操作系统内核程序进行执行。

故障异常和自陷异常属于程序性异常（软件中断）。

（3）终止（Abort）

如果在执行指令的过程中发生了使计算机无法继续执行的硬件故障，如控制器出错、存储器校验错等，那么程序将无法继续执行，只能终止，此时，调出中断服务程序来重启系统。这种异常与故障和自陷不同，不是由特定指令产生的，而是随机发生的。

终止异常和外中断属于硬件中断。

2．中断的分类

中断是指来自 CPU 外部、与 CPU 执行指令无关的事件引起的中断，包括 I/O 设备发出的 I/O 中断（如键盘输入、打印机缺纸等），或发生某种特殊事件（如用户按 Esc 键、定时器计数时间到）

等。外部 I/O 设备通过特定的中断请求信号线向 CPU 提出中断请求，CPU 每执行完一条指令就检查中断请求信号线，如果检测到中断请求，则进入中断响应周期。

中断可分为可屏蔽中断和不可屏蔽中断。

（1）可屏蔽中断

指通过可屏蔽中断请求线 INTR 向 CPU 发出的中断请求。CPU 可以通过在中断控制器中设置相应的屏蔽字来屏蔽它或不屏蔽它，被屏蔽的中断请求将不被送到 CPU。

（2）不可屏蔽中断

指通过专门的不可屏蔽中断请求线 NMI 向 CPU 发出的中断请求，通常是非常紧急的硬件故障，如电源掉电等。这类中断请求信号不可被屏蔽，以让 CPU 快速处理这类紧急事件。

中断和异常在本质上是一样的，但它们之间有以下两个重要的不同点：

1）“缺页”或“溢出”等异常事件是由特定指令在执行过程中产生的，而中断不和任何指令相关联，也不阻止任何指令的完成。

2）异常的检测由 CPU 自身完成，不必通过外部的某个信号通知 CPU。对于中断，CPU 必须通过中断请求线获取中断源的信息，才能知道哪个设备发生了何种中断。

5.5.3　异常和中断响应过程

CPU 执行指令时，如果发生了异常或中断请求，必须进行相应的处理。从 CPU 检测到异常或中断事件，到调出相应的处理程序，整个过程称为异常和中断的响应。CPU 对异常和中断响应的过程可分为：关中断、保存断点和程序状态、识别异常和中断并转到相应的处理程序。

（1）关中断

在保存断点和程序状态期间，不能被新的中断打断，因此要禁止响应新的中断，即关中断。通常通过设置“中断允许”（IF）触发器来实现，若 IF 置为 1，则为开中断，表示允许响应中断；若 IF 置为 0，则表示关中断，表示不允许响应中断。

（2）保存断点和程序状态

为了能在异常和中断处理后正确返回到被中断的程序继续执行，必须将程序的断点（返回地址）送到栈或特定寄存器中。通常保存在栈中，这是为了支持异常或中断的嵌套。

异常和中断处理后可能还要回到被中断的程序继续执行，被中断时的程序状态字寄存器 PSWR 的内容也需要保存在栈或特定寄存器中，在异常和中断返回时恢复到 PSWR 中。

（3）识别异常和中断并转到相应的处理程序

异常和中断源的识别有软件识别和硬件识别两种方式。异常和中断源的识别方式不同，异常大多采用软件识别方式，而中断可以采用软件识别方式或硬件识别方式。

软件识别方式是指 CPU 设置一个异常状态寄存器，用于记录异常原因。操作系统使用一个统一的异常或中断查询程序，按优先级顺序查询异常状态寄存器，以检测异常和中断类型，先查询到的先被处理，然后转到内核中相应的处理程序。

硬件识别方式又称向量中断，异常或中断处理程序的首地址称为中断向量，所有中断向量都存放在中断向量表中。每个异常或中断都被指定一个中断类型号。在中断向量表中，类型号和中断向量一一对应，因而可以根据类型号快速找到对应的处理程序。

整个响应过程是不可被打断的。中断响应过程结束后，CPU 就从 PC 中取出中断服务程序的第一条指令开始执行，直至中断返回，这部分任务是由 CPU 通过执行中断服务程序完成的，整个中断处理过程是由软/硬件协同实现的。

5.5.4 本节习题精选

一、单项选择题

01. 以下关于“自陷”(Trap)异常的叙述中，错误的是( )。
A. “自陷”是人为预先设定的一种特定处理事件
B. 可由访管指令或自陷指令的执行进入“自陷”
C. 一定是出现某种异常情况才会发生“自陷”
D. “自陷“发生后CPU将进入操作系统内核程序执行

02. 指令执行结果出现异常而引起的中断是( )。
A. I/O中断　B. 机器校验中断
C. 程序性中断　D. 外部中断

03. 主存故障引起的中断是( )
A. 故障异常　B. 程序性中断　C. 硬件中断　D. 外中断

04. 以下关于异常和中断响应的叙述中，错误的是( )。
A. 异常事件检测由CPU在执行每一条指令的过程中进行
B. 中断请求检测由CPU在每条指令执行结束、取下条指令之前进行
C. CPU检测到异常事件后所做的处理和检测到中断请求后所做的处理完全相同
D. CPU在中断响应时会关中断、保存断点和程序状态并转到相应的中断服务程序

05. 以下给出的事件中，无须异常处理程序进行处理的是( )。
A. 缺页故障　B. Cache缺失　C. 地址越界　D. 除数为0

06.【2015统考真题】内部异常(内中断)可分为故障(fault)、陷阱(trap)和终止(abort)三类。下列有关内部异常的叙述中，错误的是( )。
A. 内部异常的产生与当前执行指令相关
B. 内部异常的检测由CPU内部逻辑实现
C. 内部异常的响应发生在指令执行过程中
D. 内部异常处理后返回到发生异常的指令继续执行

07.【2016统考真题】异常是指令执行过程中在处理器内部发生的特殊事件，中断是来自处理器外部的请求事件。下列关于中断或异常情况的叙述中，错误的是( )。
A. “访存时缺页”属于中断　B. “整数除以0”属于异常
C. “DMA传送结束”属于中断　D. “存储保护错”属于异常

08.【2020统考真题】下列关于“自陷”(Trap，也称陷阱)的叙述中，错误的是( )。
A. 自陷是通过陷阱指令预先设定的一类外部中断事件
B. 自陷可用于实现程序调试时的断点设置和单步跟踪
C. 自陷发生后CPU将转去执行操作系统内核相应程序
D. 自陷处理完成后返回到陷阱指令的下一条指令执行

09.【2021统考真题】异常事件在当前指令执行过程中进行检测，中断请求则在当前指令执行后进行检测。下列事件中，相应处理程序执行后，必须回到当前指令重新执行的是( )。
A. 系统调用　B. 页缺失　C. DMA传送结束　D. 打印机缺纸

5.5.5 答案与解析

一、单项选择题

01. C

自陷是人为设定的特殊中断机制，不是出现某些异常情况而产生的。因此选项C错误。

02. C

指令执行结果出现的异常是程序性中断（软件中断），如运算溢出等，选项 C 正确。I/O 中断属于外部中断。机器校验中断属于终止类异常。

03. C

主存故障引起的中断是终止异常，属于硬件中断。故障异常是执行指令时产生的程序性故障（软件中断）。外中断主要指由外部设备引起的中断，通常用于信息的输入输出。

04. C

CPU 检测到异常事件后所做的处理和检测到中断请求后所做的处理基本是相同的，但有些地方可能不同。例如，对于故障类异常，因为其断点为发生故障时的指令地址，所以要重新计算 PC 值，而中断的断点为下条指令地址（即 PC 值），因此无须重新计算 PC 值。

05. B

缺页、地址越界和除数为 0 都是执行某条指令时发生的故障，需要调出操作系统内核中相应的异常处理程序来处理，而 Cache 缺失由 CPU 硬件实现，无须调出异常处理程序进行处理。

06. D

内部异常是指来自 CPU 内部产生的中断，如非法指令、地址非法、校验错、页面失效、运算溢出和除数为零等，以上都是在指令的执行过程中产生的，选项 A 正确。内部异常的检测是由 CPU 自身完成的，不必通过外部的某个信号通知 CPU，选项 B 正确。内部异常不能被屏蔽，一旦出现应立即处理，选项 C 正确。对于非法指令、除数为零等异常，无法通过异常处理程序恢复故障，因此不能回到原断点执行，必须终止进程的执行，因此选项 D 错误。

07. A

中断是指来自 CPU 执行指令以外事件，如设备发出的 I/O 结束中断，表示设备输入/输出已完成，希望处理机能够向设备发出下一个输入/输出请求，同时让完成输入/输出后的程序继续运行。异常也称内中断，指源自 CPU 执行指令内部的事件。选项 A 错误。

08. A

自陷是一种内部异常，选项 A 错误。在 x86 中，用于程序调试的“断点设置”功能是通过自陷机制实现的，选项 B 正确。执行到自陷指令时，无条件或有条件地自动调出操作系统内核程序进行执行，选项 C 正确。CPU 执行陷阱指令后，会自动地根据不同陷阱类型进行相应的处理，然后返回到陷阱指令的下一条指令执行，选项 D 正确。

09. B

外部中断都是在一条指令执行完成后（中断周期）才被检测并处理的。DMA 请求只请求总线的使用权，不影响当前指令的执行，不会导致被中断指令的重新执行。而缺页中断发生在取指或间址等指令执行过程之中，并且会阻塞整个指令。当缺页中断发生后，必须回到这条指令重新执行，以便重新访存。因此选择选项 B。

5.6　指令流水线

前面介绍的指令都是在单周期处理机中采用串行方法执行的，同一时刻 CPU 中只有一条指令在执行，因此各功能部件的使用率不高。现代计算机普遍采用指令流水线技术，同一时刻有多条指令在 CPU 的不同功能部件中并发执行，大大提高了功能部件的并行性和程序的执行效率。

5.6.1 指令流水线的基本概念

可从两方面提高处理机的并行性：①时间上的并行技术，将一个任务分解为几个不同的子阶段，每个阶段在不同的功能部件上并行执行，以便在同一时刻能够同时执行多个任务，进而提升系统性能，这种方法被称为流水线技术。②空间上的并行技术，在一个处理机内设置多个执行相同任务的功能部件，并让这些功能部件并行工作，这样的处理机被称为超标量处理机。

1. 指令流水的定义

一条指令的执行过程可分解为若干阶段，每个阶段由相应的功能部件完成。如果将各阶段视为相应的流水段，则指令的执行过程就构成了一条指令流水线。

假设一条指令的执行过程分为如下 5 个阶段（也称功能段或流水段）[①]：

- 取指（IF）：从指令存储器或 Cache 中取指令。
- 译码/读寄存器（ID）：操作控制器对指令进行译码，同时从寄存器堆中取操作数。
- 执行/计算地址（EX）：执行运算操作或计算地址。
- 访存（MEM）：对存储器进行读写操作。
- 写回（WB）：将指令执行结果写回寄存器堆。

把 $k+1$ 条指令的取指阶段提前到第 k 条指令的译码阶段，从而将第 $k+1$ 条指令的译码阶段与第 k 条指令的执行阶段同时进行，如图 5.16 所示。

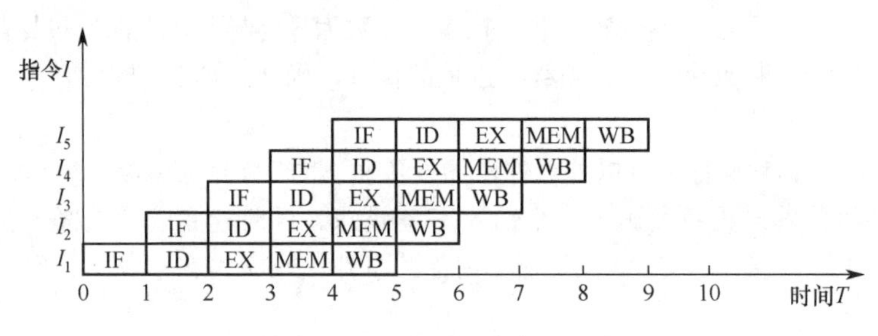

图 5.16 一个 5 段指令流水线

从图 5.16 看出，理想情况下，每个时钟周期都有一条指令进入流水线，每个时钟周期都有一条指令完成，每条指令的时钟周期数（即 CPI）都为 1。

流水线设计的原则是，指令流水段个数以最复杂指令所用的功能段个数为准；流水段的长度以最复杂的操作所花的时间为准。假设某条指令的 5 个阶段所花的时间分别如下。①取指：200ps；②译码：100ps；③执行：150ps；④访存：200ps；⑤写回：100ps，该指令的总执行时间为 750ps。按照流水线设计原则，每个流水段的长度为 200ps，所以每条指令的执行时间为 1ns，反而比串行执行时增加了 250ps。假设某程序中有 N 条指令，单周期处理机所用的时间为 $N\times750$ps，而流水线处理机所用的时间为$(N+4)\times200$ps。由此可见，流水线方式并不能缩短单条指令的执行时间，但对于整个程序来说，执行效率得到了大幅增高。

为了利于实现指令流水线，指令集应具有如下特征：

1）指令长度应尽量一致，有利于简化取指令和指令译码操作。否则，取指令所花时间长短不一，使取指部件极其复杂，且也不利于指令译码。

2）指令格式应尽量规整，尽量保证源寄存器的位置相同，有利于在指令未知时就可取寄存器操作数，否则须译码后才能确定指令中各寄存器编号的位置。

---

① 不同的教材有不同的划分举例，本书参考了历年统考真题中的划分。

3）采用 Load/Store 指令，其他指令都不能访问存储器，这样可把 Load/Store 指令的地址计算和运算指令的执行步骤规整在同一个周期中，有利于减少操作步骤。

4）数据和指令在存储器中“对齐”存放。这样，有利于减少访存次数，使所需数据在一个流水段内就能从存储器中得到。

2．流水线的表示方法

通常用时空图来直观地描述流水线的执行情况，如图 5.17 所示。

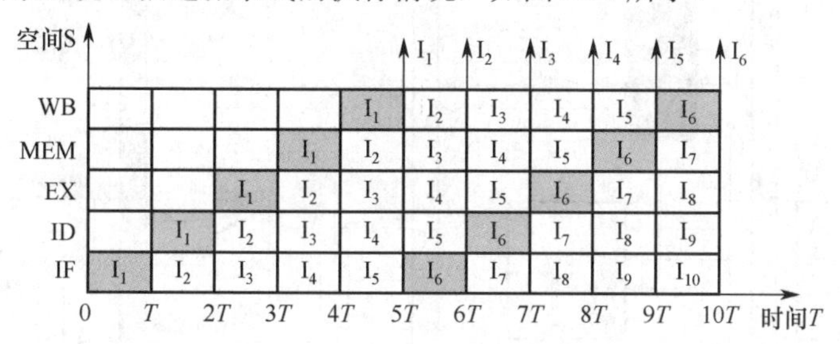

图 5.17　一个 5 段指令流水线时空图

在时空图中，横坐标表示时间，它被分割成长度相等的时间段 T；纵坐标为空间，表示当前指令所处的功能部件。在图 5.17 中，第一条指令 I_1 在时刻 0 进入流水线，在时刻 $5T$ 流出流水线。第二条指令 I_2 在时刻 T 进入流水线，在时刻 $6T$ 流出流水线。以此类推，每隔一个时间 T 就有一条指令进入流水线，从时刻 $5T$ 开始每隔一个时间 T 就有一条指令流出流水线。

从图中可看出，在时刻 $10T$ 时，流水线上便有 6 条指令流出。若采用串行方式执行，在时刻 $10T$ 时，只能执行 2 条指令，可见使用流水线方式成倍地提高了计算机的速度。

只有大量连续任务不断输入流水线，才能充分发挥流水线的性能，而指令的执行正好是连续不断的，非常适合采用流水线技术。对于其他部件级流水线，如浮点运算流水线，同样也仅适合于提升浮点运算密集型应用的性能，对于单个运算是无法提升性能的。

5.6.2　流水线的基本实现

在单周期实现中，这 5 个功能段是串连在一起的，如图 5.18 所示。将程序计数器（PC）的值送入 IF 段取指令，然后依次进入 ID、EX、MEM、WB 段。虽然不是所有指令都必须经历完整的 5 个阶段，但只能以执行速度最慢的指令作为设计其时钟周期的依据，单周期 CPU 的时钟频率取决于数据通路中的关键路径（最长路径），因此单周期 CPU 指令执行效率不佳。

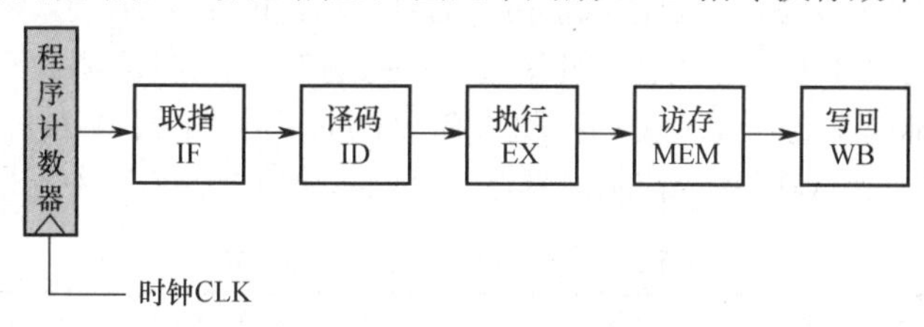

图 5.18　单周期处理机的逻辑构架图

1．流水线的数据通路

一个 5 段流水线数据通路如图 5.19 所示。其中，IF 段包括程序计数器（PC）、指令存储器、下条指令地址的计算逻辑；ID 段包括操作控制器、取操作数逻辑、立即数符号扩展模块；EX 段主要包括算术逻辑单元（ALU）、分支地址计算模块；MEM 段主要包括数据存储器读写模块；WB 段主要包括寄存器写入控制模块。每个流水段后面都需要增加一个流水寄存器，用于锁存本段处理完成的数据和控制信号，以保证本段的执行结果能在下个时钟周期给下一流水段使用，图中增加了 4 个流水寄存器，并根据其所连接的功能段来命名。各种寄存器和数据存储器均采用统一时钟 CLK 进行同步，每来一个时钟，就会有一条新的指令进入流水线 IF 段；同时流水寄存器会锁存前段加工处理完成的数据和控制信号，为下一段的功能部件提供数据输入。

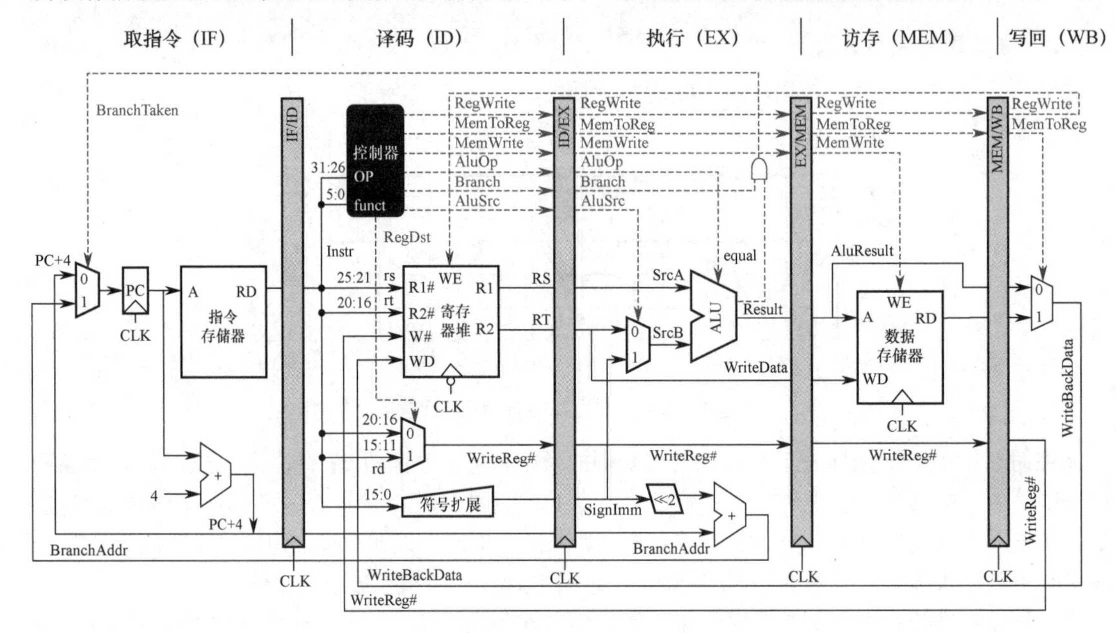

图 5.19 一个 5 段流水线数据通路（及控制信号）

不同流水寄存器锁存的数据不相同，如图 5.19 中的实线表示。IF/ID 流水寄存器需要锁存从指令存储器取出的指令字，以及 PC + 4 的值；ID/EX 流水寄存器需要锁存从寄存器堆中取出的两个操作数 RS 和 RT（指令中两个操作数字段对应的寄存器值）与写寄存器编号 WriteReg#，以及立即数符号扩展的值、PC + 4 等后段可能用到的操作数；EX/MEM 流水寄存器需要锁存 ALU 运算结果、数据存储器待写入数据 WriteData、写寄存器编号 WriteReg#等数据；MEM/WB 流水寄存器需要锁存 ALU 运算结果、数据存储器读出数据、写寄存器编号 WriteReg#等数据。

2．流水线的控制信号

上节描述了数据通过流水寄存器进行传递的情况。但是在某一时刻，每个流水段执行不同指令的某个阶段，每个流水段还需要正在执行指令的对应功能段的控制信号。

图 5.19 中的控制信号（虚线表示）如表 5.3 所示。控制信号的来源并不一致，如 IF 段的分支转跳信号 BranchTaken 来源于 EX 段，ID 段的 RegWrite 信号来源于 WB 段。其他控制信号通过控制器产生，由 ID 段负责译码生成控制信号，并分别在随后的各个时钟周期内使用。

表 5.3 图 5.19 中的控制信号分类

控制信号	位置	来源	功能说明
BranchTaken	**IF**	**EX**	分支跳转信号，为 1 表示跳转，由 EX 段的 Branch 信号与 equal 标志进行逻辑与生成
RegDst	ID	ID	写入目的寄存器选择，为 1 时目的寄存器为 rd 寄存器，为 0 时为 rt 寄存器
RegWrite	**ID**	**WB**	控制寄存器堆写操作，为 1 时数据需要写回寄存器堆中的指定寄存器
AluSrc	EX	EX	ALU 的第二输入选择控制，为 0 时输入寄存器 rt，为 1 时输入扩展后的立即数
AluOp	EX	EX	控制 ALU 进行不同运算，具体取值和位宽与 ALU 的设计有关
MemWrite	MEM	MEM	控制数据存储器写操作，为 0 时进行读操作，为 1 时进行写操作
MemToReg	WB	WB	为 1 时将数据存储器读出数据写回寄存器堆，否则将 ALU 运算结果写回

控制器的输入主要是 IF/ID 流水寄存器锁存的指令字中的 OP 字段，输出为 7 个控制信号，其中 RegDst 信号在 ID 段使用，其他 6 个后段使用的控制信号输出到 ID/EX 流水寄存器中并依次向后传递，以供后续各流水段使用。RegWrite 信号必须传递至 WB 段后才能反馈到 ID 段的寄存器堆的写入控制段 WE；条件分支译码信号 Branch 也需要传递到 EX 段，与 ALU 运算的标志 equal 信号进行逻辑与操作后，反馈到 IF 段控制多路选择器进行分支处理。

综上所述，每个流水寄存器中保存的信息包括：①后面流水段需要用到的所有数据信息，包括 PC + 4、指令、立即数、目的寄存器、ALU 运算结果、标志信息等，它们是前面阶段在数据通路中执行的结果；②前面传递过来的后面各流水段要用到的所有控制信号。

3．流水线的执行过程

由于流水线的特殊结构，所有指令都需要完整经过流水线的各功能段，只不过某些指令在某些功能段内没有任何实质性的操作，只是等待一个时钟周期，这也就意味着单条指令的执行时间还是 5 个功能段时间延迟的总和。下面简单描述图 5.19 中各流水段的执行过程。

（1）取指（IF）

将 PC 值作为地址从指令寄存器中取出第一条指令字；并计算 PC + 4，送入 PC 输入端，以便在下一个时钟周期取下条指令，这些功能由取指部件完成。取出的指令字通过 RD 输出端送入 IF/ID 流水寄存器，PC + 4 也要送入 IF/ID 流水寄存器，以备后续可能使用（如相对转移指令）。只要是后续功能段有可能要用到的数据和控制信号，都要向后传递。时钟到来时将更新后的 PC 值和指令字锁存到 IF/ID 流水寄存器中；本条指令 I_1 进入 ID 段，IF 段取出下条指令 I_2。

（2）译码/读寄存器（ID）

由控制器根据 IF/ID 流水寄存器中的指令字生成后续各段需要的控制信号。对于 lw 访存指令，根据指令字中的 rs、rt 取出寄存器堆中的值 RS 和 RT；符号扩展单元会将指令字中的 16 位立即数符号扩展为 32 位；多路选择器根据指令字生成指令可能的写寄存器编号 WriteReg#。时钟到来时，这些数据和控制信号，连同顺序指令地址 PC + 4，都会锁存到 ID/EX 流水寄存器中；指令 I_1 进入 EX 段，同时下条指令 I_2 进入 ID 段，下下条指令 I_3 进入 IF 段。

（3）执行/计算地址（EX）

EX 段功能由具体指令确定，不同指令经 ID 段译码后得到不同的控制信号。对于 lw 指令，EX 主要用来计算访存地址，将 ID/EX 流水寄存器中的 RS 值与符号扩展后的立即数相加得到的访存地址送入 EX/MEM 流水寄存器。EX 段可能还要计算分支地址，生成分支转跳信号 BranchTaken。RT 的值可能会在 MEM 段作为写入数据使用，所以 RT 会作为写入数据 WriteData 送入 EX/MEM 流水寄存器；ID/EX 流水寄存器中的写寄存器编号 WriteReg#也将直接传送给 EX/MEM 流水寄存器。时钟到来后，这些数据和后段需要的控制信号都会锁存到 EX/MEM 流水寄存器中；指令 I_1 进入 MEM 段，后续指令 I_2、I_3、I_4 分别进入 EX、ID、IF 段。

（4）访存（MEM）

MEM 段的功能也由具体指令确定。对于 lw 指令，主要是根据 EX/MEM 流水寄存器中锁存的访存地址，写入数据和内存读写控制信号 MemWrite 对存储器进行读或写操作。EX/MEM 流水寄存器中的访存地址、WriteReg#、数据存储器读出的数据都会送入 MEM/WB 流水寄存器，以备后续可能使用。时钟到来后，这些数据和后段需要的控制信号都会锁存到 MEM/WB 流水寄存器中；指令 I_1 进入 WB 段，后续指令 I_2、I_3、I_4、I_5 分别进入 MEM、EX、ID、IF 段。

（5）写回（WB）

WB 段的功能也由具体指令确定。将 MEM/WB 流水寄存器中数据存储器读出的数据写回指定寄存器 WriteReg#。时钟到来时会完成数据写入寄存器，指令 I_1 离开流水线。此时，指令 I_2 进入最后的 WB 段，指令 I_3、I_4、I_5 分别进入 MEM、EX、ID 段，指令 I_6 进入 IF 段。

5.6.3 流水线的冒险与处理

在指令流水线中，可能会遇到一些情况使得流水线无法正确执行后续指令而引起流水线阻塞或停顿，这种现象称为流水线冒险。根据导致冒险的原因不同主要有 3 种：结构冒险（资源冲突）、数据冒险（数据冲突）和控制冒险（控制冲突）。

1．结构冒险

由于多条指令在同一时刻争用同一资源而形成的冲突，也称为资源冲突，即由硬件资源竞争造成的冲突，有以下两种解决办法：

1）前一指令访存时，使后一条相关指令（以及其后续指令）暂停一个时钟周期。

2）单独设置数据存储器和指令存储器，使取数和取指令操作各自在不同的存储器中进行。事实上，现代计算机都引入了 Cache 机制，而 L1 Cache 通常采用数据 Cache 和指令 Cache 分离的方式，因而也就避免了资源冲突的发生。

2．数据冒险

在一个程序中，下一条指令会用到当前指令计算出的结果，此时这两条指令发生数据冲突。当多条指令重叠处理时就会发生冲突，数据冒险可分为三类（结合综合题 3 理解）：

1）写后读（Read After Write，RAW）相关：表示当前指令将数据写入寄存器后，下一条指令才能从该寄存器读取数据。否则，先读后写，读到的就是错误（旧）数据。

2）读后写（Write After Read，WAR）相关：表示当前指令读出数据后，下一条指令才能写该寄存器。否则，先写后读，读到的就是错误（新）数据。

3）写后写（Write After Write，WAW）相关：表示当前指令写入寄存器后，下一条指令才能写该寄存器。否则，下一条指令在当前指令之前写，将使寄存器的值不是最新值。

解决的办法有以下几种：

1）把遇到数据相关的指令及其后续指令都暂停一至几个时钟周期，直到数据相关问题消失后再继续执行，可分为硬件阻塞（stall）和软件插入“NOP”指令两种方法。

2）设置相关专用通路，即不等前一条指令把计算结果写回寄存器组，下一条指令也不再读寄存器组，而直接把前一条指令的 ALU 的计算结果作为自己的输入数据开始计算过程，使本来需要暂停的操作变得可以继续执行，这称为数据旁路技术。

3）通过编译器对数据相关的指令编译优化的方法，调整指令顺序来解决数据相关。

3．控制冒险

指令通常是顺序执行的，但是在遇到改变指令执行顺序的情况，例如执行转移、调用或返回等指令时，会改变 PC 值，会造成断流，从而引起控制冒险。解决的办法有以下几种：

1）对转移指令进行分支预测，尽早生成转移目标地址。分支预测分为简单（静态）预测和动态预测。静态预测总是预测条件不满足，即继续执行分支指令的后续指令。动态预测根据程序执行的历史情况，进行动态预测调整，有较高的预测准确率。

2）预取转移成功和不成功两个控制流方向上的目标指令。

3）加快和提前形成条件码。

4）提高转移方向的猜准率。

注意： Cache 缺失的处理过程也会引起流水线阻塞。在不过多增加硬件成本的情况下，如何尽可能地提高指令流水线的运行效率是选用指令流水线技术必须解决的关键问题。

5.6.4　流水线的性能指标

1．流水线的吞吐率

流水线的吞吐率是指在单位时间内流水线所完成的任务数量，或输出结果的数量。

流水线吞吐率（TP）的最基本公式为

$$\mathrm{TP} = \frac{n}{T_k}$$

式中，n 是任务数，T_k 是处理完 n 个任务所用的总时间。设 k 为流水段的段数，Δt 为时钟周期。在输入流水线中的任务连续的理想情况下，一条 k 段流水线能在 $k+n-1$ 个时钟周期内完成 n 个任务。得出流水线的吞吐率为

$$\mathrm{TP} = \frac{n}{(k+n-1)\Delta t}$$

连续输入的任务数 $n \to \infty$ 时，得最大吞吐率为 $\mathrm{TP}_{\max} = 1/\Delta t$ 。

2．流水线的加速比

完成同样一批任务，不使用流水线与使用流水线所用的时间之比。

流水线加速比（S）的基本公式为

$$S = \frac{T_0}{T_k}$$

式中，T_0 表示不使用流水线的总时间；T_k 表示使用流水线的总时间。一条 k 段流水线完成 n 个任务所需的时间为 $T_k = (k + n - 1)\,\Delta t$ 。顺序执行 n 个任务时，所需的总时间为 $T_0 = kn\,\Delta t$ 。将 T_0 和 T_k 值代入上式，得出流水线的加速比为

$$S = \frac{kn\Delta t}{(k+n-1)\Delta t} = \frac{kn}{k+n-1}$$

连续输入的任务数 $n \to \infty$ 时，得最大加速比为 $S_{\max} = k$。

5.6.5　高级流水线技术

有两种增加指令级并行的策略：一种是多发射技术，它通过采用多个内部功能部件，使流水线功能段能同时处理多条指令，处理机一次可以发射多条指令进入流水线执行；另一种是超流水线技术，它通过增加流水线级数来使更多的指令同时在流水线中重叠执行。

1．超标量流水线技术

超标量流水线技术也称动态多发射技术，每个时钟周期内可并发多条独立指令，以并行操作方式将两条或多条指令编译并执行，为此需配置多个功能部件，如图 5.20 所示。在简单的超标量 CPU 中，指令是按顺序发射执行的。为了更好地提高并行性能，多数超标量 CPU 都结合动态流水线调度技术，通过动态分支预测等手段，指令不按顺序执行，这种执行方式称为乱序执行。

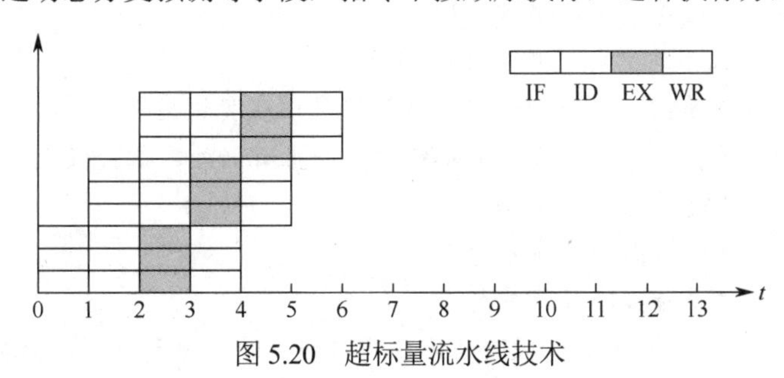

图 5.20　超标量流水线技术

2．超长指令字技术

超长指令字技术也称静态多发射技术，由编译程序挖掘出指令间潜在的并行性，将多条能并行操作的指令组合成一条具有多个操作码字段的超长指令字（可达几百位），为此需要采用多个处理部件。

3．超流水线技术

如图 5.21 所示，流水线功能段划分得越多，时钟周期就越短，指令吞吐率也就越高，因此超流水线技术是通过提高流水线主频的方式来提升流水线性能的。但是，流水线级数越多，用于流水寄存器的开销就越大，因而流水线级数是有限制的，并不是越多越好。

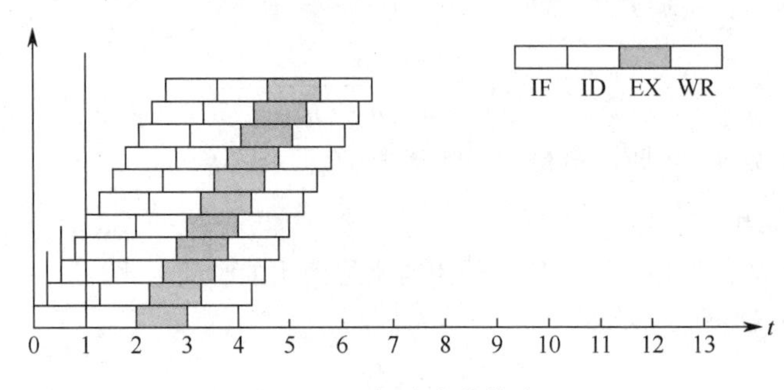

图 5.21 超流水线技术

超流水线 CPU 在流水线充满后，每个时钟周期还是执行一条指令，CPI = 1，但其主频更高；多发射流水线 CPU 每个时钟周期可以处理多条指令，CPI < 1，相对而言，多发射流水线成本更高，控制更复杂。

5.6.6 本节习题精选

一、单项选择题

01. 下列关于流水 CPU 基本概念的描述中，正确的是（ ）。

A. 流水 CPU 是以空间并行性为原理构造的处理器

B. 流水 CPU 一定是 RISC 机器

C. 流水 CPU 一定是多媒体 CPU

D. 流水 CPU 是一种非常经济而实用的时间并行技术

02. 下列关于超标量流水线的描述中，不正确的是（ ）。

A. 在一个时钟周期内一条流水线可执行一条以上的指令

B. 一条指令分为多段指令由不同电路单元完成

C. 超标量通过内置多条流水线来同时执行多个处理器，其实质是以空间换取时间

D. 超标量流水线是指运算操作并行

03. 下列关于动态流水线的描述中，正确的是（ ）。

A. 动态流水线是指在同一时间内，当某些段正在实现某种运算时，另一些段却正在进行另一种运算，这样对提高流水线的效率很有好处，但会使流水线控制变得很复杂

B. 动态流水线是指运算操作并行

C. 动态流水线是指指令步骤并行

D. 动态流水线是指程序步骤并行

04. 流水 CPU 是由一系列称为“段”的处理线路组成的。一个 m 段流水线稳定时的 CPU 的

吞吐能力，与 m 个并行部件的CPU的吞吐能力相比，（ ）。

A. 具有同等水平的吞吐能力

B. 不具备同等水平的吞吐能力

C. 吞吐能力大于前者的吞吐能力

D. 吞吐能力小于前者的吞吐能力

05. 设指令由取指、分析、执行3个子部件完成，并且每个子部件的时间均为 Δt，若采用常规标量单流水线处理机（即处理机的度为1），连续执行12条指令，共需（ ）。

A. $12\Delta t$　　B. $14\Delta t$　　C. $16\Delta t$　　D. $18\Delta t$

06. 若采用度为4的超标量流水线处理机，连续执行上述20条指令，只需（ ）。

A. $3\Delta t$　　B. $5\Delta t$　　C. $7\Delta t$　　D. $9\Delta t$

07. 设指令流水线把一条指令分为取指、分析、执行3部分，且3部分的时间分别是 $t_{取指}=2ns$，$t_{分析}=2ns$，$t_{执行}=1ns$，则100条指令全部执行完毕需（ ）。

A. 163ns　　B. 183ns　　C. 193ns　　D. 203ns

08. 设指令由取指、分析、执行3个子部件完成，并且每个子部件的时间均为 t，若采用常规标量单流水线处理机，连续执行8条指令，则该流水线的加速比为（ ）。

A. 3　　B. 2　　C. 3.4　　D. 2.4

09. 指令流水线中出现数据相关时流水线将受阻，（ ）可解决数据相关问题。

A. 增加硬件资源　　B. 采用旁路技术

C. 采用分支预测技术　　D. 以上都可以

10. 下面有关控制相关的描述中，错误的是（ ）。

A. 条件转移指令可能引起控制相关

B. 在分支指令加入若干空操作可以避免控制冒险

C. 采用转发（旁路）技术，可以解决部分控制相关

D. 通过编译器调整指令执行顺序可解决部分控制冒险

11. 关于流水线技术的说法中，错误的是（ ）。

A. 超标量技术需要配置多个功能部件和指令译码电路等

B. 与超标量技术和超流水线技术相比，超长指令字技术对优化编译器要求更高，而无其他硬件要求

C. 流水线按序流动时，在RAW、WAR和WAW中，只可能出现RAW相关

D. 超流水线技术相当于将流水线再分段，从而提高每个周期内功能部件的使用次数

12. 【2009统考真题】某计算机的指令流水线由4个功能段组成，指令流经各功能段的时间（忽略各功能段之间的缓存时间）分别为90ns、80ns、70ns和60ns，则该计算机的CPU周期至少是（ ）。

A. 90ns　　B. 80ns　　C. 70ns　　D. 60ns

13. 【2010统考真题】下列不会引起指令流水线阻塞的是（ ）。

A. 数据旁路　　B. 数据相关　　C. 条件转移　　D. 资源冲突

14. 【2013统考真题】某CPU主频为1.03GHz，采用4级指令流水线，每个流水段的执行需要1个时钟周期。假定CPU执行了100条指令，在其执行过程中，没有发生任何流水线阻塞，此时流水线的吞吐率为（ ）。

A. 0.25×10^9 条指令/秒　　B. 0.97×10^9 条指令/秒

C. $1.0×10^9$ 条指令/秒　　D. $1.03×10^9$ 条指令/秒

15. 【2016 统考真题】在无转发机制的五段基本流水线（取指、译码/读寄存器、运算、访存、写回寄存器）中，下列指令序列存在数据冒险的指令对是（ ）。

I1：add R1, R2, R3; (R2) + (R3)→R1
I2：add R5, R2, R4; (R2) + (R4)→R5
I3：add R4, R5, R3; (R5) + (R3)→R4
I4：add R5, R2, R6; (R2) + (R6)→R5

A. I1 和 I2　　B. I2 和 I3　　C. I2 和 I4　　D. I3 和 I4

16. 【2017 统考真题】下列关于超标量流水线特性的叙述中，正确的是（ ）。

I. 能缩短流水线功能段的处理时间
II. 能在一个时钟周期内同时发射多条指令
III. 能结合动态调度技术提高指令执行并行性

A. 仅 II　　B. 仅 I、III　　C. 仅 II、III　　D. I、II 和 III

17. 【2017 统考真题】下列关于指令流水线数据通路的叙述中，错误的是（ ）。

A. 包含生成控制信号的控制部件
B. 包含算术逻辑运算部件（ALU）
C. 包含通用寄存器组和取指部件
D. 由组合逻辑电路和时序逻辑电路组合而成

18. 【2018 统考真题】若某计算机最复杂指令的执行需要完成 5 个子功能，分别由功能部件 A ~ E 实现，各功能部件所需时间分别为 80ps、50ps、50ps、70ps 和 50ps，采用流水线方式执行指令，流水段寄存器延时为 20ps，则 CPU 时钟周期至少为（ ）。

A. 60ps　　B. 70ps　　C. 80ps　　D. 100ps

19. 【2019 统考真题】在采用“取指、译码/取数、执行、访存、写回”5 段流水线的处理器中，执行如下指令序列，其中 s0、s1、s2、s3 和 t2 表示寄存器编号。

```
I1: add s2,s1,s0       //R[s2]←R[s1]+R[s0]
I2: load s3,0(t2)      //R[s3]←M[R[t2]+0]
I3: add s2,s2,s3       //R[s2]←R[s2]+R[s3]
I4: store s2,0(t2)//M[R[t2]+0]←R[s2]
```

下列指令对中，不存在数据冒险的是（ ）。

A. I1 和 I3　　B. I2 和 I3　　C. I2 和 I4　　D. I3 和 I4

20. 【2020 统考真题】下列给出的处理器类型中，理想情况下，CPI 为 1 的是（ ）。

I. 单周期 CPU　II. 多周期 CPU　III. 基本流水线 CPU　IV. 超标量流水线 CPU

A. 仅 I、II　　B. 仅 I、III　　C. 仅 II、IV　　D. 仅 III、IV

二、综合应用题

01. 现有四级流水线，分别完成取指令、指令译码并取数、运算、回写四步操作，假设完成各部操作的时间依次为 100ns、100ns、80ns 和 50ns。试问：

1）流水线的操作周期应设计为多少？

2）若相邻两条指令如下，发生数据相关（假设在硬件上不采取措施），试分析第二条指令要推迟多少时间进行才不会出错。

```
ADD R1,R2,R3     # R2+R3 -> R1
SUB R4,R1,R5     # R1-R5 -> R4
```

3）若在硬件设计上加以改进，至少需要推迟多少时间？

02. 假设指令流水线分为取指（IF）、译码（ID）、执行（EX）、回写（WB）4 个过程，共有 10 条指令连续输入此流水线。

1）画出指令周期流程图。

2）画出非流水线时空图。

3）画出流水线时空图。

4）假设时钟周期为 100ns，求流水线的实际吞吐量（单位时间执行完毕的指令数）。

03. 流水线中有 3 类数据相关冲突：写后读（RAW）相关；读后写（WAR）相关；写后写（WAW）相关。判断以下 3 组指令各存在哪种类型的数据相关。

```
第一组 I1  ADD  R1, R2, R3      (R2 + R3)→R1
       I2  SUB  R4, R1, R5      (R1-R5)→R4
第二组 I3  STA  M(x), R3        (R3)→M(x), M(x)是存储器单元
       I4  ADD  R3, R4, R5      (R4 + R5)→R3
第三组 I5  MUL  R3, R1, R2      (R1)×(R2)→R3
       I6  ADD  R3, R4, R5      (R4 + R5)→R3
```

04. 某台单流水线多操作部件处理机，包含有取指、译码、执行 3 个功能段，在该机上执行以下程序。取指和译码功能段各需要 1 个时钟周期，MOV 操作需要 2 个时钟周期，ADD 操作需要 3 个时钟周期，MUL 操作需要 4 个时钟周期，每个操作都在第一个时钟周期接收数据，在最后一个时钟周期把结果写入通用寄存器。

```
K:         MOV R1, R0            (R0) →R1
K + 1:     MUL R0, R1, R2        (R1)×(R2) →R0
K + 2:     ADD R0, R2, R3        (R2) + (R3) →R0
```

1）画出流水线功能段结构图。

2）画出指令执行过程流水线的时空图。

05.【2012 统考真题】某 16 位计算机中，有符号整数用补码表示，数据 Cache 和指令 Cache 分离。下表给出了指令系统中的部分指令格式，其中 Rs 和 Rd 表示寄存器，mem 表示存储单元地址，(x)表示寄存器 x 或存储单元 x 的内容。

表指令系统中部分指令格式

名　称	指令的汇编格式	指令功能
加法指令	ADD　Rs, Rd	(Rs) + (Rd)→Rd
算术/逻辑左移	SHL　Rd	2*(Rd)→Rd
算术右移	SHR　Rd	(Rd)/2→Rd
取数指令	LOAD　Rd, mem	(mem)→Rd
存数指令	STORE　Rs, mem	(Rs)→mem

该计算机采用 5 段流水方式执行指令，各流水段分别是取指（IF）、译码/读寄存器（ID）、执行/计算有效地址（EX）、访问存储器（M）和结果写回寄存器（WB），流水线采用“按序发射，按序完成”方式，未采用转发技术处理数据相关，且同一寄存器的读和写操作不能在同一个时钟周期内进行。请回答下列问题：

1）若 int 型变量 x 的值为−513，存放在寄存器 R1 中，则执行“SHR R1”后，R1 中的内容是多少（用十六进制表示）？

2）若在某个时间段中，有连续的 4 条指令进入流水线，在其执行过程中未发生任何阻塞，则执行这 4 条指令所需的时钟周期数为多少？

3）若高级语言程序中某赋值语句为 x = a + b，x、a 和 b 均为 int 型变量，它们的存储单元地址分别表示为[x]、[a]和[b]。该语句对应的指令序列及其在指令流中的执行过程如下所示。

```
I1   LOAD     R1, [a]
I2   LOAD     R2, [b]
I3   ADD      R1, R2
I4   STORE    R2, [x]
```

指令＼时钟	1	2	3	4	5	6	7	8	9	10	11	12	13	14
I_1	IF	ID	EX	M	WB									
I_2		IF	ID	EX	M	WB								
I_3			IF				ID	EX	M	WB				
I_4							IF				ID	EX	M	WB

则这 4 条指令执行过程中 I3 的 ID 段和 I4 的 IF 段被阻塞的原因各是什么？

4）若高级语言程序中某赋值语句为 x = x*2 + a，x 和 a 均为 unsigned int 类型的变量，它们的存储单元地址分别表示为[x]、[a]，则执行这条语句至少需要多少个时钟周期？要求模仿上图画出这条语句对应的指令序列及其在流水线中的执行过程示意图。

06.【2014 统考真题】某程序中有循环代码段 P："for(int i = 0; i < N; i++) sum+ = A[i];"。假设编译时变量 sum 和 i 分别分配在寄存器 R1 和 R2 中。常量 N 在寄存器 R6 中，数组 A 的首地址在寄存器 R3 中。程序段 P 的起始地址为 0804 8100H，对应的汇编代码和机器代码如下表所示。

编　号	地　址	机器代码	汇编代码	注　释
1	08048100H	00022080H	loop: sll R4, R2, 2	(R2) << 2→R4
2	08048104H	00083020H	add R4, R4, R3	(R4) + (R3)→R4
3	08048108H	8C850000H	load R5, 0(R4)	((R4) + 0)→R5
4	0804810CH	00250820H	add R1, R1, R5	(R1) + (R5)→R1
5	08048110H	20420001H	add R2, R2, 1	(R2) + 1→R2
6	08048114H	1446FFFAH	bne R2, R6, loop	if(R2)! = (R6) goto loop

执行上述代码的计算机 M 采用 32 位定长指令字，其中分支指令 bne 采用如下格式：

31　　26	25　　21	20　　16	15　　　　0
OP	Rs	Rd	OFFSET

OP 为操作码；Rs 和 Rd 为寄存器编号；OFFSET 为偏移量，用补码表示。

请回答下列问题，并说明理由。

1）M 的存储器编址单位是什么？

2）已知 sll 指令实现左移功能，数组 A 中每个元素占多少位？

3）表中 bne 指令的 OFFSET 字段的值是多少？已知 bne 指令采用相对寻址方式，当前 PC 内容为 bne 指令地址，通过分析表中指令地址和 bne 指令内容，推断 bne 指令的转移目标地址计算公式。

4）若 M 采用如下"按序发射、按序完成"的 5 级指令流水线：IF（取值）、ID（译码及取数）、EXE（执行）、MEM（访存）、WB（写回寄存器），且硬件不采取任何转发措施，分支指令的执行均引起 3 个时钟周期的阻塞，则 P 中哪些指令的执行会由于数据相关而发生流水线阻塞？哪条指令的执行会发生控制冒险？为什么指令 1 的执行不会因为与指令 5 的数据相关而发生阻塞？

07.【2014 统考真题】假设对于上题中的计算机 M 和程序 P 的机器代码，M 采用页式虚拟存储管理；P 开始执行时，(R1) = (R2) = 0，(R6) = 1000，其机器代码已调入主存但不在 Cache 中；数组 A 未调入主存，且所有数组元素在同一页，并存储在磁盘的同一个扇区。请回答下列问题并说明理由。

1）P 执行结束时，R2 的内容是多少？

2）M 的指令 Cache 和数据 Cache 分离。若指令 Cache 共有 16 行，Cache 和主存交换的块大小为 32B，则其数据区的容量是多少？若仅考虑程序段 P 的执行，则指令 Cache 的命中率为多少？

3）P 在执行过程中，哪条指令的执行可能发生溢出异常？哪条指令的执行可能产生缺页异常？对于数组 A 的访问，需要读磁盘和 TLB 至少各多少次？

5.6.7 答案与解析

一、单项选择题

01. D

空间并行即资源重复，主要指多个功能部件共同执行同一任务的不同部分，典型的如多处理机系统。时间并行即时间重叠，让多个功能部件在时间上相互错开，轮流重叠执行不同任务的相同部分，因此流水 CPU 利用的是时间并行性，因此选项 A 错误。RISC 都采用流水线技术，以提高资源利用率。但反过来并不成立，因为大部分 CISC 同样采用了流水线技术，因此选项 B 错误。流水 CPU 和多媒体 CPU 无必然联系，因此选项 C 错误。

02. D

超标量流水线是指在一个时钟周期内一条流水线可执行一条以上的指令，因此选项 A 正确。一条指令分为多段指令，由不同电路单元完成，因此选项 B 正确。超标量通过内置多条流水线来同时执行多个处理器，其实质是以空间换取时间，因此选项 C 正确。

03. A

动态流水线是相对于静态流水线而言的，静态流水线上下段连接方式固定，而动态流水线的连接方式是可变的。

04. A

吞吐能力是指单位时间内完成的指令数。m 段流水线在第 m 个时钟周期后，每个时钟周期都可以完成一条指令；而 m 个并行部件在 m 个时钟周期后能完成全部的 m 条指令，等价于平均每个时钟周期完成一条指令。因此两者的吞吐能力等同。

05. B

单流水线处理机执行 12 条指令的时间为$(3 + (12-1))\Delta t = 14\Delta t$。

06. C

这个超标量流水线处理机可以发送 4 条指令，所以执行指令的时间为$(3 + (20 - 4)/4)\Delta t = 7\Delta t$。

07. D

每个功能段的时间设定为取指、分析和执行部分的最长时间 2ns，第一条指令在第 5ns 时执行完毕，其余的 99 条指令每隔 2ns 执行完一条，所以 100 条指令全部执行完毕所需的时间为(5 +

99×2)ns = 203ns。

08．D

采用流水线时，第一条指令完成的时间是 $3t$，以后每经过 t 都有一条指令完成，因此共需要的时间为 $3t + (8 - 1)t = 10t$；而不采用流水线时，完成 8 条指令总共需要的时间为 $8\times3t = 24t$，所以流水线的加速比 $= 24t/10t = 2.4$。

09．B

处理数据相关问题有两种方法：一种是暂停相关指令的执行，即暂停流水线，直到能够正确读出寄存器操作数为止；另一种是采用专门的数据通路，直接把结果送到 ALU 的输入端，这种方法称为旁路技术。

10．C

采用转发（旁路）技术，可以解决的是数据相关，选项 C 错误。

11．B

要实现超标量技术，要求处理机中配置多个功能部件和指令译码电路，以及多个寄存器和总线，以便能实现同时执行多个操作，选项 A 正确；超长指令字技术对 Cache 的容量要求更大，因为需要执行的指令长度也许会很长，选项 B 错误；流水线按序流动，肯定不会出现先读后写（WAR）和写后写（WAW）相关。只可能出现没有等到上一条指令写入，当前指令就去读寄存器的错误（此时可采用旁路相关来解决），选项 C 正确。由超流水线技术的定义易知选项 D 正确。

12．A

时钟周期应以各功能段的最长执行时间为准，否则用时较长的流水段的功能将不能正确完成，因此应选 90ns。

13．A

采用流水线方式，相邻或相近的两条指令可能会因为存在某种关联，后一条指令不能按照原指定的时钟周期运行，从而使流水线断流。有三种相关可能引起指令流水线阻塞：①结构相关，又称资源相关；②数据相关；③控制相关，主要由转移指令引起。

数据旁路技术的主要思想是，直接将执行结果送到其他指令所需要的地方，使流水线不发生停顿，因此不会引起流水线阻塞。

14．C

采用 4 级流水执行 100 条指令，在执行过程中共用 $4 + (100 - 1) = 103$ 个时钟周期，如下图所示。CPU 的主频是 1.03GHz，即每秒有 1.03G 个时钟周期。流水线的吞吐率为 $1.03\text{G}\times100/103 = 1.0\times10^9$ 条指令/秒。

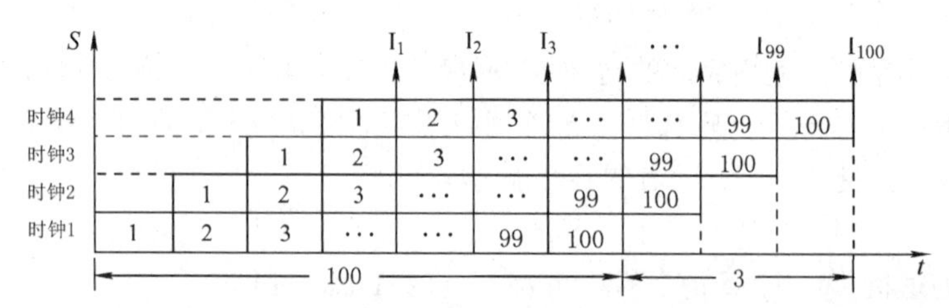

15．B

数据冒险即数据相关，指在一个程序中存在必须等前一条指令执行完才能执行后一条指令的情况，此时这两条指令即为数据相关。当多条指令重叠处理时就会发生冲突。首先这两条指令发生写后读相关，且两条指令在流水线中的执行情况（发生数据冒险）如下表所示。

指令＼时钟	1	2	3	4	5	6	7
I2	取指	译码/读寄存器	运算	访存	写回		
I3		取指	译码/读寄存器	运算	访存	写回	

指令 I2 在时钟 5 时将结果写入寄存器（R5），但指令 I3 在时钟 3 时读寄存器（R5）。本来指令 I2 应先写入 R5，指令 I3 后读 R5，结果变成指令 I3 先读 R5，指令 I2 后写入 R5，因而发生数据冲突。

16． C

超标量是指在 CPU 中有一条以上的流水线，并且每个时钟周期内可以完成一条以上的指令，其实质是以空间换时间。I 错误，它不影响流水线功能段的处理时间；II、III 正确。选择选项 C。

17． A

数据在功能部件之间传送的路径被称为数据通路，包括数据通路上流经的部件，如程序计数器、ALU、通用寄存器、状态寄存器、异常和中断处理逻辑等。数据通路由控制部件控制，控制部件根据每条指令功能的不同生成对数据通路的控制信号。因此，不包括控制部件。

18． D

指令流水线的每个流水段时间单位为时钟周期，题中指令流水线的指令需要用到 A～E 五个部件，所以每个流水段时间应取最大部件时间 80ps，此外还有寄存器延时 20ps，则 CPU 时钟周期至少是 100ps。答案是选项 D。

19． C

画出这四条指令在流水线中执行的过程如下图所示。

指令	1	2	3	4	5	6	7	8	9	10	11	12	13	14
add s2, s1, s0	取指	译码/取数	执行	访存	写回									
load s3, 0(t2)		取指	译码/取数	执行	访存	写回								
add s2, s2, s3			取指				译码/取数	执行	访存	写回				
store s2, 0(t2)							取指				译码/取数	执行	访存	写回

数据冒险即数据相关，指在程序中存在必须等前一条指令执行完才能执行后一条指令的情况，此时这两条指令即为数据相关。其中 I1 和 I3、I2 和 I3、I3 和 I4 均发生了写后读相关，因此必须等相关的前一条指令执行完才能执行后一条指令。只有 I2 和 I4 不存在数据冒险，答案是选项 C。

20． B

CPI 表示执行指令所需的时钟周期数。对于一个程序或一台机器来说，其 CPI 是指执行该程序或机器指令集中的所有指令所需的平均时钟周期数。对于单周期 CPU，令指令周期 = 时钟周期，CPI = 1，I 正确。对于多周期 CPU，CPU 的执行过程分成几个阶段，每个阶段用一个时钟去完成，每种指令所用的时钟数可以不同，CPI > 1，II 错误。对于基本流水线 CPU，让每个时钟周期流出一条指令，CPI = 1，III 正确。超标量流水线 CPU 在每个时钟周期内并发执行多条独立的指令，每个时钟周期流出多条指令，CPI < 1，IV 错误。

二、综合应用题

01．【解答】

1）流水线操作的时钟周期 T 应按四步操作中的最长时间来考虑，所以 $T = 100$ns。

2）分析如下：

首先该两条指令发生写后读相关，且两条指令在流水线中的执行情况如下表所示。

时钟 指令	1	2	3	4	5	6	7
ADD	取指	指令译码并取数	运算	写回			
SUB		取指	指令译码并取数	运算	写回		

ADD指令在时钟4时将结果写入寄存器堆(R1)，但SUB指令在时钟3时读寄存器堆(R1)。本来ADD指令应先写入R1，SUB指令后读R1，结果变成SUB指令先读R1，ADD指令后写入R1，因而发生数据冲突。若硬件上不采取措施，第二条指令SUB至少应推迟两个时钟周期（2×100ns），即SUB指令中的指令译码并取数周期应在ADD指令的写回周期之后才能保证不会出错，如下表所示。

时钟 指令	1	2	3	4	5	6	7
ADD	取指	指令译码并取数	运算	写回			
SUB		取指			指令译码并取数	运算	写回

3）若在硬件上加以改进，可以只延迟一个时钟周期（100ns）。因为在ADD指令中，运算周期已得到结果。可以通过数据旁路技术在运算结果一得到时，就将结果快速地送入寄存器R1，而不需要等到写回周期完成。流水线中的执行情况如下表所示。

时钟 指令	1	2	3	4	5	6	7
ADD	取指	指令译码并取数	运算（并采用数据旁路技术写入寄存器R1）	写回			取指
SUB		取指		指令译码并取数	运算	写回	

02.【解答】

1）因为指令周期包括IF、ID、EX、WB四个子过程，因此其指令周期流程图如下图所示。

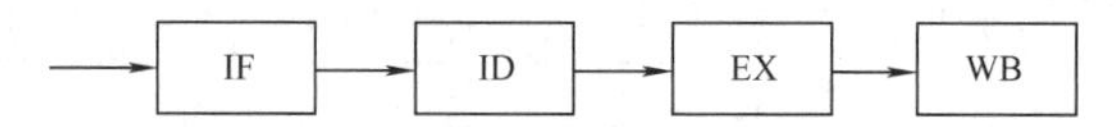

2）假设一个时间单位为一个时钟周期，则每隔4个周期才有一个输出结果。非流水线的时空图如下图所示。

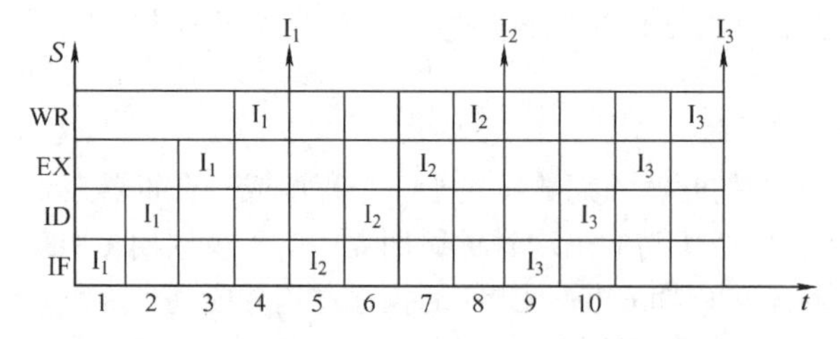

3）第一条指令出结果需要4条指令周期。流水线满载时，以后每个时钟周期都可输出一个结果，即执行完一条指令，如下图所示。

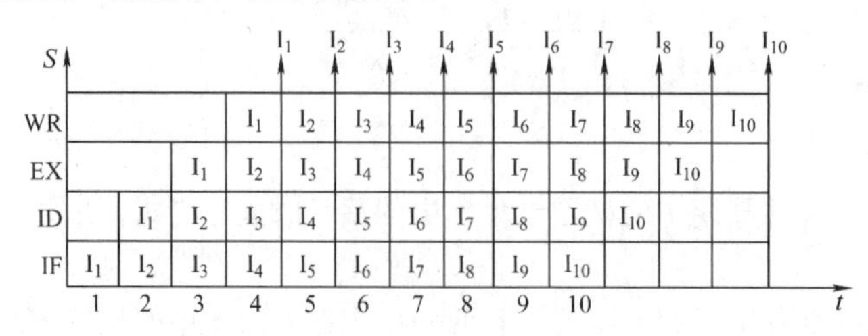

4）由上图可知，在13个时钟周期结束时，CPU执行完10条指令，因此实际吞吐率（T）为

$$T=\frac{10}{100\text{ns}\times 13}\approx 7700000\text{条/s}$$

03.【解答】

第一组指令中，I1指令运算结果应先写入R1，然后在I2指令中读出R1的内容。由于I2指令进入流水线，变成I2指令在I1指令写入R1前就读出R1的内容，发生RAW相关。

第二组指令中，I3指令应先读出R3的内容并存入存储单元M(x)，然后在I4指令中将运算结果写入R3。但由于I4指令进入流水线，变成I4指令在I3指令读出R3的内容前就写入R3，发生WAR相关。

第三组指令中，若I6指令的加法运算完成时间早于I5指令的乘法运算时间，变成指令I6在指令I5写入R3前就写入R3，导致R3的内容错误，发生WAW相关。

04.【解答】

1）流水线功能段结构图如下图所示。

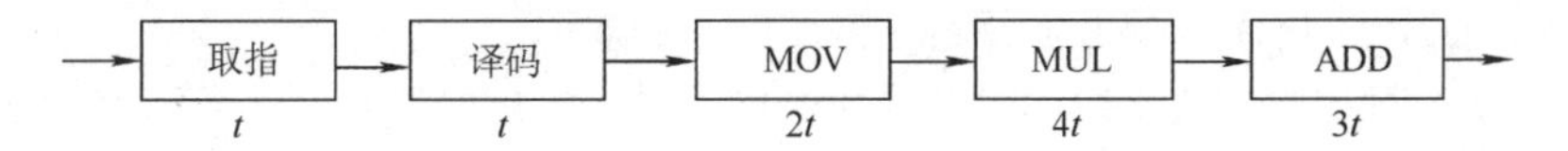

2）三条指令存在数据相关，采用后推法得到指令执行过程流水线的时空图如下图所示（IF取指、ID译码、EX执行）。

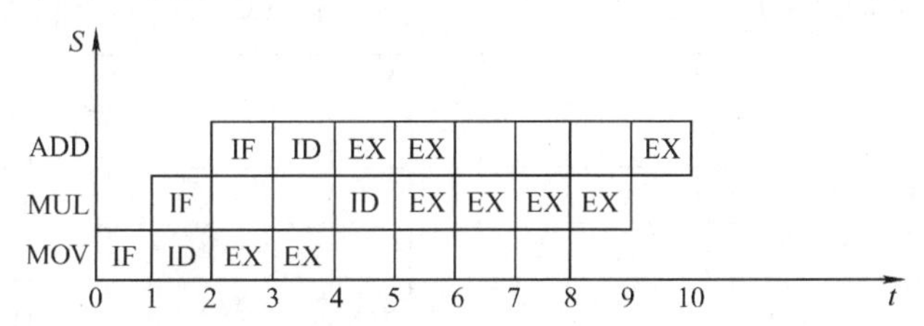

注：① 图中MUL的ID阶段推迟，因为ID阶段要将R1取至MDR，且MUL与前面的MOV存在数据相关。② 第5～6段时间中ADD的EX与MUL的EX不会冲突，因其不在同一个执行部件，而ADD的最后一个EX需要等MUL执行完后才能执行。

05.【解答】

1）x的机器码为$[x]_{补}$ = 1111 1101 1111 1111B，即指令执行前(R1) = FDFFH，右移1位后为1111 1110 1111 1111B，即指令执行后(R1) = FEFFH。

2）每个时钟周期只能有一条指令进入流水线，从第5个时钟周期开始，每个时钟周期都会有一条指令执行完毕，因此至少需要4 + (5 − 1) = 8个时钟周期。

3）I_3的ID段被阻塞的原因：因为I_3与I_1和I_2都存在数据相关，需等到I_1和I_2将结果写回寄存器后，I_3才能读寄存器内容，所以I_3的ID段被阻塞。I_4的IF段被阻塞的原因：因为I_4的前一条指令I_3在ID段被阻塞，所以I_4的IF段被阻塞。

注意：要求"按序发射，按序完成"，因此第2小问中下一条指令的IF必须和上一条指令的ID并行，以免因上一条指令发生冲突而导致下一条指令先执行完。

4）因2*x操作有左移和加法两种实现方法，因此x = x*2 + a对应的指令序列为

```
I1  LOAD        R1, [x]
I2  LOAD        R2, [a]
I3  SHL         R1          //或者    ADD    R1, R1
```

```
   I4  ADD        R1, R2
   I5  STORE      R2, [x]
```

这 5 条指令在流水线中执行过程如下图所示。

	时间单元																
指令	1	2	3	4	5	6	7	8	9	10	11	12	13	14	15	16	17
I1	IF	ID	EX	M	WB												
I2		IF	ID	EX	M	WB											
I3			IF			ID	EX	M	WB								
I4						IF				ID	EX	M	WB				
I5										IF				ID	EX	M	WB

因此执行 x = x*2 + a 语句最少需要 17 个时钟周期。

06.【解答】

该题为计算机组成原理的综合题型，难度较大。该题涉及指令系统、存储管理和 CPU 三部分内容，特别是五流水段流水线考生应高度重视这部分知识。

整个指令执行过程中各流水段的时间是相同的，受统一的时钟控制。各流水段在 5.6.1 节中介绍过，这里讨论流水段发生阻塞的情况：

① 若上一条指令的 WB 写回的寄存器与本指令对应的寄存器相同，会发生资源冲突。这时有 3 个时钟周期的阻塞，使本指令 ID 应在上一条 WB 后，如下图所示。

	时间单元													
指令	1	2	3	4	5	6	7	8	9	10	11	12	13	14
I_1	IF	ID	EX	M	WB									
I_2		IF	ID	EX	M	WB								
I_3			IF				ID	EX	M	WB				
I_4							IF				ID	EX	M	WB

第三条指令阻塞了 3 个时钟周期。

② 跳转指令（JMP）（bra）：由于流水线默认直接提取下一条指令，若指令为 JMP 或 JC（根据情况预判跳转结果），在没有分支预测的情况下，默认有 3 个时钟周期的阻塞使本指令 ID 应在上一条 WB 后。bne 表示条件跳转（branch not equal）指令。

在了解上面的基础知识后，我们再看这道大题。

1）已知计算机 M 采用 32 位定长指令字，即一条指令占 4B，观察表中各指令的地址可知，每条指令的地址差为 4 个地址单位，即 4 个地址单位代表 4B，一个地址单位就代表了 1B，所以该计算机是按字节编址的。

2）在二进制中某数左移两位相当于乘以 4，由该条件可知，数组间的数据间隔为 4 个地址单位，而计算机按字节编址，所以数组 A 中的每个元素占 4B。

3）由表可知，bne 指令的机器代码为 1446FFFAH，根据题目给出的指令格式，后 2B 的内容为 OFFSET 字段，所以该指令的 OFFSET 字段为 FFFAH，用补码表示，值为−6。系统执行到 bne 指令时，PC 自动加 4，PC 的内容为 08048118H，而跳转的目标是 08048100H，两者相差了 18H，即 24 个单位的地址间隔，所以偏移地址的一位即是真实跳转地址的 −24/−6 = 4 位。可知 bne 指令的转移目标地址计算公式为(PC) + 4 + OFFSET×4。

4）由于数据相关而发生阻塞的指令为第 2、3、4、6 条，因为第 2、3、4、6 条指令都与各自前一条指令发生数据相关。第 6 条指令会发生控制冒险。

当前循环的第 5 条指令与下次循环的第 1 条指令虽然有数据相关，但由于第 6 条指令后有 3 个时钟周期的阻塞，因而消除了该数据相关。

07.【解答】

该题继承了上题中的相关信息，统考中首次引入此种设置，具体考查程序的运行结果、Cache 的大小和命中率的计算，以及磁盘和 TLB 的相关计算，是一道比较综合的题型。2015 年同样出现了 23 分大题的设定，希望读者对其足够重视。

1）R2 中装的是 i 的值，循环条件是 i < N(1000)，即当 i 自增到不满足这个条件时跳出循环，程序结束，所以此时 i 的值为 1000。

2）Cache 共有 16 行，每块 32 字节，所以 Cache 数据区的容量为 16×32B = 512B。

P 共有 6 条指令，占 24B，小于主存块大小 32B，其起始地址为 0804 8100H，对应一块的开始位置，由此可知所有指令都在一个主存块内。读取第一条指令时会发生 Cache 缺失，因此将 P 所在的主存块调入 Cache 的某一行，以后每次读取指令时，都能在指令 Cache 中命中。因此在 1000 次循环中，只会发生 1 次指令访问缺失，所以指令 Cache 的命中率为(1000×6−1)/(1000×6) = 99.98%。

3）指令 4 为加法指令，即对应 sum+ = A[i]，当数组 A 中元素的值过大时，会导致这条加法指令发生溢出异常；而指令 2、5 虽然都是加法指令，但它们分别为数组地址的计算指令和存储变量 i 的寄存器进行自增的指令，而 i 最大到达 1000，所以它们都不会产生溢出异常。

只有访存指令可能产生缺页异常，即指令 3 可能产生缺页异常。因为数组 A 在磁盘的一页上，而一开始数组并不在主存中，第一次访问数组时会导致访盘，把 A 调入内存，而以后数组 A 的元素都在内存中，不会导致访盘，所以该程序共访盘一次。

每访问一次内存数据就会查一次 TLB，共访问数组 1000 次，所以此时又访问 1000 次 TLB，还要考虑到第一次访问数组 A，即访问 A[0]时，会多访问一次 TLB（第一次访问 A[0]时会先查一次 TLB，然后产生缺页，处理完缺页中断后，会重新访问 A[0]，此时又查 TLB），所以访问 TLB 的次数一共是 1001 次。

5.7　多处理器的基本概念

5.7.1　SISD、SIMD、MIMD 的基本概念

基于指令流的数量和数据流的数量，将计算机体系结构分为 SISD、SIMD、MISD 和 MIMD 四类。常规的单处理器属于 SISD，而常规的多处理器属于 MIMD。

1．单指令流单数据流（SISD）结构

SISD 是传统的串行计算机结构，这种计算机通常仅包含一个处理器和一个存储器，处理器在一段时间内仅执行一条指令，按指令流规定的顺序串行执行指令流中的若干条指令。为了提高速度，有些 SISD 计算机采用流水线的方式，因此，SISD 处理器有时会设置多个功能部件，并且采用多模块交叉方式组织存储器。本书前面介绍的内容多属于 SISD 结构。

2．单指令流多数据流（SIMD）结构

SIMD 是指一个指令流同时对多个数据流进行处理，一般称为数据级并行技术。这种结构的

计算机通常由一个指令控制部件、多个处理单元组成。每个处理单元虽然执行的都是同一条指令，但是每个单元都有自己的地址寄存器，这样每个单元就都有不同的数据地址，因此，不同处理单元执行的同一条指令所处理的数据是不同的。一个顺序应用程序被编译后，可能按 SISD 组织并运行于串行硬件上，也可能按 SIMD 组织并运行于并行硬件上。

SIMD 在使用 for 循环处理数组时最有效，比如，一条分别对 16 对数据进行运算的 SIMD 指令如果在 16 个 ALU 中同时运算，则只需要一次运算时间就能完成运算。SIMD 在使用 case 或 switch 语句时效率最低，此时每个执行单元必须根据不同的数据执行不同的操作。

3．多指令流单数据流（MISD）结构

MISD 是指同时执行多条指令，处理同一个数据，实际上不存在这样的计算机。

4．多指令流多数据流（MIMD）结构

MIMD 是指同时执行多条指令分别处理多个不同的数据，MIMD 分为多计算机系统和多处理器系统。多计算机系统中的每个计算机节点都具有各自的私有存储器，并且具有独立的主存地址空间，不能通过存取指令来访问不同节点的私有存储器，而要通过消息传递进行数据传送，也称消息传递 MIMD。多处理器系统是共享存储多处理器（SMP）系统的简称，它具有共享的单一地址空间，通过存取指令来访问系统中的所有存储器，也称共享存储 MIMD。

向量处理器是 SIMD 的变体，是一种实现了直接操作一维数组（向量）指令集的 CPU，而串行处理器只能处理单一数据集。其基本理念是将从存储器中收集的一组数据按顺序放到一组向量寄存器中，然后以流水化的方式对它们依次操作，最后将结果写回寄存器。向量处理器在特定工作环境中极大地提升了性能，尤其是在数值模拟或者相似的领域中。

SIMD 和 MIMD 是两种并行计算模式，其中 SIMD 是一种数据级并行模式，而 MIMD 是一种并行程度更高的线程级并行或线程级以上并行计算模式。

5.7.2　硬件多线程的基本概念

在传统 CPU 中，线程的切换包含一系列开销，频繁地切换会极大影响系统的性能，为了减少线程切换过程中的开销，便诞生了硬件多线程。在支持硬件多线程的 CPU 中，必须为每个线程提供单独的通用寄存器组、单独的程序计数器等，线程的切换只需激活选中的寄存器，从而省略了与存储器数据交换的环节，大大减少了线程切换的开销。

硬件多线程有 3 种实现方式：细粒度多线程、粗粒度多线程和同时多线程（SMT）。

1．细粒度多线程

多个线程之间轮流交叉执行指令，多个线程之间的指令是不相关的，可以乱序并行执行。在这种方式下，处理器能在每个时钟周期切换线程。例如，在时钟周期 i，将线程 A 中的多条指令发射执行；在时钟周期 i + 1，将线程 B 中的多条指令发射执行。

2．粗粒度多线程

仅在一个线程出现了较大开销的阻塞时，才切换线程，如 Cache 缺失。在这种方式下，当发生流水线阻塞时，必须清除被阻塞的流水线，新线程的指令开始执行前需要重载流水线，因此，线程切换的开销比细粒度多线程更大。

3．同时多线程

同时多线程（SMT）是上述两种多线程技术的变体。它在实现指令级并行的同时，实现线程级并行，也就是说，它在同一个时钟周期中，发射多个不同线程中的多条指令执行。

图 5.22 分别是三种硬件多线程实现方式的调度示例。

时钟	CPU
i	发射线程 A 的指令j、j+1
i+1	发射线程 B 的指令k、k+1
i+2	发射线程 A 的指令j+2、j+3
i+3	发射线程 B 的指令k+2、k+3

(a) 细粒度多线程示例

时钟	CPU
i	发射线程 A 的指令j、j+1
i+1	发射线程 A 的指令j+2、j+3，发现Cache miss
i+2	线程调度，从 A 切换到B
i+3	发射线程 B 的指令k、k+1
i+4	发射线程 B 的指令k+2、k+3

(b) 粗粒度多线程示例

时钟	CPU
i	发射线程 A 的指令j、j+1，线程 B 的指令k、k+1
i+1	发射线程 A 的指令j+2，线程 B 的指令k+2，线程 C 的指令m
i+2	发射线程 A 的指令j+3，线程 C 的指令m+1、m+2

(c) 同时多线程示例

图 5.22　三种硬件多线程方式的调度示例

Intel 处理器中的超线程（Hyper-threading）就是同时多线程 SMT，即在一个单处理器或单个核中设置了两套线程状态部件，共享高速缓存和功能部件。

5.7.3　多核处理器的基本概念

多核处理器是指将多个处理单元集成到单个 CPU 中，每个处理单元称为一个核（core）。每个核可以有自己的 Cache，也可以共享同一个 Cache。所有核一般都是对称的，并且共享主存储器，因此多核属于共享存储的对称多处理器。图 5.23 是一个不共享 Cache 的双核 CPU 结构。

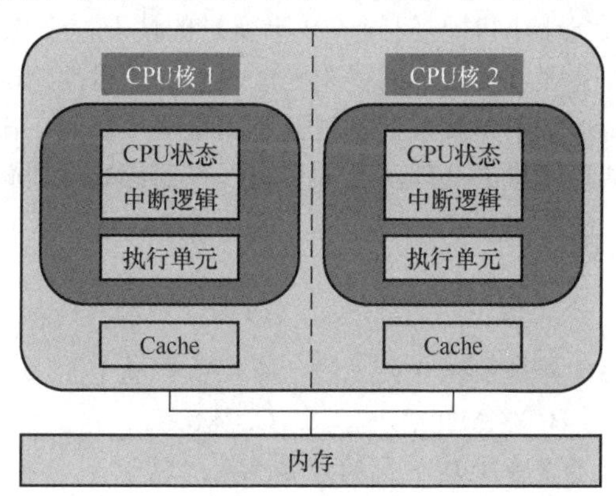

图 5.23　不共享 Cache 的双核 CPU 结构

在多核计算机系统中，如要充分发挥硬件的性能，必须采用多线程（或多进程）执行，使得每个核在同一时刻都有线程在执行。与单核上的多线程不同，多核上的多个线程是在物理上并行执行的，是真正意义上的并行执行，在同一时刻有多个线程在并行执行。而单核上的多线程是一种多线程交错执行，实际上在同一时刻只有一个线程在执行。

下面通过一个例子来理解相关的概念。假设要将四颗圆石头滚到马路对面，滚动每颗石头平均需花费 1 分钟。串行处理器会逐一滚动每颗石头，花费 4 分钟。拥有两个核的多核处理器让两个人去滚石头，即每人滚两颗，花费 2 分钟。向量处理器找到一根长木板，放在四颗石头后面，推动木板即可同时滚动四块石头，理论上只要力量够大，就只需要 1 分钟。多核处理器相当于拥有多名工人，而向量处理器拥有一种方法，可以同时对多件事进行相同的操作。

5.7.4 共享内存多处理器的基本概念

具有共享的单一物理地址空间的多处理器被称为共享内存多处理器（SMP）。处理器通过存储器中的共享变量互相通信，所有处理器都能通过存取指令访问任何存储器的位置。注意，即使这些系统共享同一个物理地址空间，它们仍然可在自己的虚拟地址空间中单独地运行程序。

单一地址空间的多处理器有两种类型。第一类，每个处理器对所有存储单元的访问时间是大致相同的，即访问时间与哪个处理器提出访存请求及访问哪个字无关，这类机器被称为统一存储访问（UMA）多处理器。第二类，某些访存请求要比其他的快，具体取决于哪个处理器提出了访问请求以及访问哪个字，这是由于主存被分割并分配给了同一机器上的不同处理器或内存控制器，这类机器被称为非统一存储访问（NUMA）多处理器。

- 统一存储访问（UMA）多处理器：根据处理器与共享存储器之间的连接方式，分为基于总线、基于交叉开关网络和基于多级交换网络连接等几种处理器。
- 非统一存储访问（NUMA）多处理器：处理器中不带高速缓存时，被称为NC-NUMA；处理器中带有一致性高速缓存时，被称为CC-NUMA。

早期的计算机，内存控制器没有整合进 CPU，访存操作需要经过北桥芯片（集成了内存控制器，并与内存相连），CPU通过前端总线和北桥芯片相连，这就是统一存储访问（UMA）构架。随着CPU性能提升由提高主频转到增加CPU数量（多核、多CPU），越来越多的CPU对前端总线的争用使得前端总线成为瓶颈。为了消除 UMA 架构的瓶颈，非统一存储访问（NUMA）构架诞生，内存控制器被集成到CPU内部，每个CPU都有独立的内存控制器。每个CPU都独立连接到一部分内存，CPU直连的这部分内存被称为本地内存。CPU之间通过QPI总线相连。CPU可以通过QPI总线访问其他CPU的远程内存。与UMA架构不同的是，在NUMA架构下，内存的访问出现了本地和远程的区别，访问本地内存明显要快于访问远程内存。

由于可能会出现多个处理器同时访问同一共享变量的情况，在操作共享变量时需要进行同步，否则，一个处理器可能会在其他处理器尚未完成对共享变量的修改时，就开始使用该变量。常用方法是通过对共享变量加锁的方式来控制对共享变量互斥访问。在一个时刻只能有一个处理器获得锁，其他要操作该共享变量的处理器必须等待，直到该处理器解锁该变量为止。

5.7.5 本节习题精选

单项选择题

01. 按照Flynn提出的计算机系统分类方法，多处理机属于（ ）。

A. SISD　　B. SIMD　　C. MISD　　D. MIMD

02. 具有一个控制部件和多个处理单元的计算机系统属于（ ）结构。

A. SISD　　B. SIMD　　C. MISD　　D. MIMD

03. 下列关于超线程（HT）技术的描述中，正确的是（ ）。

A. 超线程技术可以令四核的Intel Core i7处理器变成八核

B. 超线程是一项硬件技术，能使系统性能大幅提升，与操作系统和应用软件无关

C. 含有超线程技术的CPU需要芯片组的支持才能发挥技术优势

D. 超线程模拟出的每个CPU核都具有独立的资源，各自工作互不干扰

04. 双核CPU和超线程CPU的共同点是（ ）。

A. 都有两个内核　　B. 都能同时执行两个运算

C. 都包含两个CPU　　D. 都不会出现争抢资源的现象

05. 下列关于双核技术的叙述中，正确的是（ ）。

A. 双核是指主板上有两个 CPU

B. 双核是利用超线程技术实现的

C. 双核是指在 CPU 上集成两个运算核心

D. 双核 CPU 是时间并行的并行计算

06. 下列有关多核 CPU 和单核 CPU 的描述中，错误的是（ ）。

A. 双核的频率为 2.4GHZ，那么其中每个核心的频率也是 2.4GHZ

B. 采用双核 CPU 可以降低计算机系统的功耗和体积

C. 多核 CPU 共用一组内存，数据共享

D. 所有程序在多核 CPU 上运行速度都快

07. 下列关于多核 CPU 的描述中，正确的是（ ）。

A. 各核心完全对称，拥有各自的 Cache

B. 任何程序都可以同时在多个核心上运行

C. 一颗 CPU 中集成了多个完整的执行内核，可同时进行多个运算

D. 只有使用了多核 CPU 的计算机，才支持多任务操作系统

08. 下列关于多处理器的说法中，正确的是（ ）。

I. 一般采用偶数路 CPU，如 2 路、4 路、6 路等

II. NUMA 构架比 UMA 构架的运算扩展性要强

III. UMA 构架需要解决的重要问题是 Cache 一致性

A. I　　B. I 和 II　　C. I 和 III　　D. I、II 和 III

09.【2022 统考真题】下列关于并行处理技术的叙述中，不正确的是（ ）。

A. 多核处理器属于 MIMD 结构　　B. 向量处理器属于 SIMD 结构

C. 硬件多线程技术只可用于多核处理器

D. SMP 中所有处理器共享单一物理地址空间

5.7.6 答案与解析

单项选择题

01. D

Flynn 分类法将计算机体系结构分为 SISD、SIMD、MISD 和 MIMD 四类。常规的单处理器属于 SISD，常规的多处理机属于 MIMD。

02. B

单指令流多数据流（SIMD）结构的计算机通常由一个指令控制部件、多个处理单元组成，不同处理单元执行的同一条指令所处理的数据可以不同。

03. C

超线程技术是在一个 CPU 中，提供两套线程处理单元，让单个处理器实现线程级并行。虽然采用超线程技术能够同时执行两个线程，但是当两个线程同时需要某个资源时，其中一个线程必须暂时挂起，直到这些资源空闲后才能继续运行。因此，超线程的性能并不等于两个 CPU 的性能。而且，超线程技术的 CPU 需要芯片组、操作系统（如 Windows 98 不支持超线程技术）和应用软件的支持，才能发挥该项技术的优势。双核技术是指将两个一样的 CPU 集成到一个封装内（或者直接将两个 CPU 做成一个芯片），而超线程技术在 CPU 内部仅复制必要的线程资源来让两个线程同时运行，能并行执行两个线程，模拟实体双核心。仅选项 C 正确。

04. B

超线程技术在 CPU 内部仅复制必要的线程资源，共享 CPU 的高速缓存和功能部件，让两个线程可以并行执行，模拟双核心 CPU，选项 A、C 错误。当两个线程同时需要某个共享资源时，其中一个线程必须暂时挂起，直到这些资源空闲后才能继续运行，选项 D 错误。选项 B 正确。

05. C

双核是指将两个 CPU 核心集成到一个封装中，核心又称内核，是 CPU 最重要的组成部分，选项 C 正确。主板上有两个 CPU 属于多处理器，选项 A 错误。超线程技术是模拟实体双核，并不能算作真正意义上的双核，选项 B 错误。时间并行是指流水线技术，空间并行则是指硬件资源的重复，空间并行导致了两类并行机的产生，按 Flynn 分类法分为 SIMD 和 MIMD，选项 D 错误。

06. D

多核 CPU 的核心通常都是对称的，因此 2.4GHz 双核 CPU 中两个核的主频也是 2.4GHz，选项 A 正确。早期 CPU 性能提升主要靠提高主频，导致功耗增大，发热量大，而且当主频提高到一定程度后，CPU 性能的提升不再明显，后来转到增加 CPU 核心的方向，将 2 个核心集成到一个芯片内，提供等同双 CPU 的性能，这显然也降低了 CPU 的体积，选项 B 正确。选项 C 显然正确。在多核 CPU 上运行一个不支持多线程的程序，显然不能发挥多核 CPU 的优势，选项 D 错误。

07. C

多核 CPU 的各核心可以有独自的 Cache，也可以共享同一个 Cache，选项 A 错误。只有支持多线程的并行处理程序才能同时在多个核心上运行，发挥多核的优势，选项 B 错误。选项 C 正确。多任务系统又称多道程序系统，可以运行在单核 CPU 上，宏观上并行，微观上串行，选项 D 错误。

08. D

SMP 也称对称多处理器，一般采用偶数路 CPU，I 正确。UMA 构架由于所有 CPU 共享相同的内存，增加 CPU 路数会加大访存冲突，通常 2 或 4 路的性能最好，而 NUMA 理论上支持无限扩展，II 正确。UMA 构架中所有 CPU 共享同一内存空间，每个 CPU 的 Cache 中都是共享内存中的一部分副本，因此各 CPU 的 Cache 一致性是需要解决的重要问题，III 正确。

注意，第 3 章讨论的一致性是指 Cache 和主存之间的数据一致性。在多核系统中，每个 CPU 的 Cache 中都是它们共享的内存中的一部分副本，因此多核系统的 Cache 一致性既包括 Cache 和内存之间的一致性，还包括各 CPU 的 Cache 之间的一致性，也就是说，对内存同一位置的数据，不同 CPU 的 Cache 不应该有不一致的内容。

09. C

MIMD 结构分为多计算机系统和多处理器系统，选项 A 正确。向量处理器是 SIMD 的变体，属于 SIMD 结构，B 正确。硬件多线程技术在一个核中处理多个线程，可用于单核处理器，选项 C 错误。共享内存多处理器（SMP）具有共享的单一物理地址空间，所有核都可通过存取指令来访问同一片主存地址空间，选项 D 正确。

5.8　本章小结

本章开头提出的问题的参考答案如下。

1）指令和数据均存放在内存中，计算机如何从时间和空间上区分它们是指令还是数据？

从时间上讲，取指令事件发生在“取指周期”，取数据事件发生在“执行周期”。从空间上讲，从内存读出的指令流流向控制器（指令寄存器），从内存读出的数据流流向运算器（通用寄存器）。

2）什么是指令周期、机器周期和时钟周期？它们之间有何关系？

CPU 每取出并执行一条指令所需的全部时间称为指令周期；机器周期是在同步控制的机器中，执行指令周期中一步相对完整的操作（指令步）所需的时间，通常安排机器周期长度 = 主存周期；时钟周期是指计算机主时钟的周期时间，它是计算机运行时最基本的时序单位，对应完成一个微操作所需的时间，通常时钟周期 = 计算机主频的倒数。

3）什么是微指令？它和上一章谈到的指令有什么关系？

控制部件通过控制线向执行部件发出各种控制命令，通常把这种控制命令称为微命令，而一组实现一定操作功能的微命令的组合，构成一条微指令。许多条微指令组成的序列构成微程序，微程序完成对指令的解释执行。指令，即指机器指令。每条指令可以完成一个独立的算术运算或逻辑运算操作。在采用微程序控制器的 CPU 中，一条指令对应一个微程序，一个微程序由许多微指令构成，一条微指令会发出很多不同的微命令。

4）什么是指令流水线？指令流水线相对于传统体系结构的优势是什么？

指令流水线是把指令分解为若干子过程，通过将每个子过程与其他子过程并行执行，来提高计算机的吞吐率的技术。采用流水线技术只需增加少量硬件就能把计算机的运算速度提高几倍，因此成为计算机中普遍使用的一种并行处理技术，通过在同一个时间段使用各功能部件，使得利用率明显提高。

5.9　常见问题和易混淆知识点

1. 流水线越多，并行度就越高。是否流水段越多，指令执行越快？

错误，原因如下：

1）流水段缓冲之间的额外开销增大。每个流水段有一些额外开销用于缓冲间传送数据、进行各种准备和发送等功能，这些开销加长了一条指令的整个执行时间，当指令间逻辑上相互依赖时，开销更大。

2）流水段间控制逻辑变多、变复杂。用于流水线优化和存储器（或寄存器）冲突处理的控制逻辑将随流水段的增加而大增，这可能导致用于流水段之间控制的逻辑比段本身的控制逻辑更复杂。

2. 有关指令相关、数据相关的几个概念

1）两条连续的指令读取相同的寄存器时，会产生读后读（Read After Read, RAR）相关，这种相关不会影响流水线。

2）某条指令要读取上一条指令所写入的寄存器时，会产生写后读（Read After Write, RAW）相关，它称数据相关或真相关，影响流水线。按序流动的流水线只可能出现 RAW 相关。

3）某条指令的上条指令要读/写该指令的输出寄存器时，会产生读后写（Write After Read, WAR）和写后写（Write After Write, WAW）相关。在非按序流动的流水线中，既可能发生 RAW 相关，又可能发生 WAR 相关和 WAW 相关。

对流水线影响最严重的指令相关是数据相关。

3. 组合逻辑电路和时序逻辑电路有什么区别？

组合逻辑电路是具有一组输出和一组输入的非记忆性逻辑电路，它的基本特点是任何时刻的输出信号状态仅取决于该时刻各个输入信号状态的组合，而与电路在输入信号作用前的状态无关。组合电路不含存储信号的记忆单元，输出与输入之间无反馈通路，信号是单向传输的。

时序逻辑电路中任意时刻的输出信号不仅和当时的输入信号有关，而且与电路原来的状态有关，这是时序逻辑电路在逻辑功能上的特点。因而时序逻辑电路必然包含存储记忆单元。

此外，组合逻辑电路没有统一的时钟控制，而时序逻辑电路则必须在时钟节拍下工作。

第 6 章 总线

【考纲内容】

总线的基本概念
总线的组成及性能指标
总线事务和定时

【复习提示】

本章的知识点较少，通常以选择题的形式出现，特别是总线的特点、猝发传输方式、性能指标、定时方式及常见的总线标准等。总线带宽的计算也可能结合其他章节出综合题。

在学习本章时，请读者思考以下问题：

1）引入总线结构有什么好处？

2）引入总线结构会导致什么问题？如何解决？

请读者在学习本章的过程中寻找答案，本章末尾会给出参考答案。

6.1 总线概述

随着 I/O 设备的种类和数量越来越多，为了更好地解决 I/O 设备和主机之间连接的灵活性，计算机的结构从分散连接发展为总线连接。为了进一步简化设计，又提出了各类总线标准。

6.1.1 总线基本概念

1．总线的定义

总线是一组能为多个部件分时共享的公共信息传送线路。分时和共享是总线的两个特点。分时是指同一时刻只允许有一个部件向总线发送信息，若系统中有多个部件，则它们只能分时地向总线发送信息。共享是指总线上可以挂接多个部件，各个部件之间互相交换的信息都可通过这组线路分时共享，多个部件可同时从总线上接收相同的信息。

2．总线设备

总线上所连接的设备，按其对总线有无控制功能可分为主设备和从设备两种。

主设备：指获得总线控制权的设备。

从设备：指被主设备访问的设备，它只能响应从主设备发来的各种总线命令。

3．总线特性

总线特性是指机械特性（尺寸、形状）、电气特性（传输方向和有效的电平范围）、功能特性（每根传输线的功能）和时间特性（信号和时序的关系）。

6.1.2 总线的分类

计算机系统中的总线，按功能划分为以下 4 类。

1．片内总线

片内总线是芯片内部的总线，它是 CPU 芯片内部寄存器与寄存器之间、寄存器与 ALU 之间的公共连接线。

2．系统总线

系统总线是计算机系统内各功能部件（CPU、主存、I/O 接口）之间相互连接的总线。按系统总线传输信息内容的不同，又可分为 3 类：数据总线、地址总线和控制总线。

1）数据总线用来传输各功能部件之间的数据信息，它是双向传输总线，其位数与机器字长、存储字长有关。

2）地址总线用来指出数据总线上的源数据或目的数据所在的主存单元或 I/O 端口的地址，它是单向传输总线，地址总线的位数与主存地址空间的大小有关。

3）控制总线传输的是控制信息，包括 CPU 送出的控制命令和主存（或外设）返回 CPU 的反馈信号。

注意区分数据通路和数据总线：各个功能部件通过数据总线连接形成的数据传输路径称为数据通路。数据通路表示的是数据流经的路径，而数据总线是承载的媒介。

3．I/O 总线

I/O 总线主要用于连接中低速的 I/O 设备，通过 I/O 接口与系统总线相连接，目的是将低速设备与高速总线分离，以提升总线的系统性能，常见的有 USB、PCI 总线。

4．通信总线

通信总线是在计算机系统之间或计算机系统与其他系统（如远程通信设备、测试设备）之间传送信息的总线，通信总线也称外部总线。

此外，按时序控制方式可将总线划分为同步总线和异步总线，还可按数据传输格式将总线划分为并行总线和串行总线。

6.1.3 系统总线的结构

1．单总线结构

单总线结构将 CPU、主存、I/O 设备（通过 I/O 接口）都挂在一组总线上，允许 I/O 设备之间、I/O 设备与主存之间直接交换信息，如图 6.1 所示。CPU 与主存、CPU 与外设之间可直接进行信息交换，而无须经过中间设备的干预。

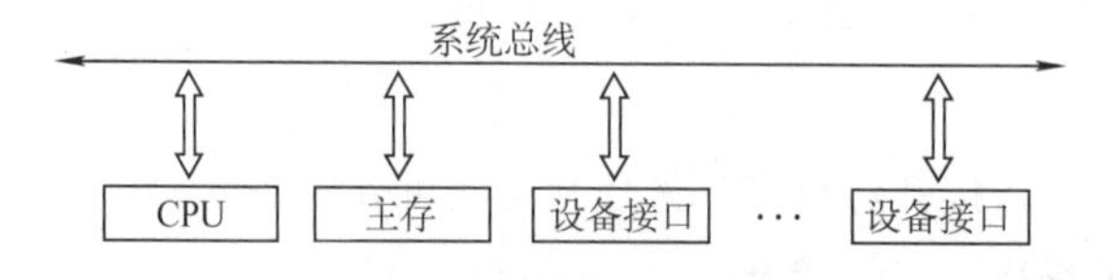

图 6.1 单总线结构

注意，单总线并不是指只有一根信号线，系统总线按传送信息的不同可细分为地址总线、数据总线和控制总线。

优点：结构简单，成本低，易于接入新的设备。

缺点：带宽低、负载重，多个部件只能争用唯一的总线，且不支持并发传送操作。

2．双总线结构

双总线结构有两条总线：一条是主存总线，用于在 CPU、主存和通道之间传送数据；另一条是 I/O 总线，用于在多个外部设备与通道之间传送数据，如图 6.2 所示。

优点：将低速 I/O 设备从单总线上分离出来，实现了存储器总线和 I/O 总线分离。

缺点：需要增加通道等硬件设备。

3．三总线结构

三总线结构是在计算机系统各部件之间采用 3 条各自独立的总线来构成信息通路，这 3 条总线分别为主存总线、I/O 总线和直接内存访问（DMA）总线，如图 6.3 所示。

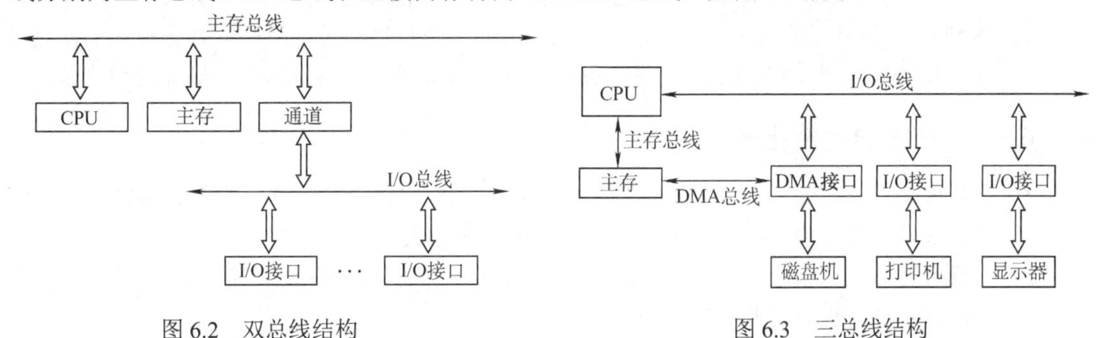

图 6.2　双总线结构　　　　图 6.3　三总线结构

主存总线用于在 CPU 和内存之间传送地址、数据和控制信息。I/O 总线用于在 CPU 和各类外设之间通信。DMA 总线用于在内存和高速外设之间直接传送数据。

优点：提高了 I/O 设备的性能，使其更快地响应命令，提高系统吞吐量。

缺点：系统工作效率较低。

6.1.4　常见的总线标准

总线标准是国际上公布的互连各个模块的标准，是把各种不同的模块组成计算机系统时必须遵守的规范。典型的总线标准有 ISA、EISA、VESA、PCI、AGP、PCI-Express、USB 等。它们的主要区别是总线宽度、带宽、时钟频率、寻址能力、是否支持突发传送等。

1）ISA，Industry Standard Architecture，工业标准体系结构。是最早出现的微型计算机的系统总线，应用在 IBM 的 AT 机上。

2）EISA，Extended Industry Standard Architecture，扩展的 ISA。是为配合 32 位 CPU 而设计的扩展总线，EISA 对 ISA 完全兼容。

3）VESA，Video Electronics Standards Association，视频电子标准协会。是一个 32 位的局部总线，是针对多媒体 PC 要求高速传送活动图像的大量数据而推出的。

4）PCI，Peripheral Component Interconnect，外部设备互连。是高性能的 32 位或 64 位总线，是专为高度集成的外围部件、扩充插板和处理器/存储器系统设计的互连机制。目前常用的 PCI 适配器有显卡、声卡、网卡等。PCI 总线支持即插即用。PCI 总线是一个与处理器时钟频率无关的高速外围总线，属于局部总线。

5）AGP，Accelerated Graphics Port，加速图形接口。是一种视频接口标准，专用于连接主存和图形存储器，用于传输视频和三维图形数据，属于局部总线。

6）PCI-E，PCI-Express。是最新的总线接口标准，它将全面取代现行的 PCI 和 AGP。

7）RS-232C。是由美国电子工业协会（EIA）推荐的一种串行通信总线，是应用于串行二进制交换的数据终端设备（DTE）和数据通信设备（DCE）之间的标准接口。

8）USB，Universal Serial Bus，通用串行总线。是一种连接外部设备的I/O总线，属于设备总线。具有即插即用、热插拔等优点，有很强的连接能力。

9）PCMCIA，Personal Computer Memory Card International Association。广泛应用于笔记本电脑的一种接口标准，是一个用于扩展功能的小型插槽。具有即插即用功能。

10）IDE，Integrated Drive Electronics，集成设备电路。更准确地称为ATA，是一种IDE接口磁盘驱动器接口类型，硬盘和光驱通过IDE接口与主板连接。

11）SCSI，Small Computer System Interface，小型计算机系统接口。是一种用于计算机和智能设备之间（硬盘、软驱）系统级接口的独立处理器标准。

12）SATA，Serial Advanced Technology Attachment，串行高级技术附件。是一种基于行业标准的串行硬件驱动器接口，是由Intel、IBM、Dell等公司共同提出的硬盘接口规范。

6.1.5 总线的性能指标

1）总线传输周期。指一次总线操作所需的时间，包括申请阶段、寻址阶段、传输阶段和结束阶段。总线传输周期通常由若干总线时钟周期构成。

2）总线时钟周期。即机器的时钟周期。计算机有一个统一的时钟，以控制整个计算机的各个部件，总线也要受此时钟的控制。

3）总线工作频率。总线上各种操作的频率，为总线周期的倒数。实际上指1秒内传送几次数据。若总线周期 = N个时钟周期，则总线的工作频率 = 时钟频率/N。

4）总线时钟频率。即机器的时钟频率，它为时钟周期的倒数。

5）总线宽度。又称总线位宽，它是总线上同时能够传输的数据位数，通常指数据总线的根数，如32根称为32位总线。

6）总线带宽。可理解为总线的最大数据传输率，即单位时间内总线上最多可传输数据的位数，通常用每秒传送信息的字节数来衡量，单位可用字节/秒（B/s）表示。总线带宽 = 总线工作频率×(总线宽度/8)。

注意：总线带宽和总线宽度应加以区别。

7）总线复用。总线复用是指一种信号线在不同的时间传输不同的信息，因此可以使用较少的线传输更多的信息，从而节省空间和成本。

8）信号线数。地址总线、数据总线和控制总线3种总线数的总和称为信号线数。其中，总线的最主要性能指标为总线宽度、总线（工作）频率、总线带宽，总线带宽是指总线本身所能达到的最高传输速率，它是衡量总线性能的重要指标。

三者关系：总线带宽 = 总线宽度×总线频率。

例如，总线工作频率为22MHz，总线宽度为16位，则总线带宽 = 22×(16/8) = 44MB/s。

6.1.6 本节习题精选

一、单项选择题

01. 挂接在总线上的多个部件（ ）。

A. 只能分时向总线发送数据，并只能分时从总线接收数据

B. 只能分时向总线发送数据，但可同时从总线接收数据

C. 可同时向总线发送数据，并同时从总线接收数据

D. 可同时向总线发送数据，但只能分时从总线接收数据

02. 在总线上，同一时刻（ ）。

A. 只能有一个主设备控制总线传输操作

B. 只能有一个从设备控制总线传输操作

C. 只能有一个主设备和一个从设备控制总线传输操作

D. 可以有多个主设备控制总线传输操作

03. 在计算机系统中，多个系统部件之间信息传送的公共通路称为总线，就其所传送的信息的性质而言，下列（ ）不是在公共通路上传送的信息。

A. 数据信息　B. 地址信息　C. 系统信息　D. 控制信息

04. 系统总线用来连接（ ）。

A. 寄存器和运算器部件　B. 运算器和控制器部件

C. CPU、主存和外设部件　D. 接口和外部设备

05. 计算机使用总线结构便于增减外设，同时（ ）。

A. 减少信息传输量　B. 提高信息的传输速度

C. 减少信息传输线的条数　D. 提高信息传输的并行性

06. 间址寻址第一次访问内存所得到的信息经系统总线的（ ）传送到 CPU。

A. 数据总线　B. 地址总线　C. 控制总线　D. 总线控制器

07. 系统总线中地址线的功能是（ ）。

A. 选择主存单元地址　B. 选择进行信息传输的设备

C. 选择外存地址　D. 指定主存和 I/O 设备接口电路的地址

08. 在单机系统中，三总线结构计算机的总线系统组成是（ ）。

A. 片内总线、系统总线和通信总线　B. 数据总线、地址总线和控制总线

C. DMA 总线、主存总线和 I/O 总线　D. ISA 总线、VESA 总线和 PCI 总线

09. 不同信号在同一条信号线上分时传输的方式称为（ ）。

A. 总线复用方式　B. 并串行传输方式

C. 并行传输方式　D. 串行传输方式

10. 主存通过（ ）来识别信息是地址还是数据。

A. 总线的类型　B. 存储器数据寄存器（MDR）

C. 存储器地址寄存器（MAR）　D. 控制单元（CU）

11. 在 32 位总线系统中，若时钟频率为 500MHz，传送一个 32 位字需要 5 个时钟周期，则该总线的数据传输率是（ ）。

A. 200MB/s　B. 400MB/s　C. 600MB/s　D. 800MB/s

12. 传输一幅分辨率为 640×480 像素、颜色数量为 65536 的照片（采用无压缩方式），设有效数据传输率为 56kb/s，大约需要的时间是（ ）。

A. 34.82s　B. 43.86s　C. 85.71s　D. 87.77s

13. 某总线有 104 根信号线，其中数据线（DB）为 32 根，若总线工作频率为 33MHz，则其理论最大传输率为（ ）。

A. 33MB/s　B. 64MB/s　C. 132MB/s　D. 164MB/s

14. 在一个 16 位的总线系统中，若时钟频率为 100MHz，总线周期为 5 个时钟周期传输一个字，则总线带宽是（ ）。

A. 4MB/s　B. 40MB/s　C. 16MB/s　D. 64MB/s

15. 微机中控制总线上完整传输的信号有（ ）。

I. 存储器和I/O设备的地址码

II. 所有存储器和I/O设备的时序信号与控制信号

III. 来自I/O设备和存储器的响应信号

A. 仅I　　B. II和III　　C. 仅II　　D. I、II、III

16. 下列总线标准中属于串行总线的是（ ）。

A. PCI　　B. USB　　C. EISA　　D. ISA

17. 在现代微机主板上，采用局部总线技术的作用是（ ）。

A. 节省系统的总带宽　　B. 提高抗干扰能力

C. 抑制总线终端反射　　D. 构成紧耦合系统

18. 下列不属于计算机局部总线的是（ ）。

A. VESA　　B. PCI　　C. AGP　　D. ISA

19.【2009统考真题】假设某系统总线在一个总线周期中并行传输4字节信息，一个总线周期占用2个时钟周期，总线时钟频率为10MHz，则总线带宽是（ ）。

A. 10MB/s　　B. 20MB/s　　C. 40MB/s　　D. 80MB/s

20.【2010统考真题】下列选项中的英文缩写均为总线标准的是（ ）。

A. PCI、CRT、USB、EISA　　B. ISA、CPI、VESA、EISA

C. ISA、SCSI、RAM、MIPS　　D. ISA、EISA、PCI、PCI-Express

21.【2011统考真题】在系统总线的数据线上，不可能传输的是（ ）。

A. 指令　　B. 操作数　　C. 握手（应答）信号　　D. 中断类型号

22.【2012统考真题】某同步总线的时钟频率为100MHz，宽度为32位，地址/数据线复用，每传输一个地址或数据占用一个时钟周期。若该总线支持突发（猝发）传输方式，则一次“主存写”总线事务传输128位数据所需要的时间至少是（ ）。

A. 20ns　　B. 40ns　　C. 50ns　　D. 80ns

23.【2012统考真题】下列关于USB总线特性的描述中，错误的是（ ）。

A. 可实现外设的即插即用和热拔插　　B. 可通过级联方式连接多台外设

C. 是一种通信总线，连接不同外设　　D. 同时可传输2位数据，数据传输率高

24.【2013统考真题】下列选项中，用于设备和设备控制器（I/O接口）之间互连的接口标准是（ ）。

A. PCI　　B. USB　　C. AGP　　D. PCI-Express

25.【2014统考真题】某同步总线采用数据线和地址线复用方式，其中地址/数据线有32根，总线时钟频率为66MHz，每个时钟周期传送两次数据（上升沿和下降沿各传送一次数据），该总线的最大数据传输率（总线带宽）是（ ）。

A. 132MB/s　　B. 264MB/s　　C. 528MB/s　　D. 1056MB/s

26.【2014统考真题】一次总线事务中，主设备只需给出一个首地址，从设备就能从首地址开始的若干连续单元读出或写入多个数据。这种总线事务方式称为（ ）。

A. 并行传输　　B. 串行传输　　C. 突发传输　　D. 同步传输

27.【2015统考真题】下列有关总线定时的叙述中，错误的是（ ）。

A. 异步通信方式中，全互锁协议最慢

B. 异步通信方式中，非互锁协议的可靠性最差

C. 同步通信方式中，同步时钟信号可由各设备提供

D. 半同步通信方式中，握手信号的采样由同步时钟控制

28.【2016统考真题】下列关于总线设计的叙述中，错误的是（ ）。

A. 并行总线传输比串行总线传输速度快
B. 采用信号线复用技术可减少信号线数量
C. 采用突发传输方式可提高总线数据传输率
D. 采用分离事务通信方式可提高总线利用率

29.【2017统考真题】下列关于多总线结构的叙述中，错误的是（ ）。

A. 靠近CPU的总线速度较快　　B. 存储器总线可支持突发传送方式
C. 总线之间须通过桥接器相连　　D. PCI-Express×16采用并行传输方式

30.【2018统考真题】下列选项中，可提高同步总线数据传输率的是（ ）。

I. 增加总线宽度　　II. 提高总线工作频率
III. 支持突发传输　　IV. 采用地址/数据线复用

A. 仅I、II　　B. 仅I、II、III　　C. 仅III、IV　　D. I、II、III和IV

31.【2019 统考真题】假定一台计算机采用 3 通道存储器总线，配套的内存条型号为DDR3-1333，即内存条所接插的存储器总线的工作频率为1333MHz，总线宽度为64位，则存储器总线的总带宽大约是（ ）。

A. 10.66GB/s　　B. 32GB/s　　C. 64GB/s　　D. 96GB/s

32.【2020 统考真题】QPI总线是一种点对点全双工同步串行总线，总线上的设备可同时接收和发送信息，每个方向可同时传输20位信息（16位数据+4位校验位），每个QPI数据包有80位信息，分2个时钟周期传送，每个时钟周期传递2次。因此，QPI总线带宽为：每秒传送次数×2B×2。若QPI时钟频率为2.4GHz，则总线带宽为（ ）。

A. 4.8GB/s　　B. 9.6GB/s　　C. 19.2GB/s　　D. 38.4GB/s

二、综合应用题

01. 某总线的时钟频率为66MHz，在一个64位总线中，总线数据传输的周期是7个时钟周期传输6个字的数据块。

1）总线的数据传输率是多少？
2）若不改变数据块的大小，而将时钟频率减半，这时总线的数据传输率是多少？

02. 某总线支持二级Cache块传输方式，若每块6个字，每个字长4字节，时钟频率为100MHz。

1）读操作时，第一个时钟周期接收地址，第二、三个为延时周期，另用4个周期传送一个块。读操作的总线传输速率为多少？
2）写操作时，第一个时钟周期接收地址，第二个为延时周期，另用4个周期传送一个块，写操作的总线传输速率是多少？
3）设在全部的传输中，70%用于读，30%用于写，该总线在本次传输中的平均传输速率是多少？

6.1.7 答案与解析

一、单项选择题

01. B

为了使总线上的数据不发生“冲突”，挂在总线上的多个设备只能分时地向总线发送数据，即某个时刻只能有一个设备向总线传送数据，而从总线接收数据的设备可以有多个，因为接收数据的设备不会对总线产生“干扰”。

02. A

只有主设备才能获得总线控制权，总线上的信息传输由主设备启动，一条总线上可以有多个设备作为主设备，但在同一时刻只能有一个主设备控制总线的传输操作。

03. C

总线包括数据线、地址线和控制线，传送的信息分别为数据信息、地址信息和控制信息。

04. C

系统总线用于连接计算机中的各个功能部件（如CPU、主存和I/O设备）。

05. C

计算机使用总线结构便于增减外设，同时减少信息传输线的条数。但相对于专线结构，其实际上也降低了信息传输的并行性及信息的传输速度。

06. A

间址寻址首次访问内存所得到的信息是操作数的有效地址，该地址作为数据通过数据总线传送至CPU，地址总线是用于CPU选择主存单元地址和I/O端口地址的单向总线，不能回传。

地址总线由单向的多根信号线组成，可用于 CPU 向主存、外设传送地址信息；数据总线由双向的多根信号线组成，CPU可以沿着这些线从主存或外设读入数据，也可以发送数据；控制总线上传输控制信息，包括控制命令和反馈信号等。

07. D

地址总线上的代码用来指明CPU欲访问的存储单元或I/O端口的地址。

08. C

选项 A 是总线按功能层次的划分，单机系统可不需要通信总线。选项 B 都属于系统总线。选项D则是三种不同的总线标准。只有选项C组成了三总线结构系统。

09. A

串行传输是指数据的传输在一条线路上按位进行，并行传输是指每个数据位有一条单独的传输线，所有数据位同时传输。不同信号在同一条信号线上分时传输的方式，称为总线复用。

10. A

地址和数据在不同的总线上传输，根据总线传输信息的内容进行区分，地址在地址总线上传输，数据在数据总线上传输。

11. B

总线带宽 = 总线宽度×总线频率，本题中的总线宽度为32位，即4B，总线频率为500MHz/5 = 100MHz，因此总线的数据传输率为4B×(500MHz/5) = 400MB/s。

12. D

$65536 = 2^{16}$色，因此颜色深度为16位，占据的存储空间为640×480×16 = 4915200位。有效传输时间 $= 4915200/(56\times10^3)\text{s} \approx 87.77\text{s}$。

13. C

数据总线32根，因此每次传输32位，即4B数据，总线工作频率为33MHz，因此理论最大传输速率为33×4 = 132MB/s。

14. B

时钟频率为 100MHz，因此时钟周期 = 1/100MHz = 0.01μs，总线周期 = 5 个时钟周期 = 5×0.01μs = 0.05μs，总线工作频率 = 1/0.05 = 20MHz，因总线是16位的，即2B，因此总线带宽 = 20×(16/8) = 40MB/s。

15. B

CPU 的控制总线提供的控制信号包括时序信号、I/O 设备和存储器的响应信号等。

16. B

PCI、EISA、ISA 均是并行总线，USB 是通用串行总线。

17. A

高速设备采用局部总线连接，可以节省系统的总带宽。

18. D

ISA 是系统总线而非局部总线。

19. B

总线带宽是指单位时间内总线上传输数据的位数，通常用每秒传送信息的字节数来衡量，单位为 B/s。由题意可知，在 1 个总线周期（= 2 个时钟周期）内传输了 4 字节信息，时钟周期 = 1/10MHz = 0.1μs，因此总线带宽为 4B/(2×0.1μs) = 4B/(0.2×10^{-6}s) = 20MB/s。

20. D

典型的总线标准有 ISA、EISA、VESA、PCI、PCI-Express、AGP、USB、RS-232C 等。A 中的 CRT 是纯平显示器；B 中的 CPI 是每条指令的时钟周期数；C 中的 RAM 是半导体随机存储器、MIPS 是每秒执行多少百万条指令数。

21. C

取指令时，指令便是在数据线上传输的。操作数显然在数据线上传输。中断类型号用以指出中断向量的地址，CPU 响应中断请求后，将中断应答信号（INTR）发回数据总线，CPU 从数据总线上读取中断类型号后，查找中断向量表，找到相应的中断处理程序入口。而握手（应答）信号属于总线定时的控制信号，应在控制总线上传输。

22. C

由于总线频率为 100MHz，因此时钟周期为 10ns。总线位宽与存储字长都是 32 位，因此每个时钟周期可传送一个 32 位存储字。猝发式发送可以连续传送地址连续的数据，因此总传送时间为：传送地址 10ns，传送 128 位数据 40ns，共需 50ns。

23. D

USB（通用串行总线）的特点有：①即插即用；②热插拔；③有很强的连接能力，采用菊花链形式将众多外设连接起来；④有很好的可扩充性，一个 USB 控制器可扩充高达 127 个外部 USB 设备；⑤高速传输，速率可达 480Mb/s。所以选项 A、B、C 都符合 USB 总线的特点。对于选项 D，USB 是串行总线，不能同时传输 2 位数据。

24. B

USB 是一种连接外部设备的 I/O 总线标准，属于设备总线，是设备和设备控制器之间的接口。而 PCI、AGP、PCI-E 作为计算机系统的局部总线标准，通常用来连接主存、网卡、视频卡等。

25. C

数据线有 32 根，也就是一次可以传送 32b/8 = 4B 的数据，66MHz 意味着有 66M 个时钟周期，而每个时钟周期传送两次数据，可知总线每秒传送的最大数据量为 66M×2×4B = 528MB，所以总线的最大数据传输率为 528MB/s。

26. C

猝发（突发）传输是在一个总线周期中，可以传输多个存储地址连续的数据，即一次传输一个地址和一批地址连续的数据，并行传输是在传输中有多个数据位同时在设备之间进行的传输，串行传输是指数据的二进制代码在一条物理信道上以位为单位按时间顺序逐位传输的方式，同步传输是指传输过程由统一的时钟控制。

27. C

在同步通信方式中，系统采用一个统一的时钟信号，而不由各设备提供，否则无法实现统一的时钟。

28. A

初看可能会觉得选项 A 正确，并行总线传输通常比串行总线传输速率快，但这不是绝对的。在实际时钟频率较低的情况下，并行总线因为可以同时传输若干比特，速率确实比串行总线快。但是，随着技术的发展，时钟频率越来越高，并行总线之间的相互干扰越来越严重，当时钟频率提高到一定程度时，传输的数据已无法恢复。而串行总线因为导线少，线间干扰容易控制，反而可通过不断提高时钟频率来提高传输速率，选项 A 错误。总线复用是指一种信号线在不同的时间传输不同的信息，它可使用较少的线路传输更多的信息，从而节省空间和成本，因此选项 B 正确。突发（猝发）传输是指在一个总线周期中，可以传输多个存储地址连续的数据，即一次传输一个地址和一批地址连续的数据，选项 C 正确。分离事务通信是总线复用的一种，相比单一的传输线路可以提高总线的利用率，选项 D 正确。

29. D

多总线结构用速率高的总线连接高速设备，用速率低的总线连接低速设备。一般来说，CPU 是计算机的核心，是计算机中速度最快的设备之一，所以选项 A 正确。突发传送方式把多个数据单元作为一个独立传输处理，从而最大化设备的吞吐量。现实中一般用支持突发传送方式的总线来提高存储器的读写效率，选项 B 正确。各总线通过桥接器相连，后者起流量交换作用。PCI-Express 总线都采用串行数据包传输数据，所以选择选项 D。

30. B

总线数据传输率 = 总线工作频率×(总线宽度/8)，所以 I 和 II 会影响总线数据传输率。采用突发（猝发）传输方式，可在一个总线周期内传输存储地址连续的多个数据字，因此能提高传输效率。采用地址/数据线复用只是减少了线的数量，节省了成本，并不能提高传输率。

31. B

由题目可知，计算机采用 3 通道存储器总线，存储器总线的工作频率为 1333MHz，即 1 秒内传送 1333M 次数据，总线宽度为 64 位即单条总线工作一次可传输 8 字节（Byte），因此存储器总线的总带宽为 3×8×1333MB/s，约为 32GB/s，所以选择选项 B。

32. C

每个时钟周期传送 2 次，故每秒传送的次数 = 时钟频率×2 = 2.4G×2/s。

总线带宽 = 每秒传送次数×2B×2 = 2.4G×2×2B×2/s = 19.2GB/s。

题中已给出总线带宽公式，降低了难度。公式中的“×2B”是因为每次传输 16 位数据，“×2”是因为采用点对点全双工总线，两个方向可同时传输信息。

二、综合应用题

01.【解答】

1）总线周期为 7 个时钟周期，总线频率为 66/7MHz。

总线在一个完整的操作周期中传输了一个数据块，总线在一个周期内传输的数据量为 64bit/8×6 = 48B，所以总线的宽度为 48B，传输率为 48B×66/7MHz = 452.6MB/s。

2）时钟频率减半时的总线频率为(66/7)/2MHz，因数据块大小不变，因此总线宽度仍为 48B，传输率为 48B×33/7MHz = 226.3MB/s。

注意总线周期和时钟周期的联系与区别，总线周期通常由多个时钟周期组成。

02.【解答】

1）读操作的时钟周期数：　1 + 2 + 4 = 7
　对应的频率：　100MHz/7
　总线宽度：　6×4B = 24B
　所以数据传输率 = 总线宽度/读取时间 = 24×(100MHz/7) = 343MB/s。

2）写操作的时钟周期数：　1 + 1 + 4 = 6
　对应的频率：　100MHz/6
　总线宽度：　6×4B = 24B
　所以数据传输率 = 总线宽度/写操作时间 = 24×(100MHz/6) = 400MB/s。

3）平均传输速率 = 1/(0.7/343 + 0.3/400) = 358MB/s。

6.2　总线事务和定时

总线定时是指总线在双方交换数据的过程中需要时间上配合关系的控制，这种控制称为总线定时，其实质是一种协议或规则，主要有同步和异步两种基本定时方式。

6.2.1　总线事务

从请求总线到完成总线使用的操作序列称为总线事务，它是在一个总线周期中发生的一系列活动。典型的总线事务包括请求操作、仲裁操作、地址传输、数据传输和总线释放。

1）请求阶段。主设备（CPU 或 DMA）发出总线传输请求，并且获得总线控制权。

2）仲裁阶段。总线仲裁机构决定将下一个传输周期的总线使用权授予某个申请者。

3）寻址阶段。主设备通过总线给出要访问的从设备地址及有关命令，启动从模块。

4）传输阶段。主模块和从模块进行数据交换，可单向或双向进行数据传送。

5）释放阶段。主模块的有关信息均从系统总线上撤除，让出总线使用权。

在总线事务的传输阶段，主、从设备之间一般只能传输一个字长的数据。

*突发（猝发）传送方式*能够进行连续成组数据的传送，其寻址阶段发送的是连续数据单元的首地址，在传输阶段传送多个连续单元的数据，每个时钟周期可以传送一个字长的信息，但是不释放总线，直到一组数据全部传送完毕后，再释放总线。

6.2.2　同步定时方式

所谓同步定时方式，是指系统采用一个统一的时钟信号来协调发送和接收双方的传送定时关系。时钟产生相等的时间间隔，每个间隔构成一个总线周期。在一个总线周期中，发送方和接收方可以进行一次数据传送。因为采用统一的时钟，每个部件或设备发送或接收信息都在固定的总线传送周期中，一个总线的传送周期结束，下一个总线的传送周期开始。

优点：传送速度快，具有较高的传输速率；总线控制逻辑简单。

缺点：主从设备属于强制性同步；不能及时进行数据通信的有效性检验，可靠性较差。

同步通信适用于总线长度较短及总线所接部件的存取时间比较接近的系统。

6.2.3　异步定时方式

在异步定时方式中，没有统一的时钟，也没有固定的时间间隔，完全依靠传送双方相互制约的“握手”信号来实现定时控制。通常，把交换信息的两个部件或设备分为主设备和从设备，主设备提出交换信息的“请求”信号，经接口传送到从设备；从设备接到主设备的请求后，通过接口向主设备发出“回答”信号。

优点：总线周期长度可变，能保证两个工作速度相差很大的部件或设备之间可靠地进行信息交换，自动适应时间的配合。

缺点：比同步控制方式稍复杂一些，速度比同步定时方式慢。

根据“请求”和“回答”信号的撤销是否互锁，异步定时方式又分为以下 3 种类型。

1）不互锁方式。主设备发出“请求”信号后，不必等到接到从设备的“回答”信号，而是经过一段时间便撤销“请求”信号。而从设备在接到“请求”信号后，发出“回答”信号，并经过一段时间后自动撤销“回答”信号。双方不存在互锁关系，如图 6.4(a)所示。

2）半互锁方式。主设备发出“请求”信号后，必须在接到从设备的“回答”信号后，才撤销“请求”信号，有互锁的关系。而从设备在接到“请求”信号后，发出“回答”信号，但不必等待获知主设备的“请求”信号已经撤销，而是隔一段时间后自动撤销“回答”信号，不存在互锁关系。半互锁方式如图 6.4(b)所示。

3）全互锁方式。主设备发出“请求”信号后，必须在从设备“回答”后才撤销“请求”信号；从设备发出“回答”信号后，必须在获知主设备“请求”信号已撤销后，再撤销其“回答”信号。双方存在互锁关系，如图 6.4(c)所示。

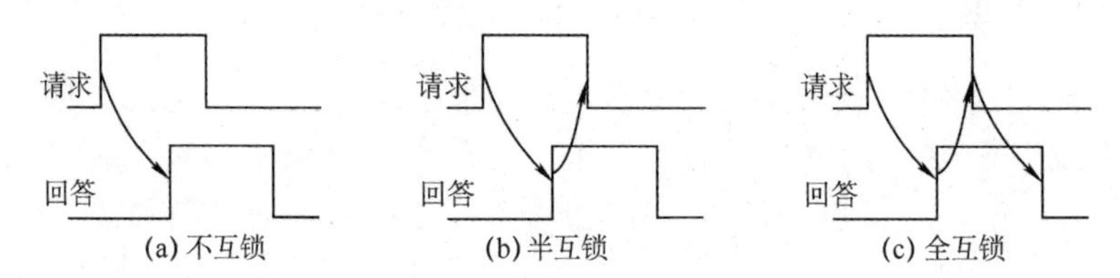

图 6.4 请求和回答信号的互锁

6.2.4 本节习题精选

一、单项选择题

01. 在不同速度的设备之间传送数据，( )。

A. 必须采用同步控制方式

B. 必须采用异步控制方式

C. 可以选用同步控制方式，也可选用异步控制方式

D. 必须采用应答方式

02. 某机器 I/O 设备采用异步串行传送方式传送字符信息，字符信息格式为 1 位起始位、7 位数据位、1 位校验位和 1 位停止位。若要求每秒传送 480 个字符，则该设备的数据传输率为 ( )。

A. 380b/s　　B. 4800B/s　　C. 480B/s　　D. 4800b/s

03. 同步控制方式是 ( )。

A. 只适用于 CPU 控制的方式　　B. 只适用于外部设备控制的方式

C. 由统一的时序信号控制的方式　　D. 所有指令执行时间都相同的方式

04. 同步通信之所以比异步通信具有较高的传输速率，是因为 ( )。

A. 同步通信不需要应答信号且总线长度较短

B. 同步通信用一个公共的时钟信号进行同步

C. 同步通信中，各部件的存取时间较接近

D. 以上各项因素的综合结果

05. 以下各项中，（　）是同步传输的特点。

A. 需要应答信号　　B. 各部件的存取时间比较接近

C. 总线长度较长　　D. 总线周期长度可变

06. 在异步总线中，传送操作（　）。

A. 由设备控制器控制　　B. 由 CPU 控制

C. 由统一时序信号控制　　D. 按需分配时间

07. 总线的异步通信方式是（　）。

A. 既不采用时钟信号，又不采用“握手”信号

B. 只采用时钟信号，不采用“握手”信号

C. 不采用时钟信号，只采用“握手”信号

D. 既采用时钟信号，又采用“握手”信号

08. 在各种异步通信方式中，（　）的速度最快。

A. 全互锁　　B. 半互锁　　C. 不互锁　　D. 速度均相等

09. 在手术过程中，医生将手伸出，等护士将手术刀递上，待医生握紧后，护士才松手。若把医生和护士视为两个通信模块，上述动作相当于（　）。

A. 同步通信　　B. 异步通信的全互锁方式

C. 异步通信的半互锁方式　　D. 异步通信的不互锁方式

10. 【2021 统考真题】下列关于总线的叙述中，错误的是（　）。

A. 总线是在两个或多个部件之间进行数据交换的传输介质

B. 同步总线由时钟信号定时，时钟频率不一定等于工作频率

C. 异步总线由握手信号定时，一次握手过程完成一位数据交换

D. 突发（Burst）传送总线事务可以在总线上连续传送多个数据

二、综合应用题

01. 在异步串行传输方式下，起始位为 1 位，数据位为 7 位，偶校验位为 1 位，停止位为 1 位，假设每秒传输 1200 比特，试问有效数据传输率为多少？

6.2.5　答案与解析

一、单项选择题

01. C

在不同速度的设备之间传送数据时，可采用同步方式，也可采用异步方式。异步方式主要用于在不同的设备间进行通信，两种速度不同的设备使用同一时钟进行控制时，采用同步控制方式同样可以进行数据的传送，但不能发挥快速设备的高速性能。

02. D

一个字符占用 1 + 7 + 1 + 1 = 10 位，因此数据传输率为 10×480 = 4800 位/秒。

03. C

同步控制是指由统一时序控制的通信方式，同步通信采用公共时钟，有统一的时钟周期。同步控制既可用于 CPU 控制，又可用于高速的外部设备控制。

04．D

同步通信采用统一的时钟，每个部件发送或接收信息都在固定的总线传送周期中，一个总线传送周期结束，开始下一个总线传送周期。它适用于总线长度较短且各部件的存取时间较接近的情况，因此具有较高的传输速率。选项 A、B、C 都是正确原因，因此选择选项 D。

05．B

各部件的存取时间比较接近时，最适合采用同步传输，以发挥其优势。

06．D

异步总线即采用异步通信方式的总线。在异步方式下，没有公用的时钟，完全依靠传送双方相互制约的“握手”信号来实现定时控制。传送操作是由双方按需求分配时间的。

07．C

异步通信方式也称应答方式，没有公用的时钟信号，也没有固定的时间间隔，完全依靠传送双方相互制约的“握手”信号来实现定时控制。

08．C

在全互锁、半互锁和不互锁 3 种“握手”方式中，只有不互锁方式的请求信号和回答信号没有相互的制约关系，主设备发出请求信号后，不必等待回答信号的到来，便自己撤销了请求信号，所以速度最快。

09．B

由题意可知，医生是主模块，护士是从模块。医生伸出手后（即主模块发出请求信号），等待护士将手术刀递上（主模块等待从模块的回答信号），护士也必须等待医生握紧后才松开手（从模块等待主模块的回答信号），以上整个流程就是异步通信的全互锁方式。

10．C

总线是在两个或多个设备之间进行通信的传输介质，选项 A 正确。同步总线是指总线通信的双方采用同一个时钟信号，但是一次总线事务不一定在一个时钟周期内完成，即时钟频率不一定等于工作频率，选项 B 正确。异步总线采用握手的方式进行通信，每次握手的过程完成一次通信，但是一次通信往往会交换多位而非一位数据，选项 C 错误。突发传送总线事务是指发送方在传输完地址后，连续进行若干次数据的发送，选项 D 正确。

二、综合应用题

01．【解答】

在这样的一个数据帧中，有效数据位是 7 位，传输过程中发送的代码位共有 $1+7+1+1=10$ 位，所以有效数据传输率为 $1200\times7/(1+7+1+1)=840$b/s。

6.3　本章小结

本章开头提出的问题的参考答案如下。

1）引入总线结构有什么好处？

引入总线结构主要有以下优点：

①简化了系统结构，便于系统设计制造。

②大大减少了连线数目，便于布线，减小体积，提高系统的可靠性。

③便于接口设计，所有与总线连接的设备均采用类似的接口。

④便于系统的扩充、更新与灵活配置，易于实现系统的模块化。

⑤便于设备的软件设计，所有接口的软件对不同的接口地址进行操作。

⑥便于故障诊断和维修，同时也能降低成本。

2）引入总线会导致什么问题？如何解决？

引入总线后，总线上的各个设备分时共享同一总线，当总线上多个设备同时要求使用总线时就会导致总线的冲突。为解决多个主设备同时竞争总线控制权的问题，应当采用总线仲裁部件，以某种方式选择一个主设备优先获得总线控制权，只有获得了总线控制权的设备才能开始数据传送。

6.4 常见问题和易混淆知识点

1. 同一个总线不能既采用同步方式又采用异步方式通信吗？

半同步通信总线可以。这类总线既保留了同步通信的特点，又能采用异步应答方式连接速度相差较大的设备。通过在异步总线中引入时钟信号，其就绪和应答等信号都在时钟的上升沿或下降沿有效，而不受其他时间的信号干扰。

例如，某个采用半同步方式的总线总是从某个时钟开始，在每个时钟到来时，采样 Wait 信号，若无效，则说明数据未准备好，下个时钟到来时，再采样 Wait 信号，直到检测到有效，再去数据线上取数据。PCI 总线也是一种半同步总线，它的所有事件都在时钟下降沿同步，总线设备在时钟开始的上升沿采样总线信号。

2. 一个总线在某一时刻可以有多对主从设备进行通信吗？

不可以。在某个总线周期内，总线上只有一个主设备控制总线，选择一个从设备与之进行通信（即一对一的关系），或对所有设备进行广播通信（即一对多的关系）。所以一个总线在某一时刻不能有多对主从设备进行通信，否则会发生数据冲突。

第 7 章 输入/输出系统

【考纲内容】

（一）I/O 接口（I/O 控制器）

I/O 接口的功能和基本结构；I/O 端口及其编址

（二）I/O 方式

程序查询方式

程序中断方式：中断的基本概念、中断响应过程、中断处理过程、多重中断和中断屏蔽的概念

DMA 方式：DMA 控制器的组成，DMA 传送过程

【复习提示】

I/O 方式是本章的重点和难点，每年不仅会以选择题的形式考查基本概念和原理，而且可能会以综合题的形式考查，特别是各种 I/O 方式效率的相关计算，中断方式的各种原理、特点、处理过程、中断屏蔽，DMA 方式的特点、传输过程、与中断方式的区别等。

在学习本章时，请读者思考以下问题：

1）I/O 设备有哪些编址方式？各有何特点？

2）CPU 响应中断应具备哪些条件？

请读者在学习本章的过程中寻找答案，本章末尾会给出参考答案。

*7.1 I/O 系统基本概念[①]

*7.1.1 输入/输出系统

输入/输出是以主机为中心而言的，将信息从外部设备传送到主机称为输入，反之称为输出。输入/输出系统解决的主要问题是对各种形式的信息进行输入和输出的控制。

I/O 系统中的几个基本概念如下：

1）外部设备。包括输入/输出设备及通过输入/输出接口才能访问的外存储设备。

2）接口。在各个外设与主机之间传输数据时进行各种协调工作的逻辑部件。协调包括传输过程中速度的匹配、电平和格式转换等。

3）输入设备。用于向计算机系统输入命令和文本、数据等信息的部件。键盘和鼠标是最基本的输入设备。

4）输出设备。用于将计算机系统中的信息输出到计算机外部进行显示、交换等的部件。显

① 加“*”的内容表示新大纲中已删除，仅供学习参考。

示器和打印机是最基本的输出设备。

5）外存设备。指除计算机内存及 CPU 缓存等外的存储器。如，硬磁盘、光盘等。

一般来说，I/O 系统由 I/O 软件和 I/O 硬件两部分构成：

1）I/O 软件。包括驱动程序、用户程序、管理程序、升级补丁等。通常采用 I/O 指令和通道指令实现 CPU 与 I/O 设备的信息交换。

2）I/O 硬件。包括外部设备、设备控制器和接口、I/O 总线等。通过设备控制器来控制 I/O 设备的具体动作；通过 I/O 接口与主机（总线）相连。

*7.1.2　I/O 控制方式

在输入/输出系统中，经常需要进行大量的数据传输，而传输过程中有各种不同的 I/O 控制方式，基本的控制方式主要有以下 4 种：

1）程序查询方式。由 CPU 通过程序不断查询 I/O 设备是否已做好准备，从而控制 I/O 设备与主机交换信息。

2）程序中断方式。只在 I/O 设备准备就绪并向 CPU 发出中断请求时才予以响应。

3）DMA 方式。主存和 I/O 设备之间有一条直接数据通路，当主存和 I/O 设备交换信息时，无须调用中断服务程序。

4）通道方式。在系统中设有通道控制部件，每个通道都挂接若干外设，主机在执行 I/O 命令时，只需启动有关通道，通道将执行通道程序，从而完成 I/O 操作。

其中，方式 1）和方式 2）主要用于数据传输率较低的外部设备，方式 3）和方式 4）主要用于数据传输率较高的设备。

*7.1.3　外部设备

最基本的外部设备主要有键盘、鼠标、显示器、打印机、磁盘存储器和光盘存储器等。

1．输入设备

（1）键盘

键盘是最常用的输入设备，通过它可发出命令或输入数据。

（2）鼠标

鼠标是常用的定位输入设备，它把用户的操作与计算机屏幕上的位置信息相联系。

2．输出设备

（1）显示器

按所用的显示器件分类，有阴极射线管（CRT）显示器、液晶显示器（LCD）、发光二极管（LED）显示器等。显示器属于用点阵方式运行的设备，有以下主要参数。

1）屏幕大小：以对角线长度表示，常用的有 12～29 英寸等。

2）分辨率：能表示的像素个数，屏幕上的每个光点就是一个像素，以宽和高的像素数的乘积表示，如 800×600、1024×768 和 1280×1024 等。

3）灰度级：指黑白显示器中所显示的像素点的亮暗差别，在彩色显示器中则表现为颜色的不同，灰度级越多，图像层次越清楚、逼真，典型的有 8 位（256 级）、16 位等。

4）刷新：光点只能保持极短的时间便会消失，为此必须在光点消失之前再重新扫描显示一遍，这个过程称为刷新。

5）刷新频率：指单位时间内扫描整个屏幕内容的次数。按照人的视觉生理，刷新频率大于 30Hz 时才不会感到闪烁，通常显示器的刷新频率为 60～120Hz。

6）显示存储器（VRAM）：也称刷新存储器，为了不断提高刷新图像的信号，必须把一帧图像信息存储在刷新存储器中。其存储容量由图像分辨率和灰度级决定，分辨率越高，灰度级越多，刷新存储器容量越大。

VRAM 容量 = 分辨率×灰度级位数

VRAM 带宽 = 分辨率×灰度级位数×帧频

（2）打印机

用于将计算机的处理结果打印在相关介质上。按工作方式，打印机可分为点阵打印机、针式打印机、喷墨式打印机、激光打印机等。

1）针式打印机。针式打印机擅长“多层复写打印”，实现各种票据或蜡纸等的打印。其工作原理简单，造价低廉，耗材（色带）便宜，但打印分辨率和打印速度不够高。

2）喷墨式打印机。彩色喷墨打印机基于三基色原理，即分别喷射 3 种颜色的墨滴，按一定的比例混合出所要求的颜色。喷墨式打印机可实现高质量彩色打印。

3）激光打印机。计算机输出的二进制信息，经过调制后的激光束扫描，在感光鼓上形成潜像，再经过显影、转印和定影，在纸上得到所需的字符或图像。激光打印机打印质量高、速度快、处理能力强，它是将激光技术和电子显像技术相结合的产物。

3．外部存储器（辅存）

（1）磁表面存储器

所谓“磁表面存储”，是指把某些磁性材料薄薄地涂在金属铝或塑料表面上作为载磁体来存储信息。磁盘存储器、磁带存储器和磁鼓存储器均属于磁表面存储器。

（2）固态硬盘（SSD）

微小型高档笔记本电脑采用高性能 Flash 存储器作为硬盘来记录数据，这种“硬盘”称为固态硬盘（SSD）。固态硬盘除需要 Flash 存储器外，还需要其他硬件和软件的支持。

（3）光盘存储器

光盘存储器是利用光学原理读/写信息的存储装置，它采用聚焦激光束对盘式介质以非接触方式记录信息。完整的光盘存储系统由光盘片、光盘驱动器、光盘控制器等组成。

7.1.4 本节习题精选

单项选择题

01. 在微型机系统中，I/O 设备通过（ ）与主板的系统总线相连接。

A. DMA 控制器　B. 设备控制器　C. 中断控制器　D. I/O 端口

02. 下列关于 I/O 指令的说法中，错误的是（ ）。

A. I/O 指令是 CPU 系统指令的一部分

B. I/O 指令是机器指令的一类

C. I/O 指令反映 CPU 和 I/O 设备交换信息的特点

D. I/O 指令的格式和通用指令格式相同

03. 以下关于通道程序的叙述中，正确的是（ ）。

A. 通道程序存放在主存中　B. 通道程序存放在通道中

C. 通道程序是由 CPU 执行的　D. 通道程序可以在任何环境下执行 I/O 操作

04. 下列关于 I/O 设备的说法中，正确的是（ ）。

I. 键盘、鼠标、显示器、打印机属于人机交互设备

II. 在微型计算机中，VGA 代表的是视频传输标准

III. 打印机从打字原理的角度来区分，可分为点阵式打印机和活字式打印机

IV. 鼠标适合于用中断方式来实现输入操作

A. II、III、IV　B. I、II、IV　C. I、II、III　D. I、II、III、IV

05. 下列说法中，正确的是（ ）。

A. 计算机中一个汉字内码在主存中占用 4B

B. 输出的字型码 16×16 点阵在缓冲存储区中占用 32B

C. 输出的字型码 16×16 点阵在缓冲存储区中占用 16B

D. 以上说法都不对

06. 显示汉字采用点阵字库，若每个汉字用 16×16 的点阵表示，7500 个汉字的字库容量是（ ）。

A. 16KB　B. 240KB　C. 320KB　D. 1MB

07. CRT 的分辨率为 1024×1024 像素，像素的颜色数为 256，则刷新存储器的每单元字长为（ ），总容量为（ ）。

A. 8B，256MB　B. 8bit，1MB　C. 8bit，256KB　D. 8B，32MB

08.【2010 统考真题】假定一台计算机的显示存储器用 DRAM 芯片实现，若要求显示分辨率为 1600×1200，颜色深度为 24 位，帧频为 85Hz，显存总带宽的 50%用来刷新屏幕，则需要的显存总带宽至少约为（ ）。

A. 245Mb/s　B. 979Mb/s　C. 1958Mb/s　D. 7834Mb/s

7.1.5 答案与解析

单项选择题

01. B

I/O 设备不可能直接与主板总线相连，它总是通过设备控制器来相连的。

02. D

I/O 指令是指令系统的一部分，是机器指令的一类，但其为了反映与 I/O 设备交互的特点，格式和其他通用指令相比有所不同。

03. A

通道程序存放在主存而非通道中，由通道从主存中取出并执行。通道程序由通道执行，且只能在具有通道的 I/O 系统中执行。

04. B

键盘、鼠标、显示器、打印机等都属于机器与人交互的媒介（用户使用键盘、鼠标来控制计算机，计算机使用显示器和打印机来向用户传递信息），因此 I 正确；VGA 是一个用于显示的视频传输标准，因此 II 正确；打印机从打字原理的角度来分，可分为击打式和非击打式两种，按照能否打出汉字来分，可分为点阵式打印机和活字式打印机，因此 III 错误；键盘、鼠标等输入设备一般都采用中断方式来实现，原因在于 CPU 需要及时响应这些操作，否则容易造成输入的丢失，因此 IV 正确。

05. B

计算机中一个汉字内码在主存中占用 2B，输出的字型码 16×16 点阵在缓冲存储区中占用 16×16/8 = 32B。

06. B

每个汉字用 16×16 点阵表示，占用 16×16/8 = 32B，汉字库容量 = 7500×32B = 240000B≈

240KB。

07. B

刷新存储器中存储单元的字长取决于显示的颜色数，颜色数为 m，字长为 n，二者的关系为 $2^n = m$。本题中的颜色数为 $256 = 2^8$，因此刷新存储器单元字长为 8 位。刷新存储器的容量是每个像素点的位数和像素点个数的乘积，因此刷新存储器的容量为 $1024 \times 1024 \times 8\text{bit} = 1\text{MB}$。

08. D

刷新所需带宽 = 分辨率×色深×帧频 = $1600 \times 1200 \times 24\text{bit} \times 85\text{Hz} = 3916.8\text{Mb/s}$，显存总带宽的 50%用来刷新屏幕，于是需要的显存总带宽至少为 $3916.8/0.5 = 7833.6\text{Mb/s} \approx 7834\text{Mb/s}$。

7.2 I/O 接口

I/O 接口（I/O 控制器）是主机和外设之间的交接界面，通过接口可以实现主机和外设之间的信息交换。主机和外设具有各自的工作特点，它们在信息形式和工作速度上具有很大的差异，接口正是为了解决这些差异而设置的。

7.2.1 I/O 接口的功能

I/O 接口的主要功能如下：

1）进行地址译码和设备选择。CPU 送来选择外设的地址码后，接口必须对地址进行译码以产生设备选择信息，使主机能和指定外设交换信息。

2）实现主机和外设的通信联络控制。解决主机与外设时序配合问题，协调不同工作速度的外设和主机之间交换信息，以保证整个计算机系统能统一、协调地工作。

3）实现数据缓冲。CPU 与外设之间的速度往往不匹配，为消除速度差异，接口必须设置数据缓冲寄存器，用于数据的暂存，以避免因速度不一致而丢失数据。

4）信号格式的转换。外设与主机两者的电平、数据格式都可能存在差异，接口应提供计算机与外设的信号格式的转换功能，如电平转换、并/串或串/并转换、模/数或数/模转换等。

5）传送控制命令和状态信息。CPU 要启动某一外设时，通过接口中的命令寄存器向外设发出启动命令；外设准备就绪时，则将“准备好”状态信息送回接口中的状态寄存器，并反馈给 CPU。外设向 CPU 提出中断请求时，CPU 也应有相应的响应信号反馈给外设。

7.2.2 I/O 接口的基本结构

如图 7.1 所示，I/O 接口在主机侧通过 I/O 总线与内存、CPU 相连。通过数据总线，在数据缓冲寄存器与内存或 CPU 的寄存器之间进行数据传送。同时接口和设备的状态信息被记录在状态寄存器中，通过数据线将状态信息送到 CPU。CPU 对外设的控制命令也通过数据线传送，一般将其送到 I/O 接口的控制寄存器。状态寄存器和控制寄存器在传送方向上是相反的。

接口中的地址线用于给出要访问的 I/O 接口中的寄存器的地址，它和读/写控制信号一起被送到 I/O 接口的控制逻辑部件，通过控制线传送来的读/写信号确认是读寄存器还是写寄存器，此外控制线还会传送一些仲裁信号和握手信号。

接口中的 I/O 控制逻辑还要能对控制寄存器中的命令字进行译码，并将译码得到的控制信号通过外设界面控制逻辑送到外设，同时将数据缓冲寄存器的数据发送到外设或从外设接收数据到数据缓冲寄存器。另外，它还要具有收集外设状态到状态寄存器的功能。

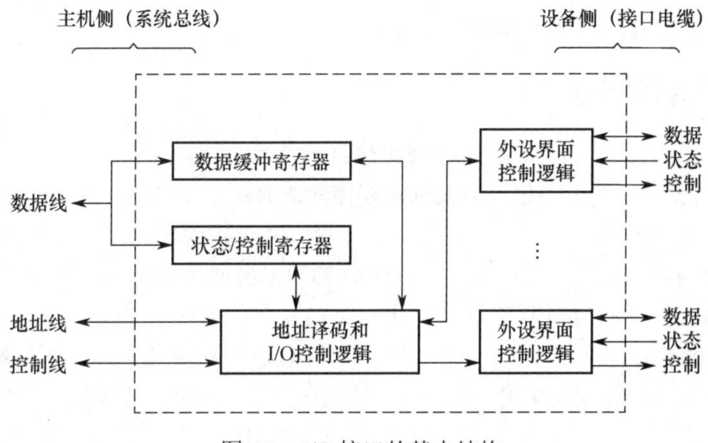

图 7.1　I/O 接口的基本结构

对数据缓冲寄存器、状态/控制寄存器的访问操作是通过相应的指令来完成的，通常称这类指令为 I/O 指令，I/O 指令只能在操作系统内核的底层 I/O 软件中使用，它们是一种特权指令。

注意： 接口和端口是两个不同的概念。端口是指接口电路中可以进行读/写的寄存器，若干端口加上相应的控制逻辑才可以组成接口。

7.2.3　I/O 接口的类型

从不同的角度看，I/O 接口可以分为不同的类型。

1）按数据传送方式可分为并行接口（一字节或一个字的所有位同时传送）和串行接口（一位一位地传送），接口要完成数据格式的转换。

注意： 这里所说的数据传送方式指的是外设和接口一侧的传送方式。

2）按主机访问 I/O 设备的控制方式可分为程序查询接口、中断接口和 DMA 接口等。

3）按功能选择的灵活性可分为可编程接口和不可编程接口。

7.2.4　I/O 端口及其编址

I/O 端口是指接口电路中可被 CPU 直接访问的寄存器，主要有数据端口、状态端口和控制端口，若干端口加上相应的控制逻辑电路组成接口。通常，CPU 能对数据端口执行读写操作，但对状态端口只能执行读操作，对控制端口只能执行写操作。

I/O 端口要想能够被 CPU 访问，就必须要对各个端口进行编号，每个端口对应一个端口地址。而对 I/O 端口的编址方式有与存储器统一编址和独立编址两种。

1）统一编址，又称存储器映射方式，是指把 I/O 端口当作存储器的单元进行地址分配，这种方式 CPU 不需要设置专门的 I/O 指令，用统一的访存指令就可以访问 I/O 端口。
优点：不需要专门的输入/输出指令，可使 CPU 访问 I/O 的操作更灵活、更方便，还可使端口有较大的编址空间。缺点：端口占用存储器地址，使内存容量变小，而且利用存储器编址的 I/O 设备进行数据输入/输出操作，执行速度较慢。

2）独立编址，又称 I/O 映射方式，I/O 端口的地址空间与主存地址空间是两个独立的地址空间，因而无法从地址码的形式上区分，需要设置专门的 I/O 指令来访问 I/O 端口。
优点：输入/输出指令与存储器指令有明显区别，程序编制清晰，便于理解。缺点：输入/输出指令少，一般只能对端口进行传送操作，尤其需要 CPU 提供存储器读/写、I/O 设备读/

写两组控制信号，增加了控制的复杂性。

7.2.5　本节习题精选

单项选择题

01. 在统一编址的方式下，区分存储单元和I/O设备是靠（　）。
A. 不同的地址码　B. 不同的地址线
C. 不同的控制线　D. 不同的数据线

02. 下列功能中，属于I/O接口的功能的是（　）。
I. 数据格式的转换　II. I/O过程中错误与状态检测
III. I/O操作的控制与定时　IV. 与主机和外设通信
A. I、IV　B. I、III、IV　C. I、II、IV　D. I、II、III、IV

03. 下列关于I/O端口和接口的说法中，正确的是（　）。
A. 按照不同的数据传送格式，可将接口分为同步传送接口和异步传送接口
B. 在统一编址方式下，存储单元和I/O设备是靠不同的地址线来区分的
C. 在独立编址方式下，存储单元和I/O设备是靠不同的地址线来区分的
D. 在独立编址方式下，CPU需要设置专门的输入/输出指令访问端口

04. I/O的编址方式采用统一编址方式时，进行输入/输出的操作的指令是（　）。
A. 控制指令　B. 访存指令　C. 输入/输出指令　D. 都不对

05. 下列叙述中，正确的是（　）。
A. 只有I/O指令可以访问I/O设备
B. 在统一编址下，不能直接访问I/O设备
C. 访问存储器的指令一定不能访问I/O设备
D. 只有在具有专门I/O指令的计算机中，I/O设备才可以单独编址

06. 在统一编址的情况下，就I/O设备而言，其对应的I/O地址不可取的是（　）。
A. 要求固定在地址高端　B. 要求固定在地址低端
C. 要求相对固定在地址的某部分　D. 可以随意在地址的任何地方

07. 磁盘驱动器向盘片磁道记录数据时采用（　）方式写入。
A. 并行　B. 串行　C. 并行-串行　D. 串行-并行

08. 程序员进行系统调用访问设备使用的是（　）。
A. 逻辑地址　B. 物理地址　C. 主设备地址　D. 从设备地址

09. 【2012统考真题】下列选项中，在I/O总线的数据线上传输的信息包括（　）。
I. I/O接口中的命令字　II. I/O接口中的状态字　III. 中断类型号
A. 仅I、II　B. 仅I、III　C. 仅II、III　D. I、II、III

10. 【2014统考真题】下列有关I/O接口的叙述中，错误的是（　）。
A. 状态端口和控制端口可以合用同一个寄存器
B. I/O接口中CPU可访问的寄存器称为I/O端口
C. 采用独立编址方式时，I/O端口地址和主存地址可能相同
D. 采用统一编址方式时，CPU不能用访存指令访问I/O端口

11. 【2017统考真题】I/O指令实现的数据传送通常发生在（　）。
A. I/O设备和I/O端口之间　B. 通用寄存器和I/O设备之间
C. I/O端口和I/O端口之间　D. 通用寄存器和I/O端口之间

12.【2021 统考真题】下列选项中，不属于 I/O 接口的是（　）。

A. 磁盘驱动器　　B. 打印机适配器　　C. 网络控制器　　D. 可编程中断控制器

7.2.6　答案与解析

单项选择题

01. A

在统一编址的情况下，没有专门的 I/O 指令，因此用访存指令来实现 I/O 操作，区分存储单元和 I/O 设备是靠它们各自不同的地址码。

02. D

I/O 接口的功能有：①选址功能、②传送命令功能、③传送数据功能、④反映 I/O 设备工作状态的功能。选项 I 可参考唐朔飞的《计算机组成原理》教材，为设置接口的原因之一，也是接口应具有的功能；选项 II 属于④；选项 III 属于②；选项 IV 属于③。

03. D

选项 D 显然正确。按照不同的数据传送格式，可将接口分为并行接口和串行接口，因此选项 A 错；在统一编址方式下，存储单元和 I/O 设备是靠不同的地址码而非地址线来区分的，因此选项 B 错；在独立编址方式下，存储单元和 I/O 设备是靠不同的指令来区分的，因此选项 C 错。

04. B

统一编址时，直接使用指令系统中的访存指令来完成输入/输出操作；独立编址时，则需要使用专门的输入/输出指令来完成输入/输出操作。

05. D

在统一编址的情况下，访存指令也可访问 I/O 设备，因此选项 A、B、C 错误。在独立编址的方式下，访问 I/O 地址空间必须通过专门的 I/O 指令，因此选项 D 正确。

06. D

在统一编址方式下，指令靠地址码区分内存和 I/O 设备，若随意在地址的任何地方编址，将给编程造成极大的混乱，因此选项 D 错误。选项 A、B、C 的做法都是可取的。

07. B

磁盘驱动器向盘片磁道记录数据时采用串行方式写入。

08. A

物理地址是外部连接使用的，且是唯一的，它与“地址总线相对应”；而逻辑地址是内部和编程使用的，并不唯一。在内存中的实际地址就是所谓的“物理地址”，而逻辑地址就是用于逻辑段管理内存的，因此程序员使用逻辑地址访问设备。

09. D

I/O 总线分为三类：数据线、控制线和地址线。数据缓冲寄存器和命令/状态寄存器的内容都是通过数据线来传送的；地址线用以传送与 CPU 交换数据的端口地址；而控制线用以给 I/O 端口发送读/写信号，只是用来对端口进行读/写控制的。因此 I、II 和 III 均正确。

10. D

采用统一编址时，CPU 访存和访问 I/O 端口用的是一样的指令，所以访存指令可访问 I/O 端口，D 选项错误。其他三个选项均为正确陈述。

11. D

I/O 端口是指 I/O 接口中用于缓冲信息的寄存器，由于主机和 I/O 设备的工作方式和工作速度有很大差异，I/O 端口应运而生。在执行一条指令时，CPU 使用地址总线选择所请求的 I/O 端口，使用数据总线在 CPU 寄存器和端口之间传输数据，所以选择选项 D。

12． A

I/O 接口即 I/O 控制器，其功能是接收主机发送的 I/O 控制信号，并实现主机和外部设备之间的信息交换。磁盘驱动器是由磁头、磁盘和读写电路等组成的，也就是我们平常所说的磁盘本身，A 错误。B、C 和 D 均为 I/O 控制器。

7.3 I/O 方式

输入/输出系统实现主机与 I/O 设备之间的数据传送，可以采用不同的控制方式，各种方式在代价、性能、解决问题的着重点等方面各不相同，常用的 I/O 方式有程序查询、程序中断、DMA 和通道等，其中前两种方式更依赖于 CPU 中程序指令的执行。

7.3.1 程序查询方式

信息交换的控制完全由 CPU 执行程序实现，程序查询方式接口中设置一个数据缓冲寄存器（数据端口）和一个设备状态寄存器（状态端口）。主机进行 I/O 操作时，先发出询问信号，读取设备的状态并根据设备状态决定下一步操作究竟是进行数据传送还是等待。

程序查询方式的工作流程如下（见图 7.2）：

① CPU 执行初始化程序，并预置传送参数。

② 向 I/O 接口发出命令字，启动 I/O 设备。

③ 从外设接口读取其状态信息。

④ CPU 不断查询 I/O 设备状态，直到外设准备就绪。

⑤ 传送一次数据。

⑥ 修改地址和计数器参数。

⑦ 判断传送是否结束，若未结束转第③步，直到计数器为 0。

在这种控制方式下，CPU 一旦启动 I/O，就必须停止现行程序的运行，并在现行程序中插入一段程序。程序查询方式的主要特点是 CPU 有“踏步”等待现象，CPU 与 I/O 串行工作。这种方式的接口设计简单、设备量少，但 CPU 在信息传送过程中要花费很多时间来查询和等待，而且在一段时间内只能和一台外设交换信息，效率大大降低。

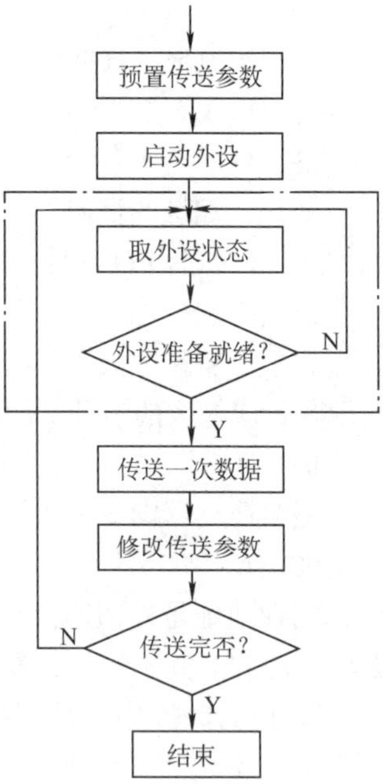

预置传送参数
启动外设
取外设状态
外设准备就绪？
N
Y
传送一次数据
修改传送参数
传送完否？
N
Y
结束

图 7.2 程序查询方式流程图

7.3.2 程序中断方式

1．程序中断的基本概念

程序中断是指在计算机执行现行程序的过程中，出现某些急需处理的异常情况或特殊请求，CPU 暂时中止现行程序，而转去对这些异常情况或特殊请求进行处理，处理完毕后再返回到现行程序的断点处，继续执行原程序。早期的中断技术是为了处理数据传送。

随着计算机的发展，中断技术不断被赋予新的功能，主要功能有：

① 实现 CPU 与 I/O 设备的并行工作。

② 处理硬件故障和软件错误。

③ 实现人机交互，用户干预机器需要用到中断系统。

④ 实现多道程序、分时操作，多道程序的切换需借助于中断系统。

⑤ 实时处理需要借助中断系统来实现快速响应。

⑥ 实现应用程序和操作系统（管态程序）的切换，称为“软中断”。

⑦ 多处理器系统中各处理器之间的信息交流和任务切换。

程序中断方式的思想：CPU 在程序中安排好在某个时机启动某台外设，然后 CPU 继续执行当前的程序，不需要像查询方式那样一直等待外设准备就绪。一旦外设完成数据传送的准备工作，就主动向 CPU 发出中断请求，请求 CPU 为自己服务。在可以响应中断的条件下，CPU 暂时中止正在执行的程序，转去执行中断服务程序为外设服务，在中断服务程序中完成一次主机与外设之间的数据传送，传送完成后，CPU 返回原来的程序，如图 7.3 所示。

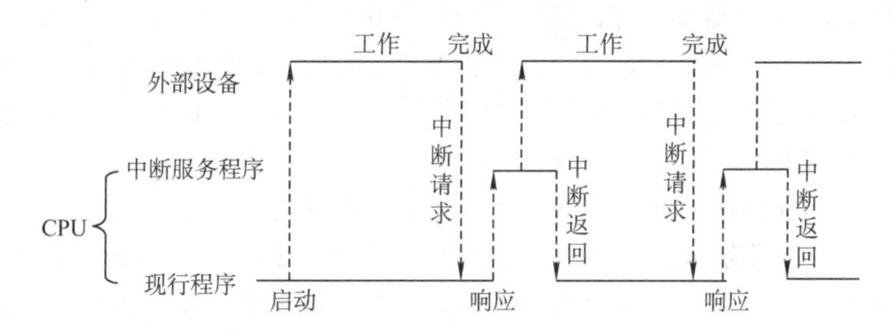

图 7.3 程序中断方式示意图

2．程序中断的工作流程

（1）中断请求

中断源是请求 CPU 中断的设备或事件，一台计算机允许有多个中断源。每个中断源向 CPU 发出中断请求的时间是随机的。为记录中断事件并区分不同的中断源，中断系统需对每个中断源设置中断请求标记触发器，当其状态为“1”时，表示中断源有请求。这些触发器可组成中断请求标记寄存器，该寄存器可集中在 CPU 中，也可分散在各个中断源中。

通过 INTR 线发出的是可屏蔽中断，通过 NMI 线发出的是不可屏蔽中断。可屏蔽中断的优先级最低，在关中断模式下不会被响应。不可屏蔽中断用于处理紧急和重要的事件，如时钟中断、电源掉电等，其优先级最高，其次是内部异常，即使在关中断模式下也会被响应。

（2）中断响应判优

中断响应优先级是指 CPU 响应中断请求的先后顺序。由于许多中断源提出中断请求的时间都是随机的，因此当多个中断源同时提出请求时，需通过中断判优逻辑来确定响应哪个中断源的请求，中断响应的判优通常是通过硬件排队器实现的。

一般来说，①不可屏蔽中断 > 内部异常 > 可屏蔽中断；②内部异常中，硬件故障 > 软件中断；③DMA 中断请求优先于 I/O 设备传送的中断请求；④在 I/O 传送类中断请求中，高速设备优先于低速设备，输入设备优先于输出设备，实时设备优先于普通设备。

注意：中断优先级包括响应优先级和处理优先级，响应优先级在硬件线路上是固定的，不便改动。处理优先级可利用中断屏蔽技术动态调整，以实现多重中断，具体在后文中介绍。

（3）CPU 响应中断的条件

CPU 在满足一定的条件下响应中断源发出的中断请求，并经过一些特定的操作，转去执行中断服务程序。CPU 响应中断必须满足以下 3 个条件：

① 中断源有中断请求。

② CPU允许中断及开中断（异常和不可屏蔽中断不受此限制）。

③ 一条指令执行完毕（异常不受此限制），且没有更紧迫的任务。

注意：I/O设备的就绪时间是随机的，而CPU在统一的时刻即每条指令执行阶段结束前向接口发出中断查询信号，以获取I/O的中断请求，也就是说，CPU响应中断的时间是在每条指令执行阶段的结束时刻。这里说的中断仅指I/O中断，内部异常不属于此类情况。

（4）中断响应过程

CPU响应中断后，经过某些操作，转去执行中断服务程序。这些操作是由硬件直接实现的，我们将它称为中断隐指令。中断隐指令并不是指令系统中的一条真正的指令，只是一种虚拟的说法，本质上是硬件的一系列自动操作。它所完成的操作如下：

① 关中断。CPU响应中断后，首先要保护程序的断点和现场信息，在保护断点和现场的过程中，CPU不能响应更高级中断源的中断请求。否则，若断点或现场保存不完整，在中断服务程序结束后，就不能正确地恢复并继续执行现行程序。

② 保存断点。为保证在中断服务程序执行完后能正确地返回到原来的程序，必须将原程序的断点（指令无法直接读取的PC和PSW的内容）保存在栈或特定寄存器中[①]。

注意异常和中断的差异：异常指令通常并没有执行成功，异常处理后要重新执行，所以其断点是当前指令的地址。中断的断点则是下一条指令的地址。

③ 引出中断服务程序。识别中断源，将对应的服务程序入口地址送入程序计数器PC。有两种方法识别中断源：硬件向量法和软件查询法。本节主要讨论比较常用的向量中断。

（5）中断向量

中断识别分为向量中断和非向量中断两种。非向量中断即软件查询法，第5章已介绍。

每个中断都有一个唯一的类型号，每个中断类型号都对应一个中断服务程序，每个中断服务程序都有一个入口地址，CPU必须找到入口地址，即中断向量。把系统中的全部中断向量集中存放到存储器的某个区域内，这个存放中断向量的存储区就称为中断向量表。

CPU响应中断后，通过识别中断源获得中断类型号，然后据此计算出对应中断向量的地址；再根据该地址从中断向量表中取出中断服务程序的入口地址，并送入程序计数器PC，以转而执行中断服务程序，这种方法被称为中断向量法，采用中断向量法的中断被称为向量中断。

（6）中断处理过程

不同计算机的中断处理过程各具特色，就其多数而论，中断处理流程如图7.4所示。

中断处理流程如下：

① 关中断。

② 保存断点。

③ 中断服务程序寻址。

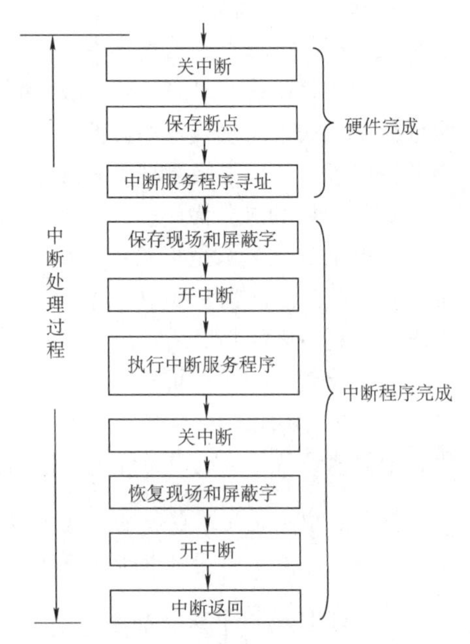

图7.4 可嵌套中断的处理流程

① x86机器保存PC和PSW到内存栈中；MIPS机器没有PSW，只保存PC到特定寄存器中。

④ 保存现场和屏蔽字。进入中断服务程序后首先要保存现场和中断屏蔽字，现场信息是指用户可见的工作寄存器的内容，它存放着程序执行到断点处的现行值。

注意：现场和断点，这两类信息都不能被中断服务程序破坏。现场信息因为用指令可直接访问，所以通常在中断服务程序中通过指令把它们保存到栈中，即由软件实现；而断点信息由 CPU 在中断响应时自动保存到栈或指定的寄存器中，即由硬件实现。

⑤ 开中断。允许更高级中断请求得到响应，实现中断嵌套。

⑥ 执行中断服务程序。这是中断请求的目的。

⑦ 关中断。保证在恢复现场和屏蔽字时不被中断。

⑧ 恢复现场和屏蔽字。将现场和屏蔽字恢复到原来的状态。

⑨ 开中断、中断返回。中断服务程序的最后一条指令通常是一条中断返回指令，使其返回到原程序的断点处，以便继续执行原程序。

其中，①～③由中断隐指令（硬件自动）完成；④～⑨由中断服务程序完成。

注意：恢复现场是指在中断返回前，必须将寄存器的内容恢复到中断处理前的状态，这部分工作由中断服务程序完成。中断返回由中断服务程序的最后一条中断返回指令完成。

3．多重中断和中断屏蔽技术

若 CPU 在执行中断服务程序的过程中，又出现了新的更高优先级的中断请求，而 CPU 对新的中断请求不予响应，则这种中断称为单重中断，如图 7.5(a)所示。若 CPU 暂停现行的中断服务程序，转去处理新的中断请求，则这种中断称为多重中断，又称中断嵌套，如图 7.5(b)所示。

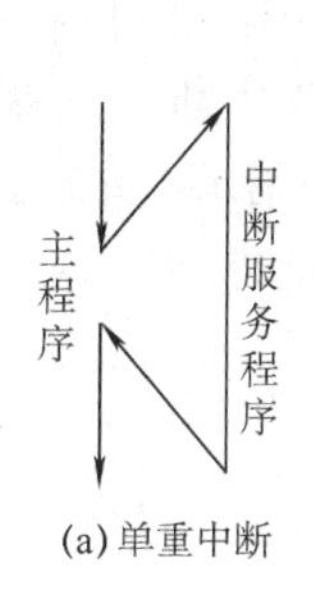

(a) 单重中断

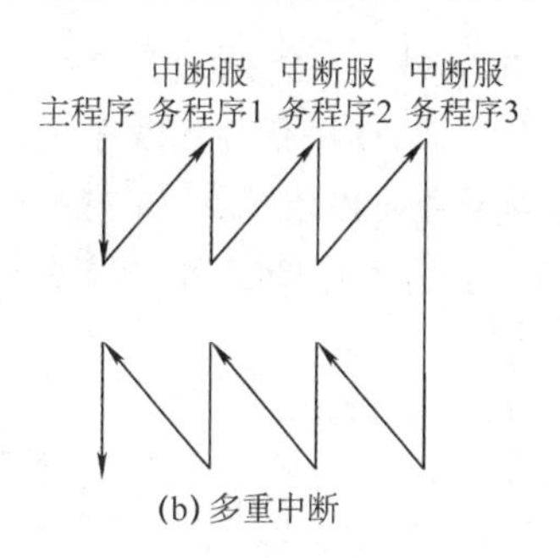

(b) 多重中断

图 7.5 单重中断和多重中断示意图

CPU 要具备多重中断的功能，必须满足下列条件：

① 在中断服务程序中提前设置开中断指令。

② 优先级别高的中断源有权中断优先级别低的中断源。

中断处理优先级是指多重中断的实际优先级处理次序，可以利用中断屏蔽技术动态调整，从而可以灵活地调整中断服务程序的优先级，使中断处理更加灵活。如果不使用中断屏蔽技术，则处理优先级和响应优先级相同。现代计算机一般使用中断屏蔽技术，每个中断源都有一个屏蔽触发器，1 表示屏蔽该中断源的请求，0 表示可以正常申请，所有屏蔽触发器组合在一起便构成一个屏蔽字寄存器，屏蔽字寄存器的内容称为屏蔽字。

关于中断屏蔽字的设置及多重中断程序执行的轨迹，下面通过实例说明。

【例 7.1】设某机有 4 个中断源 A、B、C、D，其硬件排队优先次序为 A > B > C > D，现要求将中断处理次序改为 D > A > C > B。

1）写出每个中断源对应的屏蔽字。

2）按图 7.6 所示的时间轴给出的 4 个中断源的请求时刻，画出 CPU 执行程序的轨迹。设每个中断源的中断服务程序时间均为 20μs。

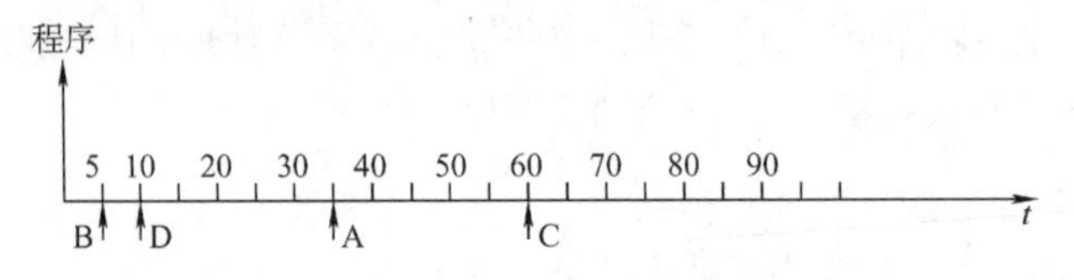

图 7.6　中断源的请求时刻

解：

1）在中断处理次序改为 D > A > C > B 后，D 具有最高优先级，可以屏蔽其他所有中断，且不能中断自身，因此 D 对应的屏蔽字为 1111；A 具有次高优先级，只能被 D 中断，因此 A 对应的屏蔽字为 1110，以此类推，得到 4 个中断源的屏蔽字，见表 7.1。

表 7.1　中断源对应的中断屏蔽字

中断源	屏蔽字			
	A	**B**	**C**	**D**
A	1	1	1	0
B	0	1	0	0
C	0	1	1	0
D	1	1	1	1

2）根据处理次序，在时刻 5，B 发中断请求，获得 CPU；在时刻 10，D 发中断请求，此时 B 虽还未执行完毕，但 D 的优先级高于 B，于是 D 中断 B 而获得 CPU；在时刻 30，D 执行完毕，B 继续获得 CPU；在时刻 35，A 发中断请求，此时 B 虽还未执行完毕，但 A 的优先级高于 B，于是 A 中断 B 而获得 CPU，如此继续下去，执行轨迹如图 7.7 所示。

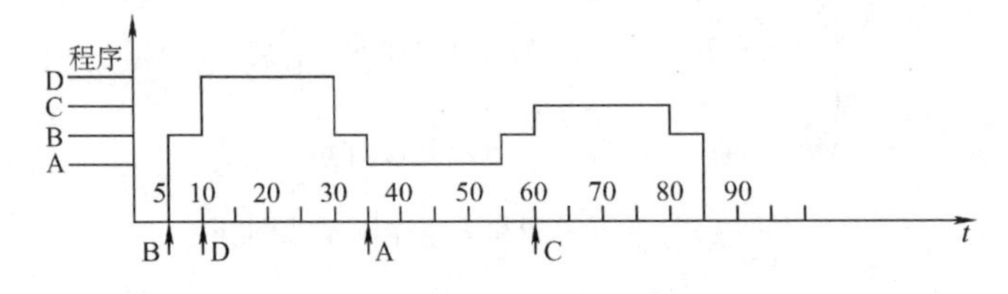

图 7.7　CPU 执行程序的轨迹

7.3.3　DMA 方式

DMA 方式是一种完全由硬件进行成组信息传送的控制方式，它具有程序中断方式的优点，即在数据准备阶段，CPU 与外设并行工作。DMA 方式在外设与内存之间开辟一条“直接数据通道”，信息传送不再经过 CPU，降低了 CPU 在传送数据时的开销，因此称为直接存储器存取方式。由于数据传送不经过 CPU，也就不需要保护、恢复 CPU 现场等烦琐操作。

这种方式适用于磁盘、显卡、声卡、网卡等高速设备大批量数据的传送，它的硬件开销比较大。在 DMA 方式中，中断的作用仅限于故障和正常传送结束时的处理。

1. DMA 方式的特点

主存和 DMA 接口之间有一条直接数据通路。由于 DMA 方式传送数据不需要经过 CPU，因此不必中断现行程序，I/O 与主机并行工作，程序和传送并行工作。

DMA 方式具有下列特点：

① 它使主存与 CPU 的固定联系脱钩，主存既可被 CPU 访问，又可被外设访问。

② 在数据块传送时，主存地址的确定、传送数据的计数等都由硬件电路直接实现。

③ 主存中要开辟专用缓冲区，及时供给和接收外设的数据。

④ DMA 传送速度快，CPU 和外设并行工作，提高了系统效率。

⑤ DMA 在传送开始前要通过程序进行预处理，结束后要通过中断方式进行后处理。

2．DMA 控制器的组成

在 DMA 方式中，对数据传送过程进行控制的硬件称为 DMA 控制器（DMA 接口）。当 I/O 设备需要进行数据传送时，通过 DMA 控制器向 CPU 提出 DMA 传送请求，CPU 响应之后将让出系统总线，由 DMA 控制器接管总线进行数据传送。其主要功能如下：

1）接受外设发出的 DMA 请求，并向 CPU 发出总线请求。

2）CPU 响应并发出总线响应信号，DMA 接管总线控制权，进入 DMA 操作周期。

3）确定传送数据的主存单元地址及长度，并自动修改主存地址计数和传送长度计数。

4）规定数据在主存和外设间的传送方向，发出读写等控制信号，执行数据传送操作。

5）向 CPU 报告 DMA 操作结束。

图 7.8 给出了一个简单的 DMA 控制器。

- 主存地址计数器：存放要交换数据的主存地址。
- 传送长度计数器：记录传送数据的长度，计数溢出时，数据即传送完毕，自动发中断请求信号。
- 数据缓冲寄存器：暂存每次传送的数据。
- DMA 请求触发器：每当 I/O 设备准备好数据后，给出一个控制信号，使 DMA 请求触发器置位。
- “控制/状态”逻辑：由控制和时序电路及状态标志组成，用于指定传送方向，修改传送参数，并对 DMA 请求信号、CPU 响应信号进行协调和同步。
- 中断机构：当一个数据块传送完毕后触发中断机构，向 CPU 提出中断请求。

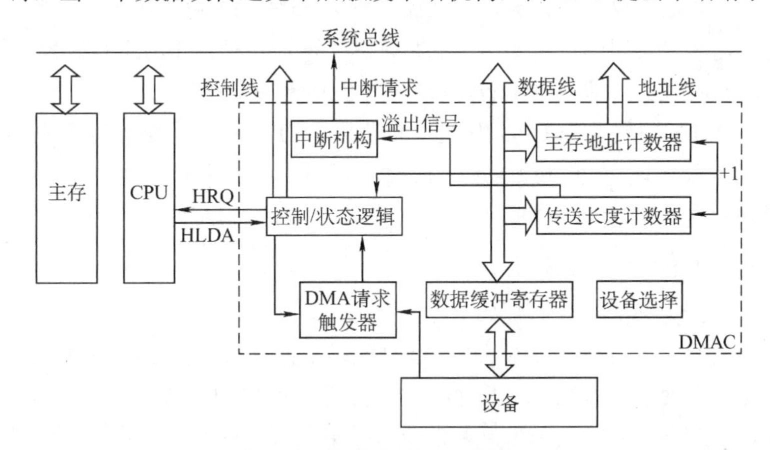

图 7.8　简单的 DMA 控制器

在 DMA 传送过程中，DMA 控制器将接管 CPU 的地址总线、数据总线和控制总线，CPU 的主存控制信号被禁止使用。而当 DMA 传送结束后，将恢复 CPU 的一切权利并开始执行其操作。

由此可见，DMA 控制器必须具有控制系统总线的能力。

3．DMA 的传送方式

主存和 I/O 设备之间交换信息时，不通过 CPU。但当 I/O 设备和 CPU 同时访问主存时，可能发生冲突，为了有效地使用主存，DMA 控制器与 CPU 通常采用以下 3 种方式使用主存：

1）停止 CPU 访存。当 I/O 设备有 DMA 请求时，由 DMA 控制器向 CPU 发送一个停止信号，使 CPU 脱离总线，停止访问主存，直到 DMA 传送一块数据结束。数据传送结束后，DMA 控制器通知 CPU 可以使用主存，并把总线控制权交还给 CPU。

2）周期挪用（或周期窃取）。当 I/O 设备有 DMA 请求时，会遇到 3 种情况：①是此时 CPU 不在访存（如 CPU 正在执行乘法指令），因此 I/O 的访存请求与 CPU 未发生冲突；②是 CPU 正在访存，此时必须待存取周期结束后，CPU 再将总线占有权让出；③是 I/O 和 CPU 同时请求访存，出现访存冲突，此时 CPU 要暂时放弃总线占有权。I/O 访存优先级高于 CPU 访存，因为 I/O 不立即访存就可能丢失数据，此时由 I/O 设备挪用一个或几个存取周期，传送完一个数据后立即释放总线，是一种单字传送方式。

3）DMA 与 CPU 交替访存。这种方式适用于 CPU 的工作周期比主存存取周期长的情况。例如，若 CPU 的工作周期是 1.2μs，主存的存取周期小于 0.6μs，则可将一个 CPU 周期分为 C_1 和 C_2 两个周期，其中 C_1 专供 DMA 访存，C_2 专供 CPU 访存。这种方式不需要总线使用权的申请、建立和归还过程，总线使用权是通过 C_1 和 C_2 分时控制的。

4．DMA 的传送过程

DMA 的数据传送过程分为预处理、数据传送和后处理 3 个阶段：

1）预处理。由 CPU 完成一些必要的准备工作。首先，CPU 执行几条 I/O 指令，用以测试 I/O 设备状态，初始化 DMA 控制器中的有关寄存器、设置传送方向、启动该设备等。然后，CPU 继续执行原来的程序，直到 I/O 设备准备好发送的数据（输入情况）或接收的数据（输出情况）时，I/O 设备向 DMA 控制器发送 DMA 请求，再由 DMA 控制器向 CPU 发送总线请求（有时将这两个过程统称为 DMA 请求），用以传输数据。

2）数据传送。DMA 的数据传输可以以单字节（或字）为基本单位，也可以以数据块为基本单位。对于以数据块为单位的传送（如硬盘），DMA 占用总线后的数据输入和输出操作都是通过循环来实现的。需要指出的是，这一循环也是由 DMA 控制器（而非通过 CPU 执行程序）实现的，即数据传送阶段完全由 DMA（硬件）控制。

3）后处理。DMA 控制器向 CPU 发送中断请求，CPU 执行中断服务程序做 DMA 结束处理，包括校验送入主存的数据是否正确、测试传送过程中是否出错（错误则转诊断程序）及决定是否继续使用 DMA 传送其他数据等。DMA 的传送流程如图 7.9 所示。

5．DMA 方式和中断方式的区别

DMA 方式和中断方式的重要区别如下：

① 中断方式是程序的切换，需要保护和恢复现场；而 DMA 方式不中断现行程序，无需保护现场，除了预处理和后处理，其他时候不占用任何 CPU 资源。

② 对中断请求的响应只能发生在每条指令执行结束时（执行周期后）；而对 DMA 请求的响应可以发生在任意一个机器周期结束时（取指、间址、执行周期后均可）。

③ 中断传送过程需要 CPU 的干预；而 DMA 传送过程不需要 CPU 的干预，因此数据传输率非常高，适合于高速外设的成组数据传送。

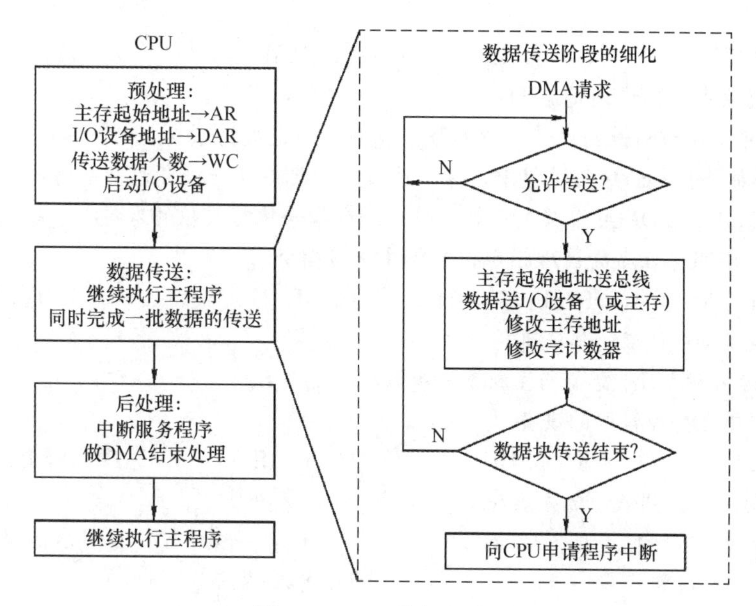

图 7.9　DMA 的传送流程

④ DMA 请求的优先级高于中断请求。

⑤ 中断方式具有处理异常事件的能力，而 DMA 方式仅局限于大批数据的传送。

⑥ 从数据传送来看，中断方式靠程序传送，DMA 方式靠硬件传送。

7.3.4　本节习题精选

一、单项选择题

01. 设置中断排队判优逻辑的目的是（ ）。

A. 产生中断源编码

B. 使同时提出的请求中的优先级别最高者得到及时响应

C. 使 CPU 能方便地转入中断服务子程序

D. 提高中断响应速度

02. 以下说法中，错误的是（ ）。

A. 中断服务程序一般是操作系统模块

B. 中断向量方法可提高中断源的识别速度

C. 中断向量地址是中断服务程序的入口地址

D. 重叠处理中断的现象称为中断嵌套

03. 当有中断源发出请求时，CPU 可执行相应的中断服务程序，可以提出中断的有（ ）。

I. 外部事件　　II. Cache　　III. 虚拟存储器失效

IV. 浮点数运算下溢　　V. 浮点数运算上溢

A. I、III 和 IV　　B. I 和 V　　C. I、II 和 V　　D. I、III 和 V

04. 关于程序中断方式和 DMA 方式的叙述，错误的是（ ）。

I. DMA 的优先级比程序中断的优先级要高

II. 程序中断方式需要保护现场，DMA 方式不需要保护现场

III. 程序中断方式的中断请求是为了报告 CPU 数据的传输结束，而 DMA 方式的中断请求完全是为了传送数据

A. 仅II　B. II、III　C. 仅III　D. I、III

05. 下列说法中，错误的是（ ）。

I. 程序中断过程是由硬件和中断服务程序共同完成的

II. 在每条指令的执行过程中，每个总线周期要检查一次有无中断请求

III. 检测有无DMA请求，一般安排在一条指令执行过程的末尾

IV. 中断服务程序的最后指令是无条件转移指令

A. III、IV　B. II、III、IV　C. II、IV　D. I、II、III、IV

06. 能产生DMA请求的总线部件是（ ）。

I. 高速外设　II. 需要与主机批量交换数据的外设

III. 具有DMA接口的设备

A. 仅I　B. 仅III　C. I、III　D. II、III

07. 中断响应由高到低的优先次序宜用（ ）。

A. 访管→程序性→机器故障　B. 访管→程序性→重新启动

C. 外部→访管→程序性　D. 程序性→I/O→访管

08. 在具有中断向量表的计算机中，中断向量地址是（ ）。

A. 子程序入口地址　B. 中断服务程序的入口地址

C. 中断服务程序入口地址的地址　D. 中断程序断点

09. 中断响应是在（ ）。

A. 一条指令执行开始　B. 一条指令执行中间

C. 一条指令执行之末　D. 一条指令执行的任何时刻

10. 在下列情况下，可能不发生中断请求的是（ ）。

A. DMA操作结束　B. 一条指令执行完毕

C. 机器出现故障　D. 执行"软中断"指令

11. 在配有通道的计算机系统中，用户程序需要输入/输出时，引起的中断是（ ）。

A. 访管中断　B. I/O中断　C. 程序性中断　D. 外中断

12. 某计算机有4级中断，优先级从高到低为1→2→3→4。若将优先级顺序修改，改后1级中断的屏蔽字为1101，2级中断的屏蔽字为0100，3级中断的屏蔽字为1111，4级中断的屏蔽字为0101，则修改后的优先顺序从高到低为（ ）。

A. 1→2→3→4　B. 3→1→4→2　C. 1→3→4→2　D. 2→1→3→4

13. 下列不属于程序控制指令的是（ ）。

A. 无条件转移指令　B. 有条件转移指令

C. 中断隐指令　D. 循环指令

14. 在中断响应周期中，CPU主要完成的工作是（ ）。

A. 关中断，保护断点，发中断响应信号并形成向量地址

B. 开中断，保护断点，发中断响应信号并形成向量地址

C. 关中断，执行中断服务程序

D. 开中断，执行中断服务程序

15. 在中断响应周期中，由（ ）将允许中断触发器置0。

A. 关中断指令　B. 中断隐指令　C. 开中断指令　D. 中断服务程序

16. CPU响应中断时最先完成的步骤是（ ）。

A. 开中断　B. 保存断点　C. 关中断　D. 转入中断服务程序

17. 设置中断屏蔽标志可以改变（ ）。

A. 多个中断源的中断请求优先级　　B. CPU 对多个中断请求响应的优先次序
C. 多个中断服务程序开始执行的顺序　　D. 多个中断服务程序执行完的次序

18. 在 CPU 响应中断时，保护两个关键的硬件状态是（ ）。

A. PC 和 IR　　B. PC 和 PSW　　C. AR 和 IR　　D. AR 和 PSW

19. 在各种 I/O 方式中，中断方式的特点是（ ），DMA 方式的特点是（ ）。

A. CPU 与外设串行工作，传送与主程序串行工作
B. CPU 与外设并行工作，传送与主程序串行工作
C. CPU 与外设串行工作，传送与主程序并行工作
D. CPU 与外设并行工作，传送与主程序并行工作

20. 在 DMA 传送方式中，由（ ）发出 DMA 请求，在传送期间总线控制权由（ ）掌握。

A. 外部设备、CPU　　B. DMA 控制器、DMA 控制器
C. 外部设备、DMA 控制器　　D. DMA 控制器、内存

21. 下列叙述中，（ ）是正确的。

A. 程序中断方式和 DMA 方式中实现数据传送都需要中断请求
B. 程序中断方式中有中断请求，DMA 方式中没有中断请求
C. 程序中断方式和 DMA 方式中都有中断请求，但目的不同
D. DMA 要等指令周期结束时才可以进行周期窃取

22. 以下关于 DMA 方式进行 I/O 的描述中，正确的是（ ）。

A. 一个完整的 DMA 过程，部分由 DMA 控制器控制，部分由 CPU 控制
B. 一个完整的 DMA 过程，完全由 CPU 控制
C. 一个完整的 DMA 过程，完全由 DMA 控制器控制，CPU 不介入任何控制
D. 一个完整的 DMA 过程，完全由 CPU 采用周期挪用法控制

23. CPU 响应 DMA 请求的条件是当前（ ）执行完。

A. 机器周期　　B. 总线周期
C. 机器周期和总线周期　　D. 指令周期

24. 关于外中断（故障除外）和 DMA，下列说法中正确的是（ ）。

A. DMA 请求和中断请求同时发生时，响应 DMA 请求
B. DMA 请求、非屏蔽中断、可屏蔽中断都要在当前指令结束之后才能被响应
C. 非屏蔽中断请求优先级最高，可屏蔽中断请求优先级最低
D. 若不开中断，所有中断请求就不能响应

25. 以下有关 DMA 方式的叙述中，错误的是（ ）。

A. 在 DMA 方式下，DMA 控制器向 CPU 请求的是总线使用权
B. DMA 方式可用于键盘和鼠标的数据输入
C. 在数据传输阶段，不需要 CPU 介入，完全由 DMA 控制器控制
D. DMA 方式要用到中断处理

26. 在主机和外设的信息传送中，（ ）不是一种程序控制方式。

A. 直接程序传送　　B. 程序中断
C. 直接存储器存取（DMA）　　D. 通道控制

27. 中断发生时，程序计数器内容的保护和更新是由（ ）完成的。

A. 硬件自动　　B. 进栈指令和转移指令

C. 访存指令　　　　　　　　　　D. 中断服务程序

28. 在DMA方式传送数据的过程中，由于没有破坏（　）的内容，所以CPU可以正常工作（访存除外）。

A. 程序计数器　　　　　　　　　B. 程序计数器和寄存器

C. 指令寄存器　　　　　　　　　D. 堆栈寄存器

29. 在DMA方式下，数据从内存传送到外设经过的路径是（　）。

A. 内存→数据总线→数据通路→外设　B. 内存→数据总线→DMAC→外设

C. 内存→数据通路→数据总线→外设　D. 内存→CPU→外设

30.【2009统考真题】下列选项中，能引起外部中断的事件是（　）。

A. 键盘输入　　B. 除数为0　　C. 浮点运算下溢　　D. 访存缺页

31.【2010统考真题】单级中断系统中，中断服务程序内的执行顺序是（　）。

I. 保护现场　II. 开中断　III. 关中断　IV. 保存断点　V. 中断事件处理

VI. 恢复现场　VII. 中断返回

A. I→V→VI→II→VII　　　　　B. III→I→V→VII

C. III→IV→V→VI→VII　　　　　D. IV→I→V→VI→VII

32.【2011统考真题】某计算机有五级中断 $L_4 \sim L_0$，中断屏蔽字为 $M_4M_3M_2M_1M_0$，$M_i = 1$（$0 \leqslant i \leqslant 4$）表示对 L_i 级中断进行屏蔽。若中断响应优先级从高到低的顺序是 $L_4 \to L_0 \to L_2 \to L_1 \to L_3$，则 L_1 的中断处理程序中设置的中断屏蔽字是（　）。

A. 11110　　B. 01101　　C. 00011　　D. 01010

33.【2011统考真题】某计算机处理器主频为50MHz，采用定时查询方式控制设备A的I/O，查询程序运行一次所用的时钟周期数至少为500。在设备A工作期间，为保证数据不丢失，每秒需对其查询至少200次，则CPU用于设备A的I/O的时间占整个CPU时间的百分比至少是（　）。

A. 0.02%　　B. 0.05%　　C. 0.20%　　D. 0.50%

34.【2012统考真题】响应外部中断的过程中，中断隐指令完成的操作，除保护断点外，还包括（　）。

I. 关中断

II. 保存通用寄存器的内容

III. 形成中断服务程序入口地址并送PC

A. 仅I、II　　B. 仅I、III　　C. 仅II、III　　D. I、II、III

35.【2013统考真题】下列关于中断I/O方式和DMA方式比较的叙述中，错误的是（　）。

A. 中断I/O方式请求的是CPU处理时间，DMA方式请求的是总线使用权

B. 中断响应发生在一条指令执行结束后，DMA响应发生在一个总线事务完成后

C. 中断I/O方式下数据传送通过软件完成，DMA方式下数据传送由硬件完成

D. 中断I/O方式适用于所有外部设备，DMA方式仅适用于快速外部设备

36.【2014统考真题】若某设备中断请求的响应和处理时间为100ns，每400ns发出一次中断请求，中断响应所允许的最长延迟时间为50ns，则在该设备持续工作过程中，CPU用于该设备的I/O时间占整个CPU时间的百分比至少是（　）。

A. 12.5%　　B. 25%　　C. 37.5%　　D. 50%

37.【2015统考真题】在采用中断I/O方式控制打印输出的情况下，CPU和打印控制接口中的I/O端口之间交换的信息不可能是（　）。

A. 打印字符　　B. 主存地址　　C. 设备状态　　D. 控制命令

38.【2017 统考真题】下列关于多重中断系统的叙述中，错误的是（　）。

A. 在一条指令执行结束时响应中断

B. 中断处理期间 CPU 处于关中断状态

C. 中断请求的产生与当前指令的执行无关

D. CPU 通过采样中断请求信号检测中断请求

39.【2018 统考真题】下列关于外部 I/O 中断的叙述中，正确的是（　）。

A. 中断控制器按所接收中断请求的先后次序进行中断优先级排队

B. CPU 响应中断时，通过执行中断隐指令完成通用寄存器的保护

C. CPU 只有在处于中断允许状态时，才能响应外部设备的中断请求

D. 有中断请求时，CPU 立即暂停当前指令执行，转去执行中断服务程序

40.【2019 统考真题】某设备以中断方式与 CPU 进行数据交换，CPU 主频为 1GHz，设备接口中的数据缓冲寄存器为 32 位，设备的数据传输率为 50kB/s。若每次中断开销（包括中断响应和中断处理）为 1000 个时钟周期，则 CPU 用于该设备输入/输出的时间占整个 CPU 时间的百分比最多是（　）。

A. 1.25%　　B. 2.5%　　C. 5%　　D. 12.5%

41.【2019 统考真题】下列关于 DMA 方式的叙述中，正确的是（　）。

I. DMA 传送前由设备驱动程序设置传送参数

II. 数据传送前由 DMA 控制器请求总线使用权

III. 数据传送由 DMA 控制器直接控制总线完成

IV. DMA 传送结束后的处理由中断服务程序完成

A. 仅 I、II　　B. 仅 I、III、IV　　C. 仅 II、III、IV　　D. I、II、III、IV

42.【2020 统考真题】下列事件中，属于外部中断事件的是（　）。

I. 访存时缺页　　II. 定时器到时　　III. 网络数据包到达

A. 仅 I、II　　B. 仅 I、III　　C. 仅 II、III　　D. I、II 和 III

43.【2020 统考真题】外部中断包括不可屏蔽中断（NMI）和可屏蔽中断，下列关于外部中断的叙述中，错误的是（　）。

A. CPU 处于关中断状态时，也能响应 NMI 请求

B. 一旦可屏蔽中断请求信号有效，CPU 将立即响应

C. 不可屏蔽中断的优先级比可屏蔽中断的优先级高

D. 可通过中断屏蔽字改变可屏蔽中断的处理优先级

44.【2020 统考真题】若设备采用周期挪用 DMA 方式进行输入和输出，每次 DMA 传送的数据块大小为 512 字节，相应的 I/O 接口中有一个 32 位数据缓冲寄存器。对于数据输入过程，下列叙述中，错误的是（　）。

A. 每准备好 32 位数据，DMA 控制器就发出一次总线请求

B. 相对于 CPU，DMA 控制器的总线使用权的优先级更高

C. 在整个数据块的传送过程中，CPU 不可以访问主存储器

D. 数据块传送结束时，会产生“DMA 传送结束”中断请求

45.【2021 统考真题】下列是关于多重中断系统中 CPU 响应中断的叙述，错误的是（　）。

A. 仅在用户态（执行用户程序）下，CPU 才能检测和响应中断

B. CPU 只有在检测到中断请求信号后，才会进入中断响应周期

C. 进入中断响应周期时，CPU 一定处于中断允许（开中断）状态

D. 若 CPU 检测到中断请求信号，则一定存在未被屏蔽的中断源请求信号

46. 【2022 统考真题】下列关于中断 I/O 方式的叙述中，不正确的是（ ）。

A. 适用于键盘、针式打印机等字符型设备

B. 外设和主机之间的数据传送通过软件完成

C. 外设准备数据的时间应小于中断处理时间

D. 外设为某进程准备数据时 CPU 可运行其他进程

二、综合应用题

01. 在 DMA 方式下，主存和 I/O 设备之间有一条物理通路相连吗？

02. 回答下列问题：

1）一个完整的指令周期包括哪些 CPU 工作周期？

2）中断周期前和中断周期后各是 CPU 的什么工作周期？

3）DMA 周期前和 DMA 周期后各是 CPU 的什么工作周期？

03. 假定某 I/O 设备向 CPU 传送信息的最高频率为 4 万次/秒，而相应中断处理程序的执行时间为 40μs，则该 I/O 设备是否可采用中断方式工作？为什么？

04. 在程序查询方式的输入/输出系统中，假设不考虑处理时间，每个查询操作需要 100 个时钟周期，CPU 的时钟频率为 50MHz。现有鼠标和硬盘两个设备，而且 CPU 必须每秒对鼠标进行 30 次查询，硬盘以 32 位字长为单位传输数据，即每 32 位被 CPU 查询一次，传输率为 2×2^{20} B/s。求 CPU 对这两个设备查询所花费的时间比率，由此可得出什么结论？

05. 设某计算机有 4 个中断源 1、2、3、4，其硬件排队优先次序按 1→2→3→4 降序排列，各中断源的服务程序中所对应的屏蔽字如下表所示。

中断源	屏蔽字			
	1	2	3	4
1	1	1	0	1
2	0	1	0	0
3	1	1	1	1
4	0	1	0	1

1）给出上述 4 个中断源的中断处理次序。

2）若 4 个中断源同时有中断请求，画出 CPU 执行程序的轨迹。

06. 一个 DMA 接口可采用周期窃取方式把字符传送到存储器，它支持的最大批量为 400B。若存取周期为 0.2μs，每处理一次中断需 5μs，现有的字符设备的传输率为 9600b/s。假设字符之间的传输是无间隙的，试问 DMA 方式每秒因数据传输占用处理器多少时间？若完全采用中断方式，又需占处理器多少时间（忽略预处理所需时间）？

07. 假设磁盘传输数据以 32 位的字为单位，传输速率为 1MB/s，CPU 的时钟频率为 50MHz。回答以下问题：

1）采取程序查询方式，假设查询操作需要 100 个时钟周期，求 CPU 为 I/O 查询所花费的时间比率（假设进行足够的查询以避免数据丢失）。

2）采用中断方式进行控制，每次传输的开销（包括中断处理）为 80 个时钟周期。求 CPU 为传输硬盘所花费的时间比率。

3）采用 DMA 的方式，假定 DMA 的启动需要 1000 个时钟周期，DMA 完成时后处理需

要 500 个时钟周期。若平均传输的数据长度为 4KB（此处 K = 1000），试问硬盘工作时 CPU 将用多少时间比率进行输入/输出操作？忽略 DMA 申请总线的影响。

08.【2009 统考真题】某计算机的 CPU 主频为 500MHz，CPI 为 5（即执行每条指令平均需 5 个时钟周期）。假定某外设的数据传输率为 0.5MB/s，采用中断方式与主机进行数据传送，以 32 位为传输单位，对应的中断服务程序包含 18 条指令，中断服务的其他开销相当于 2 条指令的执行时间。回答下列问题，要求给出计算过程。

1）在中断方式下，CPU 用于该外设 I/O 的时间占整个 CPU 时间的百分比是多少？

2）当该外设的数据传输率达到 5MB/s 时，改用 DMA 方式传送数据。假定每次 DMA 传送块大小为 5000B，且 DMA 预处理和后处理的总开销为 500 个时钟周期，则 CPU 用于该外设 I/O 的时间占整个 CPU 时间的百分比是多少（假设 DMA 与 CPU 之间没有访存冲突）？

09.【2012 统考真题】假定某计算机的 CPU 主频为 80MHz，CPI 为 4，平均每条指令访存 1.5 次，主存与 Cache 之间交换的块大小为 16B，Cache 的命中率为 99%，存储器总线宽带为 32 位。回答下列问题。

1）该计算机的 MIPS 数是多少？平均每秒 Cache 缺失的次数是多少？在不考虑 DMA 传送的情况下，主存带宽至少达到多少才能满足 CPU 的访存要求？

2）假定在 Cache 缺失的情况下访问主存时，存在 0.0005%的缺页率，则 CPU 平均每秒产生多少次缺页异常？若页面大小为 4KB，每次缺页都需要访问磁盘，访问磁盘时 DMA 传送采用周期挪用方式，磁盘 I/O 接口的数据缓冲寄存器为 32 位，则磁盘 I/O 接口平均每秒发出的 DMA 请求次数至少是多少？

3）CPU 和 DMA 控制器同时要求使用存储器总线时，哪个优先级更高？为什么？

4）为了提高性能，主存采用 4 体低位交叉存储模式，工作时每 1/4 个存储周期启动一个体。若每个体的存储周期为 50ns，则该主存能提供的最大带宽是多少？

10.【2016 统考真题】假定 CPU 主频为 50MHz，CPI 为 4。设备 D 采用异步串行通信方式向主机传送 7 位 ASCII 码字符，通信规程中有 1 位奇校验位和 1 位停止位，从 D 接收启动命令到字符送入 I/O 端口需要 0.5ms。回答下列问题，要求说明理由。

1）每传送一个字符，在异步串行通信线上共需传输多少位？在设备 D 持续工作过程中，每秒最多可向 I/O 端口送入多少个字符？

2）设备 D 采用中断方式进行输入/输出，示意图如下所示：

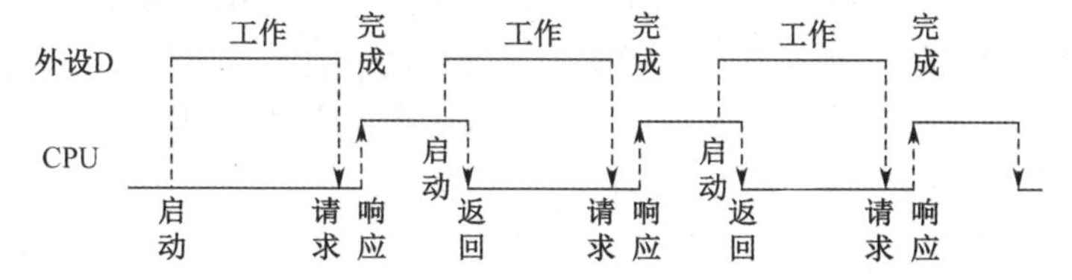

I/O 端口每收到一个字符申请一次中断，中断响应需 10 个时钟周期，中断服务程序共有 20 条指令，其中第 15 条指令启动 D 工作。若 CPU 需从 D 读取 1000 个字符，则完成这一任务所需时间大约是多少个时钟周期？CPU 用于完成这一任务的时间大约是多少个时钟周期？在中断响应阶段 CPU 进行了哪些操作？

11.【2018 统考真题】假定计算机的主频为 500MHz，CPI 为 4。现有设备 A 和 B，其数据传输率分别为 2MB/s 和 40MB/s，对应 I/O 接口中各有一个 32 位数据缓冲寄存器。回答下列问题，要求给出计算过程。

1）若设备 A 采用定时查询 I/O 方式，每次输入/输出都至少执行 10 条指令。设备 A 最多间隔多长时间查询一次才能不丢失数据？CPU 用于设备 A 输入/输出的时间占 CPU 总时间的百分比至少是多少？

2）在中断 I/O 方式下，若每次中断响应和中断处理的总时钟周期数至少为 400，则设备 B 能否采用中断 I/O 方式？为什么？

3）若设备 B 采用 DMA 方式，每次 DMA 传送的数据块大小为 1000B，CPU 用于 DMA 预处理和后处理的总时钟周期数为 500，则 CPU 用于设备 B 输入/输出的时间占 CPU 总时间的百分比最多是多少？

12.【2022 统考真题】假设某磁盘驱动器中有 4 个双面盘片，每个盘面有 20000 个磁道，每个磁道有 500 个扇区，每个扇区可记录 512 字节的数据，盘片转速为 7200rpm（转/分），平均寻道时间为 5ms。请回答下列问题。

1）每个扇区包含数据及其地址信息，地址信息分为 3 个字段。这 3 个字段的名称各是什么？对于该磁盘，各字段至少占多少位？

2）一个扇区的平均访问时间约为多少？

3）若采用周期挪用 DMA 方式进行磁盘与主机之间的数据传送，磁盘控制器中的数据缓冲区大小为 64 位，则在一个扇区读写过程中，DMA 控制器向 CPU 发送了多少次总线请求？若 CPU 检测到 DMA 控制器的总线请求信号时也需要访问主存，则 DMA 控制器是否可以获得总线使用权？为什么？

7.3.5　答案与解析

一、单项选择题

01． B

当有多个中断请求同时出现时，中断服务系统必须能从中选出当前最需要给予响应的且最重要的中断请求，这就需要预先对所有的中断进行优先级排队，这个工作可由中断判优逻辑来完成，排队的规则可由软件通过对中断屏蔽寄存器进行设置来确定。

02． C

中断服务程序是处理器处理的紧急事件，可理解为一种服务，是通过执行事先编好的某个特定的程序来完成的，一般属于操作系统的模块，以供调用执行，因此选项 A 正确。中断向量由向量地址形成部件，即由硬件产生，并且不同的中断源对应不同的中断服务程序，因此通过该方法，可以较快速地识别中断源，因此选项 B 正确。中断向量是中断服务程序的入口地址，中断向量地址是内存中存放中断向量的地址，即中断服务程序入口地址的地址，因此选项 C 错误。重叠处理中断的现象称为中断嵌套，因此选项 D 正确。

03． D

外部事件如按 Esc 键以退出运行的程序等，属于外中断，I 正确。Cache 完全是由硬件实现的，不会涉及中断层面，II 错误。虚拟存储器失效如缺页等，会发出缺页中断，属于内中断，III 正确。浮点数运算下溢，直接当作机器零处理，而不会引发中断，IV 错误。浮点数上溢，表示超过了浮点数的表示范围，属于内中断，V 正确。因此选择选项 D。

04． C

DMA 方式不需要 CPU 干预传送操作，仅在开始和结尾借用 CPU 一点时间，其余不占用 CPU 任何资源；中断方式是程序切换，每次操作需要保护和恢复现场，所以 DMA 优先级高于中断请求，从而可以加快处理效率，I 正确。从 I 的分析可知，程序中断需要中断现行程序，因此需保护现场，以便中断执行完后还能回到原来的点去继续没有完成的工作；DMA 方式不需要中断现行程序，CPU 仅仅做一些辅助性工作，因为主存和 DMA 接口之间有一条数据通路，所以无须使用 CPU 内部寄存器，也就无须保护现场，II 正确。III 的说法正好相反。

注意：*程序中断的保护现场是由中断服务子程序完成的，不同中断源对应的中断子程序是不同的，可以理解为因 DMA 方式无须使用 CPU 内部寄存器，所以其对应的中断服务子程序也无须保存 CPU 现场。此外，“DMA 方式无须保护现场”是唐朔飞老师教材的原话。*

05． B

程序中断过程是由硬件执行的中断隐指令和中断服务程序共同完成的，因此 I 正确。每条指令周期结束后，CPU 会统一扫描各个中断源，然后进行判优来决定响应哪个中断源，而不是在每条指令的执行过程中这样做，因此 II 错误。CPU 会在每个存储周期结束后检查是否有 DMA 请求，而不是在指令执行过程的末尾这样做，因此 III 错误。中断服务程序的最后指令通常是中断返回指令，与无条件转移指令不同的是，它不仅要修改 PC 值，而且要将 CPU 中的所有寄存器都恢复到中断前的状态，因此 IV 错误。

06． B

只有具有 DMA 接口的设备才能产生 DMA 请求，即使当前设备是高速设备或需要与主机批量交换数据，若没有 DMA 接口的话，也不能产生 DMA 请求。

07． B

中断优先级由高至低为访管→程序性→重新启动。重新启动应当等待其他任务完成后再进行，优先级最低，访管指令最紧迫，优先级最高。硬件故障优先级最高，访管指令优先级要高于外部中断。

08． C

中断向量地址是中断向量表的地址，由于中断向量表保存着中断服务程序的入口地址，所以中断向量地址是中断服务程序入口地址的地址。

09． C

CPU 响应中断必须满足下列 3 个条件：①CPU 接收到中断请求信号。首先中断源要发出中断请求，同时 CPU 还要收到这个中断请求信号。②CPU 允许中断，即开中断。③一条指令执行完毕。因此中断响应是在指令执行末尾，选项 C 正确。

10． B

DMA 操作结束、机器出现故障、执行“软中断”指令时都会产生中断请求。一条指令执行完毕可能响应中断请求，但它本身不会引起中断请求。

11． A

用户程序需要输入/输出时，需要调用操作系统提供的接口（请求操作系统服务），此时会引起访管中断，系统由用户态转为核心态。

12． B

屏蔽字“1”表示不可被中断，“0”表示可被中断。由 3 级中断的屏蔽字可知，它屏蔽所有中断，优先级最高；再由 1 级中断的屏蔽字可知，它屏蔽除 3 外的所有中断，优先级次之；以此类推，可知选 B。

【另解】“1”越多表示优先级越高，因此屏蔽其他中断源就越多。

13． C

中断隐指令并不是一条由程序员安排的真正的指令，因此不可能把它预先编入程序中，只能在响应中断时由硬件直接控制执行。中断隐指令不在指令系统中，因此不属于程序控制指令。

14． A

在中断响应周期，CPU 主要完成关中断、保护断点、发中断响应信号并形成中断向量地址的工作，即执行中断隐指令。

15． B

允许中断触发器置 0 表示关中断，由中断隐指令完成，即由硬件自动完成。

16． C

只有先关中断，才可以保护断点。若先不保护断点，则可能会丢失当前程序的断点。同理，在恢复现场前也要关中断。这个过程和操作系统中的信号量 PV 操作类似，都是将内部过程变为不可打断的原子操作。

17． D

中断屏蔽标志的一种作用是实现中断升级，即改变中断处理的次序（注意分清中断响应次序和中断处理次序，中断响应次序由硬件排队电路决定），因此其可以改变多个中断服务程序执行完的次序。

18． B

PC 的内容是被中断程序尚未执行的第一条指令地址，PSW 寄存器保存各种状态信息。CPU 响应中断后，需要保护中断的 CPU 现场，将 PC 和 PSW 压入堆栈，这样等到中断结束后，就可以将压入堆栈的原 PC 和 PSW 的内容恢复到相应的寄存器，原程序从断点开始继续执行。

19． B、D

在程序查询方式中，CPU 与外设串行工作，传送与主程序串行工作。在中断方式中，CPU 与外设并行工作，当数据准备好时仍需中断主程序以执行数据传送，因此传送与主程序仍是串行的。在 DMA 方式中，CPU 与外设、传送与主程序都是并行的。

20． C

在 DMA 传送方式中，由外部设备向 DMA 控制器发出 DMA 请求信号，然后由 DMA 控制器向 CPU 发出总线请求信号。在 DMA 方式中，DMA 控制器在传送期间有总线控制权，这时 CPU 不能响应 I/O 中断。

21． C

程序中断方式在数据传输时，首先要发出中断请求，此时 CPU 中断正在进行的操作，转而进行数据传输，直到数据传送结束，CPU 才返回中断前执行的操作。DMA 方式只是在 DMA 的前处理和后处理过程中需要用中断的方式请求 CPU 操作，但在数据传送过程中，并不需要中断请求，因此选项 A 错误。DMA 方式和程序中断方式都有中断请求，但目的不同，程序中断方式的中断请求是为了进行数据传送，而 DMA 方式中的中断请求只是为了获得总线控制权或交回总线控制权，因此选项 B 错误、C 正确。CPU 对 DMA 的响应可在指令执行过程中的任何两个存取周期之间，因此选项 D 错误。

22． A

一个完整的 DMA 过程主要由 DMA 控制器控制，但也需要 CPU 参与控制，只是 CPU 干预比较少，只需在数据传输开始和结束时干预，从而提高了 CPU 的效率。

23． A

每个机器周期结束后，CPU 就可以响应 DMA 请求。注意区别：DMA 在与主存交互数据时通过周期窃取方式，窃取的是存取周期。

24． A

DMA 连接的是高速设备，其优先级高于中断请求，以防止高速设备数据丢失，选项 A 正确。DMA 请求的响应时间可以发生在每个机器周期结束时，只要 CPU 不占用总线；中断请求的响应时间只能发生在每条指令执行完毕，选项 B 错误。DMA 的优先级要比外中断（非屏蔽中断、可屏蔽中断）高，选项 C 错误。如果不开中断，内中断和非屏蔽中断仍可响应，选项 D 错误。

25．B

DMA 方式只能用于数据传输，它不具有对异常事件的处理能力，不能中断现行程序，而键盘和鼠标均要求 CPU 立即响应，因此无法采用 DMA 方式。

26．C

只有 DMA 方式是靠硬件电路实现的，三种基本的程序控制方式即直接程序传送、程序中断、通道控制都需要程序的干预。

27．A

中断发生时，程序计数器内容的保护和更新是由硬件自动完成的，即由中断隐指令完成。

28．B

DMA 方式传送数据时，挪用周期不会改变 CPU 现场，因此无须占用 CPU 的程序计数器和寄存器。

29．B

DMA 方式的数据传送不经过 CPU，但需要经过 DMA 控制器中的数据缓冲寄存器。输入时，数据由外设（如磁盘）先送往 DMA 的数据缓冲寄存器，再通过数据总线送到主存。反之，输出时，数据由主存通过数据总线送到 DMA 的数据缓冲寄存器，然后送到外设。

30．A

外部中断是指 CPU 执行指令以外的事件产生的中断，通常指来自 CPU 与内存以外的中断。选项 A 中键盘输入属于外部事件，每次键盘输入 CPU 都需要执行中断以读入输入数据，所以能引起外部中断。选项 B 中除数为 0 属于异常，也就是内中断，发生在 CPU 内部。选项 C 中浮点运算下溢将按机器零处理，不会产生中断。而选项 D 中访存缺页属于 CPU 执行指令时产生的中断，也不属于外部中断。所以能产生外部中断的只能是输入设备键盘。

31．A

在单级（或单重）中断系统中，不允许中断嵌套。中断处理过程为：①关中断；②保存断点；③识别中断源；④保存现场；⑤中断事件处理；⑥恢复现场；⑦开中断；⑧中断返回。其中①～③由硬件完成，④～⑧由中断服务程序完成，因此选择选项 A。

32．D

高优先级置 0 表示可被中断，比该中断优先级低（相等）的置 1 表示不可被中断。从中断响应优先级看，L_1 只能屏蔽 L_3 和其自身，中断屏蔽字 $M_4M_3M_2M_1M_0 = 01010$，因此选择选项 D。

33．C

每秒进行 200 次查询，每次 500 个时钟周期，则每秒最少占用 200×500 = 100000 个时钟周期，因此占 CPU 时间的百分比为 100000/50M = 0.20%。

34．B

在响应外部中断的过程中，中断隐指令完成的操作包括：①关中断；②保存断点；③引出中断服务程序（形成中断服务程序入口地址并送 PC），所以只有 I、III 正确。II 中保存通用寄存器的内容是在进入中断服务程序后首先进行的操作。

35．D

中断处理方式：在 I/O 设备输入每个数据的过程中，由于无须 CPU 干预，因而可使 CPU 与

I/O 设备并行工作。仅当输完一个数据时，才需 CPU 花费极短的时间去做一些中断处理。因此中断申请使用的是 CPU 处理时间，发生的时间是在一条指令执行结束之后，数据在软件的控制下完成传送。而 DMA 方式与之不同。DMA 方式：数据传输的基本单位是数据块，即在 CPU 与 I/O 设备之间，每次传送至少一个数据块；DMA 方式每次申请的是总线的使用权，所传送的数据是从设备直接送入内存的，或者相反；仅在传送一个或多个数据块的开始和结束时，才需要 CPU 干预，整块数据的传送是在控制器的控制下完成的。

36．B

每 400ns 发出一次中断请求，而响应和处理时间为 100ns，其中容许的延迟为干扰信息，因为在 50ns 内，无论怎么延迟，每 400ns 仍要花费 100ns 处理中断，所以该设备的 I/O 时间占整个 CPU 时间的百分比为 100ns/400ns = 25%。

37．B

在程序中断 I/O 方式中，CPU 和打印机直接交换，打印字符直接传输到打印机的 I/O 端口，不会涉及主存地址。而 CPU 和打印机通过 I/O 端口中的状态口和控制口来实现交互。

38．B

多重中断在保护被中断进程现场时关中断，执行中断处理程序时开中断，选项 B 错误。CPU 一般在一条指令执行结束的阶段检测中断请求信号，查看是否存在中断请求，然后决定是否响应中断，选项 A、D 正确。中断是指来自 CPU 执行指令以外的事件，选项 C 正确。

39．C

中断优先级由屏蔽字而非请求的先后次序决定，A 错误。中断隐指令完成的工作有：①关中断；②保存断点；③引出中断服务程序，通用寄存器的保护由中断服务程序完成，选项 B 错误。中断允许状态即开中断后，才能响应中断请求，选项 C 正确。有中断请求时，如果是关中断的状态，或新中断请求的优先级较低，则不能响应新的中断请求，选项 D 错误。

40．A

设备接口中的数据缓冲寄存器为 32 位，即一次中断可以传输 4B 数据，设备数据传输率为 50kB/s，共需要 12.5k 次中断，每次中断开销为 1000 个时钟周期，CPU 主频为 1GHz，则 CPU 用于该设备输入/输出的时间占整个 CPU 时间的百分比最多是(12.5k×1000)/1G = 1.25%。

41．D

每类设备都配置一个设备驱动程序，设备驱动程序向上层用户程序提供一组标准接口，负责实现对设备发出各种具体操作指令，用户程序不能直接和 DMA 打交道。DMA 的数据传送过程分为预处理、数据传送和后处理 3 个阶段。预处理阶段由 CPU 完成必要的准备工作，数据传送前由 DMA 控制器请求总线使用权；数据传送由 DMA 控制器直接控制总线完成；传送结束后，DMA 控制器向 CPU 发送中断请求，CPU 执行中断服务程序做 DMA 结束处理。

42．C

访存时缺页属于内部异常，I 错误；定时器到时描述的是时钟中断，属于外部中断，II 正确；网络数据包到达描述的是 CPU 执行指令以外的事件，属于外部中断，III 正确。

43．B

由 CPU 内部产生的异常称为内中断，内中断是不可屏蔽中断。通过中断请求线 INTR 和 NMI，从 CPU 外部发出的中断请求称为外中断，通过 INTR 信号线发出的外中断是可屏蔽中断，而通过 NMI 信号线发出的是不可屏蔽中断。不可屏蔽中断即使在关中断（IF = 0）情况下也会被响应，A 正确。不可屏蔽中断的优先级最高，任何时候只要发生不可屏蔽中断，都要中止现行程序的执行，转到不可屏蔽中断处理程序执行，C 正确。CPU 响应中断需要满足 3 个条件：①中断源有中断请求；②CPU 允许中断及开中断；③一条指令执行完毕，且没有更紧迫的任务。故选项 B 错误。

44． C

周期挪用法由 DMA 控制器挪用一个或几个主存周期来访问主存，传送完一个数据字后立即释放总线，是一种单字传送方式，每个字传送完后 CPU 可以访问主存，选项 C 错误。停止 CPU 访存法则是指在整个数据块的传送过程中，使 CPU 脱离总线，停止访问主存。

45． A

中断服务程序在内核态下执行，若只能在用户态下检测和响应中断，则显然无法实现多重中断（中断嵌套），A 错误。在多重中断中，CPU 只有在检测到中断请求信号后（中断处理优先级更低的中断请求信号是检测不到的），才会进入中断响应周期。进入中断响应周期时，说明此时 CPU 一定处于中断允许状态，否则无法响应该中断。如果所有中断源都被屏蔽（说明该中断的处理优先级最高），则 CPU 不会检测到任何中断请求信号。

46． C

中断 I/O 方式适用于字符型设备，此类设备的特点是数据传输速率慢，以字符或字为单位进行传输，选项 A 正确。若采用中断 I/O 方式，当外设准备好数据后，向 CPU 发出中断请求，CPU 暂时中止现行程序，转去运行中断服务程序，由中断服务程序完成数据传送，选项 B 正确。若外设准备数据的时间小于中断处理时间，则可能导致数据丢失，以输入设备为例，设备为进程准备的数据会先写入设备控制器的缓冲区（缓冲区大小有限），缓冲区每写满一次，就会向 CPU 发出一次中断请求，CPU 响应并处理中断的过程，就是将缓冲区中的数据“取走”的过程，因此若外设准备数据的时间小于中断处理时间，则可能导致外设往缓冲区写入数据的速度快于 CPU 从缓冲区取走数据的速度，从而导致缓冲区的数据被覆盖，进而导致数据丢失。选项 C 错误。若采用中断 I/O 方式，则外设为某进程准备数据时，可令该进程阻塞，CPU 运行其他进程，选项 D 正确。

二、综合应用题

01.【解答】

没有。通常所说的 DMA 方式在主存和 I/O 设备之间建立一条“直接的数据通路”，使得数据在主存和 I/O 设备之间直接进行传送，其含义并不是在主存和 I/O 之间建立一条物理直接通路，而是主存和 I/O 设备通过 I/O 设备接口、系统总线及总线桥接部件等相连，建立一个信息可以相互通达的通路，这在逻辑上可视为直接相连的。其“直接”是相对于要通过 CPU 才能和主存相连这种方式而言的。

02.【解答】

1）一个完整的指令周期包括取指周期、间址周期、执行周期和中断周期。其中取指周期和执行周期是每条指令均有的。

2）中断周期前是执行周期，中断周期后是下一条指令的取指周期。

3）DMA 周期前可以是取指周期、间址周期、执行周期或中断周期，DMA 周期后也可以是取指周期、间址周期、执行周期或中断周期。总之，DMA 周期前后都是机器周期。

03.【解答】

I/O 设备传送一个数据的时间为 $1/(4\times10^4)\text{s} = 25\mu\text{s}$，所以请求中断的周期为 $25\mu\text{s}$，而相应中断处理程序的执行时间为 $40\mu\text{s}$，大于请求中断的周期，会丢失数据（单位时间内 I/O 请求数量比中断处理的多，自然会丢失数据），所以不能采用中断方式。

04.【解答】

1）CPU 每秒对鼠标进行 30 次查询，所需的时钟周期数为 100×30 = 3000。CPU 的时钟频率为 50MHz，即每秒 $50×10^6$ 个时钟周期，因此对鼠标的查询占用 CPU 的时间比率为

$$[3000/(50×10^6)]×100\% = 0.006\%$$

可见，对鼠标的查询基本不影响 CPU 的性能。

2）对于硬盘，每 32 位（4B）被 CPU 查询一次，因此每秒查询次数为 $2×2^{20}$B/4B = 512K；则每秒查询的时钟周期数为

$$100×512×1024 = 52.4×10^6$$

因此对硬盘的查询占用 CPU 的时间比率为

$$[52.4×10^6/(50×10^6)]×100\% = 105\%$$

可见，即使 CPU 将全部时间都用于对硬盘的查询，也不能满足磁盘传输的要求，因此 CPU 一般不采用程序查询方式与磁盘交换信息。

05.【解答】

1）中断屏蔽字“1”表示不可被中断，“0”表示可被中断。根据表中“1”的个数的降序排列可知，4 个中断源的处理次序是 3→1→4→2。

2）当 4 个中断源同时有中断请求时，由于硬件排队的优先次序是 1→2→3→4，因此 CPU 先响应 1 的请求，执行 1 的服务程序。该程序中设置了屏蔽字 1101，因此开中断指令后转去执行 3 服务程序，且 3 服务程序执行结束后又回到了 1 服务程序。1 服务程序结束后，CPU 还有 2、4 两个中断源请求未响应。由于 2 的响应优先级高于 4，因此 CPU 先响应 2 的请求，执行 2 服务程序。在 2 服务程序中由于设置了屏蔽字 0100，意味着 1、3、4 可中断 2 服务程序。而 1、3 的请求已经结束，因此在开中断指令后转去执行 4 服务程序，4 服务程序执行结束后又回到 2 服务程序的断点处，继续执行 2 服务程序，直至该程序执行结束。CPU 执行程序的轨迹如下图所示。

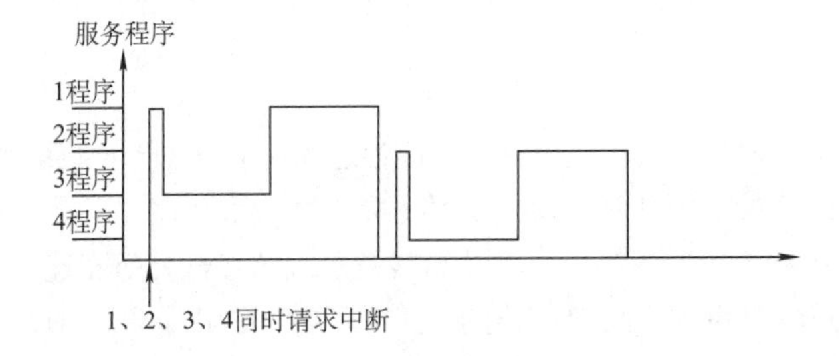

06.【解答】

根据字符设备的传输率为 9600b/s，得每秒能传输

9600/8 = 1200B，即 1200 个字符（本题中字符、字节不加以区分）

1）若采用 DMA 方式，传输 1200 个字符共需 1200 个存取周期，考虑到每传 400 个字符需中断处理一次，因此 DMA 方式每秒因数据传输占用处理器的时间是

$$0.2\mu s×1200 + 5\mu s×(1200/400) = 255\mu s$$

2）若采用中断方式，每秒因数据传输占用处理器的时间是

$$5\mu s×1200 = 6000\mu s$$

07.【解答】

1）采用程序查询方式，硬盘传输速率为 1MB/s，一个字为 32bit = 4B，每秒查询的次数为 1MB/4B = $2.5×10^5$，每秒查询所需的总时钟周期数为 $2.5×10^5×100 = 2.5×10^7$。

CPU 的时钟频率为 50MHz。

因此，I/O 查询所花费的时间比率为 $2.5\times10^7/50M = 2.5\times10^7/(5\times10^7) = 50\%$。

2）采用中断方式时，每传输一个字便进行一次中断处理。
每传输一个字的时间为 32bit/(1MB/s) = 4μs。
CPU 的时钟周期为 1s/(50MHz) = 0.02s/(1M) = 0.02μs。
因此花费的时间比率为(80×0.02μs)/4μs = 40%。

3）采用 DMA 方式时，CPU 所花时间仅为启动时间和后处理时间。
每传输一次数据 CPU 所花的时间为 1000+500=1500 个时钟周期。
DMA 平均传送长度为 4000B，每秒产生的 DMA 次数为(1MB/s)/(4×10^3B) = 250。
故 CPU 为 DMA 所花费时间的比率为(1500×250)/50M=0.75%。

08.【解答】

1）按题意，外设每秒传送 0.5MB，中断时每次传送 32bit = 4B。由于 CPI 为 5，在中断方式下，CPU 每次用于数据传送的时钟周期为 5×18 + 5×2 = 100（中断服务程序 + 其他开销）。为达到外设 0.5MB/s 的数据传输率，外设每秒申请的中断次数为 0.5MB/4B = 125000。
1 秒内用于中断的开销为 100×125000 = 12500000 = 12.5M 个时钟周期。
CPU 用于外设 I/O 的时间占整个 CPU 时间的百分比为 12.5M/500M = 2.5%。

2）当外设数据传输率提高到 5MB/s 时改用 DMA 方式传送，每次 DMA 传送一个数据块，大小为 5000B，则 1 秒内需产生的 DMA 次数为 5MB/5000B = 1000。
CPU 用于 DMA 处理的总开销为 1000×500 = 500000 = 0.5M 个时钟周期。
CPU 用于外设 I/O 的时间占整个 CPU 时间的百分比为 0.5M/500M = 0.1%。

09.【解答】

本题涉及多个考点：计算机的性能指标、存储器的性能指标、DMA 的性能分析、DMA 方式的特点及多体交叉存储器的性能分析。

1）平均每秒 CPU 执行的指令数为 80M/4 = 20M，因此 MIPS 数为 20。平均每条指令访存 1.5 次，因此平均每秒 Cache 缺失的次数 = 20M×1.5×(1 − 99%) = 300K。当 Cache 缺失时，CPU 访问主存，主存与 Cache 之间以块为传送单位，此时主存带宽为 16B×300k/s = 4.8MB/s。在不考虑 DMA 传送的情况下，主存带宽至少达到 4.8MB/s 才能满足 CPU 的访存要求。

2）题中假定在 Cache 缺失的情况下访问主存，平均每秒产生缺页中断 300000×0.0005% = 1.5 次。因为存储器总线宽度为 32 位，所以每传送 32 位数据，磁盘控制器发出一次 DMA 请求，因此平均每秒磁盘 DMA 请求的次数至少为 1.5×4KB/4B = 1.5K = 1536。

3）CPU 和 DMA 控制器同时要求使用存储器总线时，DMA 请求的优先级更高。因为 DMA 请求得不到及时响应，I/O 传输数据可能会丢失。

4）4 体交叉存储模式能提供的最大带宽为 4×4B/50ns = 320MB/s。

10.【解答】

1）每传送一个 ASCII 码字符，需要传输的位数有 1 位起始位、7 位数据位（ASCII 码字符占 7 位）、1 位奇校验位和 1 位停止位，因此总位数为 1 + 7 + 1 + 1 = 10。
I/O 端口每秒最多可接收 1000/0.5 = 2000 个字符。

2）一个字符传送时间包括：设备 D 将字符送 I/O 端口的时间、中断响应时间和中断服务程序前 15 条指令的执行时间。时钟周期为 1/(50MHz) = 20ns，设备 D 将字符送 I/O 端口的时间为 0.5ms/20ns = 2.5×10^4 个时钟周期。一个字符的传送时间约为 2.5×10^4 + 10 + 15×4 =

25070 个时钟周期。完成 1000 个字符传送所需的时间约为 $1000 \times 25070 = 25070000$ 个时钟周期。

CPU 用于该任务的时间约为 $1000 \times (10 + 20 \times 4) = 9 \times 10^4$ 个时钟周期。

在中断响应阶段，CPU 主要进行以下操作：关中断、保护断点和程序状态、识别中断源。

11.【解答】

1）程序定时向缓存端口查询数据，由于缓存端口大小有限，必须在传输完端口大小的数据时访问端口，以防止部分数据未被及时读取而丢失。设备 A 准备 32 位数据所用的时间为 4B/2MB = 2μs，所以最多每隔 2μs 必须查询一次，每秒的查询次数至少是 $1s/2\mu s = 5 \times 10^5$，每秒 CPU 用于设备 A 输入/输出的时间至少为 $5 \times 10^5 \times 10 \times 4 = 2 \times 10^7$ 个时钟周期，占整个 CPU 时间的百分比至少是 $2 \times 10^7 / 500M = 4\%$。

2）中断响应和中断处理的时间为 $400 \times (1/500M) = 0.8\mu s$，这时只需判断设备 B 准备 32 位数据要多久，若准备数据的时间小于中断响应和中断处理的时间，则数据会被刷新，造成丢失。经过计算，设备 B 准备 32 位数据所用的时间为 4B/40MB = 0.1μs，因此设备 B 不适合采用中断 I/O 方式。

3）在 DMA 方式中，只有预处理和后处理需要 CPU 处理。设备 B 每秒的 DMA 次数最多为(40MB/s)/1000B = 40000，CPU 用于设备 B 输入/输出的时间最多为 $40000 \times 500 = 2 \times 10^7$ 个时钟周期，占 CPU 总时间的百分比最多为 $2 \times 10^7 / 500M = 4\%$。

12.【解析】

1）3 个字段的名称为柱面号（或磁道号）、磁头号（或盘面号）、扇区号。由于每个盘面有 20000 个磁道，因此该磁盘共有 20000 个柱面，柱面号字段至少占 $\lceil \log_2 20000 \rceil = 15$ 位；由于该磁盘共有 4 个盘片，每个盘片有 2 个盘面，因此磁头号字段至少占 $\log_2(4 \times 2) = 3$ 位；由于每个磁道有 500 个扇区，因此扇区号字段至少占 $\lceil \log_2 500 \rceil = 9$ 位。

2）一个扇区的访问时间由寻道时间、延迟时间、传输时间三部分组成。平均寻道时间为 5ms，平均延迟时间等于磁盘转半圈所需要的时间，平均传输时间等于一个扇区划过磁头下方所需要的时间。而该磁盘转一圈的时间为 $60 \times 10^3 / 7200 \approx 8.33ms$，因此一个扇区的平均访问时间约为 $5 + 8.33/2 + 8.33/500 \approx 9.18ms$。

3）磁盘控制器中的数据缓冲区每充满一次，DMA 控制器就需要发出一次总线请求，将这 64bit 数据通过总线传送到主存，因此，在一个扇区读写过程中，DMA 控制器向 CPU 发送了 512B/64bit = 64 次总线请求。由于采用周期挪用 DMA 方式，因此当 CPU 和 DMA 控制器都需要访问主存时，DMA 控制器可以优先获得总线使用权。因为一旦磁盘开始读写，就必须按时完成数据传送，否则数据缓冲区中的数据会发生丢失。

7.4　本章小结

本章开头提出的问题的参考答案如下。

1）*I/O 设备有哪些编址方式？各有何特点？*

统一编址和独立编址。统一编址是在主存地址中划出一定的范围作为 I/O 地址，以便通过访存指令即可实现对 I/O 的访问，但主存的容量相应减少。独立编址是指 I/O 地址和主存是分开的，I/O 地址不占主存空间，但访存需专门的 I/O 指令。

2）CPU 响应中断应具备哪些条件？

① 在 CPU 内部设置的中断屏蔽触发器必须是开放的。

② 外设有中断请求时，中断请求触发器必须处于“1”状态，保持中断请求信号。

③ 外设（接口）中断允许触发器必须为“1”，这样才能把外设中断请求送至 CPU。

具备上述三个条件时，CPU 在现行指令结束的最后一个状态周期响应中断。

7.5　常见问题和易混淆知识点

1. 中断响应优先级和中断处理优先级分别指什么？

中断响应优先级是由硬件排队线路或中断查询程序的查询顺序决定的，不可动态改变；而中断处理优先级可以由中断屏蔽字来改变，反映的是正在处理的中断是否比新发生的中断的处理优先级低（屏蔽位为“0”，对新中断开放），若是，则中止正在处理的中断，转到新中断去处理，处理完后再回到刚才被中止的中断继续处理。

2. 向量中断、中断向量、向量地址三个概念是什么关系？

中断向量：每个中断源都有对应的处理程序，这个处理程序称为中断服务程序，其入口地址称为中断向量。所有中断的中断服务程序入口地址构成一个表，称为中断向量表；也有的机器把中断服务程序入口的跳转指令构成一张表，称为中断向量跳转表。

向量地址：中断向量表或中断向量跳转表中每个表项所在的内存地址或表项的索引值，称为向量地址或中断类型号。

向量中断：指一种识别中断源的技术或方式。识别中断源的目的是找到中断源对应的中断服务程序的入口地址的地址，即获得向量地址。

3. 程序中断和调用子程序有何区别？

两者的根本区别主要表现在服务时间和服务对象上不一样。

1）调用子程序过程发生的时间是已知的和固定的，即在主程序中的调用指令（CALL）执行时发生主程序调用子程序过程，调用指令所在位置是已知的和固定的。而中断过程发生的时间一般是随机的，CPU 在执行某个主程序时收到中断源提出的中断申请，就发生中断过程，而中断申请一般由硬件电路产生，申请提出时间是随机的。也可以说，调用子程序是程序设计者事先安排的，而执行中断服务程序是由系统工作环境随机决定的。

2）子程序完全为主程序服务，两者属于主从关系。主程序需要子程序时就去调用子程序，并把调用结果带回主程序继续执行。而中断服务程序与主程序二者一般是无关的，不存在谁为谁服务的问题，两者是平行关系。

3）主程序调用子程序的过程完全属于软件处理过程，不需要专门的硬件电路；而中断处理系统是一个软/硬件结合的系统，需要专门的硬件电路才能完成中断处理的过程。

4）子程序嵌套可实现若干级，嵌套的最多级数受计算机内存开辟的堆栈大小限制；而中断嵌套级数主要由中断优先级来决定，一般优先级数不会很大。

从宏观上看，虽然程序中断方式克服了程序查询方式中的 CPU“踏步”现象，实现了 CPU 与 I/O 并行工作，提高了 CPU 的资源利用率，但从微观操作分析，CPU 在处理中断服务程序时，仍需暂停原程序的正常运行，尤其是当高速 I/O 设备或辅助存储器频繁地、成批地与主存交换信息时，需要不断打断 CPU 执行现行程序，而执行中断服务程序。

参考文献

[1] 袁春风．计算机系统基础[M]．北京：机械工业出版社，2018．

[2] 袁春风．计算机组成与系统结构[M]．北京：清华大学出版社，2015．

[3] 袁春风．计算机系统基础：习题解答与教学指导．北京：机械工业出版社，2019．

[4] 唐朔飞．计算机组成原理[M]．北京：高等教育出版社，2008．

[5] 唐朔飞．计算机组成原理：学习指导与习题解答．北京：高等教育出版社．2012．

[6] 兰德尔 E. 布莱恩德等．深入理解计算机系统[M]．北京：机械工业出版社，2016．

[7] 李春葆等．计算机组成原理联考辅导教程[M]．北京：清华大学出版社，2010．

[8] 本书编写组．计算机专业基础综合考试大纲解析[M]．北京：高等教育出版社，2009．

[9] 徐爱萍．计算机组成原理考研指导[M]．北京：清华大学出版社，2003．

[10] 谭志虎．计算机组成原理：微课版．北京：人民邮电出版社，2021．